全国高等院校药学类创新型
系列"十三五"规划教材

供药学、药物制剂、临床药学、制药工程、中药学、医药营销及相关专业使用

生物化学

主　编　李存保　王含彦
副主编　李春梅　郭冬梅　唐旻　苏燕
编　者　（按姓氏笔画排序）

王含彦　川北医学院
王鹏翔　内蒙古医科大学
邓秀玲　内蒙古医科大学
苏　燕　包头医学院
李存保　内蒙古医科大学
李春梅　广东药科大学
张　锐　江苏大学
张志华　辽宁工业大学
武慧敏　河南中医药大学
郭　乐　宁夏医科大学
郭冬梅　川北医学院
唐　旻　南华大学
唐　珍　川北医学院
蒋立勤　浙江中医药大学
熊　伟　大理大学
魏春华　包头医学院

华中科技大学出版社
http://www.hustp.com
中国·武汉

内 容 简 介

本书是全国高等院校药学类创新型系列"十三五"规划教材。全书共分17章,内容包括绪论,蛋白质的结构与功能,核酸的组成与结构,维生素,酶,生物氧化,糖代谢,脂代谢,蛋白质的分解代谢,核酸与核苷酸代谢,胆汁酸与胆色素代谢,代谢和代谢调控总论,DNA 的生物合成,RNA 的生物合成,蛋白质的生物合成,药物在体内的转运与代谢转化,药物研究的生物化学基础等。

本书根据最新教学改革的要求和理念,结合我国高等药学类专业教育发展的特点,按照相关教学大纲的要求编写而成,内容系统、全面,详略得当。本书以二维码的形式增加了网络增值服务,内容包括教学 ppt、知识链接、知识拓展、案例导入解析、目标检测及在线答题等,提高了学生学习的趣味性。

本书可供药学、药物制剂、临床药学、制药工程、中药学、医药营销及相关专业使用。

图书在版编目(CIP)数据

生物化学/李存保,王含彦主编.—武汉:华中科技大学出版社,2019.8(2024.8 重印)
全国高等院校药学类创新型系列"十三五"规划教材
ISBN 978-7-5680-5523-9

Ⅰ.①生…　Ⅱ.①李…　②王…　Ⅲ.①生物化学-高等学校-教材　Ⅳ.①Q5

中国版本图书馆 CIP 数据核字(2019)第 176897 号

生物化学
Shengwu Huaxue

李存保　　王含彦　主编

策划编辑:汪婷美

责任编辑:李　佩　汪婷美

封面设计:原色设计

责任校对:张会军

责任监印:周治超

出版发行:华中科技大学出版社(中国·武汉)　　电话:(027)81321913
　　　　　武汉市东湖新技术开发区华工科技园　　邮编:430223

录　　排:华中科技大学惠友文印中心

印　　刷:武汉邮科印务有限公司

开　　本:889mm×1194mm　1/16

印　　张:22

字　　数:614 千字

版　　次:2024 年 8 月第 1 版第 2 次印刷

定　　价:69.80 元

全国高等院校药学类创新型系列"十三五"规划教材
编委会

丛书顾问　朱依谆澳门科技大学　　李校堃温州医科大学

委　员（按姓氏笔画排序）

卫建琮山西医科大学

马　宁长沙医学院

王　文首都医科大学宣武医院

王　薇陕西中医药大学

王车礼常州大学

王文静云南中医药大学

王国祥滨州医学院

叶发青温州医科大学

叶耀辉江西中医药大学

向　明华中科技大学

刘　浩蚌埠医学院

刘启兵海南医学院

汤海峰空军军医大学

纪宝玉河南中医药大学

苏　燕包头医学院

李　艳河南科技大学

李云兰山西医科大学

李存保内蒙古医科大学

杨　红广东药科大学

何　蔚赣南医学院

余建强宁夏医科大学

余细勇广州医科大学

余敬谋九江学院

邹全明陆军军医大学

闵　清湖北科技学院

沈甫明同济大学附属第十人民医院

宋丽华长治医学院

张　波川北医学院

张宝红上海交通大学

张朔生山西中医药大学

易　岚南华大学

罗华军三峡大学

周玉生南华大学附属第二医院

赵晓民山东第一医科大学

项光亚华中科技大学

郝新才湖北医药学院

胡　琴南京医科大学

袁泽利遵义医科大学

徐　勤桂林医学院

凌　勇南通大学

黄　昆华中科技大学

黄　涛黄河科技学院

黄胜堂湖北科技学院

蒋丽萍南昌大学

韩　峰南京医科大学

薛培凤内蒙古医科大学

魏敏杰中国医科大学

网络增值服务使用说明

欢迎使用华中科技大学出版社医学资源服务网yixue.hustp.com

1.教师使用流程

（1）登录网址：http://yixue.hustp.com（注册时请选择教师用户）

（2）审核通过后，您可以在网站使用以下功能：

管理学生

建立课程　　　　　　　　　　布置作业

下载教学　　　　　　教师　　　　　查询学生学习
资源　　　　　　　　　　　　　　　　记录等

2.学员使用流程

建议学员在PC端完成注册、登录、完善个人信息的操作。

（1）PC端学员操作步骤

①登录网址：http://yixue.hustp.com（注册时请选择普通用户）

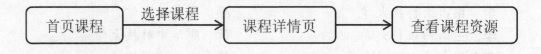

②查看课程资源

如有学习码，请在个人中心-学习码验证中先验证，再进行操作。

首页课程 —选择课程→ 课程详情页 —→ 查看课程资源

（2）手机端扫码操作步骤

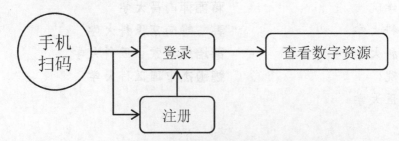

总序

Zongxu

教育部《关于加快建设高水平本科教育 全面提高人才培养能力的意见》（"新时代高教 40 条"）文件强调要深化教学改革，坚持以学生发展为中心，通过教学改革促进学习革命，构建线上线下相结合的教学模式，对我国高等药学教育和药学专门人才的培养提出了更高的目标和要求。我国高等药学类专业教育进入了一个新的时期，对教学、产业、技术的融合发展要求越来越高，强调进一步推动人才培养，实现面向世界、面向未来的创新型人才。

为了更好地适应新形势下人才培养的需求，按照中共中央、国务院《中国教育现代化2035》《中医药发展战略规划纲要（2016－2030 年）》以及十九大报告等文件精神要求，进一步出版高质量教材，加强教材建设，充分发挥教材在提高人才培养质量中的基础性作用，培养合格的药学专门人才和具有可持续发展能力的高素质技能型复合人才。在充分调研和分析论证的基础上，我们组织了全国 70 余所高等医药院校的近 300 位老师编写了这套全国高等院校药学类创新型系列"十三五"规划教材，并得到了参编院校的大力支持。

本套教材充分反映了各院校的教学改革成果和研究成果，教材编写体例和内容均有所创新，在编写过程中重点突出以下特点：

（1）服务教学，明确学习目标，标识内容重难点。进一步熟悉教材相关专业培养目标和人才规格，明晰课程教学目标及要求，规避教与学中无法抓住重要知识点的弊端。

（2）案例引导，强调理论与实际相结合，增强学生自主学习和深入思考的能力。进一步了解本课程学习领域的典型工作任务，科学设置章节，实现案例引导，增强自主学习和深入思考的能力。

（3）强调实用，适应就业、执业药师资格考试以及考研需求。进一步转变教育观念，在教学内容上追求与时俱进，理论和实践紧密结合。

（4）纸数融合，激发兴趣，提高学习效率。建立"互联网＋"思维的教材编写理念，构建信息量丰富、学习手段灵活、学习方式多元的立体化教材，通过纸数融合提高学生个性化学习的兴趣和课堂的利用率。

（5）定位准确，与时俱进。与国际接轨，紧跟药学类专业人才培养，体现当代教育。

（6）版式精美，品质优良。

本套教材得到了专家和领导的大力支持与高度关注，适应于当下药学专业学生的文化基础和学习特点，并努力提高教材的趣味性、可读性和简约性。我们衷心希望这套教材能在相关

课程的教学中发挥积极作用,并得到读者的青睐;我们也相信这套教材在使用过程中,通过教学实践的检验和实际问题的解决,能不断得到改进、完善和提高。

全国高等院校药学类创新型系列"十三五"规划教材
编写委员会

前言

Qianyan

　　生物化学是高等医药院校重要的基础课程。为了更好地适应我国医药卫生教育事业改革与发展的需要，更好地服务于我国高等医药院校教材建设与改革实践，按照华中科技大学出版社创新型教材的编写要求，教材的编写突出药学类专业特色，明确学习目标和突出重点，强调理论与实践相结合。通过案例导入、知识拓展、药考提示、知识链接、目标检测以及教学课件等教学模块，做到纸数融合，能够增加学生学习的趣味性，提高学生学习效率和学习能力，同时可以协助教师创新教学方法和教学活动。

　　全书共 17 章，内容可分为 4 个部分，其中绪论介绍了生物化学概念与研究内容，发展简史以及与药学科学的关系。2～5 章介绍了蛋白质、核酸、维生素和酶等生物分子的组成、结构和功能。6～15 章介绍了每一类生物分子的分解和合成代谢，以及随之发生的能量代谢，同时也包括遗传信息的传递与表达的部分内容。16～17 章介绍了药物在体内的代谢转化以及药物研究的生物化学基础。

　　本书编委均具有长期的生物化学教学经验，书中内容均经过编者多次审核，但由于编者水平有限，书中存在不足之处，恳请同行专家、广大师生以及各位读者批评指正，以期再版时修正和完善。

李存保　　王含彦

目录

Mulu

1

第一章　绪　论

一、生物化学概念与研究内容

生物化学(biochemistry)即生命的化学,是研究活细胞和生物体的化学组成、分子结构与功能,物质代谢规律与调节作用和遗传信息传递与调控等内容的一门学科。它是生命科学的分支学科,主要采用化学的原理和方法,同时融入物理学、生理学、微生物学、遗传学、细胞生物学、免疫学和信息学等多学科的理论与技术进行研究,其研究结果对于揭示生命科学本质发挥了重要作用。尤其近年来生物信息学的发展,促进了生物化学与其相关学科的相互交叉和渗透,同时也为生命科学的研究提供了丰富的信息和技术手段。

生物化学的研究内容十分广泛,随着科学技术的快速发展,不断有新的理论、方法及技术出现。本书将从生物大分子的结构与功能、物质代谢与调节、遗传信息传递与调控进行重点介绍,并结合医学、药学的特点介绍肝胆生物化学、药物在体内的代谢转化及药物研究的生物化学基础等知识。

(一) 生物大分子结构与功能

生物体是由多种化学元素组成的,其中 C、H、O 和 N 四种元素的含量占活细胞鲜重的99%以上。由各种元素构成的小分子化合物约 30 种,如氨基酸、核苷酸、单糖、脂肪酸等,这些小分子化合物进而构成生物大分子。本书主要介绍生物大分子的结构与功能,特别是蛋白质和核酸,它们对生命活动起着关键性的作用。蛋白质是生命活动的物质基础;核酸是生命遗传信息储存、传递与个体生命发生的物质基础。这些生物大分子在体内有序地运转,执行其特定的功能,从而构成特定的生命现象。研究这些生物大分子具有重要的理论意义和实践意义。

(二) 物质代谢与调节

新陈代谢(metabolism)是研究机体如何消化、吸收外界物质,用于构筑细胞本身和为细胞内的各种生命活动提供所需要的物质和能量,同时不断地更新自身的组成,将其转化为代谢产物的过程。由此可见,新陈代谢是生命的基本特征,生物体一方面需要与外界环境进行物质交换,同时在体内进行各种代谢变化,以维持其内环境的相对稳定;另一方面通过物质代谢变化将摄入营养物中储存的能量释放出来,供机体活动所需。细胞消耗能量将小分子物质合成为大分子化合物的过程称为合成代谢(anabolism);相反的过程则称为分解代谢(catabolism)。合成代谢与分解代谢是新陈代谢相辅相成的两个方面,是生物化学重要的研究内容之一。严格的调节机制是维持体内错综复杂的代谢途径有序进行的重要保障。细胞内存在的各种信号转导系统则是机体重要的调节机制,调节机体的生长、增殖、分化、衰老等生命过程。

(三) 遗传信息传递与调控

自我复制是生命过程的又一基本特征。遗传信息传递的"中心法则"是分子生物学的中心法则。DNA 是储存遗传信息的物质,通过复制(replication),可形成结构完全相同的两个拷贝,将其遗传信息真实地传给后代。此部分重点介绍 DNA 复制、RNA 转录和蛋白质生物合成过程。上述过程涉及生物的生长、分化、遗传、变异、衰老及死亡等生命过程。生物体内存在着一整套严密的调控机制,包括一些生物大分子的相互作用,如蛋白质与蛋白质、蛋白质与核

NOTE

酸、核酸与核酸间的作用。这将为解开生命之谜奠定坚实的基础。

（四）药物代谢转化与药物研究的生化基础

药物在生物体内的代谢转化过程也是生物化学的生物转化过程，是生物体内非常重要的一类化学变化过程。肝是机体内生物转化最重要的器官，皮肤、肺及肾等也有一定的生物转化作用。在日常生活过程中，人体除疾病原因主动摄入的药物外，还有食品添加剂、毒物、环境化学污染物和肠道吸收的腐败产物等数万种物质，除个别物质因是水溶性可直接由胆汁或尿液排出外，绝大部分物质因系脂溶性需经过生物转化作用才能被排出体外。因此生物转化在人体生命活动过程中具有极其重要的作用。

二、生物化学的发展简史

早在公元前22世纪人类就知道用谷物酿酒，公元前12世纪学会制酱和制饴糖，随后用蛋白质沉淀的方法制作豆腐。中国古代医学书籍中已有记载用车前子、苦杏仁等中草药治疗脚气病，用猪肝治疗夜盲症，用鸡内金治疗消化不良以及用含碘丰富的海带、紫菜治疗地方性甲状腺肿等病症，这些都是人类早期在酿酒和医学方面的实践活动。现代意义上的生物化学起源于18世纪中叶，19世纪末和20世纪初才逐渐从有机化学和生理学学科体系中分离出来形成独立的学科。生物化学发展历程大致可分为三个阶段：萌芽阶段、快速发展阶段和分子生物学发展新时期。

1. 生物化学的萌芽阶段

从18世纪中叶到20世纪初，是生物化学发展的萌芽阶段，主要研究生物体的化学组成和性质，同时对物质的代谢、酶学和营养学有了初步的认识。1770年瑞典化学家C. W. Scheele从酒石中分离出酒石酸，以后他又分析膀胱结石获得了尿酸，次年他又发现了氟，另外他还分析了柠檬酸、苹果酸、没食子酸、甘油等。1774年法国化学家A. L. Lavoisier通过定量的燃烧实验和呼吸实验彻底推翻了"燃素说"，为揭示生命过程中的"氧化学说"奠定了基础。

到了19世纪，在以往知识不断积累的基础上，科学家们利用化学的原理和研究方法认识了更多的生命物质和生命活动。如1828年德国化学家F. Wohler在实验室中用氰酸铵合成了尿素，打破了有机物只能在生物体内产生的观点。又如1833年A. Payen和J. F. Persoz发现了第一个酶——淀粉酶，当时对酶的本质及作用还没有系统的认识。1860年L. Pasteur证明了发酵是由微生物引起的，但他认为必须获得酵母才能引起发酵。1864年Emst Hoppe-Seyler分离了血红蛋白和纯卵磷脂，并首次使用"生理化学"一词。1868年F. Miescher从脓细胞中分离出一种含磷的化合物"核素"，后来R. Altman将其称为"核酸"。1897年E. Buchner发现酵母的无细胞抽提液可进行发酵，证明了没有活细胞也可进行发酵这样复杂的生命活动。1894年E. H. Fischer开始研究糖类和嘌呤类物质，他证明了尿酸、黄嘌呤、咖啡碱和另外一类含氮化合物都与嘌呤这一类物质有关；合成了用于鉴别糖类化合物的试剂苯肼；确定了果糖、葡萄糖及其他许多糖的分子结构并合成和验证了这些化合物；提出了酶的专一性和酶作用的"锁-钥学说"；并证明蛋白质是由不同的氨基酸连接而成的长链结构。1902年E. H. Fischer获诺贝尔化学奖，被誉为"生物化学之父"。1903年C. Neuberg首次使用"Biochemistry"一词。

2. 生物化学的快速发展阶段

从20世纪开始，生物化学的发展突飞猛进。1904年F. Knoop用苯环标记实验证实，动物体内的脂肪酸以β-氧化方式进行分解。1911年Funk结晶出治疗脚气病的复合维生素B，提出"Vitamine"一词。后来由于相继发现的许多维生素并非胺类，又将"Vitamine"改为"Vitamin"。1926年J. B. Sumner从半刀豆中制得了脲酶结晶，发现其化学本质是蛋白质，后来 Nothrop 等人结晶出胃蛋白酶和胰蛋白酶，证明它们也是蛋白质。1929 年 F. Hans 发现血红素是血红蛋白的组成成分，但不属于氨基酸。1931 年中国化学家吴宪提出了蛋白质变性的概念。1932 年德国 H. A. Krebs 和 K. Henseleit 用组织切片实验证实了尿素合成反应，提出了尿素循环。1937 年 H. A. Krebs 进一步对生物氧化过程进行了研究，又提出了著名的三羧酸循环。1939 年德国的 G. Embden 和 O. Meyerhof 等阐明了糖酵解的作用机制。1941 年 F. Lipmann 提出生物能量代谢过程的 ATP 循环学说。1944 年 O. T. Avery 用肺炎链球菌的转化实验证明 DNA 是生物遗传的物质基础。1948 年 E. Kennedy 和 A. Lehninger 证明催化三羧酸循环的酶都分布在线粒体。1949 年 E. Kennedy 等证明 F. Knoop 提出的脂肪酸 β-氧化过程是在线粒体中进行的，并指出氧化的产物是乙酰辅酶 A。1950 年 L. C. Pauling 等用 X 射线衍射技术研究蛋白质的空间结构，提出了蛋白质的 α-螺旋结构。20 世纪 50 年代以后，生物分子的合成与代谢研究有了很大的发展，氨基酸、嘌呤、嘧啶及脂肪酸等生物合成的途径逐渐被阐明。

3. 分子生物学发展新时期

从 20 世纪 50 年代开始，生物化学发展的特征是分子生物学的崛起。1953 年，J. D. Watson 和 F. H. C. Crick 在 E. Chargaff、M. H. F. Wilkins 和 R. Franklin 等工作的基础上，推导出 DNA 分子的双螺旋结构，为阐明基因结构的本质、了解生物体遗传信息传递规律做出了重要贡献，开启了生命科学领域的黄金时代，使生物化学的研究进入到了分子研究水平。新理论、新概念层出不穷，新方法、新技术突飞猛进，这使人们对生命及相关学科有了更深的认识和思考。

1953 年，英国科学家 F. Sanger 完成了胰岛素的氨基酸序列测定，拉开了蛋白质一级结构分析的序幕；M. Kornberg 证明氨基酸活化后才能参与蛋白质的生物合成；A. Kornberg 在大肠杆菌中发现了 DNA 聚合酶。1958 年，M. Messelson 和 F. W. Stahl 证实了 DNA 的合成过程为半保留复制；F. H. C. Crick 提出遗传的中心法则，从而揭示了核酸和蛋白质之间遗传信息的传递关系。1961 年 F. Jacob 和 J. Monod 揭示了原核生物基因表达的开启和关闭控制的学说，提出操纵子学说。1966 年由 H. G. Khorana 和 M. W. Nirenberg 合作破译了遗传密码，这是生物学方面的另一标志性成就。1965 年中国科学家邹承鲁等人工合成了具有生物活性的结晶牛胰岛素，结束了人类不能在试管内合成生物大分子的历史。1972 年 Berg 和 Boyer 等创建了 DNA 重组技术，标志着人类深入认识生命本质和主动改造生命的新时代的开始。1980 年 F. Sanger 和 A. Maxam 等发明了 DNA 快速测序技术，开启了基因测序工作。1981 年 T. Cech 和 S. Altman 发现某些 RNA 具有酶的催化活性，改变了百余年来酶的化学本质都是蛋白质的传统观念。20 世纪 70 年代出现的 DNA 重组技术不仅使人们用微生物生产人类所需的蛋白质和使改造生物物种成为可能，而且在此基础上衍生出的转基因技术、基因剔除技术及基因芯片技术等，更大地开阔了人们对有关基因研究的视野。20 世纪 80 年代发明的聚合酶链式反应（PCR）技术一经人们掌握，即表现出广阔的应用前景。这一系列辉煌成就，将生物化学和分子生物学大大地向前推进，而基因诊断和基因治疗技术又将给人类对疾病的认识与治疗带来一场新的革命。1990 年由美国发起的人类基因组计划正式启动，这是生命科学领域有史以来全球最庞大的研究计划，通过包括中国在内的 6 个成员国 16 个实验室 1110 位科学工作者的不懈努力，2000 年 6 月完成了第一个基因草图的绘制，2003 年 4 月 14 日宣布人类基因组序列图绘制成功。进入 21 世纪后，随着人类基因组序列测定工作的完成，生命科学也随之开始了一个新纪元——后基因组时代，产生了功能基因组学、结构基因组学和蛋白质组学等等，生物信息学因此也应运而生，将进一步在生命本质的更深层次上探讨与发现生命活动的规律，以及重要生理与病理现象的本质。由此可见，当今生物化学与分子生物学不能截然分割，后者是前者深入发展的结果。总之，生物化学与分子生物学是在分子水平上研究生命奥秘的

NOTE

学科,代表当前生命科学的主流和发展趋势。

三、生物化学与药学科学

药学生物化学是研究与药学科学相关的生物化学理论、原理与技术及其在药物研究、药物生产、药物质量监控与药物临床应用的基础科学。

药学生物化学的一切成果均建立在严谨的生物化学科学实验基础之上。这些技术包括生物大分子的提取、纯化与检测技术,生物大分子组成成分的序列分析和体外合成技术,物质代谢与信号转导的跟踪检测技术,以及基因重组、转基因、基因芯片等基因研究的相关技术等。同时,药物生物化学技术还融入了其他多学科的知识与技术作为药物生物化学的研究手段。新技术、新仪器的不断发展,不仅加快了药物生物化学领域的发展,而且带动了其他学科的快速发展。因此,生物化学与分子生物学在当代药学科学发展中起到了先导作用。各种组学技术以及系统生物学的迅速发展为新药的发现和研究提供了重要的理论基础和技术手段。

药物化学主要利用化学的概念和方法发现和开发药物,它是从分子水平上研究药物在体内的作用方式和作用机制的一门学科。生物化学与分子生物学理论可以为新药的合理设计提供依据,减少盲目性,提高效率。

药理学的学科任务是要为阐明药物作用及作用机制、改善药物质量、提高药物疗效、防治不良反应提供理论依据;研究开发新药、发现药物新用途并为探索细胞生理、生化及病理过程提供实验资料。生物化学与药理学交叉融合已形成新兴生化药理学和分子药理学学科。

以生物化学、微生物学和分子生物学为基础发展起来的生物工程制药已在制药工业占据较大的比例。生物工程主要包含基因工程、酶工程、细胞工程和发酵工程,它们已经成为医药工业的新增长点,如胰岛素、人生长激素、干扰素、促红细胞生成素等已在临床广泛应用。新的蛋白质工程药物种类正在日益增加,应用生物工程技术改造传统制药工业也取得了巨大突破;组织工程技术和生物工程技术在制药工业中的广泛应用将使传统制药工艺发生深刻变革。

总之,生物化学是药学类专业的基础课程,也是联系药学各学科的桥梁,掌握生物化学的基本理论、基本技能,对从事药物研究、药物生产、药物使用与药事管理的学生具有重要的意义。

(李存保)

第二章 蛋白质的结构与功能

学习目标

1. 掌握蛋白质的分子组成；蛋白质分子平均含氮16％的意义；20种氨基酸名称及三字母符号；R基团的结构特点及氨基酸的分类方法；蛋白质结构中的共价键和非共价键；蛋白质一、二、三、四级结构的基本特点；蛋白质重要的理化性质。

2. 熟悉蛋白质的生物学功能；氨基酸的理化性质；蛋白质一级结构、空间结构与功能的关系；一级结构的个体差异与分子病；蛋白质分离纯化方法的基本原理。

3. 了解模体、结构域的概念；蛋白质的分类。

本章PPT

蛋白质(protein)是由氨基酸组成的、具有特定空间构象和功能的生物大分子。它与核酸、脂等其他生物分子共同构成了生命的物质基础。生物体内蛋白质的含量丰富,约占人体固体成分的45％,在细胞中可达细胞干重的70％以上。蛋白质分布广泛,种类繁多,几乎所有的器官、组织都含有蛋白质,整个生物界的天然蛋白质约有百亿种。蛋白质不仅是细胞、组织的结构成分,而且还参与生物体的生理、生化过程。各种各样的酶、抗体、多肽激素、收缩蛋白、转运蛋白、凝血因子、转录因子等都是蛋白质。它们在物质代谢、异源物质识别和机体防御、协调机体运动、血液凝固、细胞信号转导、基因表达调控等方面发挥着关键性的作用。

案例导入

20世纪初,芝加哥一位20岁的黑人大学生因咳嗽、发烧、头晕、呼吸困难被送进医院。医生在对他进行体检时了解到,他从小经常小腿上长疮,而且不易愈合。经过仔细检查发现,他患的是贫血病。奇怪的是他的贫血病非常特殊,血液中的红细胞形状异常,许多变成了镰刀状。用正常人的血红蛋白和该患者的血红蛋白进行电泳实验比较,结果显示两者移动速度不同。多年后经研究发现该患者DNA上有个碱基A突变为碱基T,导致血红蛋白β-亚基N端第6个氨基酸Glu突变为氨基酸Val。请回答下列问题并说明理由。

(1) 该症状可诊断为何种疾病?

(2) 如果电泳缓冲液pH值为8.6,哪种血红蛋白跑得快?

(3) 请解释为什么有的蛋白有多个氨基酸不同但功能没差异(如牛胰岛素与人胰岛素相差4个氨基酸但功能没有差异),而该患者血红蛋白只有一个氨基酸的改变会带来如此严重的后果?

**案例导入
解析**

第一节 蛋白质的分子组成

蛋白质主要由碳(50％～55％)、氢(6％～7％)、氧(19％～24％)、氮(13％～19％)和硫(<4％)五种基本元素组成。有些蛋白质还含有少量磷或金属元素铁、铜、锌、锰、钴、钼等,个别蛋

NOTE

白质还含有碘。其中氮元素是蛋白质特征性的组成元素,因其在各种蛋白质中的含量很接近,平均为16%,实验室可以用定氮法来推算样品中蛋白质的大致含量,此方法被称为凯氏微量定氮法。因此,只要知道生物样品中的含氮量,就可按下式推算出蛋白质的含量:

每克样品中蛋白质的质量(g)＝每克样品中含氮质量(g)×6.25

一、蛋白质的基本组成单位——氨基酸

蛋白质在酸、碱或蛋白酶作用下最终水解为氨基酸(amino acid),这表明氨基酸是蛋白质的基本组成单位。存在于自然界中的氨基酸有300余种,但被生物体直接用于合成蛋白质的氨基酸仅有20种。因为它们都有特定的遗传密码,也叫编码氨基酸(coded amino acid)。

(一)氨基酸的结构特点

组成人体蛋白质的20种氨基酸在结构上有相同的特点,即氨基都连接在与羧基相邻的α-碳原子上(图2-1),因此称为α-氨基酸(脯氨酸为α-亚氨基酸)。R基团为氨基酸的侧链基团,不同的氨基酸其侧链基团各不相同。因此,除了R为H的甘氨酸外,所有α-氨基酸中的α-碳原子均为不对称碳原子(手性碳原子)。因此氨基酸具有旋光异构性,可分为L型和D型两种。参与人体蛋白质组成的20种氨基酸,其结构都为L-α-氨基酸(脯氨酸、甘氨酸除外)。体内也存在若干不参与蛋白质合成但具有重要生理作用的L-α-氨基酸,如参与尿素合成的鸟氨酸(ornithine)、瓜氨酸(citrulline)和精氨酸代琥珀酸(argininosuccinate)。生物界中的D-氨基酸主要存在于某些细菌产生的抗生素及个别植物的生物碱中,D-氨基酸不参与蛋白质的合成。

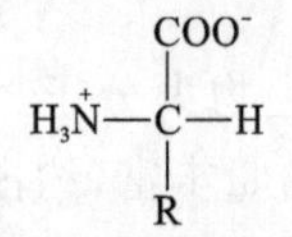

$$H_3\overset{+}{N}-\overset{\overset{\displaystyle COO^-}{|}}{\underset{\underset{\displaystyle R}{|}}{C}}-H$$

图2-1　氨基酸的结构通式

(二)氨基酸的分类

蛋白质的许多性质、结构和功能等都与氨基酸侧链R基团密切相关,根据氨基酸侧链R基团的结构和理化性质,可将20种编码氨基酸分为四类:①非极性疏水性氨基酸;②极性中性氨基酸;③酸性氨基酸;④碱性氨基酸(表2-1)。

表2-1　组成蛋白质的20种氨基酸

中 文 名	英 文 名	结 构 式	三字符号	一字符号	等电点(pI)
1. 非极性疏水性氨基酸					
甘氨酸	glycine	$H-\underset{\underset{\displaystyle +NH_3}{|}}{CH}COO^-$	Gly	G	5.97
丙氨酸	alanine	$CH_3-\underset{\underset{\displaystyle +NH_3}{|}}{CH}COO^-$	Ala	A	6.00
缬氨酸	valine	$CH_3-CH-\underset{\underset{\displaystyle +NH_3}{|}}{CH}COO^-$ $\underset{\displaystyle CH_3}{|}$	Val	V	5.96
亮氨酸	leucine	$CH_3-CH-CH_2-\underset{\underset{\displaystyle +NH_3}{|}}{CH}COO^-$ $\underset{\displaystyle CH_3}{|}$	Leu	L	5.98
异亮氨酸	isoleucine	$CH_3-CH_2-CH-\underset{\underset{\displaystyle +NH_3}{|}}{CH}COO^-$ $\underset{\displaystyle CH_3}{|}$	Ile	I	6.02

续表

中文名	英文名	结构式	三字符号	一字符号	等电点（pI）
苯丙氨酸	phenylalanine	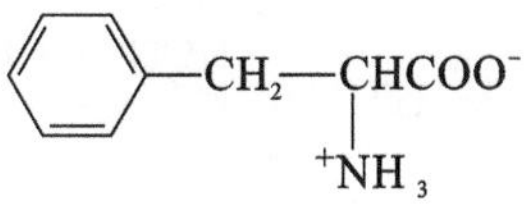	Phe	F	5.48
蛋氨酸（甲硫氨酸）	methionine	$CH_3-S-CH_2-CH_2-CHCOO^-$ $^+NH_3$	Met	M	5.74
脯氨酸	proline	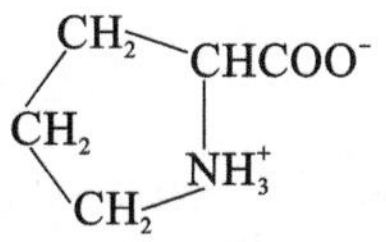	Pro	P	6.30
色氨酸	tryptophan	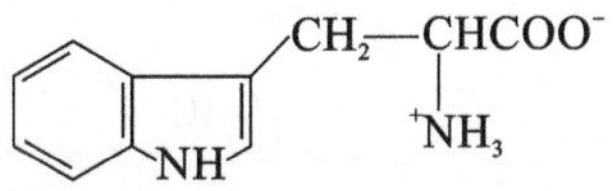	Trp	W	5.89

2. 极性中性氨基酸

中文名	英文名	结构式	三字符号	一字符号	等电点（pI）
丝氨酸	serine	$HO-CH_2-CHCOO^-$ $^+NH_3$	Ser	S	5.68
酪氨酸	tyrosine	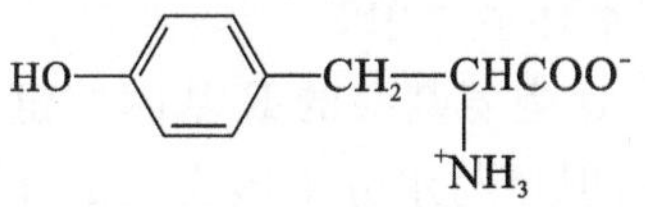 $HO-$⟨⟩$-CH_2-CHCOO^-$ $^+NH_3$	Tyr	Y	5.66
半胱氨酸	cysteine	$HS-CH_2-CHCOO^-$ $^+NH_3$	Cys	C	5.07
天冬酰胺	asparagine	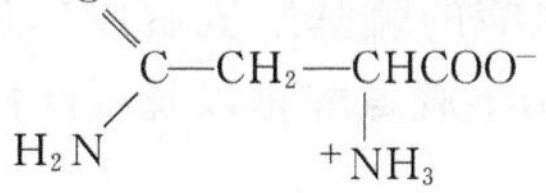	Asn	N	5.41
谷氨酰胺	glutamine	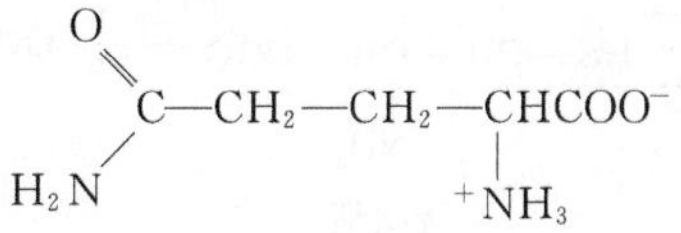	Gln	Q	5.65
苏氨酸	threonine		Thr	T	5.60

3. 酸性氨基酸

中文名	英文名	结构式	三字符号	一字符号	等电点（pI）
天冬氨酸	aspartic acid	$HOOC-CH_2-CHCOO^-$ $^+NH_3$	Asp	D	2.97

NOTE

7

续表

中文名	英文名	结构式	三字符号	一字符号	等电点（pI）
谷氨酸	glutamic acid	$HOOC-CH_2-CH_2-\underset{\underset{NH_3}{+}}{CH}COO^-$	Glu	E	3.22

4. 碱性氨基酸

中文名	英文名	结构式	三字符号	一字符号	等电点（pI）
赖氨酸	lysine	$NH_2-(CH_2)_4-\underset{\underset{NH_3}{+}}{CH}COO^-$	Lys	K	9.74
精氨酸	arginine	$NH_2-\underset{NH}{\overset{NH}{C}}-NH-(CH_2)_3-\underset{\underset{NH_3}{+}}{CH}COO^-$	Arg	R	10.76
组氨酸	histidine	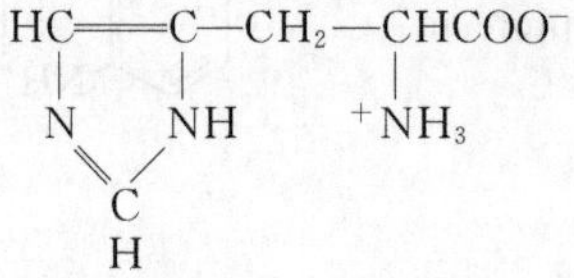 结构式	His	H	7.59

1. 非极性疏水性氨基酸　这类氨基酸的 R 基团为非极性和疏水性基团。氨基酸通过疏水作用簇集在一起发挥稳定蛋白质结构的作用。疏水作用强的氨基酸通常处于蛋白质分子结构的内部或在生物膜的疏水环境之中。

2. 极性中性氨基酸　这类氨基酸的 R 基团侧链上有羟基、巯基或酰胺基等极性基团，在中性水溶液中虽然不解离，但可与水分子形成氢键，因而具有更好的极性和亲水性，易溶于水。

3. 酸性氨基酸　其 R 基团都含有羧基，羧基解离而使分子带负电荷。

4. 碱性氨基酸　其 R 基团含有氨基、胍基或咪唑基，这些基团质子化而使分子带正电荷。

上述氨基酸中脯氨酸和半胱氨酸结构较为特殊。脯氨酸是一种环状的亚氨基酸，其 N 原子在杂环中移动的自由度受限制，但其亚氨基仍能与另一羧基形成肽键；半胱氨酸的侧链末端是巯基（—SH），两个半胱氨酸的巯基脱氢后以二硫键（disulfide bond）结合，形成胱氨酸（图 2-2），蛋白质分子中有不少的半胱氨酸是以胱氨酸的形式存在。

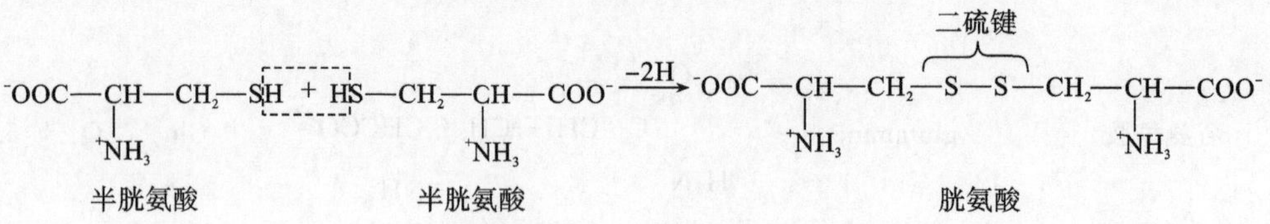

图 2-2　二硫键的形成

【药考提示】20
种编码氨基酸
的结构特点及
分类。

此外，蛋白质分子中还含有一些修饰氨基酸，它们是在蛋白质合成后的加工修饰过程中形成的，如胶原蛋白和弹性蛋白中的羟脯氨酸和羟赖氨酸，是分别由脯氨酸和赖氨酸经羟基化修饰形成；肌球蛋白和组蛋白中含有 6-N-甲基赖氨酸，是由赖氨酸被甲基化后产生。这些经修饰生成的氨基酸在人体内没有相应的遗传密码。

（三）氨基酸的主要理化性质

1. 两性解离性质

所有氨基酸都含有酸性的 α-羧基和碱性的 α-氨基，可在酸性溶液中与 H⁺ 结合带正电荷

（—NH$_3^+$），也可在碱性溶液中释出 H$^+$ 而带负电荷（—COO$^-$），因此氨基酸是一种两性电解质，具有两性解离的性质。其解离方式取决于其所处溶液的酸碱度。在某一 pH 值的溶液中，氨基酸解离成阳离子和阴离子的趋势及程度相等，成为兼性离子，呈电中性，此时的溶液 pH 值称为该氨基酸的等电点（isoelectric point，pI）（图 2-3）。处于等电点的氨基酸在电场中，既不向正极也不向负极移动，反之，荷电氨基酸向与其所带电荷相反的电极移动。

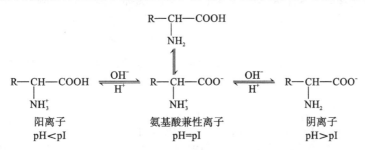

图 2-3 氨基酸的解离通式

通常氨基酸的 pI 值是由 α-羧基和 α-氨基解离常数的负对数 pK_{-COOH} 和 pK_{-NH2} 决定的。pI 计算公式：pI＝1/2（pK_{-COOH}＋pK_{-NH2}）。如丙氨酸 pK_{-COOH}＝2.35，pK_{-NH2}＝9.69，所以 pI＝1/2（2.35＋9.69）＝6.02。若一个氨基酸含有 3 个可解离的基团，如酸性氨基酸和碱性氨基酸的 R 基团还分别含有可解离的羧基和氨基（或亚氨基），则写出它们的解离式后取兼性离子两边的 pK 的平均值，即为该氨基酸的 pI 值。

2. 紫外吸收性质

芳香族氨基酸色氨酸、酪氨酸和苯丙氨酸侧链存在共轭双键，可在波长 250～290 nm 处有特征性紫外吸收峰。其中色氨酸、酪氨酸的吸收峰在波长 280 nm 附近，而苯丙氨酸的吸收峰在波长 260 nm 左右（图 2-4）。色氨酸对紫外线吸收的强度大约是酪氨酸和苯丙氨酸的十倍，因此色氨酸对蛋白质溶液在 280 nm 的吸光度贡献最大。大多数蛋白质含有芳香族氨基酸，所以通过测定蛋白质溶液 280 nm 的吸光度，可对溶液中的蛋白质进行定性和定量分析。

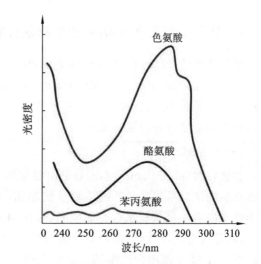

图 2-4 芳香族氨基酸的紫外吸收

3. 茚三酮显色反应

氨基酸在弱酸性溶液中与茚三酮水合物共同加热，后者被还原，其还原物可与氨基酸加热分解产生的氨结合，再与另一分子茚三酮缩合成为蓝紫色的化合物，此化合物最大吸收峰在 570 nm 波长处。由于其吸光度的大小与氨基酸释放出的氨量成正比，因此可作为氨基酸定量分析的方法。

二、肽键与肽

在蛋白质分子中，氨基酸之间通过肽键（peptide bond）相连。肽键是指由一个氨基酸的 α-羧基与另一个氨基酸的 α-氨基脱水缩合形成的共价键（—CO—NH—），又称酰胺键（图2-5）。氨基酸通过肽键相连而形成的化合物称为肽（peptide）。肽中的氨基酸分子因脱水缩合而不同于完整的氨基酸，故称为氨基酸残基（residue）。两个氨基酸脱水缩合形成二肽（dipeptide），是最简单的肽；二肽的 α-羧基可以继续与第三个氨基酸的 α-氨基缩合形成第二个肽键，即三肽。以此类推，

【药考提示】氨基酸的理化性质。

NOTE

该肽链可以继续从 α-羧基延长为寡肽(具有 10 个以内氨基酸残基的肽链)和多肽(具有超过 10 个氨基酸残基的肽链)。蛋白质通常是指含有 50 个氨基酸残基以上的多肽链。由肽键连接各氨

基酸残基形成的长链骨架,即 …… $C_\alpha - \overset{\overset{O}{\|}}{C} - \overset{\overset{H}{|}}{N} - C_\alpha - \overset{\overset{O}{\|}}{C} - \overset{\overset{H}{|}}{N} - C_\alpha - \overset{\overset{O}{\|}}{C} - \overset{\overset{H}{|}}{N} - C_\alpha$ ……,称为多肽链的主链。连接于 Cα 上的各氨基酸残基的 R 基团,统称为多肽链的侧链。每条多肽链都有一个游离的氨基末端(N-末端)和一个游离的羧基末端(C-末端)(图 2-6)。多肽链的书写方法是从肽链的 N-末端开始,由左向右,直到 C-末端结束。命名也是从 N-末端到 C-末端,称为某氨酰某氨酰……某氨基酸,如由谷氨酸、半胱氨酸、甘氨酸构成的三肽应称为谷氨酰半胱氨酰甘氨酸,简称谷胱甘肽。

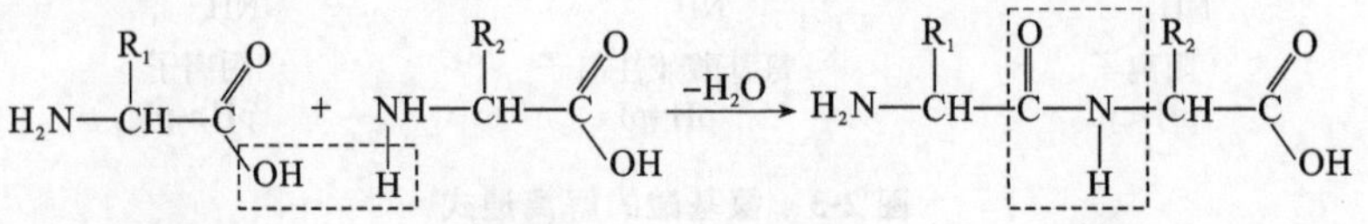

【药考提示】肽键和肽。

图 2-5　肽键的形成

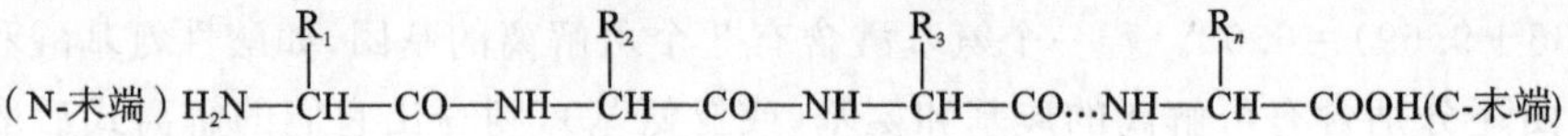

(N-末端) $H_2N - CH - CO - NH - CH - CO - NH - CH - CO \ldots NH - CH - COOH$ (C-末端)

图 2-6　多肽链的通式

三、具有重要生物学功能的生物活性肽

生物活性肽(biologically active peptide)是指对自然界生物体的生命活动具有生理作用或有益的肽类化合物,又称功能肽(functional peptide),它们在代谢调节、神经传导等方面起重要作用。随着肽类药物的发展,许多化学合成或重组 DNA 技术制备的肽类药物和疫苗已在疾病预防和治疗等方面取得成效。

(一)谷胱甘肽

谷胱甘肽(glutathione, GSH)是由谷氨酸、半胱氨酸和甘氨酸组成的三肽(图 2-7),其中半胱氨酸的巯基是谷胱甘肽的主要功能基团,并且 GSH 的第一个肽键是由谷氨酸的 γ-羧基与半胱氨酸的 α-氨基脱水缩合而成的,故称为 γ-谷氨酰半胱氨酰甘氨酸。GSH 是一种抗氧化剂,其巯基具有还原性,可保护体内蛋白质或酶分子中的巯基免遭氧化,使蛋白质或酶处在活性状态。H_2O_2 是细胞内产生的重要氧化剂,可氧化蛋白质的巯基并破坏其功能。在谷胱甘肽过氧化物酶的催化下,GSH 可还原细胞内产生的 H_2O_2 变成 H_2O,同时,GSH 被氧化成氧化型谷胱甘肽(GSSG),后者在谷胱甘肽还原酶催化下,再生成 GSH(图 2-8)。此外,GSH 的巯基还具有嗜核特性,能与外源的嗜电子毒物如致癌剂或药物等结合,从而阻断这些化合物与 DNA、RNA 或蛋白质结合,保护机体免遭毒物损害。

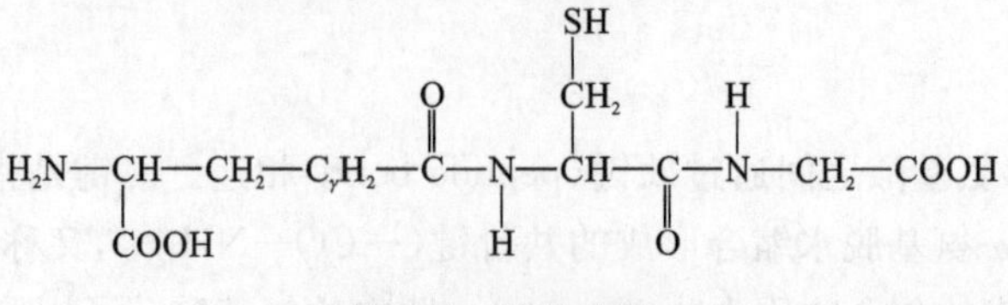

图 2-7　谷胱甘肽

H2O2
2GSH
NADP+
GSH
过氧化物酶
GSH
还原酶
2H2O
GSSG
NADPH+H+

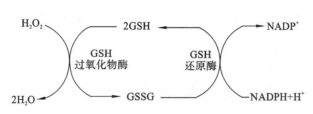

图 2-8 谷胱甘肽巯基的还原保护作用

（二）多肽类激素和神经肽

人体内有许多激素属于寡肽或多肽，例如催产素（9 肽）、加压素（9 肽）、促肾上腺皮质激素（39 肽）、促甲状腺素释放激素（3 肽）等，它们各自都有重要的生理功能。

催产素是由 9 个氨基酸残基组成的多肽类激素，链内有一个二硫键（图 2-9）。催产素有种属特异性，其生理作用是使多种平滑肌收缩（特别是子宫肌肉），具有催产（使子宫收缩，分娩胎儿）及使乳腺排乳的作用。黄体酮可抑制催产素的作用。

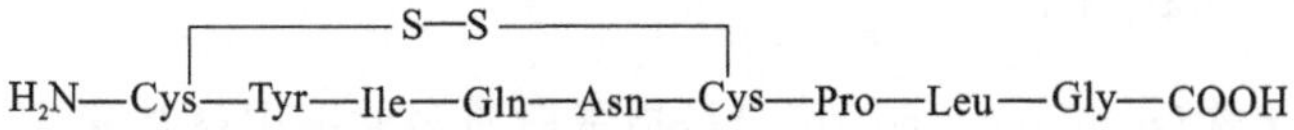

S—S
H2N—Cys—Tyr—Ile—Gln—Asn—Cys—Pro—Leu—Gly—COOH

图 2-9 催产素的结构

加压素又称抗利尿激素，与催产素相比，只有两个氨基酸残基不同（图 2-10）。加压素无种属特异性，能使小动脉收缩而增高血压，也有减少排尿的作用，是调节水代谢的重要激素。

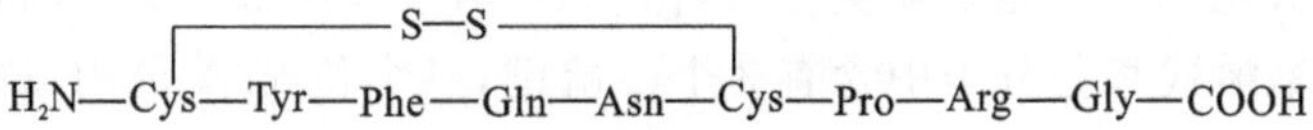

S—S
H2N—Cys—Tyr—Phe—Gln—Asn—Cys—Pro—Arg—Gly—COOH

图 2-10 加压素的结构

促肾上腺皮质激素（adrenocorticotropic hormone，ACTH）是由 39 个氨基酸残基组成的单链多肽。ACTH 可促进体内储存的胆固醇在肾上腺皮质中转化成肾上腺皮质酮，并刺激肾上腺皮质分泌激素。医学上可用 ACTH 来诊断肾上腺皮质的生理状况以及治疗痛风、气喘、皮肤病等疾病。

促甲状腺素释放激素（thyrotropin-releasing hormone，TRH）是一个特殊的三肽（图 2-11），其 N-末端的谷氨酸环化为焦谷氨酸（pyroglutamic acid），C-末端的脯氨酸酰化为脯氨酰胺。促甲状腺素释放激素由下丘脑分泌，可促进腺垂体分泌促甲状腺素。

焦谷氨酸
组氨酸
脯氨酰胺

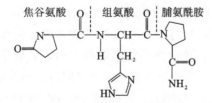

图 2-11 促甲状腺素释放激素的结构

有一类在神经传导过程中起信号转导作用的肽类被称为神经肽（neuropeptide）。较早发现的有脑啡肽（5 肽）、β-内啡肽（31 肽）和强啡肽（17 肽）等，它们与中枢神经系统产生痛觉抑制作用密切相关，可被用于临床的镇痛治疗。除此以外，神经肽还包括 P 物质（10 肽）、神经肽 Y 等，它们在生物体内发挥神经递质的作用，是中枢神经系统调控机体功能的一类重要化学物质。

（三）多肽类抗生素

抗生素（antibiotics）是一类能抑制或杀死细菌的药物，有些抗生素也属于肽或肽的衍生

NOTE

物,例如短杆菌肽 S(gramicidin S)、多黏菌素 E(polymyxin E)和放线菌素 D(actinomycin D)等。

第二节　蛋白质的分子结构

生物体内的蛋白质是由 20 种基本氨基酸按照一定顺序通过肽键相连形成的生物大分子。每种蛋白质都有特定的氨基酸种类、数量、特定的排列顺序及其特定的空间构象,由此决定了每种蛋白质特定的生物活性。组成蛋白质的氨基酸在三维空间里表现出特定的相对位置关系,称为蛋白质的空间结构(spatial structure)或空间构象(spatial confirmation)。蛋白质的空间构象是蛋白质的特有性质和生物学功能的结构基础。蛋白质的分子结构可分为 4 个层次,即一级、二级、三级、四级结构,后三者统称为高级结构。

一、蛋白质的一级结构

蛋白质的一级结构(primary structure)是指蛋白质多肽链中氨基酸残基从 N-端到 C-端的排列顺序。蛋白质的一级结构是由基因上相应的遗传信息所决定的,一级结构中的主要化学键是肽键,许多蛋白质分子中还含有二硫键。

1954 年,英国科学家 F. Sanger 首先测定了牛胰岛素(insulin)的一级结构(图 2-12),胰岛素是由胰岛 β 细胞分泌的一种蛋白质类激素,由 A、B 两条多肽链组成,A 链有 21 个氨基酸残基,B 链有 30 个氨基酸残基。分子中含有 3 个二硫键,一个位于 A 链内,称链内二硫键;两个位于 A、B 链间,称链间二硫键。

二、蛋白质的二级结构

蛋白质的二级结构(secondary structure)是指其蛋白质多肽链中主链原子的局部空间排列,不涉及氨基酸残基侧链的构象。维持蛋白质二级结构的作用力主要是肽链的氢键。

20 世纪 30 年代,L. Pauling 等人对一些寡肽和氨基酸的晶体结构进行 X 射线衍射分析,测定了分子中各原子间的键长和键角,发现肽键 C—N 键的键长(0.133 nm)比相邻的 C_α—N 单键的键长(0.149 nm)短,而较 C≡N 双键的键长(0.127 nm)长,因此肽键具有部分双键的性质,这就决定了其不能发生自由旋转,肽键及其两端的 α-碳原子($C_{\alpha1}$,C,O,N,H,$C_{\alpha2}$)共六个原子处于同一平面上,形成肽单元,又称为肽键平面(图 2-13(a))。整个肽链的主链原子中 C_α—C 和 C_α—N 之间的单键是可以旋转的,C_α 与 C 的单键旋转角度以 ψ 表示,与 N 的单键旋转角度以 φ 表示(图 2-13(b))。单键的旋转决定两个相邻肽键平面的相对空间位置,同时单键的旋转也受角度、侧链基团和肽链中氢及氧原子空间障碍的影响,从而形成不同形式的蛋白质的二级结构,主要有 α-螺旋(α-helix)、β-折叠(β-pleated sheet)、β-转角(β-turn)和无规卷曲(random coil)。

(一)α-螺旋

蛋白质分子中多个肽单元通过 C_α 的旋转,使多肽链的主链围绕中心轴呈有规律的螺旋式上升,多为右手螺旋,仅个别蛋白质的局部出现过少见的左手螺旋。在 α-螺旋中,每 3.6 个氨基酸残基螺旋上升一圈,螺距为 0.54 nm(图 2-14)。α-螺旋中每个肽键—NH 中的氢和第四个肽键的羰基氧形成氢键,氢键的方向与螺旋中心轴基本平行。氨基酸残基的侧链向螺旋外侧伸展。R 基团的大小、荷电状态及形状将影响 α-螺旋的形成及稳定性。若一段肽链有多个带负电荷或正电荷的氨基酸残基彼此相邻,由于同性电荷相互排斥,会妨碍 α-螺旋的形成;脯

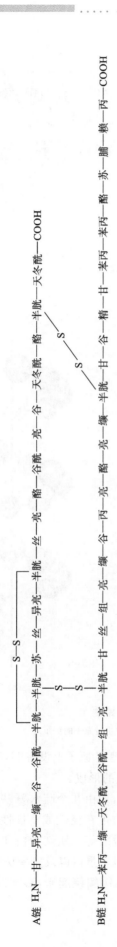

图 2-12 牛胰岛素的一级结构

NOTE

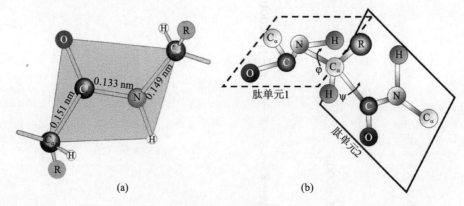

图 2-13　肽键平面

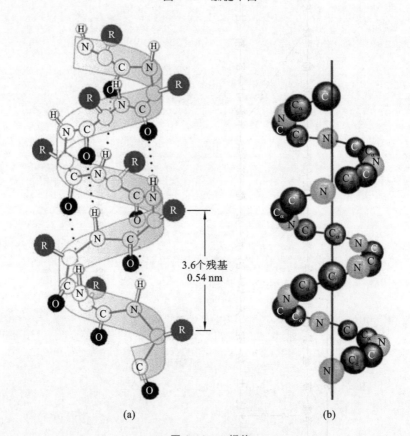

图 2-14　α-螺旋

（a）空间构象和氢键；（b）主链原子的排布

氨酸的 N 原子在刚性的五元环中，它所形成的肽键 N 原子上没有 H，因此不能形成氢键；亮氨酸、异亮氨酸等 R 基团侧链较大，也会影响 α-螺旋的形成。

　　在蛋白质表面存在的 α-螺旋常具有两性特点，即由几个疏水氨基酸残基组成的肽段与亲水氨基酸残基组成的肽段交替出现，使这类蛋白质可在极性或非极性环境中存在。这种两性 α-螺旋可见于血浆脂蛋白、多肽激素及钙调蛋白激酶等。肌红蛋白和血红蛋白分子中有许多肽链段落呈 α-螺旋结构。毛发的角蛋白、肌肉的肌球蛋白以及血凝块中的纤维蛋白，它们的多肽链几乎全卷曲成 α-螺旋。数条 α-螺旋状的多肽链缠绕起来，形成缆索，从而增强了其机械强度，并具有可伸缩性。

NOTE

（二）β-折叠

β-折叠是一种多肽链相当伸展的结构，是另一种常见的有规律的结构单元（图 2-15）。每个肽单元以 C_α 为旋转点，依次折叠成锯齿状结构（呈折纸状）。两个相邻肽单元间折叠成 110°角，两个氨基酸残基占据 0.7 nm 的长度，形成重复单位。氨基酸残基的 R 基团交替位于锯齿状结构的上下方。一条多肽链中所形成的锯齿状结构一般较短，只含 5～8 个氨基酸残基。两条以上相邻肽链或一条肽链内的若干肽段的锯齿状结构可平行排列，走向可以相同（顺向平行），也可相反（反向平行）。顺向平行时肽链的间距为 0.65 nm，反向平行时肽链的间距为 0.70 nm。两条肽链通过肽链间的肽键羰基氧和亚氨基氢形成氢键，以维持 β-折叠结构的稳定。形成 β-折叠的肽段，氨基酸残基的侧链要比较小，能容许两条肽段彼此靠近。纤维状蛋白丝心蛋白是典型的 β-折叠结构，其一级结构存在大量的甘氨酸、丙氨酸和丝氨酸。

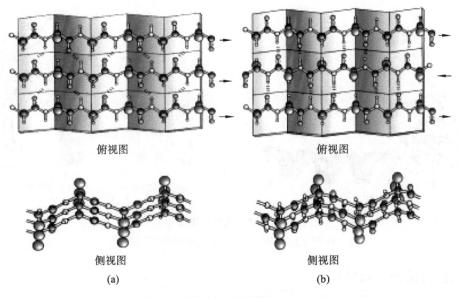

俯视图　　　　　　俯视图

侧视图　　　　　　侧视图

(a)　　　　　　(b)

图 2-15　β-折叠

(a)顺向平行；(b)反向平行

（三）β-转角

多肽链中肽段出现 180°回折时的结构称为 β-转角。β-转角由四个连续的氨基酸残基构成，其第一个氨基酸残基的羰基氧与第四个氨基酸残基的亚氨基氢之间形成的氢键是稳定 β-转角的作用力，肽链呈现 180°回折（图 2-16）。在 β-转角中，第二个氨基酸残基常为脯氨酸，其他常见的氨基酸还有甘氨酸、天冬氨酸、色氨酸及天冬酰胺，并且多数 β-转角位于蛋白质分子的表面。

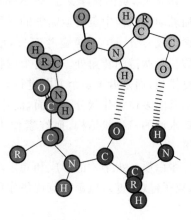

图 2-16　β-转角

（四）无规卷曲

无规卷曲是指肽链中没有确定规律性的部分肽链结构，但仍然是紧密有序的稳定结构，可通过主链间氢键或主链与侧链间氢键来维持构象。常见于球状蛋白质中。

NOTE

（五）超二级结构

在许多蛋白质分子中，常发现几个（多为2～3个）具有二级结构的肽段，在空间上相互接近、相互作用，形成一个具有特殊功能的空间结构，称为超二级结构（super-secondary structure）。模体（motif）是蛋白质分子中具有特定空间构象和功能的结构成分。其中一类就是具有特殊功能的超二级结构。常见的模体主要有 αα、βαβ、ββ 等几种形式。钙结合蛋白的钙离子结合模体是由 12 个氨基酸残基组成的钙结合环和两段 α-螺旋形成的螺旋-环-螺旋（helix-loop-helix，HLH）模体。钙结合环中的谷氨酸和天冬氨酸残基的亲水侧链通过氢键可以与钙离子发生相互作用（图 2-17（a））。锌指结构（zinc finger）是由一个 α-螺旋和两个反平行的 β-折叠组成的模体。在 N-端的两个半胱氨酸残基和 C-端的两个组氨酸残基在空间上形成了一个洞穴，恰好能够容纳一个锌离子（图 2-17（b））。

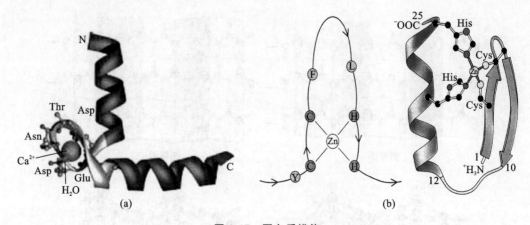

图 2-17　蛋白质模体

（a）钙结合蛋白的钙离子结合模体；（b）锌指结构

三、蛋白质的三级结构

蛋白质的三级结构（tertiary structure）是指整条肽链所有原子在三维空间的排布位置。多肽链在二级结构和模体结构的基础上，进一步盘绕，折叠，依靠次级键和二硫键的维系固定作用所形成的特定空间结构。

1958 年，英国科学家 John Kendrew 等人研究了抹香鲸肌红蛋白的三级结构。肌红蛋白是哺乳动物肌肉中负责运输氧的一种蛋白质，由 153 个氨基酸残基的单条肽链与一个辅基血红素组成。分子中 α-螺旋占 75%，形成 8 个螺旋段。每两个螺旋段之间有一段无规卷曲，脯氨酸位于肽链的转角处。在这个球状蛋白质中，多肽链不是简单地沿着一个中心轴有规律地重复排列，而是沿着多个方向进行卷曲，折叠形成一个紧密似球形的结构。在球状蛋白质中，亲水基团多位于球状分子表面，而疏水基团则位于球状分子内部。在辅基血红素附近形成一个疏水性的口袋状结构，血红素位于其中，它的 Fe^{2+} 与 F 肽段的 F8 组氨酸形成配位键（图 2-18）。

蛋白质三级结构的形成和稳定主要依赖多肽链侧链 R 基团之间形成的非共价键，即疏水键、离子键（盐键）、氢键和范德华作用力等，共价键二硫键也是稳定三级结构的重要作用力（图 2-19）。

对于相对分子质量较大的蛋白质分子来说，其三级结构常可分为数个相对独立的、折叠比较紧密的、球状或纤维状的区域，每个区域具有特定的功能，它们称为结构域（domain）。一般而言，结构域大都含有序列上连续的 100～200 个氨基酸残基。例如，纤连蛋白（fibronectin）是细胞外基质中的黏附蛋白，它由两条不完全相同的多肽链通过近 C-端的两个二硫键相连形

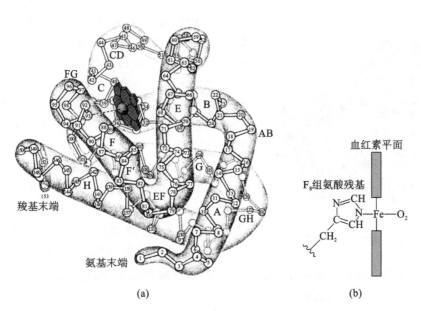

(a)   (b)

图 2-18　肌红蛋白的三级结构及血红素与肽链的关系

(a)肌红蛋白的三级结构;(b)血红素与肽链的关系

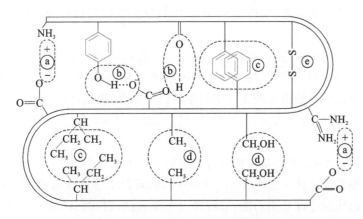

图 2-19　维持蛋白质分子构象的各种化学键

注:ⓐ氢键,ⓑ离子键,ⓒ疏水作用,ⓓ范德华力,ⓔ二硫键。

成二聚体,每条多肽链含有 6 个结构域,各个结构域分别具有与细胞、胶原蛋白、DNA 和肝素等结合的能力(图 2-20)。

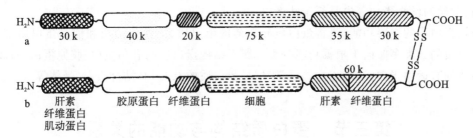

图 2-20　纤连蛋白分子结构域

四、蛋白质的四级结构

生物体内有许多蛋白质需要 2 条或 2 条以上多肽链结合在一起才能执行正确的生物学功能,每一条多肽链都具有完整的三级结构,称为亚基(subunit)。这些亚基之间通过非共价键

NOTE

β链
血红素
α链

图 2-21 血红蛋白的结构

（氢键、盐键、疏水键等）的相互作用维持着亚基之间的空间排布，称为蛋白质的四级结构（quaternary structure）。有些蛋白质分子也有几条多肽链，但链间是以共价键（二硫键）相连，这不算具有四级结构。例如胰岛素虽然由 A、B 两条链构成，但其链间是以二硫键连接。四级结构的蛋白质所含的亚基可以相同，也可以不同。通常单个亚基没有生物学功能，只有完整四级结构的寡聚体才有生物学功能。血红蛋白（hemoglobin, Hb）是由 2 个 α 亚基和 2 个 β 亚基组成的四聚体，两种亚基的三级结构颇为相似，且每个亚基都结合有 1 个血红素（heme）辅基（图 2-21）。4 个亚基通过 8 个盐键相连，形成血红蛋白的四聚体，具有运输氧和二氧化碳的功能。但每一个亚基单独存在时，虽可结合氧且与氧亲和力增强，但在机体组织中难以释放氧。

【药考提示】蛋白质的一级结构及高级结构。

五、蛋白质的分类

自然界蛋白质的种类繁多，功能复杂，蛋白质的分类常以蛋白质分子的组成、形状和功能等差异进行划分。

根据蛋白质分子的组成特点，将蛋白质分为单纯蛋白质和结合蛋白质两大类。单纯蛋白质是指蛋白质分子组成中，除氨基酸外再无别的组成成分，例如核糖核酸酶、清蛋白、球蛋白、肌动蛋白等。结合蛋白质是由单纯蛋白质和非蛋白质部分（辅基）结合而成的蛋白质。按其辅基的不同，结合蛋白可分为核蛋白、糖蛋白、脂蛋白、磷蛋白等几类，生物体内功能性蛋白多为结合蛋白质。

根据分子的形状不同，可将蛋白质分为球状蛋白质和纤维状蛋白质两大类。球状蛋白质分子的长轴与短轴长度之比一般小于 10，其分子形状近似于球形或椭圆形，多数可溶于水，生物界绝大部分蛋白质属于球状蛋白质，有特异的生理活性，如：酶、转运蛋白、蛋白类激素、免疫球蛋白等都属于球状蛋白质。纤维状蛋白质分子的长轴与短轴长度之比一般大于 10，分子的构象成长纤维状，多由几条肽链绞合成麻花状的长纤维，具有较好的韧性，且较难溶于水。纤维状蛋白质多数为生物体组织的结构材料，作为细胞坚实的支架或连接各细胞、组织和器官。大量存在于结缔组织中的胶原蛋白、弹性蛋白就是典型的纤维状蛋白质，再如，毛发、指甲中的角蛋白、蚕丝的丝心蛋白等也是纤维状蛋白。

根据蛋白质的主要功能，可将蛋白质分为结构蛋白质、活性蛋白质和信号蛋白质三大类。目前蛋白质的分类多倾向于根据功能分类。属于结构蛋白质的有角蛋白、胶原蛋白等；属于活性蛋白质的有运输蛋白、运动蛋白等；属于信号蛋白质的有 GTP 结合蛋白、受体等。

第三节 蛋白质结构与功能的关系

生物体内蛋白质所具有的特定的空间构象与其生理功能密切相关。研究蛋白质的结构和功能的关系是从分子水平上认识生命现象的一个极为重要的领域，它能从分子水平上阐明酶、激素等活性物质的作用机制以及一些遗传疾病的发生机制，这将为疾病（如肿瘤、遗传性疾病）的防治、诊断和药物研究提供重要的理论依据。

一、蛋白质一级结构与功能的关系

蛋白质一级结构是空间构象的基础,与其生物学功能关系密切。

(一)一级结构是空间构象的基础

20世纪60年代,美国科学家Anfinsen在研究牛核糖核酸酶时发现,蛋白质的功能与其三级结构密切相关,而特定的三级结构是以氨基酸顺序为基础的。牛核糖核酸酶是由124个氨基酸残基组成,有4对二硫键(图2-22(a))。在牛核糖核酸酶溶液中加入适量的蛋白质变性剂尿素和β-巯基乙醇,分别破坏其次级键和二硫键,使牛核糖核酸酶不再具有天然的空间构象,酶活性丧失,但是由于肽键不受影响,所以一级结构依然存在。利用透析法缓慢地去除蛋白质变性剂,可以使松散的多肽链按照其特定的氨基酸序列,又卷曲折叠成天然酶的空间构象,4对二硫键也正确配对,酶活性几乎完全恢复(图2-22(b))。

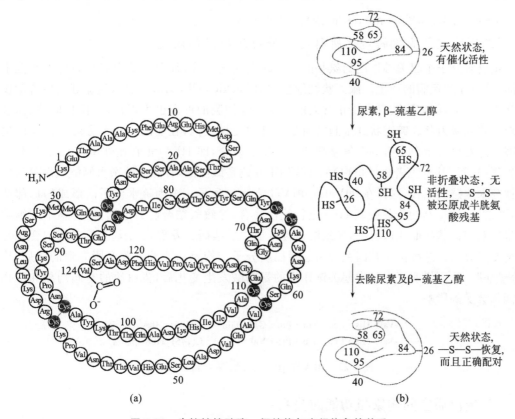

图 2-22　牛核糖核酸酶一级结构与空间构象的关系

(二)一级结构相似的蛋白质具有相似的空间构象与功能

蛋白质一级结构的比较,常被用来预测蛋白质之间结构与功能的相似性。已有大量的实验结果证明,一级结构相似的蛋白质,其空间构象及功能也相似。例如,不同哺乳动物的胰岛素分子都是由A、B两条肽链构成,它们的一级结构虽不完全相同,但与其空间构象形成有关的氨基酸残基却完全一致,且二硫键的配对也极相似,因而它们都执行着相同的调节物质代谢等的生理功能(表2-2)。

NOTE

19

表 2-2　几种哺乳动物胰岛素分子中氨基酸残基的差异

来源	氨基酸残基的差异部分			
	A8	A9	A10	B30
人	Thr	Ser	Ile	Thr
猪	Thr	Ser	Ile	Ala
狗	Thr	Ser	Ile	Ala
兔	Thr	Ser	Ile	Ser
牛	Ala	Ser	Val	Ala
羊	Ala	Gly	Val	Ala
马	Thr	Gly	Ile	Ala

注:A 为 A 链,B 为 B 链;A8 表示 A 链第 8 位氨基酸,其余类推。

知识拓展 2-1

（三）关键氨基酸的变化所引起的蛋白质功能的改变

蛋白质分子中起关键作用的氨基酸残基缺失或被替代,都会严重影响空间构象乃至生理功能,甚至导致疾病的产生。镰刀状红细胞贫血(sickle cell anemia)患者的血红蛋白含量仅为正常人的一半,红细胞数目也是正常人的一半。红细胞的形态也不正常,不仅长而薄,而且呈现新月状或镰刀状。镰刀状红细胞贫血是一种致死性疾病,在非洲地区十分流行。其产生的原因是患者血红蛋白中有一个氨基酸残基发生了改变,即 HbA(正常血红蛋白)β 链的第 6 位为谷氨酸,而 HbS(患者血红蛋白)的 β 链的第 6 位是缬氨酸,谷氨酸的亲水侧链被缬氨酸的非极性疏水侧链所取代,这样在 β6Val 与 β1Val 之间出现了一个因疏水作用而形成的局部结构(图 2-23)。这一结构能使脱氧 HbS 进行线性缔合,导致氧结合能力过低,使得整个红细胞从正常的双凹盘状扭曲成镰刀状,导致溶血性贫血。后续研究发现,β 亚基上氨基酸的变化是基因突变造成的。这种由于基因突变引起蛋白质分子结构及功能发生改变所导致的疾病,称为"分子病"。从而说明蛋白质中起关键作用的氨基酸发生变化后,蛋白质的空间构象和生物学功能都会受到影响。

N–Val·His·Leu·Thr·Pro·**Glu**·Glu……C(146)　HbA　β肽链
N–Val·His·Leu·Thr·Pro·**Val**·Glu……C(146)　HbS　β肽链

图 2-23　HbA 和 HbS 的 β 链 N-端氨基酸组成

二、蛋白质空间构象与功能的关系

蛋白质特定的空间构象是表达其特定的生物学功能的基础。蛋白质的空间构象发生改变,其理化性质及生物学功能也会随之改变。

（一）血红蛋白亚基与肌红蛋白的结构相似

血红蛋白与肌红蛋白(myoglobin, Mb)是红细胞中运输氧分子的载体,并且都是含有血红素辅基的蛋白质。肌红蛋白是只具有三级结构的单链蛋白质,血红蛋白具有四级结构,是由 4 个亚基组成的四聚体。成年人的 Hb 由两条 α 肽链和两条 β 肽链组成($\alpha_2\beta_2$),α 亚基由 141 个氨基酸残基组成,β 亚基由 146 个氨基酸残基组成,α 亚基和 β 亚基隔着一个空腔彼此相向(图 2-21),各亚基的三级结构与肌红蛋白结构相似,有 A 至 H 8 个 α 螺旋区,只是肽链比肌红蛋白肽链稍微短一点。血红素是铁卟啉化合物,4 个吡咯环通过 4 个甲炔基形成一个环状结构,Fe^{2+} 居于环中(图 2-24)。Fe^{2+} 有 6 个配位键,其中 4 个与吡咯环的 N 配位结合,1 个配位

键与邻近的 F8 组氨酸残基结合,氧分子则与 Fe^{2+} 形成第 6 个配位键,接近 E7 组氨酸。血红蛋白的每个亚基结构中间有一个疏水局部,可结合 1 个血红素并携带 1 个氧分子,因此,1 分子血红蛋白共结合 4 分子氧。血红蛋白亚基之间通过 8 对盐键(图 2-25),使 4 个亚基紧密结合而形成亲水的球状蛋白质。

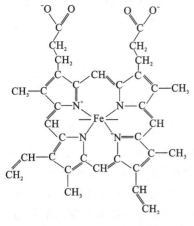

图 2-24 血红素的结构

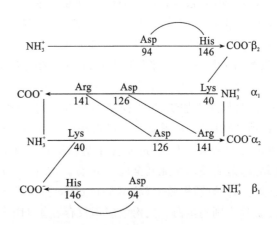

图 2-25 血红蛋白亚基间的盐键

(二) 血红蛋白构象的改变影响与氧的结合能力

Hb 和 Mb 都能可逆地结合氧。Mb 可以很快与 O_2 结合,并迅速达到饱和。Mb 的氧结合曲线呈矩形双曲线(图 2-26),表明 Mb 与 O_2 有很强的结合能力。Hb 与 O_2 可逆结合形成氧合血红蛋白(HbO_2),HbO_2 占血液中总 Hb 的百分数称为氧饱和度。氧饱和度随氧分压的改变而改变,氧结合曲线呈 S 形。在 O_2 分压较低时,O_2 不易于 Hb 结合,但是随着 O_2 分压的不断升高,O_2 与 Hb 的结合能力也不断增加。Mb 和 Hb 与 O_2 结合的能力用半氧饱和度(P_{50})来衡量,即 50% 的 Mb 或 Hb 结合了 O_2 分子所对应的氧分压。较高的 P_{50} 说明 Hb 与 O_2 的结合能力远低于 Mb 与 O_2 的结合能力。

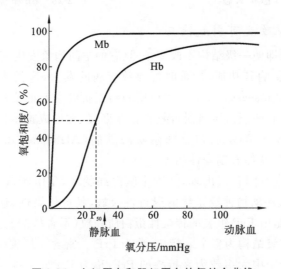

图 2-26 血红蛋白和肌红蛋白的氧结合曲线

Hb 的 S 形氧结合曲线说明 Hb 的 4 个亚基与 4 个 O_2 的结合能力各不相同。第一个亚基与 O_2 结合以后,促进了第二及第三个亚基与 O_2 的结合,当前三个亚基与 O_2 结合后,又会进一步促进第四个亚基与 O_2 的结合。一个亚基与配体结合后能够影响寡聚体中其他亚基与配体结合的现象称为协同效应(cooperative effect)。如果是促进作用则称为正协同效应(positive

NOTE

21

cooperativity),反之则称为负协同效应(negative cooperativity)。

血红蛋白具有协同效应的原因在于血红素与氧结合后导致了血红蛋白结构的改变。Perutz 等利用 X 射线衍射技术分析 Hb 和 HbO_2 结晶的三维结构,提出 Hb 与 O_2 结合过程中结构变化的模型。未结合 O_2 时,Hb 的 α_1/β_1 和 α_2/β_2 呈对角排列,结构紧密,称为紧张态(tense state,T 态),T 态的 Hb 与 O_2 的亲和力小。随着与 O_2 的结合,四个亚基之间的盐键断裂,使 α_1/β_1 和 α_2/β_2 的长轴形成 15°的夹角,结构相对松弛,称为松弛态(relaxed state,R 态)(图 2-27),R 态的 Hb 与 O_2 的亲和力大。T 态转变成 R 态是在逐个结合 O_2 的过程中完成的。在脱氧 Hb 中,Fe^{2+} 的半径比卟啉环中间的孔大,因此 Fe^{2+} 不能进入卟啉环小孔,高出卟啉环平面 0.075 nm。当第 1 个 O_2 与 Hb 第一个亚基结合时,Fe^{2+} 与 O_2 形成配位键,这种结合使 Fe^{2+} 的自旋速率加快,其半径变小并落入到卟啉环内。Fe^{2+} 的移动使 F8 组氨酸向卟啉环平面移动,同时带动 α-螺旋 F 肽段做相应的移动(图 2-28)。F 肽段的这一微小移动,首先引起 α-α 亚基之间盐键的断裂,进而使亚基间结合松弛。这种构象的细微变化可促进第二个亚基与 O_2 结合,最后使四个亚基全处于 R 态。这种 O_2 与 Hb 一个亚基结合后引起亚基构象变化的现象即为 Hb 的别构效应(allosteric effect),又称变构效应。小分子 O_2 为其别构剂或效应剂,Hb 被称为别构蛋白。别构效应不仅存在于 Hb 与 O_2 之间,而且在一些酶与别构剂的结合、配体与受体结合也存在着别构效应。

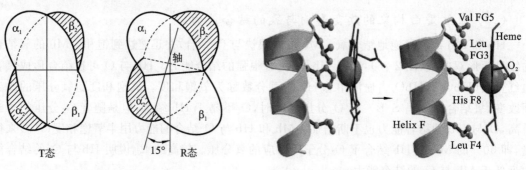

图 2-27　Hb 的 T 态和 R 态　　　　　图 2-28　Hb 和 O_2 结合示意图

(三)蛋白质构象改变可引起疾病

生物体内的蛋白质即使一级结构不改变,一旦它的空间构象发生变化,其生物活性也随之发生改变或丧失,从而影响其功能,严重时可导致疾病的发生,这类疾病称为蛋白质构象病(protein conformational disease,PCD)。蛋白质的错误折叠引起的蛋白质的构象变化是导致疾病发生的原因之一。有些蛋白质错误折叠后相互聚集,常形成抗蛋白水解酶的淀粉样纤维沉淀,产生毒性而致病,这类疾病包括阿尔茨海默病(Alzheimer disease)、亨廷顿舞蹈症(Huntington chorea)、纹状体脊髓变性病等。

疯牛病于 1986 年在英国首次出现,又称牛脑海绵状病,是由朊病毒蛋白(prion protein,PrP)感染引起的一组人和动物神经系统的退行性疾病,具有传染性、遗传性和散在发病的特点,其在动物间的传播是由 PrP 组装的传染性蛋白质颗粒(不含核酸)完成的。正常 PrP 水溶性强,对蛋白酶敏感,二级结构为多个 α-螺旋,称为 PrP^c。富含 α-螺旋的 PrP^c 在某种未知蛋白质的作用下可转变成分子中大多数为 β-折叠的 PrP,称为 PrP^{sc}。空间结构的改变,使得该蛋白质对蛋白水解酶不敏感,水溶性差,具有热稳定性。虽然该蛋白质的一级结构没有改变,但空间结构的变化使它们相互聚集,最终形成淀粉样沉淀而致病。

知识链接 2-1

【药考提示】蛋白质结构与功能的关系。

NOTE

第四节 蛋白质的理化性质

蛋白质是由氨基酸组成的,故其理化性质必然与氨基酸相同或相似。例如,蛋白质具有两性解离及等电点、紫外吸收、呈色反应等理化性质;但蛋白质又是生物大分子,故其又具有氨基酸没有的理化性质。

一、蛋白质的两性解离性质

蛋白质分子除两端的氨基和羧基可解离外,侧链中某些基团,如谷氨酸、天冬氨酸残基中的 γ 和 β-羧基,赖氨酸残基中的 ε-氨基,精氨酸残基中的胍基和组氨酸残基中的咪唑基,在一定的溶液 pH 值条件下都可解离成带负电荷或正电荷的基团。因此,蛋白质和氨基酸一样都是两性电解质。当蛋白质溶液处于某一 pH 值时,蛋白质解离成正、负离子的趋势相等,即成为兼性离子,净电荷为零,此时溶液的 pH 值称为蛋白质的等电点(isoelectric point,pI)。各种蛋白质所含可解离基团的数目及其可解离基团的解离度不同,pI 也各不相同。蛋白质溶液的 pH 值大于 pI 时,该蛋白质颗粒带负电荷;当蛋白质溶液的 pH 值小于 pI 时,该蛋白质带正电荷(图2-29)。

大部分人体蛋白质的等电点接近于 5.0,在人体体液 pH 值 7.4 的环境中,它们都以阴离子的形式存在。少数蛋白质含碱性氨基酸较多,其 pI 偏碱性,称为碱性蛋白质,如组蛋白、细胞色素 c 等;也有少量蛋白质含酸性氨基酸较多,其等电点偏酸性,被称为酸性蛋白质,如胃蛋白酶和丝蛋白等。

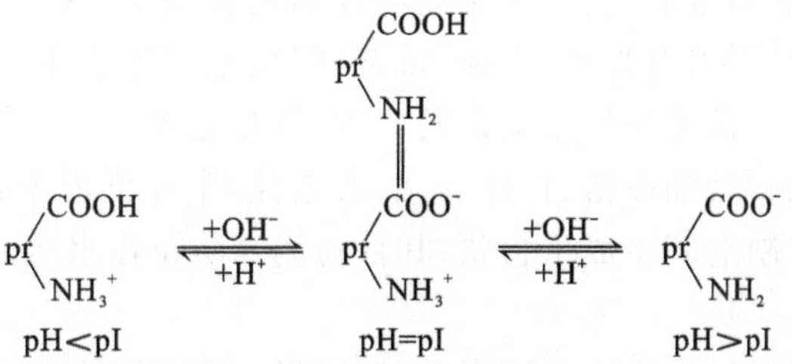

COOH
pr
NH₂

COOH　　+OH⁻　　COO⁻　　+OH⁻　　COO⁻
pr　　⇌　　pr　　⇌　　pr
NH₃⁺　　+H⁺　　NH₃⁺　　+H⁺　　NH₂

pH<pI　　　　pH=pI　　　　pH>pI

图 2-29 蛋白质解离式

二、蛋白质具有胶体性质

蛋白质的分子质量一般在 1 万～100 万 kD 之间,是大分子化合物。其颗粒平均直径约为 4.3 nm,已达到胶体粒子范围(1～100 nm)。蛋白质疏水性的 R 基团多位于分子内部,亲水性的基团常位于分子表面,在水溶液中能与水发生水合作用,形成水化膜,从而阻断蛋白质分子的相互聚集。同时,蛋白质分子表面的可解离基团的解离,使其在溶液中带有一定量的同种电荷,分子间相互排斥,从而使蛋白质分子不会相互聚集而沉淀析出。蛋白质分子表面的水化膜和电荷是其亲水颗粒稳定存在的因素,去除这两个稳定因素(如调节溶液的 pH 值至 pI、加入脱水剂等),蛋白质极易从溶液中沉淀析出。

三、蛋白质的紫外吸收性质

蛋白质分子中含有共轭双键的酪氨酸和色氨酸,在 280 nm 波长处有特征性紫外吸收。在此波长范围内,蛋白质的 A_{280} 与其浓度成正比,因此蛋白质在 280 nm 处的吸光度常用于其定性、定量的测定。

NOTE

四、蛋白质的呈色反应

蛋白质分子中的肽键以及某些氨基酸残基的化学基团具有特定的反应性能,使蛋白质溶液具有多种呈色反应。蛋白质的呈色反应常常用于蛋白质的定量测定。

1. 双缩脲反应

含有多个肽键的蛋白质和肽在碱性溶液中加热可与 Cu^{2+} 形成紫红色化合物。此反应可用于蛋白质的定性和定量。另外,由于氨基酸不呈现双缩脲反应,故此反应也可用于检查蛋白质的水解程度。

2. Folin-酚试剂反应

在碱性条件下,蛋白质分子中的色氨酸和酪氨酸残基使 Folin-酚试剂(磷钨酸盐-磷钼酸盐)还原,生成蓝色化合物,此反应的灵敏度比双缩脲反应高 100 倍,但不同蛋白质中可能因所含的色氨酸和酪氨酸的比例不同而导致一些误差。

3. 茚三酮反应(ninhydrin reaction)

在 pH 值为 5～7 的溶液中,蛋白质分子中游离的 α-氨基可与茚三酮反应生成蓝紫色化合物。蛋白质水解后产生的氨基酸也可发生茚三酮反应。

五、蛋白质的变性和复性

在某些物理因素和化学因素的作用下,蛋白质的空间构象遭到破坏,并导致蛋白质理化性质的改变和生物学活性的丧失,称为蛋白质的变性(denaturation)。蛋白质的变性主要是二硫键和非共价键的破坏,不涉及一级结构中氨基酸序列的改变。蛋白质变性后,其理化性质及生物学性质发生改变,如溶解度降低、黏度增加、结晶能力消失、生物学活性丧失、易被蛋白酶水解等。造成蛋白质变性的因素有很多,常见的物理因素有高温、高压、紫外线照射、X 线照射、超声波、剧烈振荡等;化学因素有强酸、强碱、重金属盐、乙醇等有机溶剂及生物碱试剂等。在生物学和医学上,变性因素常被应用来消毒及灭菌,如用乙醇、紫外线照射消毒,用高温、高压灭菌等。为保证蛋白质制剂(如疫苗、抗体等)的有效性,常在低温条件下生产、储存和运输这类制剂。另外,将蛋白质制剂制备成干粉状,其目的就是防止在水溶液条件下的蛋白质在运输和保存过程中变性失效。

若蛋白质变性程度较轻,去除变性因素后,有些蛋白质仍可恢复或部分恢复其原有的构象和功能,称为复性(renaturation),如前文所述核糖核酸酶的变性与复性。如果蛋白质变性后空间构象破坏严重,不能恢复其天然构象,称为不可逆变性。

蛋白质变性后,其疏水侧链暴露出来,肽链相互缠绕聚集而从溶液中析出,这一现象称为蛋白质沉淀(precipitation)。变性的蛋白质易于沉淀,有时蛋白质发生沉淀,但并不变性。蛋白质在强酸、强碱中虽然变性,但因溶液的 pH 值远离 pI,所以蛋白质仍能溶解于强酸或强碱溶液中,此时若将溶液的 pH 值调至等电点,变性蛋白质可凝结成絮状物,但此絮状物仍可溶解于强酸和强碱中。加热絮状物即可将其转变成坚固的凝块,此凝块不再溶于强酸和强碱中,这种现象称为蛋白质的凝固作用(protein coagulation)。如鸡蛋煮熟后形成固体状;豆浆中加氯化镁变成豆腐,都是凝固现象。可以说凝固是蛋白质变性后进一步发展的不可逆的结果。

第五节　蛋白质的分离和纯化

利用蛋白质的不同理化特性将溶液中的蛋白质相互分离而取得单一蛋白质组分的过程称为蛋白质的分离和纯化。

一、盐析法和沉淀法

盐析(salt precipitation)是在蛋白质溶液中加入大量中性盐,使蛋白质表面电荷被中和以及水化膜被破坏,导致蛋白质在溶液中的稳定因素被去除而从溶液中析出。常见的中性盐有硫酸铵、硫酸钠、氯化钠等。各种蛋白质的溶解度和pI值不同,盐析时所需的pH值和离子强度不同,利用这一点可将混合蛋白质溶液中的各种蛋白质分别沉淀,这种分级沉淀的方法称为分段盐析。例如血清中的清蛋白及球蛋白,前者溶于半饱和的硫酸铵溶液中,而后者在此溶液中沉淀。当硫酸铵溶液达到饱和时,清蛋白也能析出。盐析沉淀得到的蛋白质不变性,因此盐析是分离制备蛋白质的常用方法。但盐析法只能将蛋白质初步分离,欲得纯品,还需用其他方法。

某些有机溶剂如乙醇、丙酮等是脱水剂,能使蛋白质脱去水化膜而沉淀。用丙酮沉淀蛋白质时,必须在0~4 ℃低温条件下进行。丙酮体积应不小于蛋白质溶液体积的10倍。沉淀后的蛋白质应立即分离以防止蛋白质变性。

蛋白质具有抗原性,将某一种纯化的蛋白质免疫动物可获得该蛋白的特异性抗体。利用抗体与抗原特异性识别并形成抗原抗体复合物的性质,可从蛋白质混合液中分离获得特异性的抗原蛋白,这种方法称为免疫沉淀法,可用于特定蛋白质的定性和定量分析。目前被广泛应用的免疫共沉淀技术就是利用该原理,将抗体交联至固相化的琼脂糖珠上,与含有特定抗原的蛋白质溶液作用,获得抗原抗体复合物,再进一步将其溶于含有十二烷基磺酸钠和二巯基丙醇的缓冲液中,加热,使抗原从抗原抗体复合物中分离而得以纯化。

二、电泳法

蛋白质在高于或低于其pI的溶液中为带电颗粒,在电场力的作用下能向正极或负极移动。溶液中的带电颗粒在电场中向其带电性相反的方向迁移的现象,称为电泳(electrophoresis)。因此,可通过电泳技术而达到分离各种蛋白质的目的。根据支撑物的不同,电泳主要分为薄膜电泳、凝胶电泳等。薄膜电泳是将蛋白质溶液点样在薄膜上,在薄膜两端分别加正、负极,则带正电荷的蛋白质向负极泳动,带负电荷的蛋白质向正极泳动;带电多,分子质量小的蛋白质泳动速率快,带电少,分子质量大的蛋白质泳动速率慢,从而使混合蛋白质分离。凝胶电泳是将凝胶置于玻璃管中或加在两片玻璃板之间,在凝胶的两端加上正、负电极,蛋白质即可在凝胶中移动,从而被分离。凝胶电泳的支撑物通常为琼脂糖凝胶(agarose gel)和聚丙烯酰胺凝胶(polyacrylamide gel),电泳结束后,通过显色方法,可以看到多条被分离出的蛋白质条带。

聚丙烯酰胺凝胶具有分子筛效应。若在蛋白质样品和聚丙烯酰胺凝胶系统中加入足够量的带负电荷较多的去污剂十二烷基磺酸钠(SDS),使蛋白质分子表面覆盖一层SDS分子,从而消除蛋白质分子间的电荷差异,那么此时蛋白质在电场中的泳动速率仅与蛋白质分子质量大小有关。这种电泳方法称为SDS-聚丙烯酰胺凝胶电泳(SDS-PAGE),可用于测定蛋白质的分子量。

蛋白质还可利用等电聚焦电泳(isoelectric focusing electrophoresis,IFE)的方法进行分离。等电聚焦电泳是依据蛋白质等电点的不同来分离蛋白质的。当在聚丙烯酰胺凝胶中加入两性电解质载体后,它可以在聚丙烯酰胺凝胶中形成一个连续稳定的pH值梯度,即一个由阳极到阴极逐步变化的pH值梯度。蛋白质在偏离等电点的pH值位置上会出现净电荷,在电场作用下,该蛋白质将发生泳动;当蛋白质泳动到与其pI相等的pH值凝胶位置时,该蛋白质的净电荷为零,蛋白质停止泳动。而其他的蛋白质还会在电场中继续泳动直到这些蛋白质停止在与pI值相等的pH值凝胶位置。

NOTE

双向凝胶电泳技术是将聚丙烯酰胺凝胶电泳和等电聚焦电泳结合在一起的技术。首先利用等电聚焦电泳将不同的蛋白质按照它们的 pI 进行分离,再将等电聚焦电泳胶条置于 SDS-PAGE 凝胶的顶部,再按照蛋白质的分子质量大小对其进行分离。

三、透析法

透析(dialysis)是利用蛋白质分子不能透过半透膜的性质,用透析袋将蛋白质分子和小分子化合物分离的方法。透析袋是具有超小微孔的半透膜,如硝酸纤维素膜。微孔的大小决定了只允许分子质量小于特定值的小分子物质通过,而分子质量较大的蛋白质则留在透析袋内。透析时将蛋白质溶液置入透析袋内,将此透析袋浸入水或缓冲液中,由于蛋白质是高分子化合物故留在袋内,而盐和小分子物质如硫酸铵、氯化钠等不断扩散透过薄膜到袋外,直到袋内外两边的浓度达到平衡为止。如果不断更换袋外的水,则可把袋内的小分子物质全部去尽。

超滤(ultrafiltration)是一种加压膜分离技术,即在一定的压力下,使小分子溶质和溶剂透过一定孔径的特制薄膜,而蛋白质不能透过,从而实现蛋白质的分离和纯化。除此之外,这种方法还可以达到浓缩蛋白质溶液的目的。

四、层析法

层析(chromatography)法是利用蛋白质在不同物质相中的分配不同的原理分离和纯化蛋白质的方法。待分离的蛋白质随着样品溶液(流动相)流经层析柱(固定相)时,由于蛋白质颗粒的大小、所带电荷的多少以及与固定相亲和力的不同,使不同的蛋白质在固定相和流动相中反复分配,各组分以不同速度流经固定相,从而达到分离的目的。常用的层析方法有离子交换层析、凝胶层析和亲和层析等。

(一)离子交换层析

离子交换层析(ion exchange chromatography)是根据蛋白质分子所带电荷量及性质的不同来进行蛋白质的分离。填充层析柱的阴离子交换树脂颗粒上带有正电荷,所以能够吸引溶液中的阴离子。当蛋白质混合液流经层析柱时,带有负电荷的蛋白质就会吸附在层析柱上,然后用含阴离子(如 Cl⁻)的洗脱液洗柱。由于带负电荷较少的蛋白质与层析柱的结合力相对较弱,首先就会被洗脱下来;逐渐增加洗脱液中的阴离子强度,可使带负电荷较多的蛋白质依次洗脱下来,于是不同的蛋白质就会被分离出来(图 2-30)。

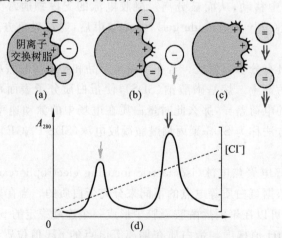

图 2-30　离子交换层析分离蛋白质

注:(a)样品全部交换并吸附到树脂上;(b)负电荷较少的分子用较低浓度的 Cl⁻ 或其他阴离子溶液洗脱;
(c)电荷多的分子随 Cl⁻ 浓度的增加依次洗脱;(d)洗脱图。

（二）凝胶过滤层析

凝胶过滤层析（gel filtration chromatography）又称分子筛层析（molecular sieve chromatography）。层析柱内填满带有小孔的凝胶颗粒，通常由葡聚糖制成。当蛋白质混合溶液加于层析柱的顶端后，蛋白质分子将向下渗漏。小分子蛋白质在流经层析柱时可以自由进入凝胶颗粒孔内，因而在柱中滞留时间较长，而大分子蛋白质不能进入孔内则径直流出。其结果是大分子蛋白质最先从层析柱中流出，而小分子蛋白质则在较后的时段内流出，使不同大小的蛋白质得以分离。

（三）亲和层析

亲和层析（affinity chromatography）是利用蛋白质与层析柱固定相结合力强弱的不同来分离蛋白质，依据的是生物分子间所具有的特异的亲和力而设计的层析技术，如抗原与抗体、酶与底物、激素与受体、DNA 与 RNA 等之间有特殊亲和力。当蛋白质混合溶液流经层析柱时，由于层析柱的树脂颗粒表面固定了某些特殊的分子或功能团，使待分离的蛋白质被吸附在层析柱的树脂颗粒上，而其他蛋白质则直接流过层析柱，然后用特定的洗脱液将结合在树脂颗粒上的蛋白质洗脱下来。

五、超速离心法

利用超声、化学处理或机械研磨等方法把特定溶液中的细胞破碎，可以使细胞中的蛋白质充分地释放出来，然后利用超速离心法（ultracentrifugation）可以将蛋白质从匀浆液中分离出来。蛋白质在高达 500 000 g 的重力作用下，在溶液中逐渐下沉，直至离心力与其浮力相等，此时沉降停止。由于蛋白质下沉的速度与蛋白质分子质量大小、分子形状、密度及溶剂的密度有关，因此可用超速离心法将大小、形状各异的不同蛋白质分开。蛋白质在离心场中的行为用沉降系数（sedimentation coefficient, S）表示。蛋白质沉降系数 S 与其相对分子质量大体上成正比关系，因此超速离心法也可用作测定蛋白质的分子量。

【药考提示】分离、纯化蛋白质的一般原理和方法。

本章小结

蛋白质的 结构与功能	学习要点
概念	氨基酸等电点，肽键，蛋白质的一、二、三、四级结构，模体，结构域，变构效应，协同效应，蛋白质构象病，蛋白质的变性与复性
功能	编码氨基酸，谷胱甘肽，肽键平面，α-螺旋，β-折叠，β-转角，无规卷曲，亚基，肌红蛋白，血红蛋白，血红素
原理	氨基酸的分类及理化性质，蛋白质结构与功能的关系，镰刀状红细胞贫血的发病机制，蛋白质的理化性质，蛋白质的分离纯化方法及原理

目标检测

一、填空题

1. 蛋白质的基本组成单位是_____，组成人体蛋白质的氨基酸仅有_____种。
2. 氨基酸根据其侧链的结构和理化性质可分为_____、_____、_____、_____

目标检测
解析
NOTE

和_____。

3. 在蛋白质分子中,一个氨基酸的 α _____与另一个氨基酸的 α _____脱水缩合所形成的键称为_____。

4. 谷胱甘肽是由_____、_____和_____组成的三肽。该物质的主要功能基团是_____。

5. 蛋白质一级结构的连接键主要是_____,有的还包括_____。

6. 牛胰岛素 A 链有_____个氨基酸,B 链有_____个氨基酸,共有_____个二硫键。

7. 蛋白质按组成可分为_____、_____,按形状可分为_____、_____。

8. 在_____nm 波长处有特征性吸收峰的氨基酸是_____和_____。

9. 蛋白质变性主要是_____结构遭到破坏,而其_____结构完整无损。

10. 蛋白质亲水胶体保持稳定的两个因素是_____和_____。

11. 疯牛病是由朊病毒蛋白(PrP)引起的一组人和动物神经退行性病变。正常的 PrP 富含_____,称为 PrP^c,PrP^c 在某种未知蛋白质的作用下可转变成全为_____的 PrP^{sc},从而致病。

二、判断题

1. 多肽链主链构象由每个肽键的两个二面角所确定。   (   )
2. 二硫键对于所有蛋白质的四级结构是必需的。   (   )
3. 丙氨酸的存在不影响蛋白质 α-螺旋的形成。   (   )
4. 维系蛋白质三级结构稳定的最重要的键或作用力是疏水作用。   (   )
5. Phe、Ile 不易处于球状蛋白质分子的表面。   (   )
6. 将蛋白质溶液 pH 值调节到其等电点时可使蛋白质稳定性增加。   (   )

三、问答题

1. 什么是蛋白质的二级结构? 主要包括哪些类型?
2. 请举例说明蛋白质结构与功能的关系。
3. 一条肽链由 400 个氨基酸残基组成,若它全为 α-螺旋结构,其分子长度为多少? 并说明 α-螺旋结构的要点及影响 α-螺旋形成的因素有哪些?
4. 蛋白质分离提纯的主要方法是什么?
5. 简述蛋白质的理化性质。
6. 试述镰刀状红细胞贫血的发病机制。

(张　锐)

在线答题

NOTE

第三章 核酸的组成与结构

 学习目标

1. 掌握核酸的基本化学组成;DNA 双螺旋结构的特征;RNA 的种类、结构特征及生物学功能;核酸链的变性、复性、杂交。

2. 熟悉核酸的一级结构;DNA 的结构多态性和超螺旋结构;核酸的紫外吸收、核酸链的解链温度。

3. 了解核酸的分离纯化;反义核酸技术及核酸药物。

本章 PPT

核酸(nucleic acid)是由核苷酸聚合而成的生物大分子,是维持生物体的基本物质之一。核酸包括 DNA 即脱氧核糖核酸(deoxyribonucleic acid,DNA)和 RNA 即核糖核酸(ribonucleic acid,RNA),具有携带及传递遗传信息的功能。

案例导入

警方受理了一起强暴案件。但是事隔 10 天,现场证物早已不复存在,警方传讯了犯罪嫌疑人 M,但 M 称绝无此事,矢口否认犯罪行为。但警方认为任何犯罪行为都不可避免地会留下证据。在专家的指导下,怀孕 40 多天的 F 做了人流手术并提取了胚胎绒毛样本,同时也获得 M,F 的血液样本,使用 DNA 指纹技术进行亲子鉴定。鉴定分析发现,胚胎绒毛的图纹除去和 F 吻合的部分,其余全部和 M 吻合,表明胎儿的"生物学父亲"就是 M,这一科学结论是有力的法律证据,M 最终受到法律惩罚。

(1) 什么是 DNA 指纹?

(2) DNA 指纹有什么特点?

(3) DNA 指纹技术有哪些应用?

**案例导入
解析**

第一节 概 述

一、核酸的生物学功能

90% 以上的 DNA 存在于细胞核,其余存在于线粒体或叶绿体,DNA 是遗传信息的物质基础,携带遗传信息,并可通过复制传递给下一代。RNA 存在于细胞核和细胞质,是 DNA 转录的产物,参与遗传信息的转录和翻译,主要包括 tRNA、mRNA 及 rRNA 三种。此外,细胞中还存在其他一些小分子的 RNA,如微小 RNA(miRNA)、核内小 RNA(snRNA)、干扰小RNA(siRNA)等,这些小 RNA 可参与不均一核 RNA(hnRNA)的转运和加工以及基因的表达调控等。RNA 病毒的遗传信息载体就是 RNA。

NOTE

二、核酸的分子组成

核酸的元素组成是 C、H、O、N 和 P,其中 P 含量在 9% 左右,核酸的基本组成单位是核苷酸(nucleotide)。核酸水解生成核苷酸;核苷酸水解生成核苷(或脱氧核苷)和磷酸;核苷水解生成戊糖和碱基;戊糖又分为核糖和脱氧核糖,碱基包括嘌呤和嘧啶(图 3-1)。核酸水解后产生等量的碱基、戊糖和磷酸基团。

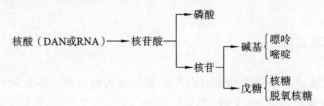

图 3-1 核酸分子的组成

(一) 戊糖(pentose)

核酸分子中的戊糖包括:β-D-核糖和 β-D-2′-脱氧核糖(图 3-2),两种戊糖的区别在于 C-2′(戊糖的原子序号加"′",用于区别碱基的原子)有无羟基。β-D-2′-脱氧核糖存在于 DNA,β-D-核糖存在于 RNA。因此 DNA 分子戊糖 C-2′ 上没有自由羟基,RNA 分子戊糖的 C-2′ 有一个羟基,此结构差异使 DNA 分子比 RNA 分子更加稳定。

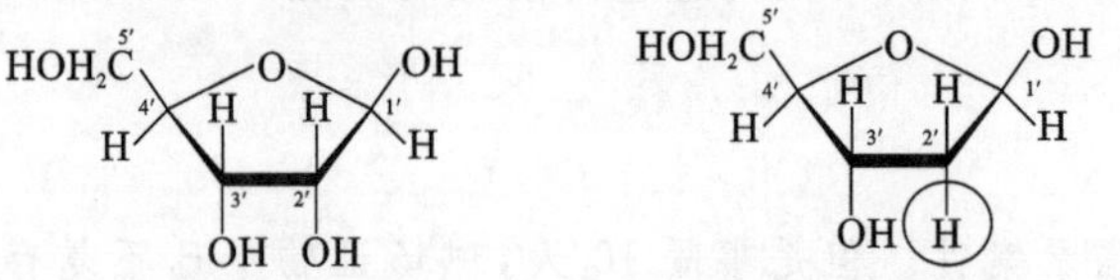

β-D-核糖　　　　β-D-2′-脱氧核糖

图 3-2 戊糖的化学结构式

(二) 碱基

核酸分子中的碱基包括嘌呤(purine)和嘧啶(pyrimidine)。嘌呤包括腺嘌呤(adenine, A)和鸟嘌呤(guanine, G),是 DNA 和 RNA 共有成分。嘧啶包括胞嘧啶(cytosine, C),尿嘧啶(uracil, U)和胸腺嘧啶(thymine, T)(图 3-3)。胞嘧啶是 DNA 和 RNA 共有成分,胸腺嘧啶只存在于 DNA,尿嘧啶只存在于 RNA。

五种基本碱基经修饰会产生稀有碱基(unusual base),如 7-甲基鸟嘌呤、假尿嘧啶、5-甲基胞嘧啶等,稀有碱基在 tRNA 分子中较为常见。

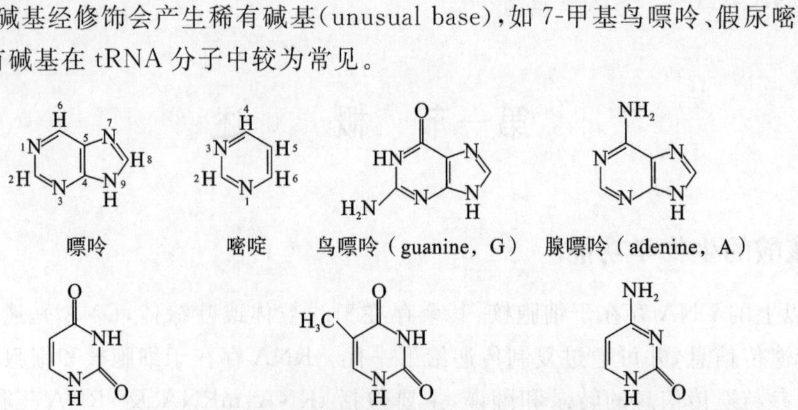

嘌呤　　嘧啶　　鸟嘌呤(guanine, G)　　腺嘌呤(adenine, A)

尿嘧啶(uracil, U)　　胸腺嘧啶(thymine, T)　　胞嘧啶(cytosine, C)

图 3-3 参与组成核酸的主要碱基结构

NOTE

（三）核苷

戊糖和碱基之间以糖苷键相连生成核苷或脱氧核苷（图 3-4）。戊糖的 1 位碳（C-1′）与嘌呤的 9 位氮（N-9）或嘧啶的 1 位氮（N-1）通过 C-N 糖苷键相连。核苷的命名是在碱基名字的后面加上核苷二字，如腺嘌呤脱氧核苷（简称脱氧腺苷）、胞嘧啶核苷（简称胞苷）。

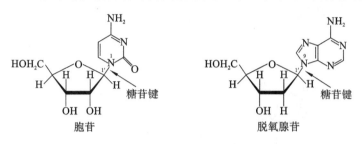

图 3-4　核苷及脱氧核苷

（四）核苷酸

核苷或脱氧核苷戊糖的 C-5′位的羟基与磷酸通过酯键连接形成核苷酸或脱氧核苷酸。核苷的戊糖碳原子上有三个自由羟基，能分别形成 2′、3′或 5′-核苷酸；脱氧核苷的戊糖碳原子上有两个自由羟基，能形成 3′或 5′-脱氧核苷酸。但生物体内的核苷酸基本都是 5′-核苷酸。根据核苷酸分子中磷酸基团的个数，核苷酸可分为核苷一磷酸（NMP）、核苷二磷酸（NDP）及核苷三磷酸（NTP），如 dAMP、dADP 和 dATP（图 3-5）。ATP 是最常见的高能化合物，是能量的载体，在机体物质及能量代谢中发挥重要作用。根据戊糖的区别，有核苷酸和脱氧核苷酸；此外还有环化核苷酸，如：3′,5′-环鸟苷酸（cGMP），3′,5′-环腺苷酸（cAMP）（图 3-5）。在细胞信号传导中，cAMP、cGMP 可作为第二信使，发挥重要作用；有些核苷酸是构成辅酶的成分，如 CoA、FAD、NAD$^+$；有些核酸类似物可用于治疗肿瘤，如 5-氟尿嘧啶（5-fluorouracil，5-FU），6-巯基嘌呤（6-mercaptopurine，6-MP）。

知识拓展 3-1

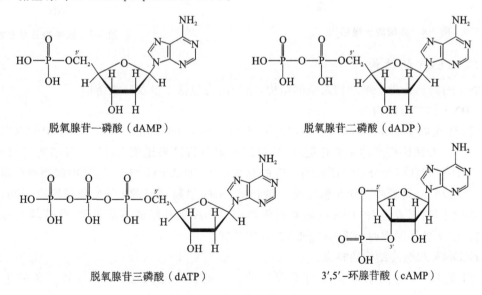

图 3-5　不同类型核苷酸的结构

三、核酸的分子结构

（一）核酸的一级结构

核酸的一级结构是指构成核酸的核苷酸排列顺序，而核苷酸的差异主要是碱基的不同，每

NOTE

个核苷酸的 3′-OH 与相邻核苷酸的 5′-磷酸缩合形成 3′,5′-磷酸二酯键。因此核酸的一级结构是指由核苷酸(或脱氧核苷酸)通过 3′,5′-磷酸二酯键连接而成的没有分支的多核苷酸链(图 3-6),磷酸-戊糖形成多核苷酸链主链骨架,碱基处于侧面。多核苷酸链以 5′磷酸末端为首,3′羟基末端为尾,书写时按 5′→3′的方向,左端是 5′磷酸末端,右端是 3′羟基末端(图 3-7)。

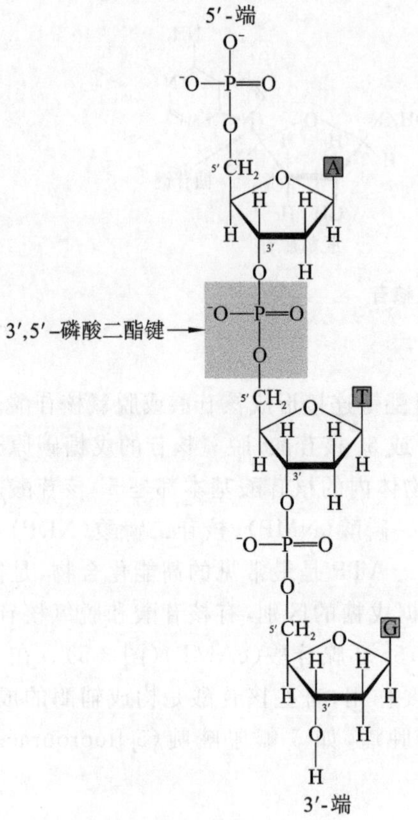

图 3-6　核酸的一级结构

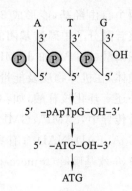

图 3-7　核酸的书写方式

(二) DNA 的结构

DNA 的结构分为一级结构及空间结构,空间结构包括二级及三级结构。

1. DNA 的二级结构

1953 年生物学 James Watson 和物理学家 Francis Crick 提出 DNA 二级结构的双螺旋模型(图 3-8)。双螺旋模型的主要依据:①X 射线衍射分析结果说明 DNA 二级结构是双螺旋。②Chargaff 规则:DNA 分子中嘌呤与嘧啶的总数相等:即 A+G=C+T,其中腺嘌呤含量与胸腺嘧啶含量相等,鸟嘌呤含量与胞嘧啶含量相等;不同生物种属的 DNA 碱基组成不同;同一生物体的不同器官或组织 DNA 的碱基组成相同;DNA 碱基组成不随年龄、营养状态和环境而改变。③实验证明嘌呤与嘧啶之间通过氢键连接。

(1) DNA 双螺旋结构的特点。

①组成 DNA 的两条链是反向平行互补。一条链的走向是 5′→3′,另一条的走向是 3′→5′。

②DNA 是右手螺旋结构。两条链围绕同一中心轴形成右手螺旋。螺旋直径为 2.37 nm,每个螺旋有 10.5 对碱基,螺距为 3.54 nm,相邻两个碱基平面之间的距离为 0.34 nm,碱基平面和螺旋轴垂直,碱基间互补配对形成氢键,即 A 与 T 配对,形成两个氢键,G 与 C 配对,形成三个氢键。

NOTE

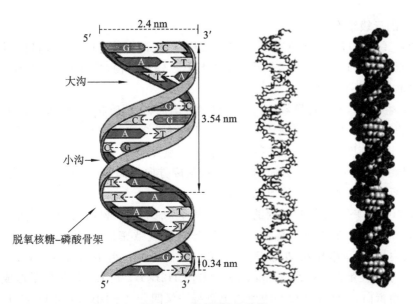

图 3-8 DNA 双螺旋结构

③碱基堆积力和氢键共同维持 DNA 双螺旋结构的稳定。纵向 DNA 双螺旋中相邻的两个碱基对平面彼此重叠,产生碱基堆积力,对维持 DNA 的双螺旋结构起主要作用;横向互补碱基对之间则形成氢键。

④亲水性骨架磷酸戊糖位于螺旋外侧,疏水性碱基位于螺旋内侧。双螺旋表面形成大沟和小沟,大沟和小沟在 DNA 与蛋白质相互识别中发挥重要作用。

(2) DNA 二级结构的多样性:溶液的离子强度或相对湿度的改变均会影响 DNA 双螺旋结构的沟槽、螺距、旋转角度等发生变化,因此 DNA 在不同环境下的结构有三种类型:B-DNA、A-DNA 及 Z-DNA。James Watson 和 Francis Crick 提出的 DNA 右手螺旋属于 B 型双螺旋(B-DNA),它是依据 DNA 分子在相对湿度为 92% 时用 X 衍射图谱推测的,B-DNA 是 DNA 分子在水性环境和生理条件下最稳定的结构。而在相对湿度为 75% 时,DNA 分子的 X 衍射图谱是 A 型双螺旋(A-DNA),A-DNA 也是右手螺旋,但每个螺旋含 11 个碱基对,大沟变窄、变深,小沟变宽、变浅。大沟、小沟是蛋白质识别并结合 DNA 的位点,因此 DNA 结构的改变会影响基因的表达。Z-DNA 是左旋的 DNA 双螺旋结构,并呈现锯齿形状。

(3) DNA 的多链结构:DNA 三链结构是由三条 DNA 单链形成的结构。当 DNA 双链中一条链的核苷酸序列富含嘌呤,对应的互补链则富含嘧啶,二者形成正常的 DNA 双链;第三条链富含嘧啶且具有碱基互补性,在酸性条件下,第三条链就会与双链形成 DNA 三链结构。例如在含有三个碱基的 C+GC 平面中,GC 之间是以 Watson-Crick 氢键结合;在酸性条件下,质子化的胞嘧啶形成 Hoogsteen 氢键,因此 C+G 之间以 Hoogsteen 氢键结合(图 3-9)。DNA 还可形成四链结构,人染色体的 3'-端是富含 G,T 的 (TTAGGG)n 重复序列,该序列可自身回折形成四链结构,此结构在端粒末端的稳定中发挥重要作用。

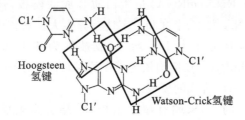

图 3-9 DNA C+:G:C 三碱基平面

2．DNA 的三级结构

DNA 的三级结构是指 DNA 分子在二级结构双螺旋的基础上进一步盘曲折叠所形成的复杂结构。原核生物 DNA 的三级结构主要指环状超螺旋结构，真核生物染色体 DNA 的三级结构的基本单位是核小体结构。

（1）原核生物 DNA 的超螺旋结构：原核生物（病毒、细菌质粒等）的基因组双链环状 DNA 及真核生物的线粒体、叶绿体双链环状 DNA，都可以盘绕成超螺旋结构（supercoil）。超螺旋结构是 DNA 分子高度压缩、致密的存在形式，超螺旋结构减小了 DNA 的体积，同时增加了 DNA 的稳定性。超螺旋的旋转方向与 DNA 双螺旋方向相同，则形成正超螺旋；反之则为负超螺旋，自然界主要是以负超螺旋形式存在。

（2）真核生物 DNA 在细胞核内的组装：真核生物 DNA 以松散的染色质形式存在于细胞周期的大部分时间里；在细胞分裂期，DNA 则形成高度致密的染色体。真核生物染色体由 DNA 和组蛋白构成，呈串珠状结构，其基本单位是核小体。组蛋白有五种：H1、H2A、H2B、H3 和 H4，属于碱性蛋白，富含 Lys 和 Arg。H2A、H2B、H3 和 H4 各两分子形成一个蛋白八聚体，即核心组蛋白。DNA 在核心组蛋白上盘绕一又四分之三圈（1.75 圈），共 146bp，形成核小体核心颗粒（图 3-10）。组蛋白 H1 和 DNA 构成连接区，连接区将若干个核小体核心颗粒连接起来形成串珠状结构。串珠状结构进一步组装（图 3-11），最终将 1.7 m 长的 DNA 双链有效组装并压缩在直径只有数微米的细胞核中。

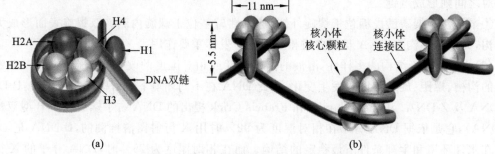

图 3-10　组蛋白八聚体及核小体核心颗粒

（三）RNA 的空间结构

RNA 与 DNA 有很多相同之处，但也存在一些不同的地方。①在组成成分方面：DNA 含脱氧核糖和胸腺嘧啶（T），RNA 则含核糖与尿嘧啶（U）。②在结构方面：DNA 的二级结构为双螺旋结构，而 RNA 的二级结构为单链，部分区域可以发生回折形成局部双螺旋结构。③碱基配对方面：DNA 分子遵守严格的碱基配对规则，而 RNA 中碱基配对不严格，如 RNA 分子中，G—C 配对，也可以 G—U 配对，但 G—U 配对形成的氢键较弱。④种类方面：RNA 种类很多，常见的有 mRNA，rRNA，tRNA；还有许多种小分子 RNA，如核内小 RNA（snRNA），反义 RNA（asRNA）等。

1．mRNA

信使 RNA（messenger RNA，mRNA）是蛋白质合成的模板，仅占细胞 RNA 总重量的 2%～5%，不同基因的 mRNA 大小、丰度和稳定性差异很大。真核生物细胞核内初级合成的 mRNA 比成熟 mRNA 大，且分子大小不均一，故被称为核不均一 RNA（heterogeneous nuclear RNA，hnRNA）。hnRNA 在细胞核内存在的时间极短，经过剪切成为成熟 mRNA，然后被转移到细胞质，作为蛋白质合成的模板。

真核生物成熟 mRNA 的 5′-末端有帽子结构，3′-端有多聚腺苷酸尾巴 poly（A）。从 mRNA 的 5′端起始密码子（AUG）开始，每三个相邻的核苷酸为一组，称为三联体密码子，决定一种氨基酸，直到终止密码子（UAG、UGA、UAA），称为开放阅读框（open reading frame，

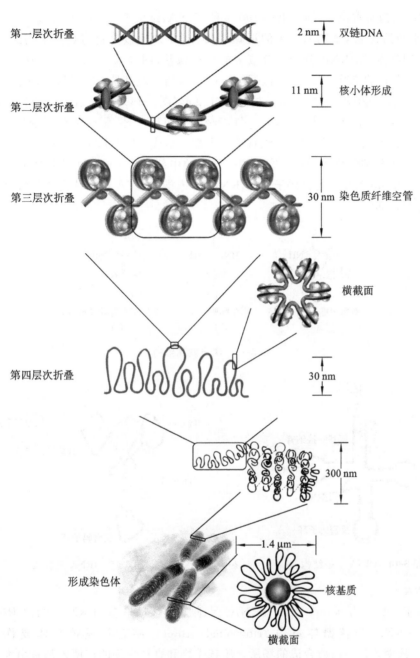

第一层次折叠 ····· 2 nm 双链DNA

第二层次折叠 ····· 11 nm 核小体形成

第三层次折叠 ····· 30 nm 染色质纤维空管

横截面

第四层次折叠 ····· 30 nm

300 nm

1.4 μm

形成染色体

核基质

横截面

图 3-11 DNA 在真核生物细胞核内的组装

ORF)。一条完整的 mRNA 包括 5'-非翻译区(5'-untranslated regions, 5'-UTR)、3'-非翻译区(3'-untranslated regions, 3'-UTR)及 ORF(图 3-12)。5'-UTR 从 mRNA 的 5'-末端帽子至 AUG 起始密码子, 3'-UTR 从编码区末端的终止密码子至 Poly(A)末端。

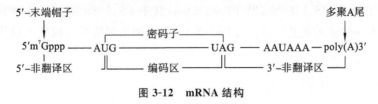

图 3-12 mRNA 结构

2. tRNA

转运 RNA(transfer RNA, tRNA)是蛋白质合成中氨基酸的载体。tRNA 约占 RNA 总量

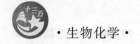

的 15％左右,结构非常稳定,细胞里有 100 多种 tRNA,绝大多数 tRNA 长度为 74 至 95 个核苷酸,沉降常数约为 4S(个别 tRNA 的沉降常数为 3S)。原核生物与真核生物的 tRNA 结构具有以下共同特点:①tRNA 分子含有较多的稀有碱基(图 3-13)。如双氢尿嘧啶(DHU)、次黄嘌呤(I)、甲基化的嘌呤(^mG、^mA)、假尿嘧啶(ψ)等,稀有碱基是在转录后修饰生成,占所有碱基的 10％～20％。②tRNA 的二级结构是三叶草形(图 3-14),三级结构是倒 L 形(图 3-15)。tRNA 的二级结构类似于三叶草形,由二氢尿嘧啶(DHU)环、假尿嘧啶(TψC)环、反密码子环、额外环(或称附加叉)和氨基酸接纳臂等 5 个部分组成。DHU 环与 TψC 环含有稀有碱基,额外环是 tRNA 分类的重要指标。③反密码子环的中部有 3 个碱基组成反密码子,可通过碱基互补配对识别 mRNA 上的密码子。④tRNA 3′-末端的 CCA 结构称为氨基酸接纳臂,是活化氨基酸的结合部位。

图 3-13　稀有碱基结构

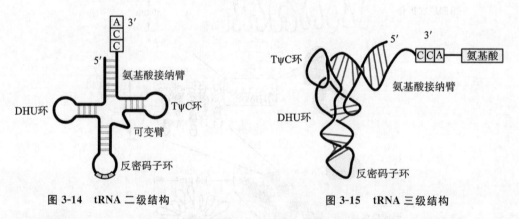

图 3-14　tRNA 二级结构　　　　图 3-15　tRNA 三级结构

3. rRNA

核糖体 RNA((ribosomal RNA,rRNA)是细胞内含量最多的 RNA,约占 RNA 总量的 80％以上。rRNA 与核糖体蛋白(ribosomal protein)结合构成核糖体或称核蛋白体(ribosome),核糖体是蛋白质合成的场所。原核生物和真核生物的核糖体都是由大、小两个亚基组成的。

原核生物有 5S、16S 和 23S 三种 rRNA,其中 5S 及 23S 的 rRNA 与 31 种蛋白质结合构成核糖体的大亚基(50S);16S rRNA 和 21 种蛋白质结合构成核糖体的小亚基(30S)(图 3-16(a))。

真核生物有 5S、5.8S、18S 和 28S 四种 rRNA,其中 5S、5.8S 和 28S 三种 rRNA 和 49 种蛋白质结合构成核糖体大亚基(60S);18SrRNA 和 33 种蛋白质结合构成核糖体小亚基(40S)(图 3-16(b))。

NOTE

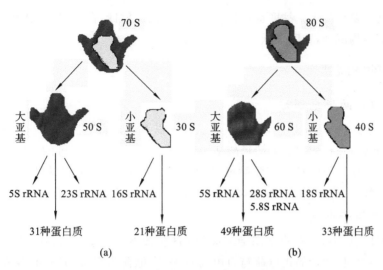

图 3-16 原核生物与真核生物的核糖体组成

(a)原核生物核糖体;(b)真核生物核糖体

第二节 核酸的理化性质

核酸具有以下一般理化性质:①核酸是多元酸,具有较强的酸性。②具有紫外吸收特性。③微溶于水,不溶于一般有机溶剂。④能被酸、碱或核酸酶水解;在碱性溶液中,RNA 能在室温下被水解,DNA 则较稳定。⑤晶形 DNA 为白色纤维状固体,晶形 RNA 为白色粉末。⑥DNA 是线性高分子,黏度极大;RNA 分子小且短,黏度小。

一、核酸的分子大小

核酸分子的大小可用长度、核苷酸对或碱基对数目、沉降系数(S)和相对分子质量等来表示。天然 DNA 的相对分子质量极大,分子的长度可达几厘米。不同生物间 DNA 分子的总长度差异很大,一般随生物的进化程度而增长。如人的 DNA 大约由 3.0×10^9 个碱基对(base pair, bp)组成,与 5243bp 的猿猴病毒(simian virus 40,SV40)相比,其长度约为后者的 5.7×10^5 倍,而 RNA 分子比 DNA 分子要小得多。

二、核酸的溶解度与黏度

(一)溶解度

DNA 和 RNA 都微溶于水,可溶于 2-甲氧乙醇,但不溶于乙醇、乙醚和氯仿等一般有机溶剂,因此乙醇常用于沉淀核酸,浓度 50% 的乙醇可沉淀 DNA,浓度 75% 的乙醇可沉淀 RNA;在细胞中 DNA 和 RNA 常与蛋白质结合成核蛋白,两种核蛋白在盐溶液中的溶解度不同。DNA 核蛋白难溶于 0.14 mol/L 的 NaCl 溶液,可溶于高浓度(1~2 mol/L)的 NaCl 溶液;RNA 核蛋白易溶于 0.14 mol/L 的 NaCl 溶液,因此不同浓度的盐溶液可用于分离两种核蛋白。

(二)黏度

高分子溶液的黏度比低分子溶液的黏度大,不规则团分子比球状分子的黏度要大,而线形分子的黏度更大。因此在溶液中呈线形分子的 DNA,具有极大的黏度。RNA 因为分子比较

NOTE

37

小,溶液的黏度也要小得多。黏度也可作为 DNA 变性的指标,在某些理化因素作用下核酸发生变性,使螺旋结构解开,黏度降低。

三、核酸的酸碱性

(一) 核酸是两性电解质

核酸既有呈酸性的磷酸基团,又有呈弱碱性的碱基,故为两性电解质,可发生两性解离。但磷酸的酸性较强,在核酸中除末端磷酸基团外,所有形成磷酸二酯键的磷酸基团仍可解离出一个 H^+,其 pK_a 为 1.5;而嘌呤和嘧啶碱基为含氮杂环化合物,呈弱碱性。所以核酸是多元酸,具有较强的酸性,当 $pK_a > 4$ 时,磷酸基团全部解离,呈多阴离子状态。

(二) 核酸的等电点

核酸是两性电解质,其解离状态随溶液的 pH 值改变而改变。当核酸分子的酸性解离和碱性解离程度相等时,所带的正电荷与负电荷相等,净电荷为零,此时核酸溶液的 pH 值称为其等电点(isoelectric point,简称 pI)。核酸的 pI 较低,如酵母 RNA 的 pI 为 2.0～2.8。因为核酸在等电点时溶解度最小,所以将 pH 值调至 pI,核酸可从溶液中沉淀析出。

四、核酸的紫外吸收

核酸中的碱基是杂环分子,含有共轭双键,共轭双键具有强烈的紫外吸收,这使核酸分子在紫外光波长 260 nm 处有最大吸收峰,这一特性可用于核酸定性、定量分析(图 3-17)。定量分析如 $A_{260} = 1.0$ 等同于浓度为 50 $\mu g/mL$ 的双链 DNA (dsDNA),浓度为 40 $\mu g/mL$ 的单链 DNA (ssDNA) 或 RNA,或浓度为 20 $\mu g/mL$ 的寡核苷酸。紫外吸收用于判断核酸纯度,蛋白质在紫外光波长 280 nm 处有最大吸收峰,蛋白质常与核酸混合在一起形成核蛋白(nucleoprotein),因此,可采用 A_{260}/A_{280} 的比值来判断核酸纯度,纯 DNA 的 A_{260}/A_{280} 的比值等于 1.8,纯 RNA 的 A_{260}/A_{280} 的比值等于 2.0。

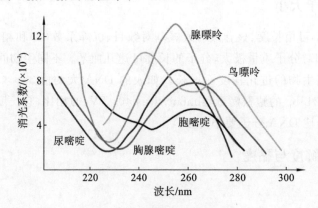

图 3-17　碱基的紫外吸收

五、核酸的变性、复性和杂交

(一) DNA 变性

在某些理化因素(温度、pH 值、有机溶剂等)作用下,一个双链 DNA 互补碱基对之间的氢键断裂,DNA 双螺旋结构解开,成为两条单链 DNA,即为 DNA 变性(denaturation)。DNA 变性只涉及二级结构改变,不涉及一级结构的改变,即共价键不断裂。

变性导致 DNA 双链解离,共轭双键更充分暴露,所以变性 DNA 在 260 nm 处紫外吸收值升高,此现象称为增色效应(hyperchromic effect),因此 DNA 在 260 nm 处紫外吸收值的改变是监测 DNA 变性的指标。

在 DNA 变性过程中,以解链温度为横坐标,吸光度为纵坐标,吸光度随温度变化的曲线称为 DNA 双链的解链曲线(melting curve)。DNA 的变性从开始到解链完全,是在一个相当窄的温度内完成的,在此过程中,紫外吸收值达到最大值的 50% 时的温度叫作 DNA 的解链温度(melting temperature,T_m)(图 3-18)。T_m 值的大小与 DNA 分子大小及 DNA 分子所含 G+C 碱基的比例有关,DNA 分子越大,G+C 碱基比例越高,溶液离子强度越高,T_m 值越大。

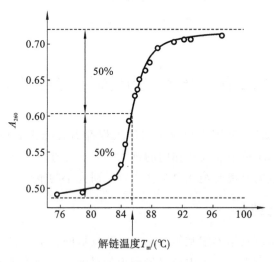

图 3-18 DNA 的解链曲线

(二)DNA 的复性与分子杂交

逐渐去除变性因素,变性的两条 ssDNA 会缓慢地形成一条 dsDNA,恢复天然的双螺旋结构,这种现象称为 DNA 复性(renaturation)。热变性的 DNA 经缓慢冷却后的复性叫退火(annealing)。DNA 复性的条件是两条 ssDNA 之间满足碱基互补。复性后的 DNA 在紫外光波长 260 nm 处紫外吸收值降低到原来的水平,因此减色效应是指 DNA 溶液紫外吸收值伴随复性而减弱的现象。若 DNA 经热变性后,温度快速下降到 4 ℃ 以下,则再发生复性的可能性很低,通常复性的最佳温度是比 T_m 值低 25 ℃ 的温度。

具有碱基序列互补的两条不同核酸单链结合形成杂化双链的过程,称为分子杂交(molecular hybridization)(图 3-19),杂交可发生在 DNA-DNA 之间、RNA-RNA 之间及 RNA-DNA 之间。常见的核酸分子杂交技术有:Southern Blot 印迹杂交、Northern Blot 印迹杂交、原位杂交等,核酸分子杂交技术可用于基因结构分析、PCR 扩增技术、基因诊断、基因治疗、mRNA 分离等。以分子杂交为基础的技术均用核酸分子探针(probe)来检测具有互补序列的核酸序列。核酸分子探针与待测核酸样品碱基互补,二者形成杂化双链,用于检测待测核酸样品中的特定基因序列。核酸分子杂交技术可用于遗传性疾病的诊断、先天性遗传病的产前诊断、外源性病原体的诊断、癌基因检测、基因突变、缺失或变异引起的疾病的基因诊断;也可用于检测生物之间亲缘关系的远近。将人、黑猩猩和长臂猿的某些 DNA 进行杂交,发现人的 DNA 和黑猩猩的 DNA 杂交后形成的杂交 DNA 杂合双链区多于人的 DNA 与长臂猿的 DNA 杂交后形成的杂合双链区,即人与黑猩猩的 DNA 更相似,说明人与黑猩猩的亲缘关系要近于人与长臂猿的亲缘关系。DNA 杂交技术是人们从分子生物学角度为生物进化提供的一个非常可靠的证据。

NOTE

图 3-19　核酸分子杂交

第三节　核酸的分离纯化与测定

核酸的功能与性质研究、基因工程及蛋白质工程都需要纯化的核酸样品；聚合酶链式反应、核酸的分子杂交、DNA 重组及表达在内的绝大多数分子生物学技术也都是以核酸分子为主要研究对象，因此核酸的分离与纯化是当代生物学研究中的重要技术。

一、核酸的分离与纯化

血液、尿液、唾液、组织及培养细胞等可作为核酸提取的标本，核酸分离与纯化应注意保证核酸一级结构的完整性，在提取过程中应尽量避免如过酸或过碱等各种有害因素的破坏，因此核酸提取常在 0～4 ℃下进行，控制 pH 值在 4～10 之间。

核酸提取时应尽量降低其他分子的污染，防止核酸分解并保证核酸样品的纯度。DNA 酶（DNase）的激活需要二价金属离子，如 Mg^{2+}、Ca^{2+} 等，使用二价金属离子螯合剂，如 EDTA、柠檬酸盐可抑制 DNA 酶的活性，防止 DNA 被水解。影响 RNA 提取的主要因素是 RNA 酶（RNase），因为 RNA 酶广泛存在且不易失活。

（一）核酸的释放

DNA 和 RNA 均存在于细胞内，因此核酸提取首先需要破碎细胞。目前被广泛应用的细胞破碎法是溶胞法，溶胞法采用适宜的化学试剂使酶裂解细胞，裂解效率高，方法温和，且能保证较高的得率并较好地保持核酸的完整性。

（二）核酸的分离与纯化

细胞破碎后的裂解物含核酸，应对裂解物进行纯化，去除杂质。裂解物里的杂质主要有：非核酸大分子杂质（主要是蛋白质、多糖和脂类），非需要核酸杂质（如制备 DNA 则 RNA 为杂质）及其他杂质（如加入的有机溶剂及金属离子）。

（三）核酸的浓缩、沉淀与洗涤

核酸提取液中加入盐类，再加入有机溶剂可进一步纯化核酸，沉淀核酸和浓缩核酸，常用的盐类有醋酸盐、氯化钠及氯化钾等，常用的有机溶剂有乙醇、异丙醇和聚乙二醇等。用 70%～75% 的乙醇洗涤可进一步除去共沉淀的盐。

（四）核酸的保存

1. DNA 的保存

DNA 溶于 pH 值为 8.0 的 TE 缓冲液，在 −70 ℃ 可储存数年。其中 pH 值为 8.0 可以减少 DNA 的脱氨反应，pH 值低于 7.0 时 DNA 易变性；EDTA 是二价金属离子的螯合剂，通过螯合二价金属离子以抑制 DNA 酶的活性；低温可减少 DNA 分子的各种反应；双链 DNA 具有很大的惰性,常规 4 ℃亦可保存较长时间。

2. RNA 的保存

RNA 溶于 0.3 mol/L 的醋酸钠溶液或双蒸消毒水中在－70～－80 ℃保存。加入 RNA 酶抑制剂可延长 RNA 的保存时间;RNA 沉淀溶于 70%的乙醇溶液中在－20 ℃可长期保存。

二、核酸的含量及纯度鉴定

(一)核酸的含量测定

1. 定磷法

核酸是一类含磷化合物,纯 RNA 及其核苷酸平均含磷量为 9.4%;纯 DNA 及其核苷酸平均含磷量为 9.9%,即每 100 g 核酸含有 9.4～9.9 g 磷,因此可通过样品中磷含量,求出核酸含量,定磷法是测定核酸含量常用手段之一。

2. 定糖法

核酸中的戊糖可在浓盐酸或浓硫酸作用下脱水生成醛类化合物,醛类化合物可与某些试剂缩合生成有色化合物,可用分光光度法测定其溶液的吸光度,进而确定核酸的含量。

3. 紫外分光光度法

碱基赋予核酸紫外线吸收的特性,核酸的最大吸收波长为 260 nm。在波长为 260 nm 的紫外光下,吸光度等于 1 大约相当于浓度为 $50\mu g/mL$ 的双链 DNA,而单链 DNA 或单链 RNA 浓度为 $38\mu g/mL$,单链寡聚核苷酸浓度为 $33\mu g/mL$。

4. 荧光光度法

核酸的荧光染料溴化乙锭(ethidium bromide,EB)嵌入碱基平面后,使本身无荧光的核酸在紫外光的激发下发出橙红色的荧光,且荧光强度与核酸含量呈正比。该方法灵敏度高,适合测定低浓度核酸溶液。

(二)核酸的纯度测定

1. 紫外分光光度法

通过 A_{260}/A_{280} 的值来判定核酸纯度。在 TE 缓冲液中,纯 DNA 的 A_{260}/A_{280} 的值是 1.8,纯 RNA 的 A_{260}/A_{280} 的值是 2.0。蛋白质的紫外吸收峰为 280 nm,酚的紫外吸收峰为 270 nm,此吸收峰可用于判断蛋白质污染或酚污染,蛋白质及酚污染,则 A_{260}/A_{280} 下降;RNA 污染导致 DNA 样品的 A_{260}/A_{280} 的值高于 1.8,因此比值为 1.8 的 DNA 溶液不一定是纯 DNA,可能兼有蛋白质、酚及 RNA 污染。A_{260}/A_{280} 的值为 2.0 是含有高纯度 RNA 的标志。

2. 荧光光度法

鉴定 DNA 制品中有无 RNA 的干扰及 RNA 制品中有无 DNA 的污染,可通过溴化乙锭等荧光染料示踪核酸电泳来判定。因为 DNA 分子比 RNA 大,所以电泳迁移率比 RNA 低;总 RNA 电泳后呈特征性的三条带,因为三种 RNA 的含量不同,rRNA 含量最高;tRNA 及 snRNA 次之;mRNA 含量最低。因此原核生物三条带分别是:23S rRNA 带,16S rRNA 带,5S rRNA 及 tRNA 组成的快迁移带;在真核生物三条带分别是:28S rRNA 带,18S rRNA 带,5S、5.8S 的 rRNA 及 tRNA 构成的带。mRNA 因量少且分子大小不一,一般不易被看见。

(三)核酸完整性鉴定

判定核酸的完整性可使用琼脂糖凝胶电泳技术,采用溴化乙锭对核酸染色,并在紫外灯下观察结果。因为基因组 DNA 的分子量很大,电泳速度慢,因此在 DNA 存在处可观察到清晰条带。真核生物完整的 RNA 电泳图有三条带,分别是 18S rRNA、28S rRNA 及 5S、5.8S 的

NOTE

rRNA 和 tRNA。沉降系数大的核酸相对分子质量大,电泳迁移率低,荧光强度高;反之,相对分子质量小,电泳迁移率高,荧光强度低。一般 5S rRNA 荧光强度最弱,28S(或 23S)rRNA 的荧光强度约是 18S(或 16S)rRNA 的 2 倍,否则提示有 RNA 的降解。当有 DNA 污染时,加样点附近会出现着色带。

第四节 反义核酸技术及核酸药物

反义核酸技术(antisense nucleic acid technology)是根据核酸杂交原理设计,以选择性地抑制特定基因表达为目的的核酸研究新技术。反义核酸是能与特定基因结合并抑制其表达的一段寡核苷酸(RNA 或 DNA),其长度一般约 20bp,能特异阻断基因转录或翻译。反义核酸技术包括反义核酸、核酶(ribozyme,RZ)和 RNA 干扰三大技术。

核酸类药物是各种具有一定药理功能的寡核苷酸(RNA 或 DNA),包括核酶、反义核酸、RNA 干扰剂等,其来源于生物细胞内提取或人工合成。广义的核酸药物还包括核苷酸药物、核酸药物及含有不同碱基化合物的药物。

一、反义核酸

反义 RNA(antisense RNA,asRNA)是指能和 mRNA 互补的一段小分子 RNA,反义 DNA 是指能与基因 DNA 双链中的有义链互补结合的短小 DNA 分子。反义 RNA 和反义 DNA 主要是通过抑制 mRNA 的翻译和基因 DNA 的转录而发挥作用的。反义核酸一方面通过与靶 mRNA 结合形成空间位阻效应,阻止核糖体与 mRNA 结合,另一方面其与 mRNA 结合后激活内源性 RNase 或核酶,降解 mRNA,从而抑制翻译;反义 DNA 与基因 DNA 双螺旋的调控区特异结合形成 DNA 三聚体(triplex),或与 DNA 编码区结合,终止 mRNA 的转录;反义核酸还可抑制 mRNA 转录后的加工修饰,如 5′端加帽、3′端加尾(poly A)、中间剪接和内部碱基甲基化等,并阻止成熟 mRNA 由细胞核向细胞质的运输。

反义核酸的理论基础是碱基配对,因此可以设计任何感兴趣基因的反义寡核苷酸。理论上一个 15bp 的寡核苷酸只能特异性地结合整个人类基因组中的一个基因。因此反义寡核苷酸是极具潜力的基因功能阻断剂,对与致病基因有关的治疗具有重要意义,会成为新一代基因治疗的药物。反义核酸技术目前在植物学领域和抗肿瘤与抗病毒方面研究较多,如通过抑制植物特定花色素酶基因的活性而改变植物开花颜色;通过抑制导致水果腐烂的酶基因而延长水果的保存期;用 asRNA 治疗某些基因病或用于肿瘤和病毒病的治疗。

二、核酶

核酶是具有催化活性的 RNA,即化学本质是 RNA,却具有酶的催化功能。核酶的作用底物可以是不同的分子,有些作用底物就是同一 RNA 分子中的某些部位。核酶的功能很多,有的能切割 RNA 或 DNA,有的还具有 RNA 连接酶、磷酸酶等活性。与蛋白质酶相比,核酶的催化效率较低,是一种较为原始的催化酶。

科学家 Symons 自多种植物病毒卫星 RNA 及类病毒 RNA 的自我剪接研究中,观察到核酶自我切割区内有锤头结构(hammer-head structure),其结构特点如下:①三个茎形成局部双链结构;其中含 13 个保守的核苷酸,N 代表任何核苷酸。②图中的箭头表示自我切割位点(图 3-20)。

根据核酶的作用特点,核酶分为剪接型核酶和剪切型核酶。剪接型核酶具有核酸内切酶和连接酶两种活性。通过既剪又接的方式除去内含子,催化过程需要鸟苷酸或鸟苷及镁离子的参与；剪切型核酶催化自身或者异体 RNA 的切割，相当于核酸内切酶，包括自体催化剪切型及异体催化剪切型，这类核酶进行催化反应时只切不接。目前发现的核酶数量较少，常见于 rRNA 的内含子。

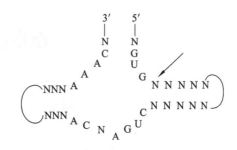

图 3-20　核酶的基本结构

随着对核酶的深入研究，已经认识到核酶在遗传病、肿瘤和病毒性疾病上的应用潜力。对于艾滋病毒 HIV 的转录信息来源于 RNA 而非 DNA，核酶能够在特定位点切断 RNA，使它失去活性。如果一个能专一识别 HIV 的 RNA 的核酶存在于被病毒感染的细胞内，那么它就能建立抵抗入侵的第一防线。甚至，HIV 确实进入了细胞并进行了复制，RNA 也可以在病毒生活史的不同阶段切断 HIV 的 RNA 而不影响自身的 RNA。核酶的发现具有重要意义，核酶的发现打破了酶是蛋白质的传统观念；核酶的发现也在生命起源问题上为是否先有核酸提供了依据，也为艾滋病、肿瘤等疾病的治疗提供了手段。

三、RNA 干涉

RNA 干涉（RNA interference，RNAi）是生物体利用内源性小片段双链 RNA（double-stranded RNA，dsRNA）和核酸酶的复合物降解外来 RNA 的防御机制，小片段双链 RNA 被称为干扰小 RNA（small interfering RNA，siRNA），当利用 siRNA 沉默或降解致病性 mRNA 时，它便是一类新型的核酸药物，这种由 siRNA 介导的基因抑制作用被称 RNAi。siRNA 可通过与互补序列的结合反作用于 DNA，从而调节基因的表达，如激活和关闭基因，删除一些不需要的 DNA 片段等。

知识链接 3-1

动植物和人体的病原体中有一些是 RNA 病毒，如导致艾滋病的 HIV 和导致 SARS 的冠状病毒。有些 RNA 病毒在复制过程的一定阶段中会产生 dsRNA，如果宿主体内有分解这种 dsRNA 的酶，就可将 dsRNA 切割成许多小的片段，这种小片段会与病毒 RNA 基因组的同源部分结合，使病毒基因失去复制功能。所以 RNAi 是自然界生物长期进化形成的一种防御机制。

在抗肿瘤治疗中，RNAi 可用于抑制癌基因的表达，或者利用 RNAi 的高度特异性敲除点突变激活的癌基因；RNAi 还可用于抑制其他与肿瘤发生发展相关基因（如血管内皮生长因子 VEGF 或多药耐药基因 MDR）的表达。

四、核酸药物

核酸药物有很多种，其中一大类核酸药物主要通过与靶标序列发生碱基互补配对发挥疗效，如反义核酸、核酶和脱氧核酶、siRNA、各种 miRNA 抑制剂和类似物等。目前此类核酸药物的转运载体包括病毒或质粒表达载体及其各种聚合物材料，尚在大力研发中。同时核酸药物的成药性、转运载体的安全性和效率是基因治疗方面面临的挑战性问题。近年来通过反义核酸、核酶、脱氧核酶、小干扰 RNA 和微小 RNA 等化学合成的核酸药物，以及化学修饰在提高核酸药物的效价、抗酶解稳定性和有效转运等关键技术方面取得了较大进步。

另外，还有一些核酸药物与碱基配对无关。以蛋白质为靶标的核酸药物（包括具有天然结构的核酸类物质如肌苷、ATP、辅酶 A 等）临床上用于白细胞或血小板减少症、各种急慢性肝脏疾患及心血管疾病等代谢障碍性疾病；一些碱基、核苷、核苷酸类似物是在自然结构的核酸类物质基础上修饰合成而来，此类药物是治疗肿瘤、艾滋病、抑制病毒感染的重要药物，如临床用于抗病毒的齐多夫定、氮杂鸟嘌呤、阿糖胞苷等（见《第九章 核苷酸代谢》）。

NOTE

本章小结

生物氧化	学习要点
概念	3′,5′-磷酸二酯键、DNA 一级结构、DNA 超螺旋结构、核酸的 pI、解链温度、减色效应、DNA 的变性、DNA 复性
功能	mRNA、tRNA、rRNA、反义核酸、核酶
原理	DNA 的双螺旋结构特点、核酸杂交、核酸的紫外吸收、增色效应

目标检测

目标检测
解析

一、填空题

1. 核酸可分为＿＿＿＿和＿＿＿＿两大类,其中＿＿＿＿主要存在于＿＿＿＿中,而＿＿＿＿主要存在于＿＿＿＿。

2. 组成核酸的元素有＿＿＿＿、＿＿＿＿、＿＿＿＿、＿＿＿＿、＿＿＿＿等,其中＿＿＿＿的含量比较稳定,约占核酸总量的＿＿＿＿,可通过测定＿＿＿＿的含量来计算样品中核酸的含量。

3. 在生物细胞中主要有三种 RNA,其中含量最多的是＿＿＿＿、种类最多的是＿＿＿＿、含有稀有碱基最多的是＿＿＿＿。

4. 生物体内的嘌呤碱主要有＿＿＿＿和＿＿＿＿,嘧啶碱主要有＿＿＿＿、＿＿＿＿和＿＿＿＿。某些 RNA 分子中还含有微量的其他碱基,称为＿＿＿＿。

二、判断题

1. DNA 受热变性时溶液黏度增加。 （　　）

2. 环化核苷酸如 cAMP,cGMP 可作为第二信使。 （　　）

3. 核酸溶液的紫外吸收峰在波长 280 nm 处有最大吸收值。 （　　）

4. 原核生物大亚基的 rRNA 组成有 5S rRNA 和 23S rRNA。 （　　）

5. 组成核小体核心颗粒的组分是 H2A、H2B、H3、H4 各两分子和 150 bp DNA。 （　　）

三、问答题

1. 简述 DNA 双螺旋的结构特征及其生物学意义。

2. 简述 Chargaff 规则。

3. 细胞内主要的 RNA 有哪些? 其主要功能是什么?

（唐　珍）

在线答题

第四章 维　生　素

本章 PPT

 学习目标

　　1. 掌握维生素的概念及主要特点。

　　2. 熟悉维生素 A、维生素 D 的主要生化作用及缺乏症；维生素 D 的活性形式；维生素 B_1、维生素 B_2、维生素 PP、泛酸、生物素、维生素 B_6 和叶酸构成的辅酶的名称及生化作用；维生素 C 的主要生化作用。

　　3. 了解维生素 E、K 的主要生化作用及缺乏症；维生素 B_{12} 构成的辅酶的名称及生化作用；维生素 C 的缺乏症。

　　维生素在体内既不参与构成生物体的组织成分，也不是供能物质，但在调节人体物质代谢和维持正常生理功能等方面发挥着极其重要的作用，是必需营养素。维生素种类很多，化学结构差异很大，但具备一些共同点：维生素大多以前体的形式存在于食物中；大多数的维生素，机体不能合成或合成量不足，必须经常通过食物获得；人体对维生素的需要量很小，每日需要量常以毫克(mg)或微克(μg)计算，但机体一旦缺乏某种维生素时，可发生物质代谢的障碍并出现相应的维生素缺乏症。

案例导入
解析

　　患儿，女，3.5 个月。因发热 2 天伴抽搐 6 次入院。该患儿 2 天前发热，体温未测。次日午前突然抽搐，抽时双手握拳，抽动约 1 min，缓解后吃奶正常，此后 2 天内又相继抽搐发作 5 次，短者数秒即过。追问病史，患儿母乳不足，加喂牛奶。平素睡眠不实，多汗易惊。体格检查：体温 38 ℃，心率 140 次/分，呼吸 30 次/分，体重 6 kg。对刺激反应良好，呼吸平稳，口周无发绀，有发秃，咽充血，肺无啰音，心音有力，腹平软，面神经征阳性，颈无强直。辅助检查：白细胞 23.6×10^9/L，中性粒细胞 0.65，淋巴细胞 0.35。血清钙 1.8 mmol/L，血清磷 2.23 mmol/L。

　　1. 该患儿的初步诊断是什么？

　　2. 出现该病的生物化学机制是什么？

　　3. 这种情况应采取什么治疗措施？

| 第一节 概　　述 |

一、维生素的概念

维生素(vitamin)是一类在人体内不能合成，或合成量很少不能满足机体需要，必须由食

 NOTE

物提供,维持机体正常生命活动所必需的一类小分子有机化合物。这类化合物天然存在于食物中,在机体的生长、代谢、发育过程中发挥各自特有的生理功能。

二、维生素的命名与分类

(一)命名

维生素有三种命名方法,一是根据其被发现的先后顺序,以字母命名,如维生素 A、维生素 B、维生素 C、维生素 D、维生素 E、维生素 K 等;二是根据其化学结构特点命名,如视黄醇、硫胺素等;三是根据其生理功能和作用命名,如抗眼干燥症维生素、抗癞皮病维生素、抗坏血酸等。有些维生素在最初被发现时认为是一种,后发现是多种维生素混合存在,命名时便在其原拉丁字母下方标注 1、2、3 等数字加以区别,如维生素 B_1、维生素 B_2、维生素 B_6、维生素 B_{12} 等。

(二)分类

维生素种类很多,其化学结构和性质差异很大。通常根据维生素的溶解性可将其分为脂溶性维生素(lipid-soluble vitamin)和水溶性维生素(water-soluble vitamin)两大类。脂溶性维生素包括维生素 A、维生素 D、维生素 E、维生素 K 四种,水溶性维生素包括 B 族维生素和维生素 C 两类。B 族维生素又包括维生素 B_1、维生素 B_2、维生素 B_6、维生素 B_{12}、维生素 PP、泛酸、叶酸、生物素等。

三、维生素的需要量

维生素的需要量是指能保持人体健康、达到机体应有发育水平和充分发挥效率地完成各项脑力和体力活动时人体所需要的维生素的必需量。

维生素需要量(vitamin requirement)的确定可通过人群调查验证和实验研究两种形式。对临床上有明显营养缺乏症或不足的人,通过食物补充,使之营养状况得以恢复,以此估计人体需要量。维生素 A 人体生理需要量的确定即通过此方式。水溶性维生素需要量的确定往往以饱和实验为依据,以人体饱和量作为需要量。

机体由于长期缺乏维生素导致的疾病叫维生素缺乏症。造成维生素缺乏的原因有很多:第一,维生素的摄入量不足,如严重的挑食、偏食和膳食结构不合理,食物的加工、储存、烹调方法不当等;第二,机体对维生素的需要量增加,如孕妇、哺乳期妇女、生长发育期儿童、慢性消耗性疾病患者等;第三,机体吸收功能障碍,如长期腹泻、消化道和胆道梗阻、胃酸分泌减少等;第四,药物等因素引起的维生素缺乏,如长期大量服用抗生素可抑制肠道正常菌群的生长,从而减少某些维生素的体内合成。

| 第二节　脂溶性维生素 |

脂溶性维生素(lipid-soluble vitamin)包括维生素 A、维生素 D、维生素 E、维生素 K,均为非极性、疏水的异戊二烯衍生物。它们易溶于脂质和脂溶剂,不溶于水,故称为脂溶性维生素。这类维生素在食物中与脂肪共存,在肠道中与脂肪共同吸收,因此引起脂肪吸收障碍的因素也可影响脂溶性维生素的吸收。它们在体内往往与脂蛋白或特殊的结合蛋白结合而被运输。当膳食摄入量超过机体需要量时,可在以肝为主的器官储存,如长期摄入量过多,可因体内蓄积而引起相应的中毒症。

一、维生素 A

(一)化学本质及性质

维生素 A 又称为抗眼干燥症维生素,化学本质是含有 β-白芷酮环的多聚异戊二烯的不饱和单元醇,共有 5 个共轭双键。天然的维生素 A 有 A_1、A_2 两种形式,二者的区别在于维生素 A_2 的脂环在 3 位上多一个双键,故维生素 A_1 又称视黄醇(retinol),主要存在于哺乳动物及海水鱼的肝内;维生素 A_2 称为 3-脱氢视黄醇(视黄醛)(图 4-1),主要存在于淡水鱼的肝内。维生素 A_2 的活性较维生素 A_1 小,约为维生素 A_1 的一半。其他动物的肝中也含有丰富的维生素 A。

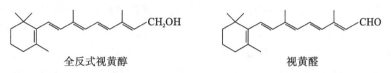

全反式视黄醇   视黄醛

图 4-1 维生素 A_1 与 A_2 的结构

植物如胡萝卜、菠菜、番茄、枸杞子等都含有丰富的类胡萝卜素(carotenoids),也具有维生素 A 的活性。其结构与维生素 A 非常相似,尤其是 β-胡萝卜素(β-carotene)。在人及某些动物体内,β-胡萝卜素可在小肠黏膜内的 β-胡萝卜素加氧酶的作用下,加氧断裂,生成 2 分子的视黄醛(retinal),经还原形成视黄醇,故 β-胡萝卜素也叫维生素 A 原(provitamin A)。少量视黄醛氧化可形成视黄酸(retinoic acid)。维生素 A 在体内的活性形式包括视黄醇、视黄醛和视黄酸。

食物中的维生素 A 与脂肪酸形成酯,参与乳糜微粒的形成,经淋巴转运并储存于肝。在机体需要时向血中释放。脂肪酸与视黄醇形成的酯可以水解,释放出视黄醇并与肝中合成的视黄醇结合蛋白(retinol-binding protein,RBP)结合而被转运。后者又与结合有甲状腺素的前清蛋白(prealbumin,PA)结合形成 RBP-PA 复合体,将视黄醇运到靶器官。

维生素 A 因高度不饱和极易被氧化,遇热和光更易氧化,需存放在棕色瓶中。烹调时由于加热及接触空气而氧化损失一部分维生素 A。冷藏食品可保持大部分维生素 A,而日光暴晒过的食品中维生素 A 大量被破坏。

（二）生理功能及缺乏症

（1）组成视觉细胞内的感光物质,参与形成暗视觉。人类感受暗光的视色素为视紫红质(rhodopsin),它是由维生素 A_1 转变成的 11-顺视黄醛,其作为辅基与光敏感视蛋白(opsin)结合而形成视色素,在暗光中结合,弱光中又分解。视紫红质一经感光,其结构中 11-顺视黄醛发生光异构而转变为全反视黄醛,同时与视蛋白解离而失色。这一光异构的过程引起视网膜杆状细胞膜钙离子通道开放而引发神经冲动并产生视觉(图 4-2)。眼睛对弱光的感光性取决于视紫红质的浓度。当缺乏维生素 A 时,必然引起 11-顺视黄醛的补充不足,视紫红质合成受

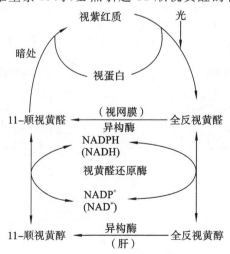

图 4-2 11-顺、反视黄醛的转化

NOTE

阻,视网膜对弱光敏感性降低,日光适应能力减弱,严重时会发生"夜盲症"。在轻度缺乏维生素 A 时,也有暗适应时间延长的现象,故维生素 A 与视觉关系极为密切。

（2）参与糖蛋白的合成,维持上皮细胞完整和促进生长发育。维生素 A 能维持上皮组织的正常结构和功能,促进黏多糖合成、骨的形成及生长发育等。维生素 A 缺乏时,可导致糖蛋白合成的中间体异常,糖蛋白分泌减少,主要症状之一就是皮肤及各器官如呼吸道、消化道、腺体等的上皮组织干燥、增生和角质化。皮肤的病变表现为皮肤粗糙、毛囊角质化等。在眼部的病变是角膜和结膜表皮细胞退变,泪液分泌减少,以致角膜、结膜干燥。泪腺萎缩,失去抵抗细菌入侵的功能,被称为干眼病和角膜软化症。故维生素 A 又称为抗眼干燥症维生素。

（3）维生素 A 可抑制癌症的发生。维生素 A 和 β-胡萝卜素是有效的抗氧化剂,在氧分压较低的条件下,能直接消灭自由基,可控制细胞膜和富含脂质组织的脂质过氧化,因此能防止自由基蓄积引起的肿瘤的发生。流行病学调查表明,维生素 A 的摄入与癌症的发生呈负相关。动物实验表明维生素 A 可诱导细胞分化和减弱致癌物的作用。缺乏维生素 A 的动物,对化学致癌物诱发的肿瘤更为敏感。

（4）维生素 A 中毒。长期过量(超过需要量的 10～20 倍)摄入维生素 A 可引起中毒,维生素 A 中毒目前多见于 1～2 岁的婴幼儿。主要表现有毛发易脱、皮肤干燥、瘙痒、烦躁、厌食、肝脾大及易于出血等症状。孕妇摄入过多,易发生胎儿畸形。引起维生素 A 中毒的原因一般是鱼肝油服用过多。

二、维生素 D

（一）化学本质及性质

维生素 D 又称抗佝偻病维生素,是类固醇衍生物,含有环戊烷多氢菲结构。其中活性最大的为维生素 D_2 和维生素 D_3。维生素 D_2 又称麦角钙化醇(ergocalciferol),维生素 D_3 又称胆钙化醇(cholecalciferol),两者结构十分相似,维生素 D_2 在 C-22 上为双键,C-24 上有一个甲基。

酵母中提取的麦角固醇在人肠道中不能吸收。经紫外线照射后 B 环断裂转变为可被人体吸收的维生素 D_2(图 4-3)。人体皮肤中含有 7-脱氢胆固醇,为维生素 D_3 的前体,经紫外线照射后,可转变为维生素 D_3,是人体内维生素 D 的主要来源(图 4-3)。维生素 D 在小肠吸收

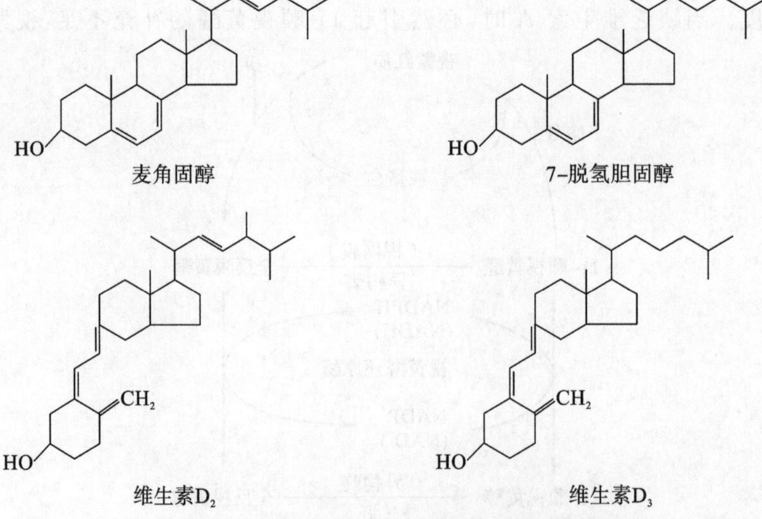

麦角固醇

7-脱氢胆固醇

维生素 D_2

维生素 D_3

图 4-3　维生素 D_2 与维生素 D_3 及其前体

后，渗入乳糜微粒经淋巴入血，在血中与维生素D结合蛋白(DBP)结合后运至肝。一般情况下，人体通过皮肤合成的维生素D_3足够维持机体使用。因此，经常做日光浴和户外活动可预防佝偻病的发生。维生素D在体内的活性形式是1,25-二羟基胆钙化醇(1,25-$(OH)_2D_3$)。体内的维生素D_3必须经肝羟化成25-$(OH)D_3$，后者再经肾羟化成1,25-$(OH)_2D_3$才能发挥作用。鱼肝油、肝、蛋等动物性食物都是维生素D的主要来源。

(二) 生理功能及缺乏症

维生素D转化为活性形式1,25-$(OH)_2D_3$后，可促进肠道黏膜合成钙结合蛋白，使小肠对钙和磷的吸收增加，同时1,25-$(OH)_2D_3$可促进肾小管细胞对钙、磷的重吸收，从而维持血浆中钙、磷浓度在正常水平，而这正是成骨作用的必要条件。维生素D还具有促进成骨细胞形成和促进钙在骨质中沉积成磷酸钙、碳酸钙等骨盐的作用，有助于骨骼和牙齿的形成。因此，1,25-$(OH)_2D_3$的生理效应是提高血钙、血磷的浓度，有利于新骨的生成与钙化。在体内维生素D、甲状旁腺素及降钙素等共同调节并维持机体的钙、磷平衡。近年来维生素D被认为可能是一种免疫调节激素，可以增强巨噬细胞及单核细胞的功能。

缺乏维生素D的婴儿，其肠道钙、磷的吸收发生障碍，使血液中钙、磷含量下降，骨、牙不能正常发育，临床表现为手足搐搦，严重者导致出现佝偻病；成人则发生软骨病。

【药考提示】维生素D的活性形式、生化作用和缺乏症。

维生素D可防治佝偻病、软骨病和手足搐搦症等，但在使用维生素D时应同时补充钙。大剂量久用可引起维生素D过多症，表现为食欲下降、恶心、呕吐、血钙过高、骨破坏、异位钙化等。

三、维生素E

(一) 化学本质及性质

维生素E又称生育酚(tocopherol)，根据其化学结构分为生育酚和三烯生育酚(tocotrienol)两大类(图4-4)。它们均为苯骈二氢吡喃的衍生物。每类又可根据甲基的数目、位置不同分为α、β、γ、δ四种。

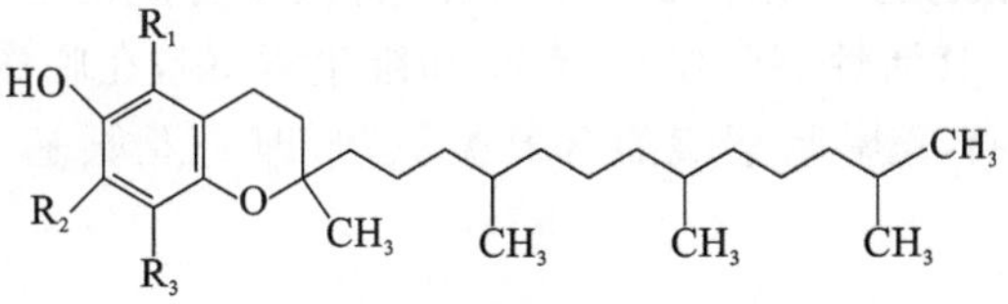

生育酚

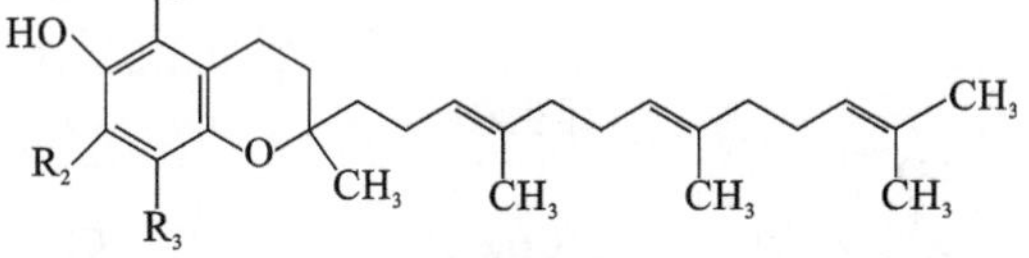

三烯生育酚

图4-4 维生素E的结构

R_1和R_2为H或甲基。α-生育酚(α-三烯生育酚)在5、7、8位有甲基，β-生育酚(β-三烯生育酚)在5、8位有甲基，γ-生育酚(γ-三烯生育酚)在7、8位有甲基，δ-生育酚(δ-三烯生育酚)在8位有甲基。其中以α-生育酚活性最大，β-生育酚、γ-生育酚和δ-生育酚的活性分别为其40%、8%及20%，其余结构活性甚微。但维生素E的抗氧化作用以δ-生育酚作用最强，α-生育酚作用最弱。

维生素E为具有较低黏性的淡黄色油状物，维生素E在无氧条件下较为稳定、很耐热，当温度高至200 ℃也不被破坏。但在空气中维生素E极易被氧化。它极易被氧化而保护其他

NOTE

物质不被氧化，故具有抗氧化作用。维生素 E 常加入食品中用作食品添加剂，保护脂肪、维生素 A 和不饱和脂肪酸不被氧化。

维生素 E 在麦胚油、棉籽油、玉米油、大豆油中含量丰富，豆类及绿叶蔬菜中含量也较多。

（二）生理功能及缺乏症

维生素 E 是体内重要的抗氧化剂。维生素 E 是生物膜的组分之一，它能对抗生物膜中不饱和脂肪酸发生过氧化反应，是细胞膜及亚细胞膜结构中磷脂对抗过氧化作用的第一道防线，因而具有很重要的生理意义。

维生素 E 对动物如鼠和昆虫等的生殖机能有很重要的作用。缺少维生素 E，动物会因生殖器官发育受损导致不育；对人类生殖机能的影响不很明确，但临床上也用维生素 E 防治先兆流产和习惯性流产。

维生素 E 能提高血红素合成过程中的关键酶 δ-氨基-γ-酮戊酸（δ-aminolevulinic acid, ALA）合酶和 ALA 脱水酶的活性，从而促进血红素的合成。此外，维生素 E 在体内能调节前列腺素和凝血噁烷（血栓素）的形成，因而可抑制血小板凝集。维生素 E 还能维持骨骼肌、心肌、周围血管和脑细胞的正常结构和功能。通常情况下，维生素 E 不易缺乏，但在某些脂肪吸收障碍等疾病时可引起缺乏，表现为红细胞数量减少、寿命缩短，体外实验可见红细胞脆性增加等贫血症，甚至有神经障碍等症状。

四、维生素 K

（一）化学本质及性质

维生素 K 为具有异戊烯类侧链的萘醌化合物，在自然界主要以维生素 K_1、K_2 两种形式存在。其化学结构都是 2-甲基-1,4-萘醌的衍生物，区别仅在于 R 基团（图 4-5）。维生素 K_1 存在于绿叶蔬菜中，称为叶绿甲基萘醌（phytylmenaquinone）。维生素 K_2 是人体肠道细菌的代谢产物，又称多异戊烯甲基萘醌（multiprenylmenaquinone）。

缺乏维生素 K 容易导致凝血时间延长，故维生素 K 又称凝血维生素。维生素 K 的凝血活性主要集中于 2-甲基萘醌这一基本结构中，因此将人工合成的 2-甲基萘醌（menaquinone）称为维生素 K_3（图 4-5）。其活性高于维生素 K_1 和维生素 K_2，在临床应用上常作为水溶性维生素 K 的代用品。已证明，2-甲基萘醌的含氮类似物，即 4-亚氨基-2-甲基萘醌（维生素 K_4）

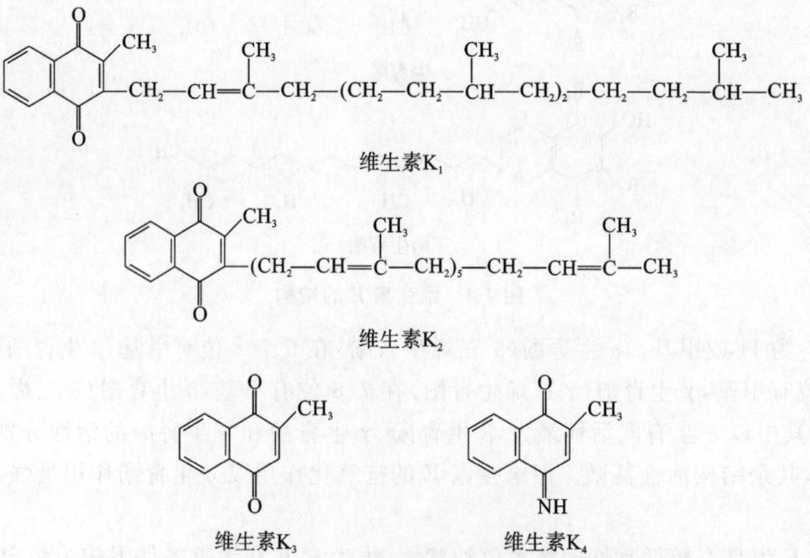

维生素K_1

维生素K_2

维生素K_3　　维生素K_4

图 4-5　维生素 K 的结构

NOTE

（图 4-5）的凝血活性比维生素 K₁高 3～4 倍。

维生素 K 的吸收主要在小肠上段，需同脂肪一起在胆汁酸盐的辅助下吸收，吸收后经淋巴入血，进入血液中随 β-脂蛋白转运至肝脏并储存起来。

肝、鱼、肉和苜蓿、菠菜、青菜等绿叶蔬菜中含有丰富的维生素 K。

（二）生理功能及缺乏症

维生素 K 主要功能是促进凝血，是促进肝合成凝血酶原的必要因素。凝血酶原分子的 N-末端含有 4～6 个谷氨酸残基需羧化后变成 γ-羧基谷氨酸（Glu）残基，Glu 有很强的螯合 Ca^{2+} 的能力，这种结合可激活蛋白水解酶，使凝血酶原水解转变为凝血酶。此反应由 γ-羧化酶催化，而许多 γ-谷氨酰羧化酶的辅酶是维生素 K。此外，维生素 K 对 Ⅱ、Ⅶ、Ⅸ、Ⅹ 凝血因子的合成是必需的；缺乏维生素 K 时，不能形成正常的含 γ-羧基谷氨酸的凝血酶原，凝血因子 Ⅱ、Ⅶ、Ⅸ、Ⅹ 等减少，从而影响血液凝固。

维生素 K 对骨代谢具有重要作用。维生素 K 依赖蛋白如骨中骨钙蛋白和骨基质 Gla 蛋白不仅存在于肝中，也存在于各组织中。研究表明，服用低剂量维生素 K 的妇女，其股骨颈和脊柱的骨密度明显低于服用大剂量维生素 K 的妇女。此外，维生素 K 可减少动脉钙化，即大剂量的维生素 K 对降低动脉硬化的危险性有很重要的作用。

一般情况下人体不会缺乏维生素 K，因为维生素 K 广泛分布于动、植物组织，而且体内肠道中大肠杆菌可以合成维生素 K。只有长期口服抗生素使肠道菌生长受抑制或因脂肪吸收受阻，才会出现维生素 K 缺乏症。新生儿由于肠道中无细菌及吸收不良，可能出现维生素 K 缺乏症。

【药考提示】维生素 K 的功能、缺乏症。

▍第三节　水溶性维生素 ▍

水溶性维生素包括 B 族维生素（维生素 B₁、维生素 B₂、维生素 PP、维生素 B₆、维生素 B₁₂、生物素、泛酸及叶酸）、维生素 C。水溶性维生素在化学结构和理化性质上与脂溶性维生素差别很大，其在体内无储存，当血中浓度超过肾阈值时，即从尿中排出。因此必须从膳食中不断摄入，很少会出现中毒现象，但摄入不足时往往导致缺乏症。

除维生素 C 外，其余水溶性维生素均作为辅酶或辅基的组成成分，参与代谢和造血过程中的许多生化反应。作为辅助因子参与代谢的维生素有维生素 B₁、维生素 B₂、维生素 PP、维生素 B₆、泛酸及生物素等。这些维生素缺乏时可造成机体生长的障碍，如在许多情况下，由于需要能量较多或维生素的特殊作用时，常影响到神经组织的功能。造血过程所需的维生素有叶酸、维生素 B₁₂等，缺乏时可导致不同类型的贫血。

一、维生素 B₁

（一）化学本质及性质

维生素 B₁又名硫胺素（thiamine），由含硫的噻唑环和含氨基的嘧啶环通过甲烯基连接而成（图 4-6(a)）。其纯品大多以盐酸盐形式存在，为白色结晶，耐热，在酸性溶液中稳定，碱性条件中加热易被破坏。故烹调食物时不宜加碱，因碱会使维生素 B₁水解破坏。硫胺素易被小肠吸收，入血后在肝及脑组织中经硫胺素焦磷酸激酶的催化生成焦磷酸硫胺素（thiamine pyrophosphate，TPP）。TPP 为维生素 B₁在体内的活性形式（图 4-6(b)）。

维生素 B₁在植物中广泛分布，主要存在于豆类和种子外皮（如米糠）、胚芽、酵母和瘦肉中。精白米和精白面粉中维生素 B₁含量远不及标准米、标准面粉的含量高。酵母中含量尤其

NOTE

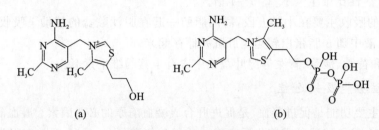

图 4-6　维生素 B_1 的结构

(a)硫胺素；(b)焦磷酸硫胺素

多。维生素 B_1 耐热，在 pH 3.5 以下时加热到 120 ℃亦不被破坏。维生素 B_1 极易溶于水，故淘米时不宜多洗，以免损失维生素 B_1。

（二）生理功能及缺乏症

维生素 B_1 在糖代谢中具有重要作用。TPP 是 α-酮酸氧化脱羧酶系的辅酶，如丙酮酸脱氢酶系、α-酮戊二酸脱氢酶系等。当维生素 B_1 缺乏时，影响 α-酮酸的氧化功能，糖代谢受阻、造成丙酮酸积累，血、尿和脑组织中丙酮酸含量升高，出现多发性神经炎、心力衰竭、四肢无力、肌肉萎缩、下肢浮肿等症状，临床上称为脚气病，故维生素 B_1 又称为抗脚气病维生素。

维生素 B_1 在神经传导中起一定作用，它能可逆地抑制胆碱酯酶，使乙酰胆碱的分解速度适当，从而保证神经兴奋过程的正常传导。当维生素 B_1 缺乏时，乙酰胆碱的分解加强，神经传导受影响，主要表现为食欲不振、消化不良等，这是消化液分泌减少和胃肠道蠕动减慢所致。

维生素 B_1 缺乏多见于以大米为主食的地区，任何年龄均可发病。膳食中维生素 B_1 含量不足是最常见的原因，另外吸收障碍、需要量增加以及酒精中毒也可导致维生素 B_1 的缺乏。

知识拓展 4-2

二、维生素 B_2

（一）化学本质及性质

维生素 B_2 又称核黄素。其化学本质是核糖醇和 6,7-二甲基异咯嗪的缩合物。在 N_1 位和 N_{10} 位之间有两个活泼的双键，起氧化还原作用。维生素 B_2 有氧化型和还原型两种形式，在生物体内的氧化还原过程中起传递氢的作用。

维生素 B_2 在酸性环境中耐热，较稳定，但遇光容易被破坏。在碱性溶液中不耐热，且对光极为敏感，所以在烹调食物时不宜加碱。维生素 B_2 的水溶液具绿色荧光，利用这一性质可做定量分析。

在体内核黄素是以黄素单核苷酸（flavin mononucleotide，FMN）和黄素腺嘌呤二核苷酸（flavin adenine dinucleotide，FAD）形式存在（图 4-7），是生物体内一些氧化还原酶（黄素蛋白）的辅基。它们和核黄素一样以氧化型和还原型两种形式存在，具有传递氢的作用。FMN 和 FAD 是核黄素在体内的活性形式。

维生素 B_2 广泛存在于动、植物组织中；在奶与奶制品、肝、蛋类和肉类等中的含量丰富。

（二）生理功能及缺乏症

FMN 和 FAD 是体内氧化还原酶的辅基，这些酶也叫黄素蛋白或黄酶（flavo-enzyme）。以 FMN 或 FAD 为辅基的酶有琥珀酸脱氢酶、脂酰辅酶 A 脱氢酶、L-氨基酸氧化酶及黄嘌呤氧化酶等，它们在体内的氧化还原反应中主要起递氢体的作用。

维生素 B_2 广泛参与体内的各种氧化还原反应，能促进糖、脂肪和蛋白质的代谢。它对维持皮肤、黏膜和视觉的正常机能均有一定的作用。缺乏维生素 B_2 时组织呼吸减弱、代谢强度

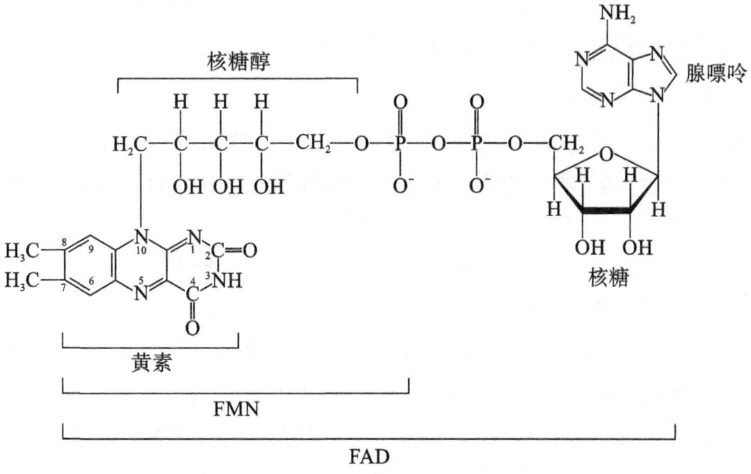

图 4-7 FMN 与 FAD 的结构

降低,可引起口角炎、舌炎、唇炎、结膜炎、阴囊炎、皮肤脂溢性皮炎等。

三、维生素 PP

(一)化学本质及性质

维生素 PP 包括尼克酸(niacin)和尼克酰胺(niacinamide)两种,均为含氮杂环吡啶衍生物(图 4-8),在体内主要以酰胺形式存在。维生素 PP 广泛存在于自然界中,性质稳定,不易被酸、碱和加热破坏。

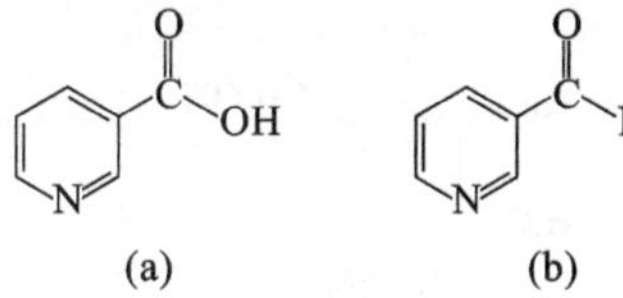

图 4-8 维生素 PP 的结构

(a)尼克酸;(b)尼克酰胺

尼克酰胺在体内与核糖、磷酸、腺嘌呤组成脱氢酶的辅酶,分别是尼克酰胺腺嘌呤二核苷酸(nicotinamide adenine dinucleotide,NAD^+)和尼克酰胺腺嘌呤二核苷酸磷酸(nicotinamide adenine dinucleotide phosphate,$NADP^+$)(图 4-9),是维生素 PP 在体内的活性形式。NAD^+ 和 $NADP^+$ 的功能基团在尼克酰胺上。尼克酰胺分子中的吡啶氮为五价,能够可逆地接受电子变成三价,其对侧的碳原子性质活泼,能可逆地加氢或脱氢。故尼克酰胺每次可接受一个氢原子和一个电子,而另一个质子游离于介质中。

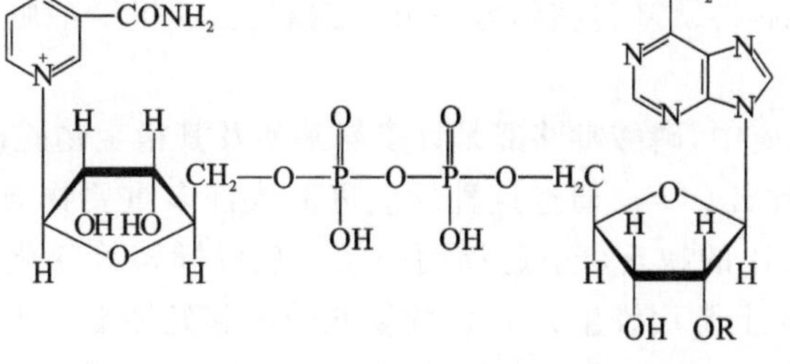

图 4-9 NAD^+ 与 $NADP^+$ 的结构(NAD^+:R=H;$NADP^+$:R=HPO_3)

维生素 PP 在动、植物组织中分布很广,酵母、米糠中含量最多。豆类、蔬菜、肝、肉等都是它的重要来源。人体可以利用色氨酸合成少量的维生素 PP，但转化效率较低，不能满足人体需要。因此，人体需要的维生素 PP 主要从食物中摄取。

（二）生理功能及缺乏症

NAD^+ 和 $NADP^+$ 是生物体内多种不需氧脱氢酶的辅酶，在氧化还原过程中起传递氢的作用。这些酶参与细胞呼吸，将代谢中产生的氢经呼吸链传递同时产生能量，因此，维生素 PP 在糖、脂肪和蛋白质的能量产生与释放过程中起重要作用。

另外，维生素 PP 在体内还参与脂肪、蛋白质和 DNA 的合成，在固醇类化合物的合成中也起着重要作用，可降低体内胆固醇的水平。

人体维生素 PP 缺乏时可引起癞皮病（pellagra），主要表现为皮肤暴露部位的对称性皮炎、腹泻和痴呆等症状，故维生素 PP 又称抗癞皮病维生素。此外，尼克酸亦可作为血管扩张药，服用后可产生血管扩张、皮肤潮红、胃肠不适等症状。烟酸肌醇酯是应用于临床的一种温和的周围血管扩张药，并具有降低胆固醇的作用。

抗结核药物异烟肼的结构与维生素 PP 十分相似，二者有拮抗作用，因此长期服用可引起维生素 PP 的缺乏。

四、维生素 B_6

（一）化学本质及性质

维生素 B_6 是吡啶的衍生物，包括吡哆醇（pyridoxine）、吡哆醛（pyridoxal）和吡哆胺（pyridoxamine）（图 4-10），其活性形式是磷酸吡哆醛和磷酸吡哆胺，二者可以相互转化。维生素 B_6 在生物体内都是以磷酸酯的形式存在。

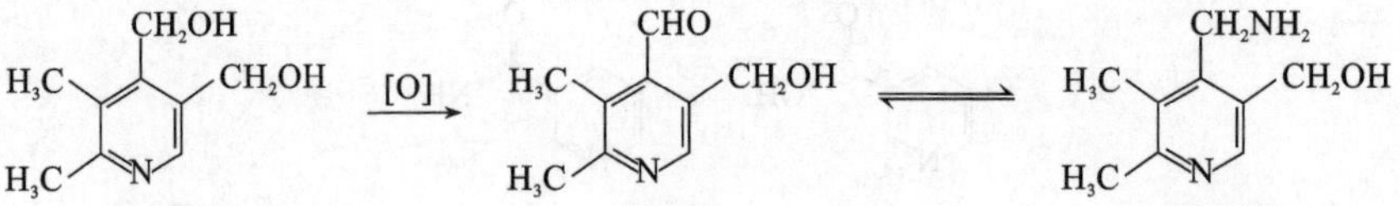

$$
\text{吡哆醇} \xrightarrow{[O]} \text{吡哆醛} \rightleftharpoons \text{吡哆胺}
$$

图 4-10　维生素 B_6 的结构

维生素 B_6 在酸性环境中较稳定，但易被碱破坏；在中性环境中易被光破坏；在高温环境中可迅速被破坏。

维生素 B_6 在动、植物中分布广泛，其中在麦胚芽、米糠、大豆、酵母、蛋黄、肝、肾、肉、鱼及绿叶蔬菜中含量丰富。

（二）生理功能及缺乏症

维生素 B_6 在氨基酸的转氨基和脱羧过程中起辅酶作用，与氨基酸代谢过程密切相关。在转氨基作用中，磷酸吡哆醛和磷酸吡哆胺是转氨酶的辅酶。磷酸吡哆醛先接受氨基酸上的氨基，形成磷酸吡哆胺，然后将氨基转移到另一个 α-酮酸上，这里磷酸吡哆醛和磷酸吡哆胺作为氨基的中间传递体。

在氨基酸的脱羧反应中，磷酸吡哆醛是许多氨基酸及其衍生物脱羧酶的辅酶，可促使它们转变成相应的胺，并释放出 CO_2。通过这种反应可形成许多重要物质，如神经递质多巴胺、γ-氨基丁酸等。故维生素 B_6 的缺乏可引起周围神经出现脱髓鞘等变化，临床表现为呕吐、中枢神经兴奋、惊厥等。临床上常用维生素 B_6 治疗婴儿惊厥和妊娠呕吐等症状。

磷酸吡哆醛是 δ-氨基-γ-酮戊酸（ALA）合酶的辅酶。ALA 合酶是血红素合成的限速酶，因此，缺乏维生素 B_6 可产生小红细胞低色素性贫血。

异烟肼和吡哆醛可结合形成腙而从尿中排出，引起维生素 B_6 缺乏症，故维生素 B_6 可用于

NOTE

防治因大剂量服用异烟肼导致的中枢兴奋、周围神经炎和小红细胞低色素性贫血等。

五、泛酸

（一）化学本质及性质

泛酸又称遍多酸（pantothenic acid）。因广泛存在于动、植物组织中而得名（图 4-11）。泛酸是由二羟基二甲基丁酸以肽键与 β-丙氨酸缩合而成的有机酸。泛酸在中性溶液中对热稳定，对氧化剂和还原剂也极稳定，但易被酸、碱破坏。

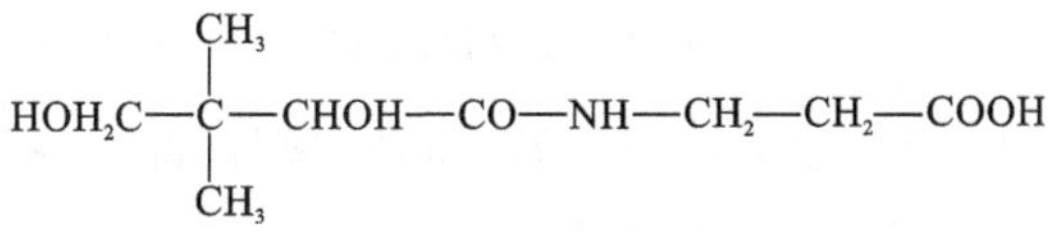

$$HOH_2C—\overset{\displaystyle CH_3}{\underset{\displaystyle CH_3}{C}}—CHOH—CO—NH—CH_2—CH_2—COOH$$

图 4-11 泛酸的结构

泛酸吸收后经磷酸化并获得巯基乙胺而成为 $4'$-磷酸泛酰巯基乙胺，后者是辅酶 A（coenzyme A，CoA）（图 4-12）和酰基载体蛋白（acyl carrier protein，ACP）的组成成分。

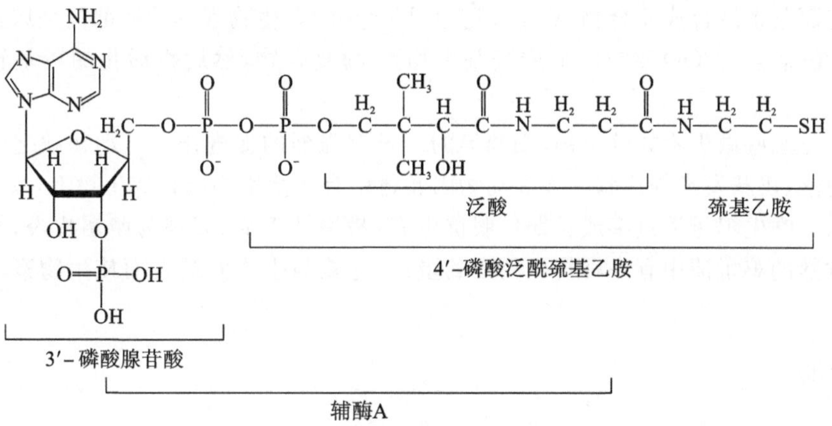

图 4-12 辅酶 A 的结构

（二）生理功能及缺乏症

辅酶 A 主要起传递酰基的作用。它也与酰化作用密切相关，是各种酰基转移酶的辅酶。其携带酰基的部位在—SH 上，故常以 CoASH 表示。如携带乙酰基后形成 $CH_3CO—SCoA$，称为乙酰辅酶 A。

辅酶 A 还参与体内一些重要物质如乙酰胆碱、胆固醇、卟啉、固醇类激素和肝糖原的合成，并能调节血浆脂蛋白和胆固醇的含量。辅酶 A 和酰基载体蛋白在体内广泛参与糖、脂肪、蛋白质代谢及肝的生物转化过程，已知利用酰基载体蛋白及辅酶 A 的酶有 70 多种。

因泛酸广泛存在于生物界，所以机体很少出现缺乏症。机体缺乏泛酸，易引起胃肠功能障碍等疾病，如出现食欲下降、恶心、腹痛、溃疡、便秘等症状，严重时出现肢神经痛综合征，表现为脚趾麻木、步行摇晃、周身酸痛等。若病情继续恶化，则会产生易怒、脾气暴躁、失眠等症状。在二战时期远东战俘中曾出现"脚灼热综合征"，为泛酸缺乏所致。

六、生物素

（一）化学本质及性质

生物素（biotin）是由噻吩环和尿素结合形成的一个双环化合物，侧链上有一戊酸。自然界存在的生物素至少有两种：α-生物素和 β-生物素（图 4-13）。α-生物素存在于蛋黄中，β-生物素

存在于肝中。生物素为无色针状结晶体,耐酸而不耐碱,在常温中稳定,在高温或氧化剂中可使其失活。

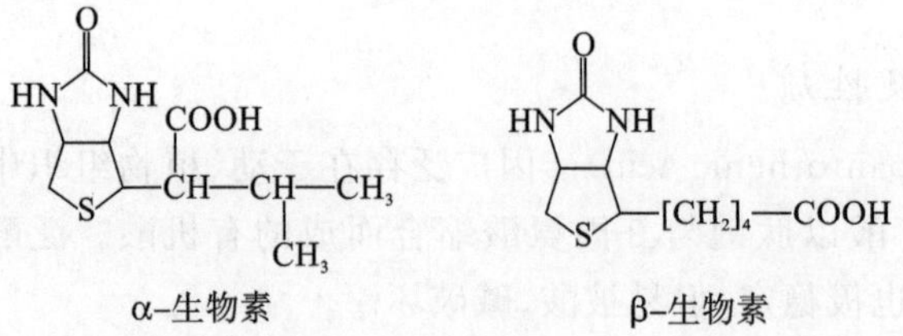

图 4-13 生物素的结构

生物素在动、植物界中分布广泛,如在肝、肾、蛋黄、酵母、蔬菜、谷类中均含量丰富。人肠道细菌也能合成生物素,故很少出现缺乏症状。

(二)生理功能及缺乏症

生物素是体内多种羧化酶的辅基。体内主要的羧化酶有丙酮酸羧化酶、乙酰辅酶 A 羧化酶、丙酰辅酶 A 羧化酶等。生物素是通过其分子中戊酸的羧基与酶蛋白中赖氨酸的 ε-氨基以酰胺键相连而紧密结合成复合物,称生物胞素(biocytin)。生物素的功能部位是尿素环上的一个 N 原子,它能与—COO⁻ 结合,形成羧基生物素-酶复合物,然后将活化的羧基转移给酶的底物。

生物素对某些微生物如酵母菌、细菌等的生长有强烈的促进作用。动物缺乏生物素时可导致毛发脱落、皮肤发炎等症状。人和动物因肠道中有些微生物能合成生物素,故一般不易出现缺乏症状。吃生鸡蛋清过多或长期口服抗生素,易患缺乏症,表现为鳞屑皮炎、抑郁等。这是因为未煮熟的鸡蛋清中有一种抗生物素的蛋白,它能与生物素结合而使生物素不能被肠道吸收。

七、叶酸

(一)化学本质及性质

叶酸(folic acid)由 2-氨基-4-羟基-6-甲基蝶啶(pteridine)、对氨基苯甲酸(paminobenzoic acid,PABA)和 L-谷氨酸三部分组成,又称蝶酰谷氨酸(paminobenzoic acid,PGA)(图 4-14)。其因在绿叶中含量丰富而得名。叶酸为黄色结晶,在酸性溶液中不稳定,在中性及碱性溶液中耐热,对光照敏感。

叶酸为某些微生物生长所必需的物质,因肠道细菌可以合成,故一般不易患缺乏症。叶酸在植物的绿叶中大量存在,在肝、酵母中含量也较丰富。

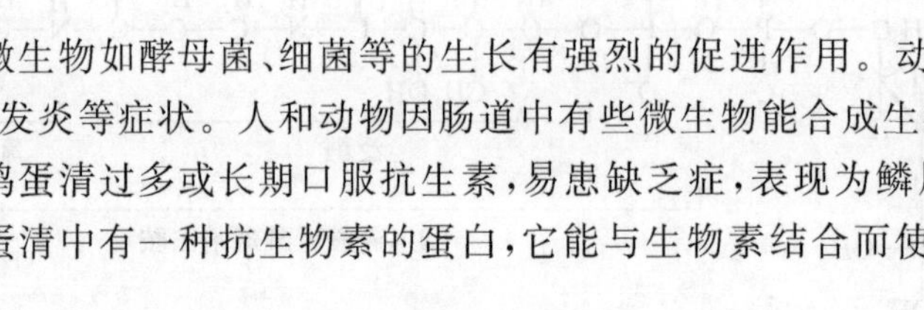

图 4-14 叶酸的结构

在体内叶酸被二氢叶酸还原酶还原为二氢叶酸,再进一步还原为四氢叶酸(tetrahydrofolic acid,THFA 或 FH₄),反应过程需要 NADPH 和维生素 C 的参与。四氢叶酸是叶酸的活性形式,其四个氢分布在 5、6、7、8 位,是一碳单位的载体。

(二)生理功能及缺乏症

FH_4 是体内一碳单位转移酶的辅酶。体内许多重要物质例如嘌呤、嘧啶、核苷酸、丝氨酸、甲硫氨酸等的合成,均需要作为一碳单位的载体 FH_4 提供一碳单位。当体内叶酸缺乏时,DNA 的合成受到抑制,骨髓幼红细胞的分裂程度降低,细胞体积增大,导致细胞核内染色质疏松,产生所谓的幼红细胞。这种红细胞大部分在骨髓内成熟前就被破坏,因此而造成的贫血称为巨幼红细胞性贫血(macrocytic anemia)。

叶酸缺乏可引起高同型半胱氨酸血症,增加动脉粥样硬化、血栓生成和高血压的危险性;叶酸缺乏还可引起 DNA 低甲基化,增加一些癌症(如结肠直肠癌)的危险性。富含叶酸的食物可降低这些癌症的风险。叶酸的应用还可以降低胎儿脊柱裂和预防神经管畸形的危险性。

八、维生素 B_{12}

(一)化学本质及性质

维生素 B_{12} 含有金属元素钴,又称钴胺素(cobalamin),是含卟啉的衍生物(图 4-15)。是目前已知的唯一含有金属元素的维生素。维生素 B_{12} 进入体内,其中的钴离子可与不同的基团结合。与甲基结合形成甲钴胺素(methylcobalamin);与 5'-脱氧腺苷结合形成 5'-脱氧腺苷钴胺素(5'-deoxyadenosylcobalamin);与羟基结合形成羟钴胺素(hydroxocobalamin)。它们多存在于动物的肝中。从细菌发酵中制备的氰钴胺素(cyanocobalamin)性质最为稳定。羟钴胺素的性质比较稳定,是药用维生素 B_{12} 的常见形式,且疗效优于氰钴胺素。甲钴胺素和 5'-脱氧腺苷钴胺素具有辅酶的功能,又称辅酶 B_{12}(CoB_{12})。

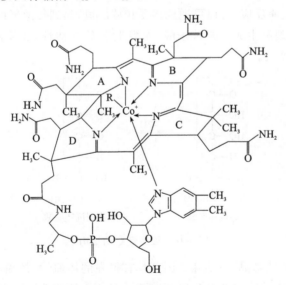

图 4-15 钴胺素的结构

注:R=CN 氰钴胺素;R=CH₃ 甲钴胺素;

R=OH 羟钴胺素;R=5'-脱氧腺苷 5'-脱氧腺苷钴胺素。

维生素 B_{12} 在肝、肾、瘦肉、鱼及蛋类食物中的含量较高,其中放线菌、人和动物的肠道细菌均能合成维生素 B_{12},所以一般情况下人体不会缺乏维生素 B_{12}。但维生素 B_{12} 的吸收需要一种由胃壁细胞分泌的高度特异的糖蛋白,称为内因子(intrinsic factor,IF)的参与,故内因子产生不足或胃酸分泌减少均可影响维生素 B_{12} 的吸收。

NOTE

（二）生理功能及缺乏症

甲钴胺素参与甲基的形成和转移,与胆碱、甲硫氨酸等的生物合成关系密切。维生素 B_{12} 参与同型半胱氨酸甲基化生成蛋氨酸的反应。甲钴胺素是甲基转移酶的辅酶,N^5-甲基四氢叶酸是甲基的供体。当甲基转移酶的酶蛋白与钴胺素结合后,N^5-甲基四氢叶酸可将甲基通过钴胺素转移到同型半胱氨酸上形成甲硫氨酸。当维生素 B_{12} 缺乏时,一方面不利于甲硫氨酸的生成,另一方面容易造成 N^5-甲基四氢叶酸的堆积,影响 FH_4 的再生,引起组织中游离的 FH_4 含量减少,其他一碳单位的生成数量减少,影响嘌呤、嘧啶的合成,导致核酸合成障碍,影响细胞分裂,最终导致巨幼红细胞性贫血。

$5'$-脱氧腺苷钴胺素是 L-甲基丙二酰 CoA 变位酶的辅酶。该酶催化 L-甲基丙二酰 CoA 转变为琥珀酰 CoA。当维生素 B_{12} 缺乏时,L-甲基丙二酰 CoA 大量堆积。因 L-甲基丙二酰 CoA 的结构与体内脂肪酸合成的中间产物丙二酰 CoA 相似,因而影响脂肪酸的正常合成。脂肪酸合成的异常可影响神经髓鞘的转换,结果神经髓鞘发生质变性退化,这是维生素 B_{12} 缺乏造成神经疾患的根本原因。

九、维生素 C

（一）化学本质及性质

维生素 C 又称抗坏血酸,是 L 型己糖的衍生物,故为 L-抗坏血酸(图 4-16)。它是含有 6 个碳原子的不饱和多羟基化合物,以内酯形式存在。其分子中 C_2 位与 C_3 位碳原子上的两个烯醇式羟基极易游离释放出 H^+,故具酸性。抗坏血酸是一种强还原剂,易被弱氧化剂如 2,6-二氯酚靛酚氧化脱氢生成氧化型抗坏血酸,故抗坏血酸有氧化型和还原型两种存在形式。抗坏血酸在体内参与氧化还原反应,可以可逆地接受和放出氢,起到传递氢的作用。氧化型抗坏血酸易于水解,使内酯环裂解生成二酮古乐酸,无维生素 C 的活性,在体内不能逆转;继续氧化则生成草酸和 L-赤藓糖酸。

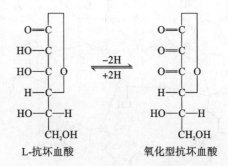

图 4-16　维生素 C 的结构

维生素 C 为无色片状结晶,有酸味。因其具有很强的还原性,故极不稳定,容易被加热或氧化剂所破坏;在中性或碱性溶液中尤甚;在低于 pH 5.5 的酸性溶液中,维生素 C 较为稳定。

维生素 C 广泛存在于新鲜的蔬菜和水果中。在番茄、柑橘类、鲜枣、山楂等中含量丰富,其中,野生的刺梨、沙棘、猕猴桃、酸枣等维生素 C 的含量尤为丰富。

（二）生理功能及缺乏症

1. 维生素 C 是一些羟化酶的辅酶　维生素 C 在体内的羟化反应中起着重要的辅助因子作用。

（1）促进胶原蛋白的合成:胶原蛋白中含有大量的羟脯氨酸和羟赖氨酸,它们分别在胶原脯氨酸羟化酶和赖氨酸羟化酶催化下,由脯氨酸和赖氨酸羟化而成,维生素 C 是这些羟化酶的辅助因子。胶原是结缔组织、骨及毛细血管等的重要组成成分,其中,生成的结缔组织为伤口愈合过程所必需的成分,因此,维生素 C 的缺乏可导致毛细血管脆性增加、牙齿易松动、骨骼易折断以及创伤不易愈合等症状。

（2）参与胆固醇的转化:正常时,体内胆固醇约有 40% 转变为胆汁酸。胆固醇转变为胆汁酸时,首先被羟化生成 7α-羟基胆固醇,维生素 C 是催化这一反应的 7α-羟化酶的辅酶,因此维生素 C 缺乏时可影响胆固醇的代谢。

（3）参与芳香族氨基酸的代谢:苯丙氨酸羟化生成酪氨酸的反应,酪氨酸羟化、脱羧生成对羟苯丙酮酸的反应及形成尿黑酸的反应,均需维生素 C 的参与,当维生素 C 缺乏时,尿中将出现大量对羟苯丙酮酸。维生素 C 还参与酪氨酸转变为儿茶酚胺、色氨酸转变为 5-羟色胺的反应。

2. 参与体内的氧化还原反应　维生素 C 在体内既有氧化型又有还原型,所以它既可以作为受氢体,又可作为供氢体,在体内的氧化还原反应中发挥着极其重要的作用。

（1）保护巯基作用:它能使巯基酶的-SH 维持在还原状态,使之不被氧化。铅等重金属离子能与体内巯基酶的-SH 结合,使其失活以致代谢发生障碍而中毒。维生素 C 可使 G-S-S-G 还原为 G-SH,后者与金属离子结合排出体外。故维生素 C 常用于防治职业中毒,如铅、汞、砷、苯等的慢性中毒等。

维生素 C 与谷胱甘肽在体内共同发挥抗氧化作用。如不饱和脂肪酸易被氧化为脂质过氧化物,从而使细胞膜结构和功能受损,还原型谷胱甘肽（G-SH）可使脂质过氧化物还原,从而起到保护细胞膜的作用（图 4-17）。

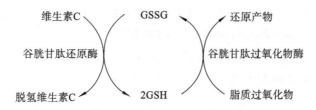

维生素C　　　GSSG　　　　　还原产物

谷胱甘肽还原酶　　　　　谷胱甘肽过氧化物酶

脱氢维生素C　　2GSH　　　脂质过氧化物

图 4-17　维生素 C 与谷胱甘肽氧化还原反应的关系

（2）其他作用:维生素 C 能使红细胞中的高铁血红蛋白（MHb）还原为血红蛋白（Hb）,恢复其运输氧的能力;维生素 C 能使三价铁（Fe^{3+}）还原为易被肠黏膜细胞吸收的二价铁（Fe^{2+}）,还能使血浆运铁蛋白中的 Fe^{3+} 还原为 Fe^{2+};维生素 C 还能促进叶酸转变为具有生理活性的四氢叶酸。

3. 维生素 C 具有增强机体免疫力的作用　维生素 C 促进体内抗菌活性、NK 细胞活性、促进淋巴细胞增殖和趋化作用、提高吞噬细胞的吞噬能力、促进免疫球蛋白的合成等,从而提高机体免疫力。临床上常用于心血管疾病、感染性疾病等的支持性治疗。

我国建议成人每日维生素 C 的需要量为 60 mg。若每日摄取超过 100 mg,体内维生素 C 便可达到饱和。过量摄入的维生素 C 则随尿排出体外。维生素 C 是胶原蛋白形成所必需的物质,有助于保持细胞间质物质的完整,当维生素 C 严重缺乏时可引起坏血病。表现为毛细血管脆性增强易破裂、牙龈腐烂、牙齿松动、骨折以及创伤不易愈合等症状。由于机体在正常状态下可储存一定量的维生素 C,坏血病的症状常在维生素 C 缺乏 3～4 个月后出现。

十、硫辛酸

（一）化学本质及性质

硫辛酸（lipoic acid）的化学结构是一个含硫的八碳酸,在 6、8 位上有二硫键相连,又称 6,8-二硫辛酸（图 4-18）,以氧化型和还原型两种形式存在。

NOTE

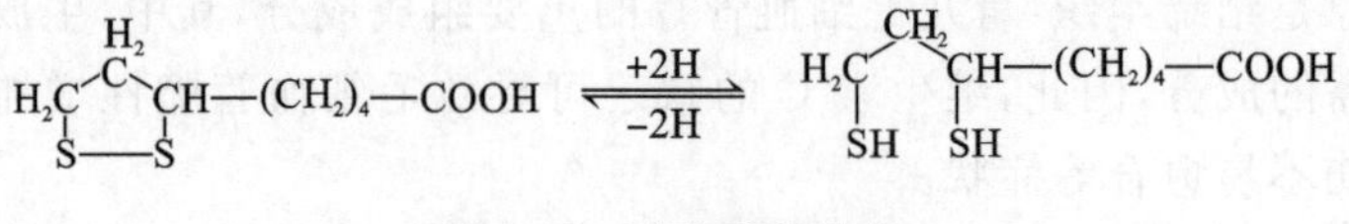

$$H_2C\underset{S\text{—}S}{\overset{CH}{|}}\text{—}(CH_2)_4\text{—}COOH \underset{-2H}{\overset{+2H}{\rightleftharpoons}} H_2C\underset{SH\ \ SH}{\overset{CH_2\ \ CH}{|\quad|}}\text{—}(CH_2)_4\text{—}COOH$$

图 4-18　硫辛酸的结构

硫辛酸不溶于水,而溶于脂溶剂,故有人将其归为脂溶性维生素。在食物中常和维生素 B_1 同时存在。

(二)生理功能及缺乏症

在代谢中,硫辛酸作为 α-酮酸氧化脱羧酶和转羟乙醛酶的辅酶。酶蛋白分子中赖氨酸残基上的 ε-氨基可与硫辛酸的羧基以酰胺键相连,并将由丙酮酸转变来的羟乙基氧化成乙酰基,同时将乙酰基转移到辅酶 A 上。

硫辛酸还具有抗脂肪肝和降低血胆固醇的作用。此外,它很容易进行氧化还原反应,因此可保护巯基酶免受金属离子的损害。

目前,尚未发现人类有硫辛酸的缺乏症。

本章小结

维　生　素	学习要点
分类	脂溶性维生素,水溶性维生素
理化性质	维生素 A、维生素 D、维生素 E、维生素 K,维生素 B_1、维生素 B_2、维生素 PP、维生素 B_6、生物素、叶酸、维生素 B_{12}、维生素 C
生理功能	维生素 A、维生素 D、维生素 E、维生素 K,维生素 B_1、维生素 B_2、维生素 PP、维生素 B_6、生物素、叶酸、维生素 B_{12}、维生素 C
缺乏症	夜盲症、佝偻病、溶血性贫血、脚气病、口角炎、癞皮病、巨幼红细胞性贫血、坏血病

目标检测

目标检测
解析

一、填空题

1. 维生素 B_2 在体内的活性形式为_____和_____,是黄素酶的辅基,参与氧化还原反应。

2. 脂溶性维生素包括_____、_____、_____、_____。

3. 叶酸在体内二氢叶酸还原酶的催化下转变为活性型的_____,是体内_____酶的辅酶,携带_____参与多种物质的合成。

二、判断题

1. 转氨酶和氨基酸脱羧酶的辅酶中含有维生素 B_6。　　　　　　　　　　　　　　(　　)

2. 维生素 B_1 活性形式是 TPP,它是 α-酮酸氧化脱羧酶及转酮醇酶的辅酶。　　(　　)

3. 维生素 PP 是 NAD^+ 和 $NADP^+$ 的组成部分。　　　　　　　　　　　　(　　)

4. 维生素 E 又称生育酚。　　　　　　　　　　　　　　　　　　　　　　(　　)

5. 巨幼红细胞性贫血是由于缺乏维生素 B_1 引起的。　　　　　　　　　　　　(　　)

6. 维生素 D_3 必须在肝肾经过羟化才能变成有活性的形式。　　　　　　　　　(　　)

NOTE

三、问答题

1. 简述维生素 C 的生化作用。
2. 简述维生素的主要种类和主要作用。
3. 为什么维生素 A 缺乏时会患夜盲症?
4. 简述佝偻病的发病机理。
5. 为什么维生素 B_1 缺乏会患脚气病?

（王鹏翔）

在线答题

NOTE

第五章　酶

本章 PPT

 学习目标

1. 掌握酶的分子组成及其作用特点;酶的活性中心;酶原与酶原激活;酶促反应特点;影响酶促反应速度的因素;酶活性的调节。
2. 熟悉 B 族维生素与辅酶的关系;同工酶;酶促反应机制。
3. 了解酶的命名和分类;酶与医药学的关系。

酶(enzyme)是由活细胞分泌产生的,对其底物具有高度特异性和高效催化效能的物质。生物体内的各种新陈代谢过程几乎均是在酶的催化作用下进行的。机体绝大多数酶的化学本质是蛋白质,但进一步的研究发现某些 RNA 分子也具有酶的活性,这类酶被称为核酶(ribozyme)。

酶独特的催化功能,使它在工业、农业、医疗卫生等各领域具有重大的研究意义,其研究成果为催化理论、催化剂设计、药物设计、疾病诊断和治疗、科学实践及工农业生产提供了理论依据和新的研究方向。

案例导入

案例导入解析

患者,女,60 岁,急性持续性上腹痛两天,向腰背部放射,伴恶心、呕吐、吐后腹痛不减。查体有上腹部肌紧张、压痛、可疑反跳痛和腹水征及麻痹性肠梗阻征象。化验血 WBC 数和中性粒细胞比例增高,经鉴别诊断为急性胰腺炎。

(1)急性胰腺炎的典型症状有哪些?

(2)急性胰腺炎的发病机制是什么?

(3)该疾病应如何治疗?

第一节　酶的分类、分子组成与结构

一、酶的分类

(一)根据酶的反应性质分类

1. 氧化还原酶类(oxidoreductases)　能催化底物进行氧化还原反应的酶类,如脱氢酶、加氧酶、氧化酶、还原酶、过氧化物酶等。

2. 转移酶类(transferases)　能催化底物之间进行基团转移或者交换的酶类,如氨基转移酶、甲基转移酶、酰基转移酶、磷酸化酶等。

3. 水解酶类(hydrolases)　能催化底物进行水解反应的酶类,如淀粉酶、麦芽糖酶、蛋白

NOTE

酶、肽酶、脂酶及磷酸酯酶等。

4. 裂合酶类(lyases) 能催化底物分子移去一个基团留下双键的反应或催化其逆反应的酶类,如醛缩酶、碳酸酐酶、柠檬酸合酶等。

5. 异构酶类(isomerases) 能催化同分异构体、几何异构体或光学异构体之间相互转变的酶类,如磷酸丙糖异构酶、磷酸己糖异构酶等。

6. 合成酶类(ligases) 能催化两分子底物合成一分子化合物,同时偶联有ATP的磷酸键断裂的一类酶,也称连接酶,如谷氨酰胺合成酶、谷胱甘肽合成酶等。

酶的命名方法分为习惯命名法和系统命名法两种。习惯命名法主要根据酶作用的底物、催化反应的性质或酶的来源来命名,如胃蛋白酶、唾液淀粉酶等。习惯命名法简单明了、使用方便,但容易出现一酶多名或多酶同名的现象。因此国际酶学委员会于1961年提出了系统命名法,即将酶按照酶催化的底物与反应性质来命名。酶的系统名称包括两部分:第一部分列出全部底物,之间用":"分隔;第二部分为反应类型,并在最后加"酶"。系统名称比较复杂,因此酶学委员会从每种酶的数个习惯名称中选定一个为推荐名称(表5-1)。

表5-1 酶的国际系统分类与命名举例

类 别	编 号	系 统 名 称	推 荐 名 称	催化的反应
氧化还原酶类	EC1.4.1.3	L-谷氨酸:NAD^+氧化还原酶	谷氨酸脱氢酶	L-谷氨酸+H_2O+NAD^+↔α-酮戊二酸+NH_3+NADH+H^+
转移酶类	EC2.6.1.1	L-天冬氨酸:α-酮戊二酸氨基转移酶	天冬氨酸氨基转移酶	L-天冬氨酸+α-酮戊二酸↔草酰乙酸+L-谷氨酸
水解酶类	EC3.5.3.1	L-精氨酸脒基水解酶	精氨酸酶	L-精氨酸+H_2O→L-鸟氨酸+尿素
裂合酶类	EC4.1.2.13	D-果糖-1,6双磷酸:D-甘油醛-3-磷酸裂合酶	果糖二磷酸醛缩酶	D-果糖-1,6-双磷酸↔磷酸二羟丙酮+D-甘油醛-3-磷酸
异构酶类	EC5.3.1.9	D-葡萄糖-6-磷酸:酮醇异构酶	磷酸葡萄糖异构酶	D-葡萄糖-6-磷酸↔D-果糖-6-磷酸
合成酶类	EC6.3.1.2	L-谷氨酸:氨连接酶	谷氨酰胺合成酶	ATP+L-谷氨酸+NH_3→ADP+磷酸+L-谷氨酰胺

(二)根据酶蛋白的特点和分子大小分类

1. 单体酶(monomeric enzyme) 单体酶很少,只由一条多肽链组成,相对分子质量比较小,多数是催化水解反应的酶,如核糖核酸酶、胰蛋白酶、溶菌酶等。

2. 寡聚酶(oligomeric enzyme) 寡聚酶由两个或两个以上亚基组成,这些亚基可以相同也可以不同,由于亚基是由非共价键结合所以结合不牢固,分子量较单体酶大,如己糖激酶、3-磷酸甘油醛脱氢酶等都属于这类酶。

3. 多酶复合体(multienzyme complex) 多酶复合体是由几种具有不同催化功能的酶通过非共价键彼此嵌合而形成的复合体。多酶复合体可使相关酶促反应依次进行,其催化底物反应的过程如流水线,形成链锁反应,这类复合物的相对分子质量很高,脂肪酸合酶复合体就属于这类酶。

4. 多功能酶(multifunctional enzyme) 是指同一条肽链上具有多种不同催化功能的酶。多功能酶在分子结构上比多酶复合体更具有优越性,因为相关的化学反应在一个酶分子上进行,比多酶复合体更快速有效。目前,认为多功能酶可能是由于生物在进化过程中部分相关基因发生融合的结果,其相对分子量较高。多功能酶和多酶复合体都有利于提高物质代谢速度和调节效率。

（三）根据酶的分子组成分类

1. 单纯酶(simple enzyme)　仅由蛋白质构成,如水解酶类中的淀粉酶、蛋白酶、脂肪酶、纤维素酶、脲酶等。

2. 结合酶(conjugated enzyme)　由蛋白质部分和非蛋白质部分组成,如大多数氧化还原酶。

二、酶的分子组成

（一）酶蛋白

如上所述,单纯酶仅由一条多肽链组成,它的催化活性仅仅取决于它的蛋白质结构。结合酶由蛋白质部分和非蛋白质部分组成,前者称为酶蛋白(apoenzyme),决定反应的特异性;后者称为辅助因子(cofactor),决定反应的类型与性质。由酶蛋白与辅助因子结合形成的复合物又被称为全酶(holoenzyme)。全酶有催化活性,单个酶蛋白或辅助因子都没有催化作用。

（二）酶的辅助因子

生物体内结合酶的种类众多,而辅助因子的种类并不多。一种辅助因子可与不同的酶蛋白结合构成不同的全酶。通常将辅助因子按其与酶蛋白结合的紧密程度不同分为辅酶(coenzyme)与辅基(prosthetic group)。辅酶与酶蛋白往往以非共价键相连,结合较为疏松,可用透析或超滤的方法除去。辅酶可以看作是酶促反应中特殊的底物或"第二底物",接受质子或基团后离开酶蛋白,参与另一酶促反应,将所携带的质子或基团转移出去。在单一酶组成的反应体系中,辅酶会随着酶促反应的进行不断被消耗,直到反应达到平衡,如果补充辅酶则可以继续生成产物。辅基则与酶蛋白以共价键相连,结合较为紧密,不能通过透析或超滤的方法将其除去。

酶的辅助因子按其化学本质分为金属离子和小分子有机化合物。

1. 金属离子　许多酶中均含有金属离子,作为辅助因子的常见金属离子有 K^+、Na^+、Mg^{2+}、Cu^{2+}、Zn^{2+}、Fe^{2+}、Mn^{2+} 等。依据金属离子与酶结合的牢固程度不同又可把酶分为牢固结合的金属酶和不牢固结合的金属激活酶。金属酶在纯化过程中金属离子一直与酶蛋白结合存在,如羧基肽酶中含有的 Zn^{2+};金属激活酶的金属离子与酶蛋白结合不牢固,纯化过程中易丢失,金属激活酶需加入金属离子方具有酶活性,如激酶催化反应中需要的 Mg^{2+}。金属离子在酶促反应中具有多方面的功能,如稳定酶的构象、传递电子、连接酶与底物、中和阴离子降低反应中的静电斥力等。

2. 小分子有机化合物　维生素是一类维持细胞正常功能所必需的小分子有机化合物。在水溶性维生素中,几乎所有的 B 族维生素均作为辅助因子,通过参与酶促过程中电子、原子、化学基团的传递来帮助酶蛋白完成催化作用。因此,B 族维生素缺乏往往会导致各种酶促反应的障碍,以致代谢失常。表 5-2 中列出了 B 族维生素参与构成的常见的几种辅助因子及其主要的催化功能(详见维生素章)。

表 5-2　B 族维生素及其辅酶或辅基形式

B 族维生素	辅酶或辅基形式	主要作用
维生素 B_1（硫胺素）	焦磷酸硫胺素（TPP）	α-酮酸氧化脱羧酶的辅酶
维生素 B_2（核黄素）	黄素单核苷酸（FMN） 黄素腺嘌呤二核苷酸（FAD）	黄素酶的辅基

续表

B 族维生素	辅酶或辅基形式	主要作用
维生素 PP（尼克酰胺）	尼克酰胺腺嘌呤二核苷酸（NAD^+） 尼克酰胺腺嘌呤二核苷酸磷酸（$NADP^+$）	不需氧脱氢酶的辅酶
维生素 B_6	磷酸吡哆醛（胺）	转氨酶、脱羧酶的辅酶
泛酸	辅酶 A	酰基转移酶的辅酶
生物素	生物素	羧化酶的辅酶
维生素 B_{12}（钴胺素）	5-甲基钴胺素 5-脱氧腺苷钴胺素	甲基转移酶的辅酶
叶酸	四氢叶酸	一碳单位的载体

3. 蛋白类辅助因子 某些蛋白质也可以作为辅助因子，它们自身不起催化作用，但为某些酶所必需，这些辅助因子称为基团转移蛋白或蛋白类辅助因子。这类蛋白一般相对分子质量较小，具有更高的热稳定性，主要参与基团转移反应或氧化还原反应，通过递氢或递电子发挥作用。金属离子、铁硫族（iron-sulfur cluster）和血红素（heme）通常存在于这些蛋白质类辅助因子中的反应中心，如细胞色素是含有血红素辅基的蛋白类辅助因子。有些蛋白类辅助因子是含有两个硫醇侧链的反应中心，如硫氧还蛋白（thioredoxin）分子中半胱氨酸残基的巯基侧链（—SH）在可逆的氧化还原反应中可形成二硫键（—S—S—）。二硫键反应中心位于硫氧还蛋白的分子表面，有利于促进形成酶的活性中心。

三、酶的结构与功能

（一）酶的活性中心

绝大多数酶的化学本质为蛋白质，多肽链侧链包含有多种化学基团。这些基团中与酶活性密切相关的基团称为酶的必需基团（essential group）。必需基团在一级结构上可能相距较远，但依靠肽链的盘曲折叠可以使这些基团在空间结构上彼此靠近，形成具有特定空间结构和催化活性的区域，该区域称为酶的活性中心（active center）或活性部位（active site）。酶的活性中心是酶与底物特异性结合并催化底物转化为产物的部位，一般位于酶分子的表面或裂隙中。

酶活性中心内的必需基团按其作用可分为两种：一种是能直接与底物结合的必需基团，称为结合基团（binding group）；另一种是能够影响底物中某些化学键的稳定性并催化底物发生化学反应的必需基团，称为催化基团（catalytic group）。有的基团既在结合中起作用，又在催化中起作用。还有一些必需基团虽然不参加活性中心的组成，但却是维持酶活性中心应有空间构象所必需的基团，如组氨酸的咪唑基、丝氨酸的羟基、半胱氨酸的巯基等，这些基团被称为酶活性中心外的必需基团（图 5-1）。

酶活性中心的构象为动态结构，具有一定的可塑性（flexibility），是酶发挥催化作用所必需的结构。有相似催化作用的酶往往有相似的活性中心，例如多种蛋白质水解酶的活性中心均含有丝氨酸和组氨酸残基。有些多功能酶在一条酶蛋白肽链上有多个活性中心，能完成多个催化作用。对于需要辅酶与辅基的酶，其活性中心包含辅助因子；还有些含金属离子的酶，金属离子也是其活性中心重要的一部分。

（二）酶的结构与功能的联系

因为酶活性中心需借助一定的空间结构才得以维持，因此酶的活性不仅仅与其一级结构

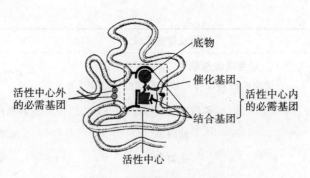

图 5-1　酶活性中心示意图

有关,更与其空间构象密切相关。有时只要酶活性中心各个基团的相对空间位置能够维持不变就能保持酶的催化活性,而一级结构的某些轻微改变如果不影响酶的空间结构则不会影响酶活性。酶活性中心的结构特异性决定了酶作用的专一性。酶的活性中心具有精确的空间结构,能够与底物进行特异性结合,发挥酶的专一性,形成催化反应的关键初始步骤。外界环境改变导致蛋白质变性、解离成亚单位或分解成氨基酸等均会使酶的催化活性丧失。所以酶具有完整的一级、二级、三级和四级结构是维持其催化活性所必需的条件。

(三)酶原激活

有些酶(绝大多数是蛋白酶)在细胞内合成或初分泌时没有催化活性,这种无活性状态的酶的前体称为酶原(zymogen)。如胃蛋白酶、胰蛋白酶等许多消化道的蛋白水解酶,在它们初分泌时都是以无活性的酶原形式存在。使无活性的酶原转变成有活性的酶的过程称为酶原激活(zymogen activation)。酶原激活实质上是酶分子内肽链发生一处或多处断裂,使酶分子构象发生一定程度的改变,进而形成或暴露酶活性中心的过程。例如,胰蛋白酶原由胰腺合成,进食后随胰液进入肠道,在肠激酶的作用下,水解掉其 N-端 6 个氨基酸残基,使酶分子空间构象发生改变,形成酶的活性中心,使无催化活性的胰蛋白酶原变成了具有催化活性的胰蛋白酶(trypsin)(图 5-2)。

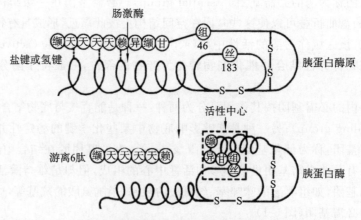

图 5-2　胰蛋白酶原激活示意图

除消化道的蛋白酶外,血浆中大多数凝血和纤维蛋白溶解的酶类基本上也是以无活性的酶原形式存在的。只有当组织或血管内膜受损时,凝血系统被激活,凝血酶原才会转变为有催化活性的凝血酶,发挥止血作用。由此可见,酶原激活的生理意义在于其能防止细胞内产生的蛋白酶对细胞进行自身消化,并能够使酶在特定的部位和环境中发挥作用,保证体内代谢的正常进行。此外,酶原也可以看作是酶的储存形式。

酶原激活在生物体内广泛存在,是生物体的一种重要的调控酶活性的方式。如果酶原激活过程发生异常,将导致一系列疾病的发生。如出血性胰腺炎的发生就是由于蛋白酶原在未进入小肠时就被激活,激活的蛋白酶水解自身的胰腺细胞,导致胰腺出血、肿胀。

【药考提示】酶原与酶原的激活。

(四)同工酶

同工酶(isozyme)是一类能催化相同的化学反应,但酶蛋白的分子结构、理化性质和免疫原性各不相同的一类酶。它们存在于生物的不同组织中,甚至在同一组织、同一细胞的不同细胞器中。至今已知有 100 多种酶具有同工酶,如己糖激酶、乳酸脱氢酶等。由于同工酶在个体内分布存在明显的组织特异性,因此在疾病的鉴别诊断上具在重要作用。最先在临床上开展检测的主要有乳酸脱氢酶(lactate dehydrogenase,LDH)和肌酸激酶(creatine kinase,CK)两种同工酶。

LDH 是研究最早、应用最为广泛的同工酶。LDH 的五种同工酶都由四个亚基组成(图 5-3)。组成 LDH 的亚基有骨骼肌型(M 型)和心肌型(H 型)两种,其氨基酸组成不同。两种亚基以不同比例组成 5 种 LDH 四聚体,即 LDH_1(H_4)、LDH_2(H_3M_1)、LDH_3(H_2M_2)、LDH_4(H_1M_3)和 LDH_5(M_4),其在不同组织中的含量和分布不同,心肌中 LDH_1 及 LDH_2 的含量较多,而骨骼肌和肝脏中则以 LDH_4 和 LDH_5 为主。在正常情况下,血清中 LDH 浓度较低,多由红细胞渗出。当组织发生病变时,相应 LDH 释放入血,因此根据 LDH 在组织器官中分布的差异,临床可用血清 LDH 同工酶谱分析来推断出现病变的器官。例如,冠心病或冠脉栓塞引起心肌受损的患者血清中 LDH_1 和 LDH_2 含量增高,而急慢性肝炎、肝硬化患者由于肝细胞受损导致血清中 LDH_5 含量增高。

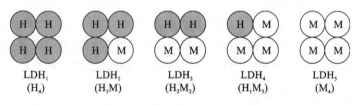

图 5-3 乳酸脱氢酶(LDH)同工酶

CK 是二聚体酶,其亚基有 M 型(肌型)和 B 型(脑型)两种。CK 有 3 种同工酶形式:脑中主要含 CK_1(BB 型)、骨骼肌中含 CK_3(MM 型)、CK_2(MB 型)仅存在于心肌细胞中。当发生心肌梗死时,肌酸激酶自发病起 6 小时内升高,24 小时达高峰,3～4 日内恢复正常。因此血清 CK_2 浓度对于早期诊断心肌梗死具有重要意义。

【药考提示】同工酶的概念与 LDH 的分类。

第二节 酶的催化作用

一、酶催化反应的特点

(一)高度的催化效率

以反应速率比较,酶促反应效率比无催化剂的自发反应效率高 $10^8 \sim 10^{20}$ 倍,比一般催化剂催化的反应效率高 $10^7 \sim 10^{13}$ 倍。例如,脲酶在 20 ℃下催化尿素水解为 NH_3 和 CO_2 的速率常数为 $3 \times 10^4 \, s^{-1}$,而尿素非催化水解的速率常数为 $3 \times 10^{-10} \, s^{-1}$,因此,脲酶催化反应速率是非催化反应速率的 10^{14} 倍。又如,过氧化氢酶在 22 ℃下分解 H_2O_2 为 H_2O 和 O_2 的速率常数是 $3.5 \times 10^6 \, s^{-1}$,而由 Fe^{3+} 在 56 ℃下催化 H_2O_2 分解反应的速率常速为 $22 \, s^{-1}$。有人推算,如果消化道没有消化酶的参与,各种食物分解为可吸收的成分需要 $50 \sim 100$ 年。可见,酶的催化效率极高。

NOTE

（二）高度的特异性

与一般催化剂相比，酶对底物的选择性很严格，一种酶只能作用于一种或一类化合物，发生一定的反应，产生特定的产物。酶的这种特性称为酶作用的特异性（specificity）。根据酶对底物选择的严格程度不同，可将酶的特异性分为以下三类。

1. 绝对特异性（absolute specificity） 一种酶只能催化一种底物发生一定的化学反应并生成一定的产物，称为绝对特异性。如脲酶只能催化尿素水解成 NH_3 和 CO_2，而不能催化甲基尿素水解。

2. 相对特异性（relative specificity） 一种酶可作用于一类化合物或一种化学键，这种不太严格的特异性称为相对特异性。例如，脂肪酶不仅水解脂肪，也能水解简单的酯类；胰蛋白酶能水解各种蛋白质分子中由赖氨酸或精氨酸的羧基构成的肽键。

3. 立体异构特异性（stereo specificity） 当底物有立体异构现象时，酶对底物的立体构型有特异要求，只能作用于立体异构体中的某一种，称为立体异构特异性。如 L-乳酸脱氢酶只催化 L-型乳酸脱氢，而对 D-型乳酸则没有催化作用。

（三）酶促反应的可调节性

机体为了适应内外环境的变化和生命活动的需要，酶的活性要经常不断地被调节，以使体内物质代谢处于有条不紊的动态平衡中。酶催化能力的调节是维持这种平衡的重要环节（详见本章第四节）。

（四）酶活性的不稳定性

绝大多数酶的化学本质为蛋白质，其发挥活性依赖于它特有的空间构象，强酸、强碱、有机溶剂、重金属盐、高温、紫外线、剧烈震荡等任何能使其变性的因素都可使酶失去催化活性。酶的稳定性通常较低，即使在最适宜的条件下储存，原有活性也会逐渐降低。

二、酶催化作用的基本原理

在化学反应体系中，只有那些具有较高能量的分子在碰撞时才可能发生化学反应。这些具有较高能量并且能发生化学反应的分子称为活化分子（activated molecule）。分子由常态转化为活化状态所需的能量称为活化能（activation energy）。活化能越小，活化分子越容易形成；活化分子越多，反应速率越快。因此，化学反应速率与反应体系中活化分子的浓度成正比。如图 5-4 所示，酶与一般化学催化剂相比能够更显著地降低反应的活化能，因而具有极高的催化效率。

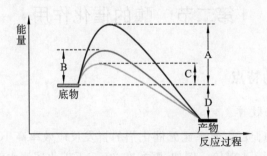

图 5-4 酶与一般化学催化剂降低反应活化能示意图
注：A：非催化反应活化能；B：一般化学催化剂催化反应的活化能
C：酶促反应活化能；D：反应总能量改变。

酶催化的反应为酶促反应。大量研究表明，酶-底物中间复合物学说能够很好地解释酶促反应机制，即在酶促反应中，酶（E）总是先与底物（substrate，S）结合形成不稳定的酶-底物复合物(ES),这大大降低了 S 的活化能,因此 ES 会很快分解为反应产物(product,P)和游离的 E, E 又可以与 S 结合,继续发挥催化作用,极大地提高了催化效能。

$$E+S \underset{k_2}{\overset{k_1}{\rightleftharpoons}} ES \overset{k_3}{\longrightarrow} E+P$$

等式中 E 代表酶,S 代表底物,ES 代表酶-底物复合物,P 代表反应产物。

三、酶催化作用的机制

酶发挥催化作用的机制有多种,不同的酶催化机制不同,同一种酶可以利用多种机制共同发挥作用。

(一) 诱导契合作用

酶与底物结合之前,酶活性中心的空间构象与底物并不完全吻合(图 5-5)。当酶与底物相互接近时,二者相互诱导而发生构象改变,促使它们能够完全吻合,这个作用机制称为诱导契合作用。诱导契合作用使底物分子变形,分子中某一化学键会产生"张力",使分子处于不稳定的状态。

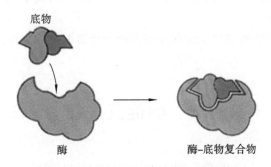

图 5-5 酶与底物结合的诱导契合模型

(二) 邻近效应与定向排列

邻近效应(proximity effect)是指酶与底物结合后,底物分子结合于酶活性中心的狭小空间,拉近了催化基团与底物分子之间的距离,大大增加了局部底物的有效浓度,提高了反应速率。定向排列(orientation arrange)则是指底物分子采取正确的排列方向(图 5-6),有利于底物上反应基团间的接触及与酶活性中心催化基团的作用,从而大大提高了反应速率。

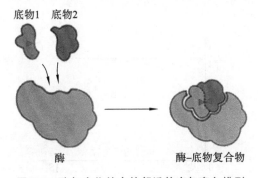

图 5-6 酶与底物结合的邻近效应与定向排列

(三) 表面效应

酶的活性中心多为内陷性的疏水性"口袋"。疏水环境能够排除水分子对酶、辅酶及底物中功能基团的干扰作用,防止酶与底物间形成水化膜。疏水环境也有利于酶与底物的结合并发生催化反应。

NOTE

（四）酶的多元催化作用

1. 酸碱催化（acid-base catalysis） 酸碱催化中的酸碱催化剂有两种，一种是狭义的酸碱催化剂，即 H^+ 和 OH^-；另一种是广义的酸碱催化剂，即质子供体与质子受体。体内多数有机反应属于广义的酸碱催化反应，即通过向底物分子提供质子或从底物分子接受质子来加速化学反应，因此广义的酸碱催化反应在酶促反应中具有重要意义。可以提供或接受质子的功能基团有氨基、羧基、羟基、巯基和咪唑基等。这些多功能基团的协同作用可极大地提高酶的催化效能。

2. 共价催化（covalent catalysis） 许多酶在发生催化作用的过程中，首先与底物分子结合形成反应活性很高的共价中间产物，绕过较高的能垒再转变成终产物，使反应快速进行。共价催化常发生在双底物反应中，可分为亲核共价催化（nucleophilic catalysis）与亲电共价催化（electrophilic catalysis）两种。亲核共价催化是由酶活性中心的亲核基团，如羟基、巯基、咪唑基等，与底物分子上的磷酸基、酰基、氨基等形成共价中间产物，多见于各种基团转移反应，如酰基转移酶和氨基转移酶等催化的反应。亲电共价催化常发生在有辅酶参与的反应中，催化剂与底物的作用与亲核共价催化相反。由辅酶作为亲电中心，接受底物分子提供的电子，如一系列的脱氢酶催化的反应。

值得注意的是，一种酶的催化反应往往与多种催化机制的综合作用相关，这也是酶促反应高效率的重要原因。

第三节　酶促反应动力学

酶促反应动力学（kinetics of enzyme-catalyzed reaction）是研究酶促反应速率及其影响因素的科学，对研究酶在代谢中的作用及药物的作用机制具有重要的理论和实践意义。影响酶促反应速率的因素有很多，主要包括底物浓度、酶浓度、温度、pH 值、激活剂和抑制剂等。

一、底物浓度对酶促反应速率的影响

（一）酶促反应速率与底物浓度的关系曲线

当酶浓度、温度、pH 值、离子强度等条件恒定时，酶促反应速率（v）与底物浓度（[S]）的关系曲线呈矩形双曲线（图 5-7）。

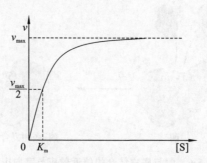

图 5-7　底物浓度对酶促反应速率的影响

如图 5-7 所示，当底物浓度很低时，酶浓度远远大于底物浓度，随着底物浓度的增加，酶促反应速率也迅速增加，v 与 [S] 成正比关系，为一级反应；当底物浓度逐渐升高时，酶浓度相对减少，酶趋近被底物饱和，但仍大于底物浓度，酶促反应速率仍然会随底物浓度的升高而加快，但二者不再呈正比关系，加快程度逐渐减缓，为混合级反应；当底物浓度增高到所有酶都被底物饱和时,此时再增加底物浓度,酶促反应速率也不会进一步加快,即 v 趋近于最大,即 $v=v_{\max}$(最大速度),为零级反应。

(二)米-曼氏方程式

1913 年 L. Michaelis 和 M. L. Menten 根据中间复合物学说,推导出了酶促反应速率与底物浓度定量关系的数学方程式,即米-曼氏方程式(Michaelis-Menten equation),简称米氏方程式。

$$v = \frac{v_{\max}[S]}{K_m + [S]}$$

米氏方程式能反映出底物浓度与酶促反应速率间的定量关系,式中 v 指在不同[S]时的酶促反应速率,$v_{\max}$ 为最大反应速率,[S]为底物浓度,K_m 为米氏常数。当[S]$<0.01K_m$ 时,$v=(v_{\max}/K_m)[S]$,反应为一级反应,即反应速率与底物浓度成正比;当[S]$>100K_m$ 时,$v=v_{\max}$,反应为零级反应,即反应速率与底物浓度无关;当 $0.01K_m<[S]<100K_m$ 时,反应处于零级反应和一级反应之间,为混合级反应。因此,米氏方程或与矩形双曲线十分吻合。

米氏方程式的推导基于以下假设:①酶催化的单底物、单产物反应;②酶促反应速率为初速率;③[S]$\geqslant$[E],[S]的变化在测定初速率的过程中可以忽略不计;④当酶促反应趋于稳态时,酶与底物复合物(ES)的形成速率与分解速率基本相等。

在酶促反应中,酶(E)与底物(S)先结合形成 ES(也称中间复合物),然后分解为产物(P)和游离的酶,其反应方程为

$$E + S \underset{k_2}{\overset{k_1}{\rightleftharpoons}} ES \xrightarrow{k_3} E + P \tag{1}$$

式(1)中 k_1 为酶和底物结合生成中间复合物的速率常数,k_2 为中间复合物解离为酶和底物的速率常数,k_3 为中间复合物分解为酶和产物的速率常数。反应中,游离酶浓度等于酶的总浓度[E]减去酶-底物复合物浓度[ES],即 [游离 E]$=$[E]$-$[ES]。

ES 的生成速度:

$$\frac{d[S]}{dt} = k_1([E] - [ES])[E] \tag{2}$$

ES 分解速度:

$$\frac{-d[S]}{dt} = (k_2 + k_3)[ES] \tag{3}$$

当反应处于稳态时,ES 的生成速度等于 ES 的分解速度,即

$$k_1([E] - [ES])[S] = k_2[ES] + k_3[ES] \tag{4}$$

整理可得:

$$\frac{([E] - [ES])[S]}{[ES]} = \frac{k_2 + k_3}{k_1} \tag{5}$$

令 $\dfrac{k_2 + k_3}{k_1} = K_m$,$K_m$ 为米氏常数。

则:$([E] - [ES])[S] = K_m[ES]$

$$[ES] = \frac{[E][S]}{K_m + [S]} \tag{6}$$

因酶促反应速率取决于单位时间内的产物生成量,因此,$v = k_3[ES]$

$$v = \frac{k_3[E][S]}{K_m + [S]} \tag{7}$$

当[S]$\geqslant$[E]时([S]常超过[E]的 100 倍),所有的酶都与底物结合形成中间复合物(ES),即[E]$=$[ES]时:

NOTE

$$v_{\max}=k_3[\mathrm{ES}]=k_3[\mathrm{E}] \tag{8}$$

式(8)带入式(7),得:

$$v=\frac{v_{\max}[\mathrm{S}]}{K_{\mathrm{m}}+[\mathrm{S}]} \tag{9}$$

(三)K_{m} 与 $v_{\max}$ 的意义

(1)K_{m} 等于酶促反应速率等于最大速度一半时的底物浓度。

$$\frac{v_{\max}}{2}=\frac{v_{\max}[\mathrm{S}]}{K_{\mathrm{m}}+[\mathrm{S}]}$$

因此,$K_{\mathrm{m}}=[\mathrm{S}]$,$K_{\mathrm{m}}$ 的单位为摩尔/升(mol/L)。

(2)K_{m} 可用来表示酶对底物的亲和力。当 $k_2 \geqslant k_3$ 时,即 ES 解离成 E 和 S 的速度大大超过分解成 E 和 P 的速度时,k_3 可以忽略不计。此时的 K_{m} 值近似于 ES 的解离常数 K_{s}。

$$K_{\mathrm{m}}=\frac{k_2}{k_1}=\frac{[\mathrm{E}][\mathrm{S}]}{[\mathrm{ES}]}=k_3$$

K_{m} 值愈大,酶与底物的亲和力越小;反之,K_{m} 值愈小,酶与底物的亲和力越大,此时不需很高的底物浓度便很容易达到最大反应速率。值得注意的是并非在所有的酶促反应中,k_3 都远小于 k_2,所以 K_{s} 值和 K_{m} 值的含义不同,不能相互替代使用。

(3)K_{m} 值是酶的特征性常数。K_{m} 与酶的浓度无关,只与酶的结构、酶所催化的底物和酶促反应条件有关。不同的酶作用于同一底物时有不同的 K_{m} 值;而同一种酶作用于不同底物时,K_{m} 值也不同,因此可用 K_{m} 来判断酶的种类和选择酶的最适宜底物。

(4)最大反应速率 $v_{\max}$ 是酶被底物完全饱和时的反应速率,此时反应速率与酶的浓度呈正比而与底物浓度无关。如果酶的总浓度已知,则可以从 $v_{\max}$ 计算出酶的转换数(turnover number)。例如,在 1 L 溶液中,10^{-6} mol 的碳酸酐酶每秒(s)可催化生成 0.6 mol 的 H_2CO_3,即平均每 1 分子酶催化生成 6×10^5 个 H_2CO_3 分子。

$$k_3=\frac{v_{\max}}{[\mathrm{E}]}=\frac{0.6\ \mathrm{mol/(L \cdot s)}}{10^{-6}\ \mathrm{mol/L}}=6\times10^5/\mathrm{s}$$

产物生成的速率常数 k_3 称作酶的转换数,就是在酶被底物饱和的情况下,单位时间内每个酶分子(或活性中心)催化底物转化为产物的分子数。对于生理性底物,大多数酶的转换数在 $1\sim10^4/\mathrm{s}$ 之间。

(5)酶浓度一定时,则对特定底物的 $v_{\max}$ 为一常数。$v_{\max}$ 是酶完全被底物饱和时的反应速率,与酶浓度呈正比。

(四)K_{m} 值与 $v_{\max}$ 值的求法

(1)双倒数作图法(林-贝氏作图,Lineweaver- Burk plot)测定 K_{m} 值和 $v_{\max}$ 值。根据矩形双曲线很难准确测得 K_{m} 值和 $v_{\max}$ 值。若将米氏方程两边取倒数,以 $1/v$ 对 $1/[\mathrm{S}]$ 作图(图 5-8),可将曲线方程转变为直线方程。该直线纵轴上的截距为 $1/v_{\max}$,横轴上的截距为 $-1/K_{\mathrm{m}}$。

$$\frac{1}{v}=\frac{K_{\mathrm{m}}}{v_{\max}}\times\frac{1}{[\mathrm{S}]}+\frac{1}{v_{\max}}$$

(2)Hanes 作图法测定 K_{m} 和 $v_{\max}$。Hanes 作图法也是从米氏方程转化而来,是将米氏方程两边取倒数后再乘以[S],其方程式为:

$$\frac{[\mathrm{S}]}{v}=\frac{K_{\mathrm{m}}}{v_{\max}}+\frac{1}{v_{\max}}[\mathrm{S}]$$

如图 5-9 所示,以[S]对[S]/v 作图,横轴截距为 $-K_{\mathrm{m}}$,直线的斜率为 $1/v_{\max}$。

必须指出,米氏方程只适用于较简单的酶促反应,对于多酶体系、多底物、多产物、多中间物等复杂的酶促反应还不能全面地概括和说明,必须借助于复杂的计算过程。

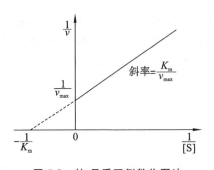

图 5-8　林-贝氏双倒数作图法

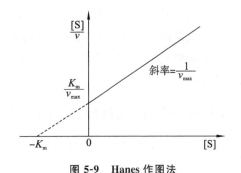

图 5-9　Hanes 作图法

二、酶浓度对酶促反应速度的影响

作为高效生物催化剂，一般酶在体内的含量很少。当酶促反应体系内底物浓度较高时，底物足以使酶饱和，此时在其他条件恒定的情况下，酶浓度与酶促反应速率成正比（图 5-10）；相反，当反应体系中底物不足以使酶饱和时，增加酶浓度，反应速率也不会增加。由米氏方程也可推导出酶促反应速率与酶浓度的正比关系：$v = K[E]$。

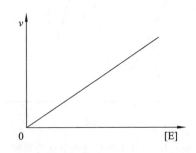

图 5-10　酶浓度对酶促反应速率的影响

三、温度对酶促反应速率的影响

一般化学反应随着温度升高，反应分子的能量增大、酶和底物间碰撞的概率增大，反应速率加快。在温度较低时，随着温度升高，酶促反应速率增加，一般每升高 10 ℃，酶促反应速率平均升高 1 倍。但是，酶的化学本质是蛋白质，温度的进一步升高会增加酶蛋白变性的机会，反应速率就会随温度升高而减慢。当温度升高到 60 ℃以上时，大多数酶开始变性；当温度升高到 80 ℃时，多数酶已经变性且不可逆。使酶促反应速率达到最大的反应体系的温度称为该酶的最适温度（optimum temperature）。哺乳动物细胞中酶的最适温度在 35～40 ℃间（图 5-11）。酶的最适温度不是酶的特征性常数，但它与酶促反应时间有密切关系。

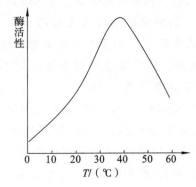

图 5-11　温度对酶促反应速率的影响

酶的活性随温度的下降而降低,但低温一般不破坏酶的结构。当温度回升后,酶活性恢复。临床上冬眠疗法就是利用这一性质通过降温以减慢组织细胞的代谢速率,从而提高机体对氧和营养物质缺乏的耐受能力,有利于治疗。此外,生物制品、药品、菌种等的低温保存也是利用此原理。

四、pH 值对酶促反应速率的影响

大多数酶的活性受环境 pH 值的影响。在一定 pH 值时,酶的活性表现最高,高于或低于这一 pH 值,酶的活性都会下降,而且偏离越远活性下降越明显,过酸或过碱均可使酶变性失活。酶表现最大活性时的环境的 pH 值称为该酶的最适 pH 值。各种酶的最适 pH 值与其功能和环境密切相关(图 5-12),典型的最适 pH 值曲线是钟罩形的,大多数酶的最适 pH 值在 5～8 之间,只有少数例外,如胃蛋白酶的最适 pH 值为 1.5,胆碱酯酶的最适 pH 值为 9.8。

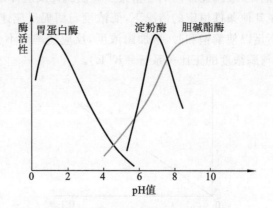

图 5-12　pH 值对某些酶活性的影响

pH 值通过影响酶和底物的解离及酶分子构象来改变酶促反应速率。在不同的 pH 值条件下,酶的解离状态不同,其所带电荷的种类和数量不同,酶活性中心的空间构象或辅酶与酶蛋白结合的牢固程度也不同。酶蛋白必须处于解离状态才能更好地与底物相结合。最适合酶与底物结合的环境 pH 值称为该酶的最适 pH(optimum pH)值。例如,胃蛋白酶与带正电荷的蛋白质分子相结合最容易;乙酰胆碱酯酶也只有当乙酰胆碱带正电荷时结合才最敏感;还有的酶在底物处于兼性离子时最易结合,所有这些酶的最适 pH 值在底物等电点的附近。偏离酶的最适 pH 值则会改变酶活性中心的构象,导致酶的分子结构改变和功能丧失。

五、激活剂对酶促反应速率的影响

凡能够使酶从无活性变为有活性或使酶从低活性变为高活性,加速酶促反应进行的物质统称为酶的激活剂(activator)。酶的激活剂包含无机离子和小分子有机化合物,如 Na^+、Ca^{2+}、Mg^{2+}、Mn^{2+}、K^+、Cl^- 及维生素 C、半胱氨酸和还原型谷胱甘肽等。酶的激活剂包括必需激活剂和非必需激活剂两大类。某些激活剂对酶促反应不可缺少称为必需激活剂,如 Mg^{2+} 是己糖激酶等多种激酶的必需激活剂。反应中 Mg^{2+} 与底物 ATP 结合成 Mg^{2+}-ATP 复合物后作为酶的真正底物参加反应;缺乏 Mg^{2+} 时,酶不表现出活性。有些激活剂不存在时,酶仍有一定活性,这类激活剂称为非必需激活剂,如 Cl^- 是唾液淀粉酶的非必需激活剂。激活剂作用机制如下:①与酶分子特定基团结合,稳定酶催化作用所需的空间结构;②作为底物或辅助因子与酶蛋白之间联系的桥梁;③作为辅助因子的组成部分协助酶的催化作用。

NOTE

有些酶的催化作用易受某些抑制剂的抑制，凡能除去抑制剂的物质也可称为激活剂，如乙二胺四乙酸（EDTA）为金属离子螯合剂，可以除去重金属离子如 Mg^{2+} 等，从而解除其对酶的抑制作用。通常酶对激活剂有一定的选择性，且有一定的浓度要求，一种酶的激活剂对另一种酶来说可能是抑制剂，当激活剂的浓度过高时则可能成为抑制剂。

六、抑制剂对酶促反应速率的影响

凡能使酶活性降低但不引起酶蛋白变性的物质统称为酶的抑制剂。抑制剂一般通过与酶活性中心内、外的必需基团结合发挥抑制作用。抑制剂降低酶活性，但几乎不破坏酶的空间结构，直接或间接地对酶分子的活性中心发挥作用。酶的抑制剂与变性剂不同，抑制剂通常对酶有一定的选择性，一种抑制剂只能抑制某一类或特定的几类酶，而引起酶蛋白变性失活的变性剂破坏了次级键、改变了酶的空间结构，但对酶没有选择性，故不属于抑制剂。很多药物属于酶的抑制剂，深入了解抑制剂对酶的作用是阐明药物作用机制和设计研发新药的重要途径。

根据抑制剂与酶作用的机制不同，将抑制作用分为不可逆性抑制作用和可逆性抑制作用两大类。

（一）不可逆性抑制作用

此类抑制剂与酶分子的必需基团以共价键结合引起酶活性丧失。这种抑制作用不能用简单的透析、超滤等物理方法解除抑制剂与酶的结合，被称为不可逆抑制作用（irreversible inhibition）。临床上可以通过特异性的化学药物解除不可逆性抑制作用，使酶恢复催化活性。不可逆性抑制作用可分为专一性不可逆抑制作用和非专一性不可逆抑制作用两种。

（1）专一性不可逆抑制作用：抑制剂能专一性地共价结合某种酶活性中心的必需基团使该酶活性受到抑制，常见于某些羟基酶。例如，有机磷农药敌百虫、敌敌畏等能专一性地与胆碱酯酶活性中心的丝氨酸残基结合，使其磷酸化而失活。当胆碱酯酶被有机磷农药抑制后，胆碱能神经末梢分泌的乙酰胆碱不能及时分解，过多的乙酰胆碱就会导致胆碱能神经过度兴奋而呈现中毒症状。解磷定（pyridine aldoxime methyliodide，PAM）等药物可与有机磷杀虫剂结合，生成稳定的复合物，从而解除有机磷化合物对酶的抑制作用，因此其在临床上常作为有机磷中毒的急救药品。（图 5-13）。

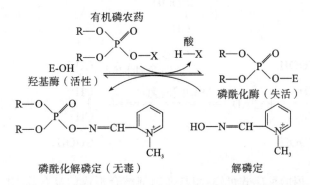

图 5-13 有机磷农药对羟基酶的抑制作用和解磷定的解抑制作用

（2）非专一性不可逆抑制作用：这类抑制剂能共价结合酶分子中包括必需基团在内的一类或几类基团，故可抑制酶的活性，常见的有巯基酶。例如，某些重金属离子 Ag^+、Pb^{2+}、Hg^{2+}、Cu^{2+} 和 As^{3+} 等能与各种蛋白质分子的巯基结合，从而使其失去功能。"路易士气"是一种含砷的有毒化合物，能抑制巯基酶的活性。路易士气中毒可用二巯基丙醇（British antilewisite，BAL）等使酶复活，解救中毒。

$$\begin{matrix} Cl \\ Cl \end{matrix}\!\!\Big\rangle As\!-\!CH\!=\!CHCl + E\!\!\Big\langle\!\begin{matrix} SH \\ SH \end{matrix} \longrightarrow E\Big\langle\!\begin{matrix} S \\ S \end{matrix}\!\!\Big\rangle As\!-\!CH\!=\!CHCl + 2HCl$$

路易士气　　　　巯基酶　　　　　失活的酶　　　　　　酸

$$E\Big\langle\!\begin{matrix} S \\ S \end{matrix}\!\!\Big\rangle As\!-\!CH\!=\!CHCl + \begin{matrix} CH_2\!-\!SH \\ CH\!-\!SH \\ CH_2\!-\!SH \end{matrix} \longrightarrow E\Big\langle\!\begin{matrix} SH \\ SH \end{matrix} + \begin{matrix} CH_2\!-\!S \\ CH\!-\!S \\ CH_2\!-\!SH \end{matrix}\!\!\Big\rangle As\!-\!CH\!=\!CHCl$$

失活的酶　　　　　BAL　　　　巯基酶　　　BAL与砷剂结合产物

（二）可逆性抑制作用

抑制剂通过非共价键与酶或酶-底物复合物可逆性结合，使酶活性降低或丧失，称为可逆性抑制作用（reversible inhibition）。可采用透析或超滤等物理方法将抑制剂除去，恢复酶的活性。可逆性抑制作用分为竞争性抑制作用、非竞争性抑制作用和反竞争性抑制作用。

（1）竞争性抑制作用：竞争性抑制作用是比较常见且重要的可逆性抑制作用。抑制剂与底物的结构相似，可以与底物竞争结合酶的活性中心，进而阻碍酶与底物的结合，降低反应速率，这种抑制作用称为竞争性抑制作用（competitive inhibition）。因为底物和抑制剂与酶均是可逆结合，所以抑制剂的抑制强度取决于它与酶的相对亲和力大小以及与底物浓度的相对比例。

$$\begin{array}{ccc} E+S & \rightleftharpoons ES & \longrightarrow E+P \\ + & & \\ I & \underset{K_i}{\rightleftharpoons} EI & \end{array}$$

例如丙二酸与琥珀酸（丁二酸）的结构很相似，二者能竞争琥珀酸脱氢酶的活性中心，但丙二酸与酶结合后不能发生脱氢反应。丙二酸与酶的亲和力远远大于琥珀酸，当丙二酸的浓度仅为琥珀酸浓度的 $1/50$ 时，酶活性就能被抑制 50%，若增大琥珀酸的浓度就可使丙二酸的抑制作用减弱。

$$\begin{array}{ccccc} & & \begin{matrix} COOH \\ | \\ CH_2 \\ | \\ COOH \end{matrix} & & \\ \begin{matrix} COOH \\ | \\ CH_2 \\ | \\ CH_2 \\ | \\ COOH \end{matrix} + FAD & \underset{琥珀酸脱氢酶}{\overset{竞争性抑制}{\rightleftharpoons}} & \begin{matrix} COOH \\ | \\ CH \\ \| \\ CH \\ | \\ COOH \end{matrix} + FADH_2 \end{array}$$

由竞争性抑制作用的反应式可知，酶与抑制剂结合形成的复合物 EI 不能再与底物结合。K_i 是 EI 的解离常数，又称抑制常数。竞争性抑制作用的速度方程式为：

$$v=\frac{v_{max}[S]}{K_m\left(1+\dfrac{[I]}{K_i}\right)+[S]}$$

将上式做双倒数处理为：

$$\frac{1}{v}=\frac{K_m}{v_{max}}\left(1+\frac{[I]}{K_i}\right)\frac{1}{[S]}+\frac{1}{v_{max}}$$

存在不同浓度抑制剂时，以 $1/v$ 对 $1/[S]$ 作图，得出不同斜率的直线（图 5-14）。可见，当

NOTE

有竞争性抑制剂存在时,横轴截距(即表观 K_m 值)与抑制剂浓度成正比;而不同直线在纵轴上均交于一点,与无抑制剂时相同,说明不同浓度的竞争性抑制剂并不能改变酶促反应的最大速度。

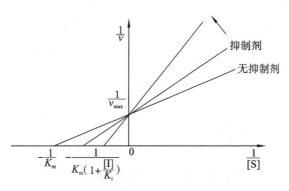

图 5-14 竞争性抑制剂的双倒数作图

竞争性抑制作用有以下特点:①抑制剂结构与底物相似,能够竞争结合酶的活性中心;②抑制作用大小取决于抑制剂与底物的相对浓度,保持抑制剂浓度不变,增加底物浓度也可以减弱甚至解除竞争性抑制作用;③ v_{max} 不变,表观 K_m 值增大,酶与底物亲和力降低。

临床上可以利用竞争性抑制的原理进行疾病的治疗,磺胺类药物通过竞争性抑制特定酶来发挥作用就是一个典型的例子。对磺胺类药物敏感的细菌,其生长繁殖时不能直接利用环境中的叶酸,必须在二氢叶酸合成酶的作用下,利用对氨基苯甲酸、二氢蝶啶及谷氨酸合成二氢叶酸,再转变为四氢叶酸。四氢叶酸是合成核酸不可缺少的辅酶。磺胺类药物的化学结构与对氨基苯甲酸相似,能竞争性地结合细菌体内二氢叶酸合成酶,进而抑制四氢叶酸和核酸的合成,最终抑制细菌生长繁殖。人体能直接利用食物中的叶酸,故其代谢不受磺胺类药物的影响。

$$H_2N\text{—}\bigcirc\text{—COOH} \qquad H_2N\text{—}\bigcirc\text{—SO}_2\text{NHR}$$

对氨基苯甲酸 磺胺类药物

此外,许多抗癌药物,如氨甲蝶呤(MTX)、6-巯基嘌呤(6-MP)、5-氟尿嘧啶(5-FU)等,几乎都是酶的竞争性抑制剂,它们分别抑制四氢叶酸、嘌呤核苷酸及脱氧胸苷酸的合成,进而干扰癌细胞的核酸合成,抑制其增殖。

(2)非竞争性抑制作用:非竞争性抑制剂与酶活性中心以外的必需基团结合,抑制剂可以与酶结合形成 EI,也可以与 ES 结合形成酶-底物-抑制剂复合物(ESI),抑制剂和底物与酶的结合无竞争关系,互不影响,但生成的 ESI 不能释放产物。这种抑制作用称为非竞争性抑制作用(non-competitive inhibition)。

$$
\begin{array}{ccc}
\text{E} + \text{S} & \rightleftharpoons \text{ES} & \longrightarrow \text{E} + \text{P} \\
+ & + & \\
\text{I} & \text{I} & \\
K_i \updownarrow & K_i \updownarrow & \\
\text{EI} & \rightleftharpoons \text{ESI} &
\end{array}
$$

非竞争性抑制作用的双倒数方程式如下:

$$\frac{1}{v} = \frac{K_m}{v_{max}}\left(1 + \frac{[\text{I}]}{K_i}\right)\frac{1}{[\text{S}]} + \frac{1}{v_{max}}\left(1 + \frac{[\text{I}]}{K_i}\right)$$

不同抑制剂浓度下,以 $1/v$ 对 $1/[\text{S}]$ 作图,得到斜率不同的直线(图 5-15)。从纵轴截距看,最大反应速率与抑制剂浓度成反比;而从横轴截距看,非竞争性抑制作用的抑制剂不改变酶促反应的表观 K_m 值,即不改变酶对底物的亲和力。

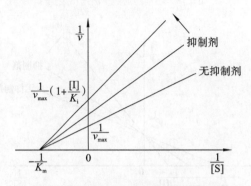

图 5-15　非竞争性抑制剂的双倒数作图

非竞争性抑制作用特点如下:① 抑制剂与底物结构不同,结合于酶活性中心之外;②抑制作用的强弱只取决于抑制剂的浓度,抑制作用不可以通过增加底物的浓度而减弱或消除;③ v_{max} 下降,表观 K_m 值不变。

(3) 反竞争性抑制作用:有的抑制剂不能与游离酶结合,仅能与 ES 结合,生成的 ESI 不能分解释放出产物。这样抑制剂既可以减少从中间产物转化为产物的量,也可以减少从中间产物解离出游离酶与底物的量,进而抑制酶活性,这种抑制作用称为反竞争性抑制作用(uncompetitive inhibition),其反应式如下:

$$
\begin{array}{c}
\text{E+S} \Longleftrightarrow \text{ES} \longrightarrow \text{E+P} \\
+ \\
\text{I} \underset{K_i}{\Longleftrightarrow} \text{ESI}
\end{array}
$$

其双倒数方程式是:

$$
\frac{1}{v} = \frac{K_m}{v_{max}} \frac{1}{[S]} + \frac{1}{v_{max}} \left(1 + \frac{[I]}{K_i}\right)
$$

不同抑制剂浓度下,以 $1/v$ 对 $1/[S]$ 作图,得到一系列斜率相同的直线(图 5-16)。由图可知,随着抑制剂浓度增高,其表观 K_m 值和 v_{max} 均降低。

反竞争性抑制作用的特点是:①抑制剂与底物的结构不同,只能与 ES 结合;②抑制作用的强弱仅仅取决于抑制剂浓度,此抑制作用不能通过增加底物的浓度而减弱或消除;③ v_{max} 下降,表观 K_m 值减小。

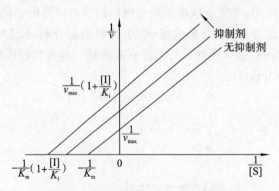

图 5-16　反竞争性抑制剂的双倒数作图

上述三种可逆性抑制作用的酶促反应动力学特点总结归纳于表 5-3。

NOTE

表 5-3　三种可逆性抑制作用主要特点的比较

作 用 特 征	竞争性抑制	非竞争性抑制	反竞争性抑制
与 I 结合的组分	E	E,ES	ES
[S]的影响	增加[S]可解除抑制	抑制作用与[S]无关	[ES]形成是抑制的前提
动力学参数改变			
表观 K_m 值	增大	不变	减小
v_{max}	不变	降低	降低
双倒数作图改变			
斜率(K_m/v_{max})	增大	增大	不变
纵轴截距($1/v_{max}$)	不变	增大	增大
横轴截距($-1/K_m$)	减小	不变	增大

第四节　酶 的 调 节

体内酶的调节方式有两类,一类是通过改变酶分子构象或化学结构以调节其活性,主要包括变构调节和化学修饰调节,此类调节方式反应灵敏而快速,被称为快速调节方式;另一类是通过改变酶的含量来调节其作用,主要包括酶蛋白合成的诱导与阻遏和酶蛋白降解的调节,这类调节方式比较缓慢而持久,被称为迟缓调节方式。

一、变构调节与化学修饰调节

(一) 酶的变构调节

某些代谢物分子可以和酶分子活性中心外的特定部位非共价可逆结合,使酶分子的构象发生改变,进而改变酶的活性。酶的这种调节作用称为变构调节。受变构调节的酶称变构酶(allosteric enzyme),能使酶变构的代谢物分子称为变构效应剂(allosteric effector),其中使酶活性增强的效应剂称为变构激活剂;使酶活性减弱的效应剂称为变构抑制剂。酶分子上能与变构效应剂结合的特定部位称变构部位。

变构酶通常是由多个(常为偶数)亚基组成的寡聚酶,有时活性中心和变构部位不在同一亚基上,含活性中心的亚基称为催化亚基,含变构部位的亚基称为调节亚基。有的酶其活性中心与变构部位在同一亚基上。变构效应剂与调节亚基结合后,通过构象改变来影响催化亚基的催化功能,这种现象称为协同效应,包括正协同效应和负协同效应(详见第一章蛋白质的结构与功能)。对于有正协同效应的酶分子,如果效应剂是底物本身,则该酶的底物浓度曲线是S形曲线(图 5-17),其反应动力学不遵守米氏动力学原则。

(二) 酶的共价修饰调节

酶分子的某些基团在另一酶的催化下发生共价修饰,从而改变酶的活性,这种调节方式称为酶的共价修饰调节(covalent modification regulation)。体内常见的共价修饰类型有:磷酸化与去磷酸化、乙酰化与去乙酰化、甲基化与去甲基化、腺苷化与去腺苷化,及−SH与S−S的互变等。其中磷酸化与去磷酸化最常见(图 5-18)。

酶分子的化学修饰有正逆两个反应过程,如加入化学基团与脱去化学基团,巯基与二硫键互变,都是在不同酶催化下进行的不可逆反应,常常需要消耗 ATP。酶分子在化学修饰过程

NOTE

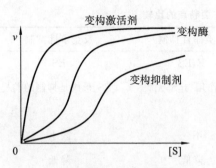

图 5-17　变构酶的 S 形底物浓度曲线

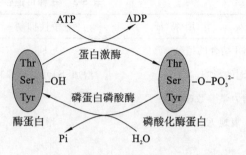

图 5-18　酶的磷酸化与去磷酸化的共价修饰

中发生无活性(或活性低)与有活性(或活性高)两种形式的互变,此过程受激素等因素的调节。

二、酶含量的调节

(一)酶蛋白合成的诱导与阻遏

在转录水平上促进酶生物合成的作用称为诱导作用(induction),而降低酶生物合成速度的作用称为阻遏作用(repression)。酶的底物、产物、激素、药物以及毒物等是常见的酶生物合成的诱导物或阻遏物。辅阻遏物(corepressor)是能与无活性的阻遏蛋白结合,使其活化进而发挥阻遏作用。诱导与阻遏作用常常涉及转录、翻译和翻译后加工等过程,所以其效应出现较慢,一般需要半小时以上才能使酶活性发生显著改变。因此,酶的诱导与阻遏作用是对代谢进行缓慢而长效的调节。

(二)酶蛋白降解的调控

在生物体内,酶和其他蛋白质一样有一定的自我更新速度。一定量的酶分子被分解代谢一半时所需要的时间称为该酶的半衰期。各种酶都有一定的半衰期。影响酶半衰期的因素很多,通常认为在蛋白质 N-端特定区域的氨基酸序列中包含了决定其半衰期的结构信号,如果此部位出现磷酸化、氧化及 N-端置换或变性等时,都可启动酶蛋白降解过程。胞内蛋白质降解有两条途径,即溶酶体途径和依赖 ATP 及泛素途径。蛋白质进入溶酶体后,在酸性条件下,由多种蛋白酶作用进行水解,此途径不消耗 ATP。溶酶体途径主要水解由细胞外来的蛋白质和长半衰期蛋白质。依赖 ATP 及泛素的降解途径存在于胞液中,其作用是首先将异常蛋白质进行泛素化标记,然后被蛋白酶水解。

第五节　酶的分离提纯与活性测定

一、酶的分离纯化

生物细胞产生的酶分为两类:细胞内酶和细胞外酶。细胞外酶由细胞内产生分泌到细胞外发挥作用,一般含量较高,容易得到,例如大部分的水解酶(胃蛋白酶、胰蛋白酶等)。细胞内酶由细胞内产生并在细胞内发挥作用。这类酶在细胞内能与细胞特定结构相结合,有一定的分布区域,催化的反应具有一定的顺序,能使多种反应有条不紊地进行,例如氧化还原酶存在于线粒体上,蛋白质合成酶存在于微粒体上。

酶来源于动物、植物和微生物。生物细胞内产生的总酶量很高,但在特定组织细胞内某一种酶的含量却很低。因此,在提取某一种酶时,应当根据需要选择含此酶最丰富的材料。由于从动物或植物中提取酶制剂会受到原料的限制,目前工业上大多采用微生物发酵的方法来获得大量的酶制剂。用微生物来生产酶制剂优点有很多,如不受气候地理条件限制、繁殖快、产酶量高等。此外,动植物体内的酶大都可以在微生物中找到,且可以通过选育菌种来提高产量,因此用廉价的原料就可以大量生产所需酶类。

由于在生物组织细胞中,除了我们所需要的某一种酶外,往往还有许多其他酶和蛋白质及杂质,因此制备某种酶制剂必须经过分离和纯化两个过程。绝大多数酶的化学本质是蛋白质,故分离、纯化酶的常用方法可以参考蛋白质分离纯化的方法。蛋白质容易变性,因此在酶分离纯化过程中,应避免强酸、强碱、高温等操作。

酶是具有催化活性的蛋白质,通过测定催化活性,酶在分离提纯过程中的去向易于被追踪。酶的催化活性又可以作为选择分离纯化方法和操作条件的指标,在整个酶的分离纯化过程中,都要不断测定酶的总活性和比活性,这样才能知道经过某一步骤回收多少酶,纯度提高了多少,从而决定这一步骤的取舍。

（一）酶的抽提

细胞外酶可以用水或缓冲液浸泡,滤除不溶物,即可得到粗抽提液。细胞内酶存在于细胞内,因此必须首先破坏细胞膜。动物细胞容易破碎,通过一般的研磨、匀浆就可以破坏细胞膜。细菌细胞具有细胞壁,较难破碎,需使用超声波、溶菌酶、冻融及某些化学试剂(如甲苯、去氧胆酸钠)等,在适宜的 pH 值、温度条件下破坏菌体,制备匀浆。

一般的酶可以在低温下用稀盐、稀酸或稀碱的水溶液进行抽提。抽提液和抽提条件的选择取决于酶的溶解度和稳定性等。抽提液的 pH 值应在酶的 pH 值稳定范围内,最好远离其等电点。由于大多数蛋白质在低浓度的盐溶液中更容易溶解,因此一般选用等渗盐溶液,常用的有 $0.02\sim0.05$ mol/L 磷酸盐缓冲液、0.15 mol/L 氯化钠和柠檬酸缓冲液等。抽提温度一般控制在 $0\sim4$ ℃。

（二）纯化

以上酶的粗抽提液中除含有所需的酶外,还含有其他大分子和小分子物质。在纯化过程中小分子物质会自然除去,而核酸、黏多糖、杂蛋白等大分子物质往往会干扰纯化。一般核酸可用鱼精蛋白或者氯化锰将其沉淀而除去,黏多糖可以用醋酸铅处理,其余杂蛋白的去除成为分离纯化的主要工作。蛋白分离纯化的方法有很多,常用的有盐析法、有机溶剂沉淀法、等电点沉淀法及吸附分离法。具体需要根据酶本身的性质来选取合适的方法,为了达到比较理想的结果,往往需要几种方法联合使用。

根据酶与杂蛋白带电性质或带电量不同进行分离时主要选用离子交换层析和电泳法。前者主要用于酶的大体积制备,应用广、分辨率高;后者主要用于小量分离及分析鉴定。选择性变性法也是常用、简便和有效的方法。利用酶和杂蛋白在不同条件下稳定性的差别,部分杂蛋白可被变性沉淀而去除,常用的有热变性或酸碱变性。有些酶相当耐热,如胰蛋白酶、RNA 酶加热到 90 ℃也不被破坏,因此在一定条件下将酶液加热到 $50\sim70$ ℃,$5\sim15$ min 后迅速冷却,可使体内大多数酶变性沉淀,进而将相应未变性蛋白分离。

此外,在酶的提取纯化过程中,要尽量保护酶活性,因此全部操作应当在低温下进行。一般操作在 $0\sim5$ ℃,有机溶剂分级分离必须在 -15 ℃;为防止重金属使酶失活,需要加入EDTA 以螯合金属离子;为防止酶蛋白中巯基被氧化而失活需要加入适量巯基乙醇。纯化过程中不能过多搅拌和振荡,以免产生大量泡沫而使酶失活。

在纯化的过程中,不仅要测一定体积或者一定重量的酶制剂中含有多少活性单位,还需要测定酶制剂的纯度。酶的纯度用比活性表示,比活性即每毫克蛋白或每毫克蛋白氮所含的酶活性单位数。

比活性(纯度)＝活性单位数/毫克蛋白(氮)

在酶的纯化工作中还要计算纯化倍数和产率(%),即回收率。

纯化倍数=每次比活性/第一次比活性

产率(%)=每次总活性/第一次总活性×100%

一个酶的纯化过程,往往需要经过多个步骤,若每一步平均使酶纯度增加1～2倍,总纯度可高达数百倍,但产率会降低。

二、酶的活性测定

酶活性测定是研究酶的特性、进行酶的生产及应用时的一项重要指标。酶活性又称酶活力,是指酶催化一定化学反应的能力。酶活性大小常用酶促反应速率来表示,二者呈线性关系,因此通常所说的酶活性测定就是酶促反应速率的测定。酶促反应速率可以用单位时间内底物的消耗量或产物的增加量来表示。实际上,底物常常是过量的,所以底物的减少量测定不准确,而产物增加是从无到有,只要方法足够灵敏,就可以准确测定增加的产物。酶促反应速率在起初不变,但会随着时间延长而降低,所以测定酶活性时应测定酶促反应的初速度。

酶的含量常用酶活性单位(U)表示。酶活性单位是指在规定的温度、pH值、离子强度和底物浓度等条件下,单位时间内底物消耗一定量或产物生成一定量时所需消耗的酶量。酶活性单位是衡量酶活力大小的重要尺度。国际生化学会推荐使用国际单位,即在特定条件下,1 min内能使1μmol底物转变成产物所需要的酶量作为一个国际单位(U)。1979年国际生化学会为了将酶的活力单位与国际单位制的反应速率(mol/s)统一,推荐用催量单位(Kat)来表示酶活力。1催量单位定义:在特定的测定系统中,每秒催化1 mol底物转变为产物所需要的酶量。催量单位与国际单位的换算关系为:

$$1 \text{ Kat}=6\times10^7 \text{ U 或 } 1 \text{ U}=16.67\times10^{-9} \text{ Kat}$$

第六节　酶与医药的关系

酶是生物体内具有催化功能的活性分子,它不仅参与正常的生命代谢活动,同时与疾病的发生发展过程及酶类药物的研发密不可分。

一、酶与疾病的发生

知识拓展 5-1

在酶的催化作用下生物体才能进行正常代谢活动,因此遗传缺陷或外界因素造成的酶结构的异常或酶活性的改变都能导致代谢异常性疾病的发生甚至危及生命。现已发现的140余种先天性代谢缺陷病中,多数是由酶的先天性或遗传性缺陷所致。例如缺乏6-磷酸葡萄糖脱氢酶可引起的蚕豆病;酪氨酸羟化酶缺乏导致的白化症;苯丙氨酸羟化酶缺陷导致的苯丙酮酸尿症等。另外,很多中毒现象也与酶活性改变有关,如常用的有机磷农药敌百虫、敌敌畏等,能与胆碱酯酶活性中心的丝氨酸结合而使其活性受到抑制;重金属As^{3+}、Hg^{2+}、Ag^+等可与某些酶的巯基结合而使酶活性丧失,此外氰化物(-CN)、一氧化碳(CO)等能与细胞色素氧化酶结合,使呼吸链中断而严重威胁生命。

某些疾病或其他因素也能引起酶的异常。如急性胰腺炎时,胰蛋白酶原在胰腺中被激活,导致胰腺组织被水解破坏;激素代谢障碍或者维生素缺乏也能引起某些酶活性的异常。

二、酶与疾病的诊断

酶学诊断在临床诊断中具有重要作用(表5-4)。一般健康人体内含有某种酶的量是恒定在一定范围的。当患有某种疾病时,由于组织细胞受到损伤或代谢异常会引起体内某种或某

NOTE

些酶含量或活性的改变。在临床上,通过对血、尿等体液和分泌液中某些酶活性与含量的测定,可以间接反映某些组织器官的病变,这有助于疾病诊断、观察疗效及判断预后。

表 5-4 疾病的酶学诊断

酶	疾病及酶的改变
淀粉酶	胰腺疾病、肾脏病时活性升高;肝病时活性下降
天冬氨酸氨基转移酶	肝病、心肌梗死等,活性升高
丙氨酸氨基转移酶	肝病、心肌梗死等,活性升高
胃蛋白酶	胃癌时活性升高;十二指肠溃疡时活性下降
碳酸酐酶	坏血病、贫血时活性升高
磷酸葡萄糖变位酶	肝炎、肝癌时活性升高
亮氨酸氨基肽酶	阻塞性黄疸、肝癌、阴道癌时活性增高

三、酶与疾病的治疗

临床上许多药物都是通过影响酶活性而达到治疗作用的。如前所述,磺胺类药物可以通过竞争性抑制作用影响细菌中二氢叶酸合成酶的活性,抑制细菌生长代谢而达到抑菌作用。许多抗癌药物则是通过影响核苷酸代谢途径中的相关酶类来达到遏止肿瘤细胞生长的目的。可以利用胰蛋白酶、链激酶、尿激酶、纤溶酶、溶菌酶等进行外科扩创,化脓伤口的净化,浆膜粘连的防治以及一些炎症的治疗;还可以利用链激酶、尿激酶、纤溶酶等防治血栓的形成。但是因为酶是蛋白质,具有很强的抗原性,所以利用酶进行体内疾病治疗时会受到一定的限制。

四、酶在医学研究领域中的应用

(一) 酶作为试剂用于临床检验

酶法分析利用酶作为分析试剂,可以对一些酶的活性、底物浓度、激活剂和抑制剂等进行定量分析。原理是利用可以直接简便监测底物或者产物的酶(指示酶),将该酶偶联到待测的酶促反应体系中,将原来不易直接测定的反应转变为可以直接监测的系列反应。

很多脱氢酶催化的反应需要 NAD^+ 或 $NADP^+$ 作为辅酶。还原型辅酶在波长 340 nm 处有吸收峰,而氧化型辅酶则没有。根据这个特性可将脱氢酶与待测的酶促反应偶联,利用自动分析仪检测后者的酶活性或底物浓度。例如,检测血清谷丙转氨酶时可将此反应体系与乳酸脱氢酶的反应体系相偶联,利用分光光度法在 340 nm 处检测 NADH 吸光度的下降值,或在激发波长 365 nm 和发射波长 460 nm 处跟踪 NADH 荧光度的下降值。

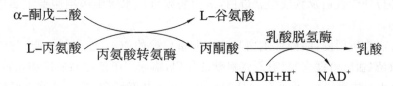

又如,血清中的肌酸就是利用肌酸激酶、己糖激酶和 6-磷酸葡萄糖脱氢酶相偶联,跟踪 NADPH 的变化情况达到检测的目的的。

NOTE

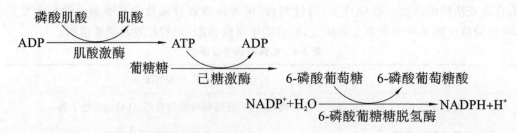

（二）酶作为工具用于科学研究与生产

（1）基因克隆用的工具酶：核酸结构的阐明、基因重组技术的建立、人类基因组计划的完成都离不开限制性内切酶、连接酶、聚合酶等工具酶的发现和应用。基因克隆的一个关键技术是聚合酶链反应（PCR），热稳定的 DNA 聚合酶的发现和应用使聚合酶链反应从设想变成了现实。

（2）酶标记测定法：酶可以与某些物质结合使该物质被标记。通过测定酶的活性来判断被标记物质的存在、位置及含量。这种方法灵敏度高，同时又可避免同位素应用上的一些缺点。目前研究中应用最多的是酶联免疫测定法（enzyme-linked immunosorbent assay, ELISA）。

（3）固定化酶：固定化酶（immobilized enzyme）是将经物理或化学的方法处理的水溶性酶固定于某支持物上，使其成为不溶于水但仍具有酶活性的一种酶的衍生物。固定化酶的形式多样，可制成机械性能好的颗粒装成酶柱用于连续生产；或在反应器中进行批式搅拌反应；也可制成酶膜、酶管等应用于分析化学；又可制成微胶囊酶，作为治疗酶应用于临床。常用的支持物有聚丙烯酰胺凝胶、合成纤维、活性炭、几丁质、沸石、氢氧化铝等。

（4）抗体酶：酶的多种优点使人们设想通过科学的方法人工合成稳定的酶。抗体酶（abzyme）的研制为人工酶的合成开辟了崭新的道路。酶可以与底物过渡态牢固地互补结合，具有高度的专一性与高效性。于是人们设想是否可以像抗原-抗体结合那样，用底物的过渡态类似物作为抗原，免疫动物产生相应抗体。此抗体与底物有亲和力而与之结合，同时可促进底物转化成过渡态，并进而转化成产物。这种具有催化功能的抗体被称为抗体酶。

五、酶类药物在疾病治疗上的应用

通过补充外源性酶类药物，可以治疗因酶含量不足或酶活力下降所引发的疾病。用于治疗疾病的酶类药物主要有以下几类。

（1）助消化酶：包括胃蛋白酶、胰酶、纤维素及淀粉酶等，主要用来治疗消化不良的患者，用于缓解食欲不振（食欲减退）、胃腹胀满等症状。

（2）消炎酶：主要有胰蛋白酶、凝乳蛋白酶、溶菌酶、菠萝蛋白酶、木瓜蛋白酶、枯草杆菌蛋白酶、胶原蛋白酶、黑曲霉蛋白酶等，适用于抗炎、消肿、清疮、排脓与促进伤口愈合。蛋白酶可以水解炎症部位纤维蛋白及脓液中黏蛋白，溶菌酶则可以水解细菌细胞壁主要成分——肽聚糖中的糖苷键。

（3）防治冠心病用酶：胰弹性蛋白具有 β-脂蛋白酶的作用，能降低血脂、防治动脉粥样硬化。激肽释放酶（血管舒缓素）具有舒张血管的作用，临床用于治疗高血压和动脉粥样硬化。

（4）止血酶和抗血栓酶：止血酶包括凝血酶和凝血酶激活酶；抗血栓酶有纤溶酶、葡激酶、尿激酶与链激酶等。尿激酶和链激酶可以使无活性的纤溶酶原转化为有活性的纤溶酶，使血液中纤维蛋白溶解，防止血栓形成。组织型纤溶酶原激活物（tissue-type plasminogen activator，t-PA），是体内纤溶系统的生理性激动剂，在人体纤溶和凝血的平衡调节中发挥重要作用。重组人组织型纤溶酶原激活物（PA）具有良好的溶栓作用。

（5）抗肿瘤酶：L-天冬酰胺酶能水解破坏肿瘤细胞生长所需的 L-天冬酰胺，临床上主要用于治疗淋巴肉瘤和白血病。谷氨酰胺酶也有类似作用。

（6）其他酶类：药物细胞色素 c 是呼吸链电子传递体，可用于治疗组织缺氧。超氧化物歧化酶可用于治疗类风湿关节炎和放射病；青霉素酶用于治疗青霉素过敏；透明质酸酶可作为药物扩散剂并治疗青光眼。

近年来酶药物学也取得了很大的突破，涌现出了一批新的酶品种。同时，聚乙二醇修饰等新技术的应用酶更加稳定，也使得醇药物具有更好的应用前景。

本章小结

酶	学习要点
概念	酶、多酶复合体、多功能酶、必需基团、酶原、活化能、酶促反应动力学、K_m、最适温度、最适 pH 值、同工酶、变构调节、共价修饰调节
功能	活性中心、酶原激活、辅助因子、激活剂、抑制剂
原理	酶原激活、酶促反应、不可逆性抑制、竞争性抑制作用、非竞争性抑制作用、反竞争性抑制作用

目标检测

目标检测
解析

一、填空题

1. 结合酶必须由_____和_____相结合后才具有活性，前者决定_____，后者决定_____。

2. 不同酶的 K_m _____，同一种酶有不同底物时 K_m 值_____，其中 K_m 值最小的底物是_____。

3. _____抑制剂不改变酶促反应的 v_{max}。

4. _____抑制剂不改变酶促反应的 K_m 值。

5. L-精氨酸只能催化 L-精氨酸的水解反应，对 D-精氨酸则无作用，这是因为该酶具有_____专一性。

二、名词解释

1. 酶的活性中心

2. 酶原激活

3. 酶的竞争性抑制作用

4. 变构效应

三、问答题

1. 比较三种可逆性抑制作用的特点。

2. 以磺胺类药物为例说明竞争性抑制作用的机制及磺胺类药物的临床药理作用。

（苏　燕）

在线答题

NOTE

第六章 生 物 氧 化

学习目标

1. 掌握生物氧化的概念和特点；呼吸链的概念、组成和排列顺序；氧化磷酸化的定义、偶联部位；底物水平磷酸化的概念。

2. 熟悉生物氧化的方式、参与生物氧化的酶类及 CO_2 的生成方式；氧化磷酸化的偶联机制。

3. 了解胞质中 NADH 的氧化方式；ATP/ADP 循环；氧化磷酸化的影响因素；微粒体的氧化体系、过氧化物酶体氧化体系、超氧化物歧化酶的作用和意义。

能量是维持生物体生存的重要保障，生物体所需要的能量主要来自体内糖、脂肪及蛋白质等营养物质的氧化分解。生物体内糖、脂肪、蛋白质等营养物质被彻底氧化分解，生成 H_2O 和 CO_2，在分解过程中，通过有机酸脱酸生成 CO_2，通过代谢物的脱氢反应和辅酶 NAD^+ 或 FAD 的还原，产生 $NADH + H^+$ 和 $FADH_2$，这些携带质子和电子的还原型辅酶，再将质子和电子传递给氧，最终生成水。这一系列的反应都伴随着能量的生成，其中有相当一部分能量可使 ADP 磷酸化生成 ATP，供生命活动需要，其余部分能量主要以热能形式释放，可用于维持体温。

案例导入

患者，女，68岁，已入住 ICU 病房，出现高血压现象，用硝普钠治疗 48 小时后，患者血压恢复正常。但是，患者主诉喉咙与嘴唇有烧灼感，并伴有恶心、呕吐、流汗和呼吸困难。护士检查后发现其呼吸中伴有苦杏仁味，动脉血象显示有代谢性酸中毒，血清学检查发现硝普钠代谢产物硫氰酸盐含量处于毒性水平。

1. 患者症状有哪些？

2. 出现这些症状的生物化学机制是什么？

3. 这种情况应采取什么治疗措施？

第一节 概 述

一、生物氧化的概念

生物体内糖、脂肪、蛋白质等营养物质氧化分解生成 H_2O 和 CO_2 并释放能量的过程称为生物氧化（biological oxidation）。由于这一过程与组织细胞吸收氧气，排出二氧化碳的呼吸作用有关，是需氧细胞呼吸作用时发生的一系列氧化还原反应，因此生物氧化又被称为细胞呼吸

(cellular respiratory)。

生物氧化包括氧化和还原两个过程。加氧、脱氢或失电子的反应称为氧化反应；相反，加电子、加氢或脱氧的反应称为还原反应。体内氧化最常见的方式是脱氢和失电子。在生物氧化过程中，氧化反应与还原反应是伴随发生的，即氧化-还原反应偶联。也就是说，一个物质的氧化必然伴随着另一个物质的还原，反之亦然。

生物体内并不存在游离的氢原子或者电子，所以生物氧化过程中代谢物在酶的催化下脱下的电子或氢原子必须被另一个物质接受。在这种反应中，提供氢原子或者电子的物质称为供氢体或供电子体，在反应中被氧化；反之，接受氢原子或电子的物质称为受氢体或受电子体，在反应中被还原。

线粒体内进行的生物氧化以营养物质为主，通常伴随着能量的生成，称为线粒体氧化体系。微粒体和过氧化物酶体中进行的生物氧化则与机体内代谢物、药物及毒物的清除、排出有关，称为非线粒体氧化体系。

二、生物氧化的特点

生物氧化遵循氧化反应的一般规律，其本质与体外氧化相同，如氧化方式都包括加氧、脱氢、失电子，终产物都是 CO_2 和 H_2O，释放的总能量也相同。但生物氧化在氧化条件和表现形式上和体外氧化有明显不同的特点：①生物氧化过程是在 pH 值接近中性、37 ℃的水环境中进行的酶促反应；②CO_2 是由有机酸脱羧生成，H_2O 是由代谢物脱氢，经过电子传递，最终与氧结合生成的；③生物氧化是在一系列酶的催化下逐步进行的，逐步释放能量，同时生成 ATP，能量利用率高；④氧化速率受机体生理功能及内、外环境变化等多种因素的调控。

| 第二节 线粒体氧化体系 |

线粒体(mitochondria)是需氧细胞内糖、脂肪、蛋白质等营养物质进行生物氧化过程中，发生氧化还原反应的主要场所。在糖、脂、蛋白质等营养物质氧化为 CO_2 和 H_2O 的过程中，代谢物脱下的氢($FADH_2$ 和 $NADH+H^+$)彻底氧化生成 H_2O 并释放能量，主要在线粒体进行。生物氧化过程中释放的能量，有相当一部分驱动 ATP 合酶催化 ADP 磷酸化生成 ATP，储存起来维持细胞的生命活动。因此线粒体是生物体从营养物质中获取能量的主要场所，故将线粒体比作细胞的"动力工厂"。

一、呼吸链的主要成分

(一) 呼吸链的概念

代谢物脱下的成对氢原子(2H)以还原当量($NADH+H^+$ 和 $FADH_2$)的形式存在，然后通过多种酶和辅酶所催化的连锁反应逐步传递，最终与氧结合生成水，同时释放出能量。这个过程是在细胞线粒体内进行的，与细胞呼吸有关，所以将此传递链称为呼吸链(respiratory chain)。在呼吸链中，酶和辅酶按一定顺序排列在线粒体内膜上，其中传递氢的酶或辅酶称为递氢体，传递电子的酶或辅酶称为电子传递体。不论递氢体还是电子传递体都起传递电子的作用，所以呼吸链又称电子传递链(electron transfer chain)。

(二) 呼吸链的组成

用胆酸、脱氧胆酸等去污剂反复处理线粒体内膜，通过离子交换层析分离，可从线粒体内膜分离得到四种酶复合体(表 6-1)以及泛醌、细胞色素 c 六种具有传递电子功能的呼吸链组

分。复合体在线粒体中的位置如图 6-1 所示,其中复合体Ⅰ、Ⅲ、Ⅳ镶嵌在线粒体内膜上,复合体Ⅱ镶嵌在线粒体内膜的基质侧。

表 6-1　人线粒体呼吸链复合体

复合体	酶名称	多肽链数	辅基
复合体Ⅰ	NADH-泛醌还原酶	39	FMN,Fe-S
复合体Ⅱ	琥珀酸-泛醌还原酶	4	FAD,Fe-S
复合体Ⅲ	泛醌-细胞色素 c 还原酶	10	铁卟啉,Fe-S
复合体Ⅳ	细胞色素 c 氧化酶	13	铁卟啉,Cu

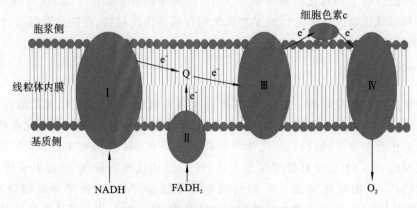

图 6-1　呼吸链各复合体位置示意图

1. 复合体Ⅰ　即 NADH-泛醌还原酶,复合体Ⅰ将电子从 NADH＋H⁺ 传递给泛醌(ubiquinone)。复合体Ⅰ含有以 FMN 为辅基的黄素蛋白(flavo protein)和以铁硫簇(iron-sulfur cluster,Fe-S)为辅基的铁硫蛋白(iron-sulfur protein)。黄素蛋白和铁硫蛋白均具有催化功能。

在 FMN 中含有核黄素(维生素 B_2),其发挥功能的结构是异咯嗪环。醌型或氧化型的 FMN 可接受 1 个质子和 1 个电子形成半醌型 FMNH·,后者再接受 1 个质子和 1 个电子形成氢醌型或还原型 $FMNH_2$。

FMN（醌型或氧化型）　　　　FMNH·（半醌型）

$FMNH_2$（氢醌型或还原型）

铁硫蛋白是相对分子质量较小的蛋白质,分子中含有非血红素铁和对酸不稳定的硫。氧化呼吸链有多种铁硫蛋白,其 Fe-S 辅基含有等量的铁原子和硫原子(Fe_2S_2,Fe_4S_4),通过其中

的铁原子与铁硫蛋白中半胱氨酸残基的硫或无机硫相连接(图 6-2)。铁硫蛋白中的铁原子通过化合价的变化来传递电子,每次也只能传递一个电子。在复合体 I 中,其功能是将 FMNH$_2$ 的电子传递给泛醌。

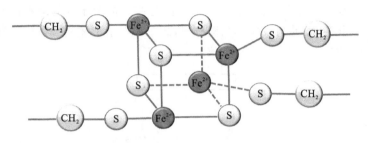

图 6-2 铁硫簇 Fe$_4$S$_4$ 结构示意图

注:⑤表示无机硫。

泛醌也称辅酶 Q(coenzyme Q,CoQ),是一种广泛存在于生物界的小分子脂溶性的醌类化合物。泛醌的一个侧链由多个异戊二烯连接形成,不同生物来源的泛醌所含异戊二烯侧链的数目也不同,人体内泛醌侧链由 10 个异戊二烯单位组成,用 CoQ$_{10}$(Q$_{10}$)表示。因这一侧链具有的疏水作用,它能在线粒体内膜迅速扩散,使泛醌极易从线粒体内膜中分离出来,故不包含在上述的复合体中。泛醌接受 1 个质子和 1 个电子还原成半醌型(泛醌 H·),再接受 1 个质子和 1 个电子还原成二氢泛醌,后者又可脱去质子和电子而被氧化为泛醌。

泛醌
（醌型或氧化型）

$\xrightarrow[-(H^++e^-)]{H^++e^-}$

泛醌H·
（半醌型）

$\xrightarrow[-(H^++e^-)]{H^++e^-}$

二氢泛醌
（氢醌型或还原型）

2. 复合体 II 即琥珀酸-泛醌还原酶,主要作用是将电子从琥珀酸传递给泛醌。复合体 II 含有以 FAD 为辅基的黄素蛋白和铁硫蛋白。FAD 与 FMN 一样起传递质子和电子的作用。铁硫蛋白传递电子机制也同复合体 I 中的 Fe-S。

3. 复合体 III 即泛醌-细胞色素 c 还原酶,主要作用是将电子从泛醌传递给细胞色素 c。复合体 III 含有细胞色素 b(Cytb$_{562}$,Cytb$_{566}$)、细胞色素 c 和铁硫蛋白。

细胞色素(cytochrome,Cyt)是一类以铁卟啉为辅基可催化电子传递的酶类,因具有特殊的吸收光谱而呈现颜色。依据它们吸收光谱的差异,将线粒体内膜中参与呼吸链组成的细胞色素分为 a、b、c 三大类,每一类中又因其最大吸收峰的微小差别再分为几种亚类,如 Cyta、Cyta$_3$、Cytb$_{562}$、Cytc 及 Cytc$_1$ 等。各种细胞色素的主要差别体现在铁卟啉辅基的侧链以及铁卟啉与酶蛋白的连接方式上,如细胞色素 b、细胞色素 c 的铁卟啉都是铁-原卟啉 IX,但细胞色

NOTE

素 b 与酶蛋白以非共价连接,而细胞色素 c 铁卟啉的乙烯侧链与酶蛋白半胱氨酸残基共价连接。细胞色素 a 的辅基为血红素 a,其 C-2 的乙烯基被 3 个相连的异戊烯长链取代,C-8 的甲基被甲酰基取代。

细胞色素 c 是球形蛋白质,相对分子质量较小,是唯一能溶于水的细胞色素。它与线粒体内膜外表面结合不紧密,极易与线粒体内膜分离,故不存在于上述复合体中。细胞色素传递电子的机制是铁卟啉辅基中铁离子结合、释放电子的过程。

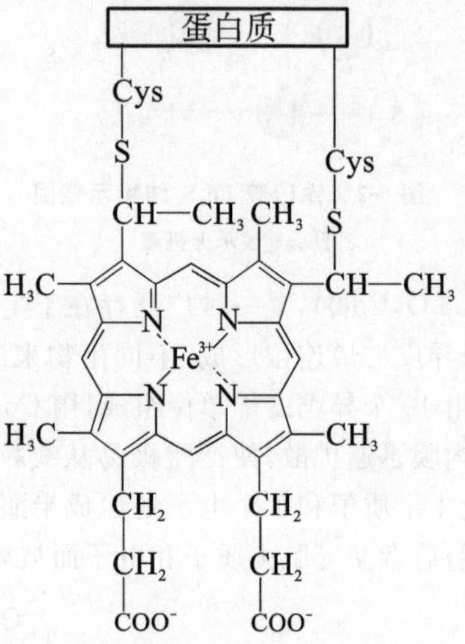

细胞色素c辅基

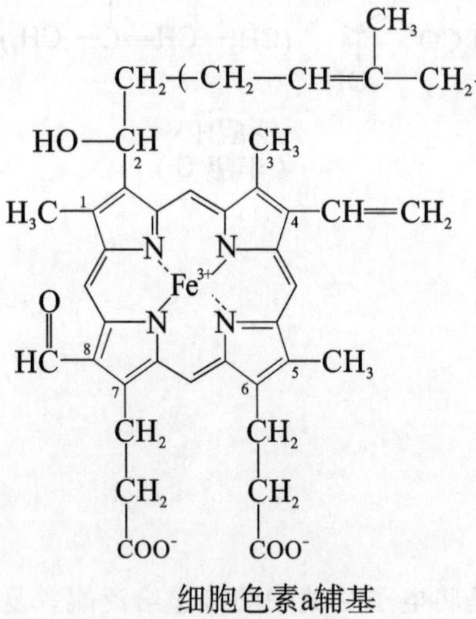

细胞色素a辅基 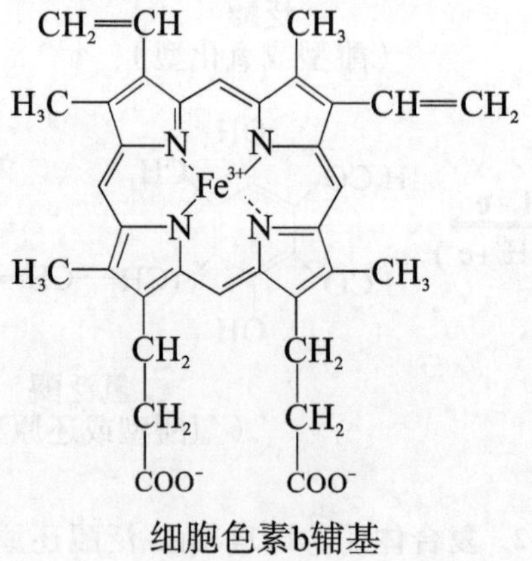 细胞色素b辅基

4. 复合体 Ⅳ 即细胞色素 c 氧化酶,主要功能是将电子从细胞色素 c 传递给氧。复合体 Ⅳ 含有 Cyta 和 Cyta$_3$,两者结合于同一酶蛋白的不同部位,由于两者结合紧密,很难分开,故称之为细胞色素 aa$_3$(Cytaa$_3$)。除含有铁卟啉辅基外,复合体 Ⅳ 还含有铜离子,Cu$^+$ 与 Cu^{2+} 互变起传递电子的作用。细胞色素 aa$_3$ 可以直接将电子传递给氧,使氧激活形成活化的氧离子,后者与介质中的质子化合生成水分子,所以细胞色素 aa$_3$ 又称为细胞色素氧化酶。

二、呼吸链中的电子传递顺序

在呼吸链中,各种电子传递体是按一定顺序排列的。呼吸链成分的排列顺序是由下列实验确定的:①根据呼吸链各组分的标准氧化还原电位由低到高的顺序排列(电位低容易失去电子)(表 6-2);②在体外将呼吸链拆开和重组,鉴定四种复合体的组成与排列;③利用呼吸链特异的抑制剂阻断某一组分的电子传递,在阻断部位以前的组分处于还原状态,后面组分处于氧化状态,根据吸收光谱的改变进行检测;④利用呼吸链各组分特有的吸收光谱,以离体线粒体无氧时处于还原状态作为对照,缓慢给氧,观察各组分被氧化的顺序。

表 6-2 呼吸链中各种氧化还原对的标准氧化还原电位

氧化还原对	$E^{0'}/V$	氧化还原对	$E^{0'}/V$
$NAD^+/NADH+H^+$	−0.32	$Cytc_1$ Fe^{3+}/Fe^{2+}	0.22
$FMN/FMNH_2$	−0.219	$Cytc$ Fe^{3+}/Fe^{2+}	0.25
$FAD/FADH_2$	−0.219	$Cyta$ Fe^{3+}/Fe^{2+}	0.29
Q/QH_2	0.05(或 0.10)	$Cyta_3$ Fe^{3+}/Fe^{2+}	0.55
$Cytb$ Fe^{3+}/Fe^{2+}	0.06	$1/2O_2/H_2O$	0.82

通过上述实验方法基本可以确定呼吸链的排列顺序,如图 6-3 所示。

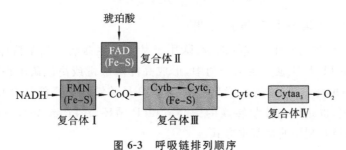

图 6-3 呼吸链排列顺序

三、主要的呼吸链

目前认为线粒体内有两条呼吸链,分别称为 NADH 氧化呼吸链和琥珀酸氧化呼吸链。

(一)NADH 氧化呼吸链

生物氧化中绝大多数脱氢酶如乳酸脱氢酶、苹果酸脱氢酶都是以 NAD^+ 为辅酶,所以 NADH 氧化呼吸链是最常见的一条呼吸链。如图 6-4 所示,代谢物在相应酶的催化作用下脱氢,NAD^+ 接受氢生成 $NADH+H^+$,然后通过 NADH 氧化呼吸链将其携带的 2 个电子逐步传递给氧生成水,即 $NADH+H^+$ 脱下的 2H 经复合体 Ⅰ(FMN,Fe-S)传给 CoQ,电子再经复合体 Ⅲ(Cytb,Fe-S,$Cytc_1$)传至 Cytc,然后传至复合体 Ⅳ(Cyta,$Cyta_3$),最后将 2 个电子交给 $1/2O_2$ 生成水。

$$NADH \longrightarrow \underset{(Fe-S)}{FMN} \longrightarrow CoQ \longrightarrow Cytb \longrightarrow Cytc_1 \longrightarrow Cytc \longrightarrow Cytaa_3 \longrightarrow O_2$$

图 6-4 NADH 氧化呼吸链

(二)琥珀酸氧化呼吸链(FADH₂ 氧化呼吸链)

琥珀酸在琥珀酸脱氢酶催化下脱去的 2 个 H 经复合体 Ⅱ(FAD,Fe-S,b_{560})传递给 CoQ 生成 $CoQH_2$,再往下的传递过程与 NADH 氧化呼吸链相同。α-磷酸甘油脱氢酶及脂酰 CoA 脱氢酶催化代谢物脱下的氢也由 FAD 接受,通过此呼吸链被氧化,故归属于琥珀酸氧化呼吸链。如图 6-5、图 6-6 所示。

【药考提示】呼吸链的组成与排列顺序,ATP 偶联部位。

 NOTE

91

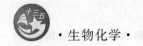

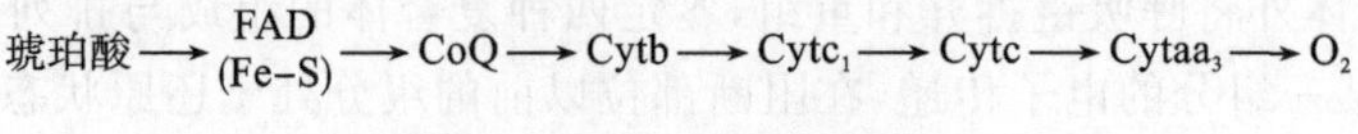

琥珀酸
FAD (Fe-S)
CoQ
Cytb
Cytc1
Cytc
Cytaa3
O2

图 6-5　琥珀酸氧化呼吸链

Ⅱ
FADH2 (Fe-S)
延胡索酸
琥珀酸
FAD (Fe-S)
2H+
SH2
NAD+
FMNH2 (Fe-S)
CoQ
2 Cyt-Fe2+
2 Cytc-Fe3+
2 Cytaa3-Fe2+
1/2 O2
b560→b566→Fe-S→C1
S
NADH +H+
FMN (Fe-S)
CoQH2
2 Cyt-Fe3+
2 Cytc-Fe2+
2 Cytaa3-Fe3+
O2-
H2O
Ⅰ
Ⅲ
Ⅳ

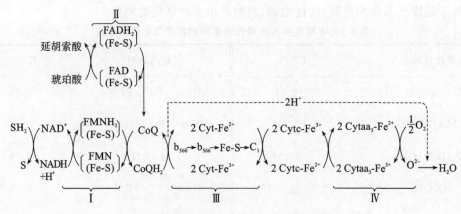

图 6-6　两种呼吸链电子传递过程及水的生成

四、ATP 的生成、储存与利用

（一）ATP 的结构与相互转换作用

机体营养物质经生物氧化生成的能量，除用于基本的生命活动和维持体温外，大约 40% 以化学能储存于 ATP 及其他高能化合物中，形成高能磷酸键或高能硫酯键。水解时释放高于 21 kJ/mol 能量的化合物，称为高能化合物。ATP 是关键性的高能化合物，是体内能量直接利用的主要形式，也是体内能量转换的中心。ATP 循环（ATP cycle），也称 ATP/ADP 循环，是这种能量转换和利用的最基本方式。

1. ATP

ATP 是一种高能磷酸化合物，含有两个高能磷酸键（即 γ、β 的～P），分子简式可以写成 A－P～P～P（式中 A 代表腺苷）；ADP 只含一个高能磷酸键，分子简式可以写成 A－P～P。

NH2
γ
β
α
腺苷
一磷酸腺苷 (AMP)
二磷酸腺苷 (ADP)
三磷酸腺苷 (ATP)

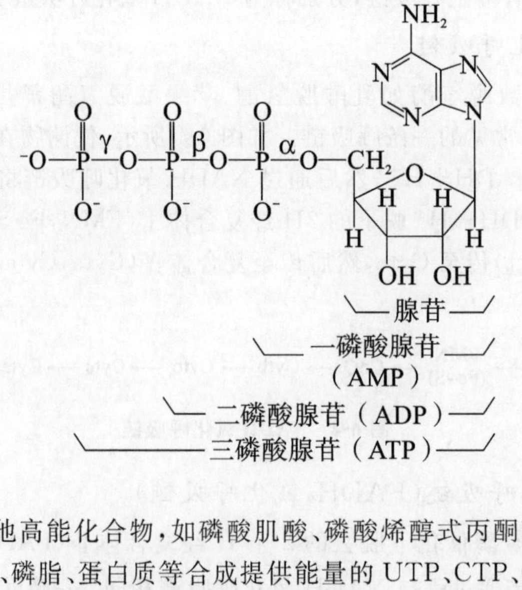

此外体内还存在其他高能化合物，如磷酸肌酸、磷酸烯醇式丙酮酸、GTP、UTP、CTP、乙酰 CoA 等。其中为糖原、磷脂、蛋白质等合成提供能量的 UTP、CTP、GTP 不能从物质氧化过程中直接生成，但能在二磷酸核苷激酶的催化作用下，从 ATP 中获得高能磷酸键（～P）。反应如下：

NOTE

$$ATP+UDP \longrightarrow ADP+UTP$$
$$ATP+CDP \longrightarrow ADP+CTP$$
$$ATP+GDP \longrightarrow ADP+GTP$$

另外,当体内 ATP 消耗过多(例如肌肉剧烈收缩)时,ADP 累积,在腺苷酸激酶(adenylate kinase)催化作用下,2 分子 ADP 可转变成 ATP 而被机体利用。

$$ADP+ADP \Longrightarrow ATP+AMP$$

此反应是可逆的,当 ATP 需要量降低时,AMP 可从 ATP 中获得高能磷酸键($\sim$P)生成 ADP。

此外,ATP 还可将高能磷酸键($\sim$P)转移给肌酸生成磷酸肌酸(creatine phosphate,CP)作为肌肉和脑组织中能量的一种储存形式。

2. ATP 循环

生物体能量的生成和利用都以 ATP 为中心。ATP 循环是指体内 ATP 的生成和利用所形成的循环。此循环联系着体内能量的产生、储存和利用,完成不同生命活动过程中能量的穿梭转换。ATP 分子含有 2 个高能磷酸键($\sim$P),1 mol ATP 水解为 ADP 和 Pi 后释放 30.5 kJ (97.3 kcal)的能量,被机体内各种生命过程直接利用(图 6-7)。通过 ATP 循环,不断产生 ATP,这满足了生命活动中大量消耗 ATP 的需要。人体内 ATP 含量虽然不多,但每日经 ATP/ADP 相互转变的量相当可观。

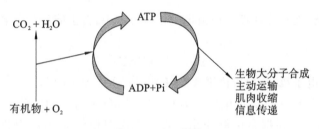

图 6-7 ATP 循环

(二) ATP 的生成方式

机体能量代谢过程中最重要的高能化合物是 ATP,当机体需要能量时,由 ATP 水解释放得到。体内 ATP 的生成方式有两种:底物水平磷酸化和氧化磷酸化,其中氧化磷酸化是生成 ATP 的最主要方式。

1. 底物水平磷酸化

底物水平磷酸化生成 ATP 的反应与底物脱氢或脱水反应相偶联。底物分子脱氢或脱水,使底物分子内部能量重新排列,产生高能键(高能磷酸键或高能硫酯键),然后,这些高能键断裂直接将能量转移给 ADP(或 GDP)生成 ATP(或 GTP),此过程称为底物水平磷酸化(substrate level phosphorylation)。底物水平磷酸化是体内生物氧化生成 ATP 的次要方式,目前已知体内有 3 个常见的底物水平磷酸化反应,分别存在于糖酵解和三羧酸循环中(见糖代谢)。

2. 氧化磷酸化

代谢物脱氢经呼吸链传递给氧生成水,同时释放能量,在 ATP 合酶的作用下使 ADP 磷酸化生成 ATP,称为氧化磷酸化(oxidative phosphorylation),因为在电子传递过程中偶联 ADP 磷酸化生成 ATP 的过程,故氧化磷酸化又称偶联磷酸化。

1) 氧化磷酸化的偶联部位

氧化磷酸化是体内生成 ATP 的主要方式,糖、脂肪和蛋白质等营养物质分解代谢过程中,基本都通过氧化磷酸化的方式生成 ATP,只有少数例外。氧化与磷酸化的偶联部位即

NOTE

ATP 的生成部位,可根据以下实验方法及数据大致确定。

(1) P/O 的值:研究氧化磷酸化最常用的方法是测定离体的完整线粒体的磷和氧的消耗比,即 P/O 的值。将底物、ADP、H_3PO_4、Mg^{2+} 和分离得到的较完整的动物组织的线粒体一起作用,发现在消耗氧气的同时,也消耗了一定量的 H_3PO_4,通过测定氧气和 H_3PO_4 的消耗量,即可得出 P/O 的值。利用离体的完整线粒体实验,根据加入不同底物的 P/O 的值,可以推断出氧化磷酸化的偶联部位(表 6-3)。

表 6-3 不同底物的离体线粒体实验测得的 P/O 的值

底 物	呼吸链的组成	P/O 的值	生成的 ATP 数
β-羟丁酸	$NAD^+ \rightarrow FMN \rightarrow$ 泛醌 $\rightarrow Cytc \rightarrow O_2$	2.4~2.8	2.5
琥珀酸	$FAD \rightarrow$ 泛醌 $\rightarrow Cytc \rightarrow O_2$	1.7	1.5
维生素 C	$Cytc \rightarrow Cytaa_3 \rightarrow O_2$	0.88	1
细胞色素 c	$Cytaa_3 \rightarrow O_2$	0.61~0.68	1

很多实验所得到的以 NADH 为电子供体和以琥珀酸为电子供体的 P/O 的值分别为 2~3 和 1~2,所以表 6-3 中的 P/O 的值采用 *Lehninger Principles of Biochemistry*(第四版,2005 年)中的折中数据,即以 NADH 为电子供体时,P/O 的值为 2.5;以琥珀酸为电子供体时,P/O 的值为 1.5。

(2) 自由能变化:在氧化还原反应或电子传递反应中,自由能($\Delta G^{0\prime}$)和电位变化($\Delta E^{0\prime}$)之间存在下述关系:

$$\Delta G^{0\prime} = -nF\Delta E^{0\prime}$$

其中,n 为传递电子数;F 为法拉第常数($F = 96.5$ kJ/ V·mol)。

经实验测定,$NAD^+ \rightarrow CoQ$ 的电位差为 0.36V,$CoQ \rightarrow Cytc$ 的电位差为 0.19V,$Cytaa_3 \rightarrow O_2$ 的电位差为 0.58 V。根据自由能变化公式计算它们相应的 $\Delta G^{0\prime}$ 分别为 -69.5 kJ/mol、-36.7 kJ/mol、-112 kJ/mol,而合成每摩尔 ATP 需要的自由能约为 30.5 kJ,可见以上 3 个部位释放的能量足以提供生成 ATP 所需的能量,说明以上 3 个部位就是氧化磷酸化的偶联部位。

知识链接 6-1

2)氧化磷酸化偶联机制

(1) 化学渗透假说:化学渗透假说(chemiosmotic hypothesis)是 20 世纪 60 年代初由 Peter Mitchell(图 6-8)提出的,并于 1978 年获得诺贝尔化学奖。假说的基本要点是电子经呼吸链传递的同时,将质子(H^+)从线粒体内膜的基质侧转运到内膜的胞质侧,而 H^+ 不能自由透过线粒体内膜,因此产生膜内外两侧的质子电化学梯度(H^+ 浓度梯度和跨膜电位差),膜外的 pH 值比膜内的 pH 值低 1.4 个单位,膜电势为 0.14,外正内负储存能量。当质子顺浓度梯度从内膜的胞质

图 6-8　Peter Mitchell

侧回流到基质侧时,驱动 ADP 与 Pi 生成 ATP,由转移的质子数可以计算出呼吸链生成的 ATP 数。传递 1 对电子时,复合体Ⅰ、Ⅲ、Ⅳ分别由线粒体内膜基质侧向胞质侧泵出 4、4、2 个质子(图 6-9)。每生成 1 分子 ATP 需要 4 个质子通过 ATP 合酶返回线粒体基质,在复合体Ⅰ、Ⅲ、Ⅳ处分别生成 1、1、0.5 分子 ATP。所以 NADH 氧化呼吸链每传递 2H 生成 2.5 分子 ATP;$FADH_2$ 氧化呼吸链每传递 2H 生成 1.5 分子 ATP。

(2) ATP 合酶:ATP 合酶(ATP Synthase)是线粒体内膜上利用电子传递链氧化释放的

【药考提示】高能化合物与ATP 生成方式。

NOTE

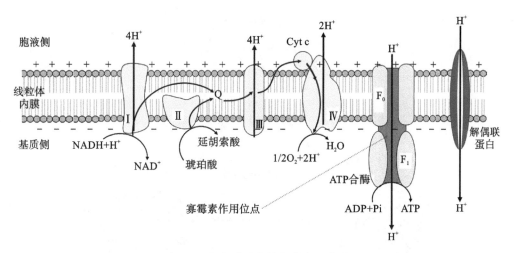

图 6-9 氧化磷酸化的化学渗透学说

能量催化 ADP 和 Pi 合成 ATP 的酶。该酶是跨膜蛋白复合体,位于线粒体内膜的基质侧,由 F_1(亲水部分)和 F_0(疏水部分)组成。F_0 是一个疏水蛋白复合体,镶嵌在线粒体内膜中,由疏水的 a_1、b_2、$c_{9\sim12}$ 亚基组成,形成跨内膜质子通道。9~12 个 c 亚基形成环状结构;a 亚基位于 c 亚基环的外侧,与 c 亚基构成 H^+ 回流通道;b 亚基在外侧连接 F_0 与 F_1(图 6-10)。

F_1 为较大的亲水寡聚酶复合体,突出于线粒体基质的颗粒状蛋白,由 α_3、β_3、γ、δ、ε 亚基组成(图 6-10),起催化 ATP 合成的作用。α_3、β_3 亚基间隔排列形成六聚体,催化部位位于 β 亚基,β 亚基必须与 α 亚基结合才有活性。β 亚基有 3 种构象(图 6-11):疏松结合型构象(loose binding,L),可疏松结合 ADP 和 Pi,无催化活性;紧密结合型构象(tight binding,T),与 ATP 结合紧密,可利用 H^+ 从 F_0 回流所释放的能量,使 ADP 和 Pi 生成 ATP;开放型构象(open,O),可释放合成的 ATP。γ 亚基起控制 H^+ 回流的作用,γ 亚基 C 端的 α-螺旋深入到 $\alpha_3\beta_3$ 六聚体的中心孔中,参与六聚体的转动。δ 亚基连接 α、β 亚基,ε 亚基可调节

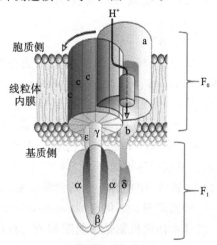

图 6-10 ATP 合酶结构模式图

ATP 合酶的活性。在 F_0 与 F_1 之间还有寡霉素敏感相关蛋白(oligomycin sensitive conferring protein,OSCP),在 F_1 外侧通过 b 亚基与 F_0 连接。

近年来发现,质子回流能驱动构象相互转化,在 H^+ 回流所释放能量的驱动下,γ 亚基发生转动,带动 $\alpha_3\beta_3$ 所形成的六聚体不断转动。在转动中 β 亚基发生 L 型→T 型→O 型→L 型的反复循环变构,不断地结合 ADP 和 Pi、合成 ATP、释放 ATP(图 6-11)。γ 亚基每旋转一周,分成 3 步进行。每步旋转 120°,释放 1 分子 ATP。若 c 环有 9 个 c 亚基,则 9 个 H^+ 回流,平均每 3 个质子回流生成 1 分子 ATP;若 c 环中有 12 个 c 亚基,则 12 个 H^+ 回流,平均每 4 个质子回流生成 1 分子 ATP。结合实验,目前多数人认为,平均每 4 个 H^+ 回流生成 1 分子 ATP。NADH 氧化呼吸链每传递 2 个电子,分别从线粒体内膜基质侧向胞质侧转移 $4H^+$、$4H^+$、$2H^+$,因此 NADH 氧化呼吸链每传递 2 个电子,生成 2.5 分子 ATP;琥珀酸氧化呼吸链每传递 2 个电子,生成 1.5 分子 ATP。

3)影响氧化磷酸化的因素

(1)ADP 的调节作用:正常机体氧化磷酸化的速率主要受 ADP 的调节。当机体利用

NOTE

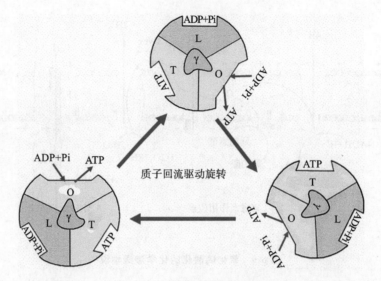

图 6-11 ATP 合酶的工作机制

注:三个 β 亚基构象不同:O 开放型构象;L 疏松结合型构象;T 紧密结合型构象。

ATP 增多,使 ADP 浓度增高,ADP 转运入线粒体后使氧化磷酸化速度加快;反之 ADP 不足,氧化磷酸化速度减慢。这种 ADP 作为关键物质对氧化磷酸化的调节作用称为呼吸控制(respiratory control)。

(2)抑制剂。

①呼吸链抑制剂。此类抑制剂能够特异性阻断呼吸链中特异部位的电子传递。例如,鱼藤酮(rotenone)、粉蝶霉素 A(piericidin A)及异戊巴比妥(amobarbital)等与复合体Ⅰ中的铁硫蛋白结合,从而阻断电子由 NADH 向 CoQ 的传递。抗霉素 A(antimycin A)、二巯基丙醇(2,3-dimercapto-1-propanol,BAL)抑制复合体Ⅲ中 Cyt b 与 Cyt c_1 间的电子传递。CO、CN^-、N^{3-} 及 H_2S 抑制细胞色素 c 氧化酶,使电子不能传递给氧,因此此类抑制剂可使细胞呼吸停止,引起机体迅速死亡。CN^- 存在于某些工业生产的氰化物蒸气或粉末中,苦杏仁、桃仁、白果(银杏)中也有一定的含量。室内生火炉若产生 CO,易致 CO 中毒(煤气中毒)。

②解偶联剂。解偶联剂(uncoupler)能使氧化与磷酸化的偶联过程脱离,阻止 ATP 的合成。其基本作用机制是解偶联剂使线粒体内膜外侧的 H^+ 不经 F_0 质子通道回流,破坏呼吸链传递电子过程中建立的线粒体内膜 H^+ 梯度,呼吸链氧化过程与磷酸化过程解离,因此 F_1 不能催化 ATP 合成,传递电子过程产生的能量以热能的形式散失。2,4-二硝基苯酚(2,4-dinitrophenol,DNP)、缬氨霉素(valinomycin)以及哺乳动物和人棕色脂肪组织、骨骼肌、心肌线粒体内膜中的解偶联蛋白(uncoupler protein)等皆可使氧化与磷酸化脱偶联。冬眠动物、耐寒动物依靠解偶联蛋白维持体温。某些新生儿缺乏棕色脂肪组织,不能维持其正常体温而引起硬肿症。感冒或患传染型疾病时,病毒或细菌可产生一种解偶联物,使患者体温升高。

③氧化磷酸化抑制剂。此类抑制剂对电子传递和 ATP 合成均有抑制作用。例如,寡霉素(oligomycin)通过与寡霉素敏感相关蛋白(OSCP)的结合,阻止 H^+ 从 F_0 通道中向 F_1 回流,抑制 ATP 合酶活性,从而抑制磷酸化过程,此时由于线粒体内膜两侧电化学梯度增高影响呼吸链质子泵的功能,继而也抑制了电子传递,使氧化过程和磷酸化过程同时受到抑制。

(3)甲状腺激素:甲状腺激素(T_3、T_4)能诱导细胞膜上 Na^+、K^+-ATP 酶的生成,使 ATP 加速分解为 ADP 和 Pi,ADP 进入线粒体数量增多,促进氧化磷酸化过程。T_3 还可诱导解偶联蛋白基因表达增加,因而引起耗氧和产热均增加。故甲状腺功能亢进时出现发热、消瘦、基础代谢率升高等表现。

(4)线粒体 DNA:线粒体 DNA(mitochondria DNA,mtDNA)为裸露的双链环状 DNA,内

知识拓展 6-1

NOTE

环为轻链,外环为重链。编码线粒体蛋白质合成必需的 22 种 tRNA 和 2 种 rRNA 的基因,所编码的 13 种蛋白质全都参与构成呼吸链复合体蛋白,与氧化磷酸化过程密切相关。mtDNA 缺少组蛋白保护,无损伤修复机制,氧化磷酸化过程中又可产生氧自由基损伤 mtDNA,使其突变率为核 DNA 的 10～20 倍。突变到一定程度必然导致氧化磷酸化过程造成损伤,这对耗能较多的中枢神经系统影响最大,其次为肌肉、心脏、胰、肝和肾脏。常见的线粒体病有母性遗传性疾病(卵细胞含几十万 mtDNA,精子中仅几百个 mtDNA)、中老年退化性疾病等,如 Leber 遗传性视神经病、肌阵挛性癫痫伴红纤维病、线粒体肌病脑病伴乳酸中毒及卒中样发作、慢性进行性外眼肌麻痹、线粒体心肌病、帕金森病(Parkinson disease)、非胰岛素依赖性糖尿病及氨基糖苷诱发的耳聋等。随年龄增长,mtDNA 突变累积主要集中于大脑黑质区和脊髓灰质区的神经元,肌肉中缺失 mtDNA 最高可达 0.1%。此外,氧自由基还可导致线粒体内膜损伤、mtDNA 断裂、蛋白质生物合成速度下降、细胞色素 c 氧化酶活性下降和线粒体数目减少等。所有这些都使氧化磷酸化过程的损伤随年龄的增长而加重,促进了衰老的进程。

(三) 高能磷酸键的储存和利用

生物氧化释放的能量除部分用于基本的生命活动和维持体温外,其余的主要以 ATP 中高能磷酸键($\sim$P)的形式储存。ATP 多由 ADP 磷酸化生成;而 AMP 可先磷酸化生成 ADP,ADP 再磷酸化生成 ATP。

细胞内腺苷酸(AMP、ADP 及 ATP)是有限的,当体内营养物质氧化分解过多或 ATP 利用减少(如餐后休息)时,细胞内 ATP 数量增加,而 AMP 和 ADP 数量减少,使氧化磷酸化过程减弱。

在富含肌酸激酶的组织中,肌酸激酶可催化 ATP 将高能磷酸键($\sim$P)转移至肌酸分子,生成磷酸肌酸,储存能量。肌肉中 ATP 含量很低(以 mmol/kg 计),而当肌肉急剧收缩时必须大量消耗 ATP,消耗量可达 6 mmol/(kg·s),远远超过营养物质氧化分解生成 ATP 的速度,此时肌肉收缩的能量就依赖于磷酸肌酸储存的能量。磷酸肌酸将高能磷酸键($\sim$P)转移至 ADP 生成 ATP,由 ATP 直接提供肌肉收缩所需要的能量。耗能较多的脑组织中也含有丰富的磷酸肌酸。

$$
\begin{array}{ccc}
\underset{\substack{|\\\text{肌酸}}}{\overset{\substack{NH_2\\|\\C=NH\\|\\H_3C-N\\|\\CH_2\\|\\COOH}}{}} + ATP & \xrightarrow[]{\text{肌酸激酶}} & \underset{\substack{|\\\text{磷酸肌酸}}}{\overset{\substack{H\\|\\N\sim P\\|\\C=NH\\|\\H_3C-N\\|\\CH_2\\|\\COOH}}{}} + ADP
\end{array}
$$

五、胞液中 NADH 的氧化

线粒体内生成的 NADH 可直接参加氧化磷酸化过程,但胞质中生成的 NADH 要进入线粒体才能进行氧化磷酸化。线粒体内膜结构复杂,对多种物质的通透具有严格的选择性,在胞质中生成的 NADH 不能自由透过线粒体内膜,故线粒体外 NADH 所携带的氢必须通过某种转运机制才能进入线粒体,然后再经呼吸链进行氧化磷酸化。转运机制主要有 α-磷酸甘油穿梭(α-glycerophosphate shuttle)和苹果酸-天冬氨酸穿梭(malate-aspartate shuttle)。

（一）α-磷酸甘油穿梭

α-磷酸甘油穿梭作用主要存在于脑和骨骼肌中。如图 6-12 所示,线粒体外的 NADH 在胞质中 α-磷酸甘油脱氢酶催化下,使磷酸二羟丙酮还原成 α-磷酸甘油,后者通过线粒体外膜,再经位于线粒体内膜近胞质侧的以 FAD 为辅基的 α-磷酸甘油脱氢酶催化下,氧化生成磷酸二羟丙酮和 FADH$_2$。磷酸二羟丙酮可穿出线粒体外膜至胞浆,继续进行穿梭,而 FADH$_2$ 则进入琥珀酸氧化呼吸链,生成 1.5 分子 ATP。

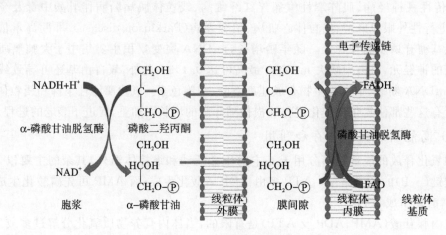

图 6-12　α-磷酸甘油穿梭

（二）苹果酸-天冬氨酸穿梭

苹果酸-天冬氨酸穿梭主要存在于肝和心肌中。如图 6-13 所示,胞质中的 NADH 在苹果酸脱氢酶的作用下,使草酰乙酸还原成苹果酸,后者通过线粒体内膜上的 α-酮戊二酸转运蛋白进入线粒体,又在线粒体内苹果酸脱氢酶的作用下重新生成草酰乙酸和 NADH,生成的 NADH 进入 NADH 氧化呼吸链,生成 2.5 分子 ATP。线粒体内生成的草酰乙酸经天冬氨酸转氨酶的作用生成天冬氨酸,后者经酸性氨基酸转运蛋白转运出线粒体再转变成草酰乙酸,继续进行穿梭。

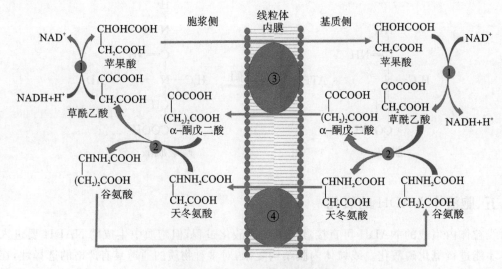

图 6-13　苹果酸-天冬氨酸穿梭

注:①苹果酸脱氢酶;②天冬氨酸转氨酶;③α-酮戊二酸转运蛋白;④酸性氨基酸转运蛋白。

第三节 非线粒体氧化体系

生物氧化过程的脱氢酶多数是不需氧脱氢酶，以辅酶（基）作为直接受氢体，不直接需要氧；体内其他氧化体系中的氧化过程需要需氧脱氢酶或氧化酶的参与，脱下的氢直接以氧为受氢体，这些酶主要存在于微粒体和过氧化物体中。

一、微粒体的氧化体系

（一）加单氧酶

加单氧酶（monooxygenase）催化氧分子中一个氧原子加到底物分子上（羟化），另一个氧原子被氢（来自 $NADPH+H^+$）还原成水，故又称混合功能氧化酶（mixed-function oxidase）或羟化酶（hydroxylase），其反应式如下：

$$RH + NADPH+H^+ + O_2 \rightarrow ROH + NADP^+ + H_2O$$

上述反应需要细胞色素 P450（cytochrome P450，Cyt P450）的参与。Cyt P450 属于 Cyt b 类，与 CO 结合后在波长 450 nm 处出现最大吸收峰。Cyt P450 在生物中分布广泛，哺乳类动物 Cyt P450 分属 10 个基因家族。人 Cyt P450 有 100 多种同工酶，对被羟化的底物各有其特异性。此酶在肝和肾上腺的微粒体中含量最多，参与类固醇激素、胆汁酸及胆色素等的生成，以及药物、毒物的生物转化过程。连接 NADPH 与 Cyt P450 的是 NADPH-Cyt P450 还原酶。NADPH 首先将电子交给该酶中的黄素蛋白，黄素蛋白再将电子传递给以 Fe-S 为辅基的铁氧还蛋白。与底物结合的氧化型 Cyt P450 接受铁氧还蛋白的 1 个电子（e^-）后，与 O_2 结合形成 $RH \cdot P450 \cdot Fe^{3+} \cdot O_2^-$，再接受铁氧还蛋白的第 2 个电子（$e^-$），使氧活化形成 O_2^{2-}。此时 1 个氧原子使底物（RH）羟化（R—OH），另 1 个氧原子与来自 NADPH 的质子结合生成 H_2O（图 6-14）。

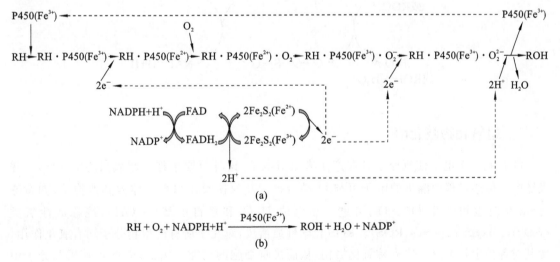

图 6-14 加单氧酶反应

（二）加双氧酶

此酶催化氧分子中的 2 个氧原子加到底物中带双键的 2 个碳原子上，如色氨酸吡咯酶可使色氨酸氧化成甲酰犬尿酸原。

NOTE

色氨酸 $\xrightarrow{(O_2)}$ 甲酰犬尿酸原

色氨酸　　　　　　　　　　　　　　　　　　　甲酰犬尿酸原

二、过氧化物酶体氧化体系

(一) 过氧化氢酶

过氧化氢酶(catalase)又称触酶,其辅基含有 4 个血红素,催化反应如下:

$$2H_2O_2 \rightarrow 2H_2O + O_2$$

在粒细胞和吞噬细胞中,H_2O_2 可氧化杀死入侵的细菌;甲状腺细胞中产生的 H_2O_2 可使 $2I^-$ 氧化为 I_2,进而使酪氨酸碘化生成甲状腺激素。

(二) 过氧化物酶

过氧化物酶(peroxydase)以血红素为辅基,催化 H_2O_2 直接氧化酚类或胺类化合物,反应如下:

$$R + H_2O_2 \rightarrow RO + H_2O \text{ 或 } RH_2 + H_2O_2 \rightarrow R + 2H_2O$$

临床上判断粪便中有无隐血时,就是利用白细胞中含有过氧化物酶的活性,能将联苯胺氧化成蓝色化合物。

体内还存在一种含硒的谷胱甘肽过氧化物酶,可使 H_2O_2 或过氧化物(ROOH)与还原型谷胱甘肽(G-SH)反应,生成氧化型谷胱甘肽,再由 NADPH 供氢使氧化型谷胱甘肽重新被还原。此类酶具有保护生物膜及血红蛋白免遭损伤的作用。

H_2O_2 或ROOH　　2G—SH　　　　NADP$^+$

H_2O 或ROH + H_2O　　G—S—S—G　　　NADPH+H$^+$

三、超氧化物歧化酶

O_2 得到一个电子使氧原子外层产生未成对电子,这种氧原子称为超氧阴离子(O_2^-)。呼吸链电子传递过程中漏出的电子可与 O_2 结合产生超氧阴离子(O_2^-),体内其他物质(如黄嘌呤)氧化时也可产生 O_2^-。O_2^- 可进一步生成 H_2O_2 和羟自由基($\cdot$OH),统称活性氧类(reactive oxygen species,ROS)。ROS 化学性质活泼,对几乎所有的生物分子均有氧化作用,尤其对各种生物大分子造成易氧化损伤,从而影响细胞的功能。例如,ROS 可使磷脂分子中不饱和脂肪酸氧化生成过氧化脂质,使生物膜受到损伤;过氧化脂质还可与蛋白质结合形成化合物,累积成棕褐色的色素颗粒,称为脂褐素,脂褐素与组织老化有关。

超氧化物歧化酶(superoxide dismutase,SOD)可催化 1 分子 O_2^- 氧化生成 O_2,另一分子 O_2^- 还原生成 H_2O_2。

 NOTE

$$2O_2^- + 2H \xrightarrow{SOD} H_2O_2 + O_2$$

在真核细胞胞液中的 SOD,以 Cu^{2+}、Zn^{2+} 为辅基,称为 CuZn-SOD;线粒体内的 SOD,以 Mn^{2+} 为辅基,称为 Mn-SOD。生成的 H_2O_2 可被活性极强的过氧化氢酶分解。SOD 是人体防御内、外环境中超氧阴离子损伤的重要酶。

本章小结

生物氧化	学习要点
概念	生物氧化,呼吸链、氧化磷酸化,高能化合物、呼吸链抑制剂、P/O 的值
功能	递氢体,递电子体,NAD^+、FMN、FAD、铁硫蛋白、泛醌、细胞色素、解偶联剂、ATP 合酶、单加氧酶、双加氧酶、过氧化氢酶、超氧化物歧化酶
原理	ATP 生成方式,α-磷酸甘油穿梭、苹果酸-天冬氨酸穿梭、呼吸链排列顺序、化学渗透学说、呼吸链影响因素

目标检测

一、填空题

1. 在 NADH 氧化呼吸链中,氧化磷酸化偶联部位分别是_____、_____、_____,此三处释放的能量均超过_____ kJ/mol。

2. 呼吸链中未参与形成复合体的两种游离成分是_____和_____。

3. 微粒体中的氧化酶类主要有_____和_____。

4. 细胞内 ATP 的生成方式有_____、_____。主要方式是_____。

二、判断题

1. 生物氧化是体内能量的主要来源。 （　　）

2. 呼吸链的各种酶主要分布在线粒体内外膜间腔。 （　　）

3. 在肝细胞线粒体内两种呼吸链可以产生相同数量的 ATP。 （　　）

4. 细胞色素既是递电子体,也是递氢体。 （　　）

5. 辅酶 Q 既是复合体 I 的组成成分,也是复合体 II 的组成成分。 （　　）

三、问答题

1. 试比较生物氧化与体外物质氧化的异同。

2. 请描述 NADH 呼吸链和琥珀酸呼吸链的组成、排列顺序及氧化磷酸化的偶联部位。

3. 试简述氧化磷酸化的机制。

4. 当肝线粒体氧化磷酸化所需的各种底物充分时分别加入:①鱼藤酮,②抗霉素 A。试描述线粒体内 NAD^+、NADH 脱氢酶、CoQ、Cytb、Cytc、Cyta 的氧化还原状态。

5. 试述影响氧化磷酸化的因素。

(李存保)

目标检测
解析

在线答题

NOTE

本章PPT

案例导入
解析

第七章 糖 代 谢

学习目标

1. 掌握糖无氧氧化及糖有氧氧化的反应过程、反应部位、关键酶、ATP的生成和生理意义；磷酸戊糖途径的关键酶和生理意义；糖原合成与分解的反应过程、关键酶和生理意义；糖异生的反应过程、反应部位、关键酶和生理意义；血糖的正常值、来源、去路和生理意义。

2. 熟悉糖的生理功能；激素对血糖浓度的调节。

3. 了解糖的概念、分类；糖的消化吸收；高血糖、低血糖与糖尿病。

代谢是指物质在生物体内发生的化学反应，机体在物质代谢过程中伴随发生能量代谢，以供生命活动需要。糖是为机体提供能量最重要的一类物质，食物中的糖类以淀粉为主，在机体内被消化为葡萄糖吸收入血。葡萄糖进入组织细胞内发生一系列复杂的化学反应，可以进行分解代谢释放能量，也可以进行合成代谢合成糖原储存，还可以向非糖物质进行转变，如合成脂肪、乳酸和非必需氨基酸等；另外，一些非糖物质（如乳酸、甘油和生糖氨基酸等）也可以转变为葡萄糖。本章重点介绍的是葡萄糖在体内的代谢。

案例导入

患者，男，45岁。一个月前反复出现口干、多饮、尿量增多并有饥饿感，其未加以重视，也未进行治疗。近一周以来，上述症状出现加重，并且伴有嗜睡、四肢乏力和体重下降的症状。患者遂前往医院就诊，通过门诊检查，患者空腹血糖16.8 mmol/L，餐后2 h血糖28.6 mmol/L，尿糖（＋＋＋），酮体（＋＋），肝功能、肾功能未见异常。

1. 患者的临床诊断是什么？
2. 诊断依据是什么？
3. 出现此疾病相应临床表现的生物化学机制是什么？

第一节 概 述

糖是自然界分布极为广泛、含量极为丰富的一大类有机化合物。植物的根、茎、叶、果实和种子中含有大量的糖类物质；动物血液中含有葡萄糖，肝脏、肌肉中含有糖原，乳汁中含有乳糖等；生物体的遗传物质中包含核糖或脱氧核糖。糖是机体的主要营养物质，也可以转化为多种非糖物质，同时也可以与蛋白质、脂类等物质组成复合糖，具有多种重要的生物学功能。

一、糖的概念

糖类是多羟基醛或多羟基酮及其缩聚物和衍生物，主要由C、H、O三种元素组成。多数

NOTE

糖类化合物可用通式 $C_n(H_2O)_m$ 来表示,所以通常也被称为碳水化合物(carbohydrates)。但"碳水化合物"这个名称并不十分准确,因为有些化合物是糖,但其元素组成并不符合这一通式,如脱氧核糖($C_5H_{10}O_4$);而有些元素组成符合此通式的化合物并不是糖,如乳酸($C_3H_6O_3$)。

二、糖的分类

根据能否水解及水解生成的产物,糖类可分为单糖、寡糖和多糖。

1. 单糖 单糖(monosaccharides)是多羟基醛或多羟基酮及其衍生物,是最简单的糖,不能再进一步水解成更简单产物的糖单位。根据糖分子中碳原子的数目,可将其分为丙糖、丁糖、戊糖、己糖等,它们的碳原子数目分别是 3、4、5 和 6 等;根据其结构中的官能团可将其分为醛糖和酮糖。自然界中常见的单糖主要有戊糖(核糖、2-脱氧核糖)和己糖(葡萄糖、果糖、半乳糖等)。

2. 寡糖 寡糖(oligosaccharides)也称为低聚糖,由 2～10 个单糖分子缩合并通过糖苷键连接形成的化合物。最常见的寡糖是二糖,由两分子单糖组成,是最简单的寡糖,如麦芽糖、蔗糖和乳糖等。

3. 多糖 多糖(polysaccharides)是由 10 个以上的单糖分子通过糖苷键相连构成的高分子化合物,根据其单糖分子的组成可以将多糖分为均多糖和杂多糖。由同一种单糖分子缩合而成的多糖称为均多糖,如淀粉、糖原和纤维素等;由两种及两种以上单糖或单糖衍生物构成的多糖称为杂多糖,如透明质酸、硫酸软骨素和肝素等。

另外,细胞中还含有不同种类的由糖与蛋白质共价结合形成的糖蛋白(glycoprotein)和蛋白聚糖(proteoglycan),它们可以分布于细胞的外表面、细胞内的分泌颗粒及细胞核,也可以分泌出细胞,构成细胞外基质成分。糖蛋白和蛋白聚糖都是由蛋白质和糖两部分组成的复合物,但一般就其结构来讲,糖蛋白分子中的蛋白质含量大于糖;而蛋白聚糖中则是糖链的含量较大,通常在一半以上,有的甚至高达 95%。两者的糖链结构也大不相同,因此,糖蛋白和蛋白聚糖在功能上也表现出较大的差异。

三、糖的生理功能

糖在体内具有多种生理功能,具体表现为以下几种生理功能。

1. 供能物质 糖类是生物体生命活动的主要能量来源,人体每日所需能量的 50%～70% 由糖提供。在体内作为供能物质的糖主要有糖原和葡萄糖。糖原是葡萄糖的储存形式,葡萄糖是糖的运输和利用形式。葡萄糖也是神经组织、睾丸、肾髓质、胚胎组织等组织的主要供能物质,甚至是某些细胞(如红细胞)的唯一供能物质。

2. 结构成分 糖可以与脂类、蛋白质等物质结合形成糖复合物,参与组成机体某些组织的结构成分。如不溶性多糖是动物结缔组织及细菌和植物细胞壁的结构成分,糖蛋白和糖脂是神经组织细胞膜的组成成分,蛋白聚糖构成结缔组织的基质。

3. 合成原料 糖可以作为碳源,为体内脂肪酸、氨基酸、核苷酸、辅助因子(辅酶 A、FAD 和 NAD^+)等的合成提供原料。

4. 其他作用 一些复合糖可参与细胞之间的相互识别和粘连过程;一些糖蛋白可以作为激素、细胞因子、生长因子或受体参与细胞信号转导和机体代谢调节过程;糖与蛋白质结合,可参与蛋白质的靶向转运,帮助蛋白质到达发挥功能的场所,如溶酶体内的酶的标记 M-6-P(6-磷酸甘露糖)可以协助蛋白质从高尔基体转运到溶酶体;多糖还与细胞的抗原性以及细胞凝集反应等有关。

NOTE

第二节 糖的消化与吸收

一、糖的消化

糖类是除水之外人体摄入最多的营养物质。食物中可以被人体消化利用的糖类主要有植物的淀粉、寡糖(麦芽糖、蔗糖、乳糖等)、单糖(果糖、葡萄糖等)和少量动物糖原,一般以淀粉为主。不同来源的消化酶(如唾液和胰液中的 α-淀粉酶)在消化道的不同部位催化糖类水解,将多糖水解生成寡糖,寡糖水解生成单糖(表 7-1)。食物中还含有纤维素,人体内不含可以消化纤维素 β-1,4-糖苷键的 β-葡萄糖苷酶,所以不能分解利用纤维素,但纤维素可以刺激胃肠蠕动,防止便秘,同时纤维素可以加速食物中有害物质的清除,有利于身体健康。

表 7-1 糖的消化

消化场所	酶	来源	底物	产物
口腔	唾液 α-淀粉酶	唾液腺	淀粉、糖原	麦芽糖、异麦芽糖、麦芽三糖、α-极限糊精
小肠	胰液 α-淀粉酶	胰腺	淀粉、糖原、糊精	麦芽糖、麦芽寡糖、α-极限糊精
	麦芽糖酶	小肠黏膜上皮细胞刷状缘	麦芽糖、麦芽三糖	葡萄糖
	α-糊精酶	小肠黏膜上皮细胞刷状缘	α-糊精	葡萄糖
	蔗糖 α-糖苷酶(蔗糖酶)	小肠黏膜上皮细胞刷状缘	蔗糖	葡萄糖、果糖
	乳糖酶	小肠黏膜上皮细胞刷状缘	乳糖	葡萄糖、半乳糖

1. 口腔 淀粉的消化从口腔开始,口腔内含有唾液 α-淀粉酶(α-amylase),可水解淀粉分子中的 α-1,4-糖苷键,生成麦芽糖和糊精等,唾液 α-淀粉酶的最适 pH 值为 5.6～6.9,Cl^- 为其非必需激活剂,Cl^- 的存在可使唾液 α-淀粉酶的活性增强。由于食物在口腔内停留的时间较短,淀粉在口腔中的消化程度有限。

2. 胃 胃黏膜细胞不分泌水解糖类的酶,但是进食可以刺激胃酸分泌,唾液 α-淀粉酶随食糜进入胃内遇胃酸将变性失活,因此糖在胃内不能进行消化。

3. 小肠 小肠是糖类的主要消化场所。当食糜进入十二指肠后,胃酸在肠道被中和,淀粉和糊精被胰腺分泌的 α-淀粉酶(最适 pH 值为 6.7～7.0)水解生成麦芽糖、麦芽寡糖、α-极限糊精(是 α-淀粉酶水解淀粉得到的降解产物,含 4～9 个葡萄糖残基)等寡糖;寡糖在小肠黏膜上皮细胞刷状缘上相应酶的作用下进一步水解成单糖(表 7-1)。小肠黏膜上皮细胞刷状缘还存在蔗糖酶和乳糖酶等,分别能够水解蔗糖和乳糖。

二、糖的吸收

食物中的糖类需消化成单糖后在小肠上段(十二指肠和空肠)被黏膜上皮细胞吸收,先经门静脉进入肝脏,再经由肝静脉进入血液循环,随血液转运到全身各组织处供组织氧化利用。所有的单糖都可以被吸收,但由于其吸收机制不同,因此导致单糖的吸收速率各不相同。各种单糖的相对吸收率如下:

D-半乳糖＞D-葡萄糖＞D-果糖＞D-甘露糖

知识拓展 7-1

　　小肠黏膜上皮细胞采用继发性主动转运的方式吸收葡萄糖和半乳糖,吸收过程中依赖于特定的载体,同时伴有 Na^+ 的同向转运,这类被称为 Na^+ 依赖型的葡萄糖转运蛋白主要存在于小肠黏膜上皮细胞和肾小管上皮细胞中。具体过程为:①葡萄糖经转运蛋白转运进入小肠黏膜上皮细胞,伴随 Na^+ 的同向转运。②在小肠黏膜上皮细胞基底侧膜上,由 ATP 水解提供能量,Na^+,K^+-ATP 泵将 Na^+ 泵出,以维系 Na^+ 的电化学梯度。③细胞内的葡萄糖通过易化扩散的方式出细胞,进入血液(图 7-1)。进入血液后的葡萄糖,首先需要进入各组织细胞,这一过程由葡萄糖转运蛋白 2(GLUT2)介导。

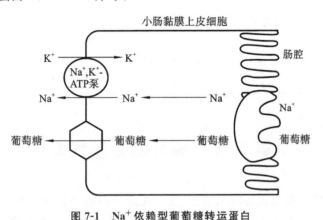

图 7-1　Na^+ 依赖型葡萄糖转运蛋白

三、糖代谢概况

　　葡萄糖吸收入血后,随血液循环到达机体各组织部位,通过葡萄糖转运蛋白 2 进入细胞内进行代谢。代谢过程包括一系列化学反应,大致可分为分解代谢途径和合成代谢途径两大类(图 7-2,表 7-2)。葡萄糖在不同类型细胞中的代谢途径有所不同,代谢途径之间可通过共同的中间产物相互联系,形成复杂的代谢网络(metabolic network)。

【药考提示】葡萄糖、二磷酸果糖钠的适应证、注意事项、用法用量和常用的剂型及规格。

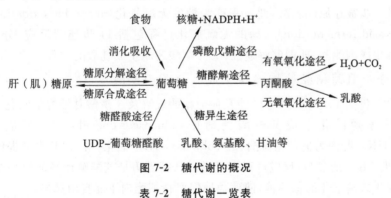

图 7-2　糖代谢的概况

表 7-2　糖代谢一览表

分　　类	代谢途径	反应物	产物	主要生理意义
分解代谢途径	糖的无氧氧化途径	葡萄糖	乳酸、ATP	无氧供能,提供合成原料
	糖的有氧氧化途径	葡萄糖	CO_2、H_2O、ATP	有氧供能,提供合成原料
	磷酸戊糖途径	葡萄糖	核糖、NADPH	提供合成原料,生物转化

续表

分　类	代谢途径	反　应　物	产　物	主要生理意义
	糖醛酸途径	葡萄糖	UDP-葡糖醛酸	提供合成原料生物转化
	糖原分解途径	糖原	葡萄糖	维持血糖，分解释放能量
合成代谢途径	糖原合成途径	葡萄糖	糖原	储存营养，维持血糖
	糖异生途径	乳酸、氨基酸、甘油等	葡萄糖	维持血糖，营养转化

第三节　葡萄糖分解代谢

血液中的葡萄糖首先进入各组织细胞，然后在细胞内进行分解代谢。葡萄糖的分解代谢途径主要包括糖的无氧氧化途径、有氧氧化途径、磷酸戊糖途径和糖醛酸途径，根据细胞内供氧状态及生理状况的不同而进入不同的代谢途径进行分解转化，为机体生命活动提供能量和合成原料。

一、糖的无氧氧化途径

葡萄糖在各组织细胞胞质中经一系列酶促反应裂解生成丙酮酸的过程称为糖酵解（glycolysis），在此过程中可合成少量 ATP 供生命活动的需要。当缺氧或供氧不足时，丙酮酸在细胞质中进一步被还原成乳酸，此过程称为糖的无氧氧化（anaerobic oxidation），也称为乳酸发酵（lactic acid fermentation）。糖的无氧氧化过程包括 11 步连续反应，分为两个阶段：①葡萄糖分解生成丙酮酸，即糖酵解途径；②丙酮酸还原生成乳酸的过程。

（一）1 分子葡萄糖经过糖酵解生成 2 分子丙酮酸

糖酵解途径包括 10 步反应，主要涉及葡萄糖的裂解及 3-磷酸甘油醛的氧化转变。

（1）葡萄糖磷酸化生成 6-磷酸葡萄糖（glucose-6-phosphate）。反应由己糖激酶（hexokinase，HK）[肝内为葡萄糖激酶（glucokinase，GK）]催化，由 ATP 水解提供能量和 γ-磷酸基，同时需要 Mg^{2+} 的参与，反应过程不可逆。己糖激酶是糖酵解途径的第一个关键酶和调节位点。反应生成磷酸化的葡萄糖，使葡萄糖保留在细胞内不能自由逸出。

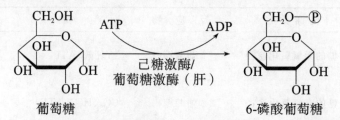

（2）6-磷酸葡萄糖异构成 6-磷酸果糖（fructose-6-phosphate）。反应由磷酸己糖异构酶（phosphohexose isomerase）催化，同时也需要 Mg^{2+} 的参与，反应过程可逆。

6-磷酸葡萄糖   磷酸己糖异构酶   **6-磷酸果糖**

（3）6-磷酸果糖磷酸化生成 1,6-二磷酸果糖（fructose 1,6-bisphosphate）。反应由 6-磷酸果糖激酶-1（6-phosphofructokinase 1，PFK1）催化，由 ATP 提供能量和 γ-磷酸基，同时需要 Mg^{2+} 的参与。此反应为第二个消耗 ATP 的不可逆反应。6-磷酸果糖激酶-1 是糖酵解途径的第二个关键酶和调节位点。

6-磷酸果糖   ATP   ADP   6-磷酸果糖激酶-1   **1,6-二磷酸果糖**

（4）1,6-二磷酸果糖裂解生成磷酸二羟丙酮（dihydroxyacetone phosphate）和 3-磷酸甘油醛（glyceraldehyde 3-phosphate）。该过程是由醛缩酶（aldolase）催化的可逆反应。

1,6-二磷酸果糖   醛缩酶   **磷酸二羟丙酮**   **3-磷酸甘油醛**

（5）磷酸二羟丙酮异构生成 3-磷酸甘油醛。反应是由磷酸丙糖异构酶（triose phosphate isomerase）催化的可逆反应。磷酸二羟丙酮和 3-磷酸甘油醛是同分异构体，生成的 3-磷酸甘油醛可进入糖酵解途径继续后续的反应，因此，反应趋向于磷酸二羟丙酮生成 3-磷酸甘油醛的代谢方向。磷酸二羟丙酮可加氢还原生成 3-磷酸甘油，进一步合成脂肪。

磷酸二羟丙酮   磷酸丙糖异构酶   **3-磷酸甘油醛**

（6）3-磷酸甘油醛氧化生成 1,3-二磷酸甘油酸（1,3-bisphosphoglycerate）。反应由 3-磷酸甘油醛脱氢酶（glyceraldehyde-3-phosphate dehydrogenase）催化，3-磷酸甘油醛的醛基脱氢氧化同时磷酸化生成含有高能磷酸键的 1,3-二磷酸甘油酸，反应由无机磷酸参与，不消耗 ATP。反应脱下的氢和电子被 NAD^+ 接受还原成 NADH，这是糖酵解途径唯一的一步脱氢反应，它可为缺氧状态下的丙酮酸还原成乳酸提供氢。

3-磷酸甘油醛 NAD^+ Pi $NADH+H^+$ 3-磷酸甘油醛脱氢酶   **1,3-二磷酸甘油酸**

(7) 1,3-二磷酸甘油酸生成 3-磷酸甘油酸(3-phosphoglycerate)。1,3-二磷酸甘油酸通过底物水平磷酸化(详见《生物氧化》章)反应将高能磷酸基团转移给 ADP,生成 ATP 和 3-磷酸甘油酸,反应由磷酸甘油酸激酶(phosphoglycerate kinase)催化,同时需要 Mg^{2+} 的参与。此反应为糖酵解途径第一次产生 ATP 的反应,反应过程可逆,逆反应过程需消耗 ATP。

$$
\begin{array}{ccc}
O=C-O\sim P & ADP \quad\quad ATP & COOH \\
HC-OH & \xrightarrow{\text{磷酸甘油酸激酶}} & HC-OH \\
CH_2O-P & & CH_2O-P \\
\text{1,3-二磷酸甘油酸} & & \text{3-磷酸甘油酸}
\end{array}
$$

(8) 3-磷酸甘油酸异构生成 2-磷酸甘油酸(2-phosphoglycerate)。反应由磷酸甘油酸变位酶(phosphoglycerate mutase)催化,使磷酸基团由 C3 转移到 C2,同时需要 Mg^{2+} 的参与,反应过程可逆。

$$
\begin{array}{ccc}
COOH & & COOH \\
HC-OH & \xrightarrow{\text{磷酸甘油酸变位酶}} & HC-O-P \\
CH_2O-P & & CH_2OH \\
\text{3-磷酸甘油酸} & & \text{2-磷酸甘油酸}
\end{array}
$$

(9) 2-磷酸甘油酸脱水生成磷酸烯醇式丙酮酸(phosphoenolpyruvate,PEP)。反应由烯醇化酶(enolase)催化,同时需要 Mg^{2+} 的参与。生成的磷酸烯醇式丙酮酸含有一个高能磷酸基,这为下一步能量产生做好了准备。

$$
\begin{array}{ccc}
COOH & & COOH \\
HC-O-P & \xrightarrow{\text{烯醇化酶}} & C-O\sim P \\
CH_2OH & & CH_2 \\
\text{2-磷酸甘油酸} & & \text{磷酸烯醇式丙酮酸}
\end{array}
$$

(10) 磷酸烯醇式丙酮酸生成丙酮酸。磷酸烯醇式丙酮酸的高能磷酸基团转移给 ADP,生成 ATP 和丙酮酸(pyruvate),反应由丙酮酸激酶(pyruvate kinase)催化,同时需要 K^+ 和 Mg^{2+} 的参与,此反应为糖酵解过程第二次底物水平磷酸化,反应不可逆。丙酮酸激酶是糖酵解途径的第三个关键酶和调节位点。

$$
\begin{array}{ccc}
COOH & ADP \quad\quad ATP & COOH \\
C-O\sim P & \xrightarrow{\text{丙酮酸激酶}} & C=O \\
CH_2 & & CH_3 \\
\text{磷酸烯醇式丙酮酸} & & \text{丙酮酸}
\end{array}
$$

(二) 丙酮酸被还原为乳酸

$$
\begin{array}{ccc}
COOH & NADH+H^+ \quad\quad NAD^+ & COOH \\
C=O & \xrightarrow{\text{乳酸脱氢酶}} & HC-OH \\
CH_3 & & CH_3 \\
\text{丙酮酸} & & \text{乳酸}
\end{array}
$$

在缺氧或供氧不足时,丙酮酸接受 NADH 提供的氢被还原生成乳酸(L-lactate),NADH 转化成 NAD^+,反应由乳酸脱氢酶(lactate dehydrogenase,LDH)催化,反应可逆。丙酮酸接受 NADH 的氢使 NAD$^+$ 再生,NAD$^+$ 作为辅助因子继续参与 3-磷酸甘油醛脱氢,糖酵解途径得以持续进行。当氧气供应充足时,乳酸脱氢重新生成丙酮酸,脱下的氢交给 NAD$^+$ 生成 NADH,NADH 可通过穿梭机制把氢送入呼吸链进行氧化磷酸化。

（三）糖无氧氧化的生理意义

（1）糖无氧氧化是机体在相对缺氧或供氧不足时补充能量的一种主要方式。生物体在剧烈运动时需要大量能量,但肌细胞内 ATP 的含量很低,肌肉收缩几秒即可耗尽。ATP 的消耗促进糖的有氧氧化,需要大量供氧。机体通过提高呼吸频率和血液循环速度来加快氧气供应,但仍然不能满足代谢需要,因而骨骼肌处于相对缺氧状态,于是糖无氧氧化速度加快,以满足能量需求。人从平原初到高原时,组织细胞也会通过糖无氧氧化来适应高原缺氧状态。

（2）某些组织在有氧时也通过糖无氧氧化获得能量。成熟红细胞不含线粒体,无法进行糖的有氧氧化,只能通过糖无氧氧化获得能量。某些特定的组织细胞,如皮肤、睾丸、视网膜、骨髓、大脑和其他神经组织等,即使在氧气供应充足也要进行糖无氧氧化以获得部分能量。

（3）糖酵解的中间产物可以作为其他物质的合成原料。①磷酸二羟丙酮可以用来合成 3-磷酸甘油。②3-磷酸甘油酸可以为甘氨酸、丝氨酸和半胱氨酸的合成提供原料。③丙酮酸可以作为丙氨酸和草酰乙酸的合成原料。

（4）某些病理情况可能导致乳酸堆积。例如严重贫血、大量失血、肺或心血管疾病、呼吸或循环障碍等因素致使氧气供给不足时,使糖无氧氧化过程增强甚至过度,造成乳酸生成量增加而发生代谢性酸中毒。此外,恶性肿瘤细胞通过糖酵解途径消耗大量葡萄糖。

（四）糖无氧氧化的调节

糖无氧氧化的调节主要是调节糖酵解过程,而在糖酵解的 10 步反应中,关键酶是分别催化不可逆反应的己糖激酶（葡萄糖激酶）、6-磷酸果糖激酶-1 和丙酮酸激酶,它们分别受变构效应剂和激素的调节。糖无氧氧化是体内葡萄糖分解供能的重要途径之一,对于某些组织,尤其是骨骼肌,主要通过上述关键酶的调控以满足其对能量的需求（表 7-3）。

表 7-3 糖无氧氧化调节

酶	变构激活剂	变构抑制剂
己糖激酶		6-磷酸葡萄糖
6-磷酸果糖激酶-1	2,6-二磷酸果糖、AMP、ADP	ATP、柠檬酸
丙酮酸激酶	1,6-二磷酸果糖	ATP、乙酰辅酶 A、长链脂肪酸、丙氨酸

1. 己糖激酶和葡萄糖激酶 二者在不同组织催化葡萄糖的磷酸化反应,其中己糖激酶活性受 6-磷酸葡萄糖的反馈抑制。己糖激酶广泛存在于各种组织细胞（特别是肌细胞、脑细胞）内,具有相对特异性；葡萄糖激酶又称己糖激酶Ⅳ,是己糖激酶的同工酶,仅存在于肝细胞和胰腺 β 细胞内,具有绝对特异性,胰岛素可以调节肝细胞葡萄糖激酶的基因表达。

2. 6-磷酸果糖激酶-1 用于催化糖酵解的第三步反应,是糖酵解过程中最重要的关键酶,其活性受 ATP 和柠檬酸变构抑制,受 AMP、ADP 和 2,6-二磷酸果糖变构激活。其中,2,6-二磷酸果糖是磷酸果糖激酶-1 最重要的变构激活剂。

3. 丙酮酸激酶 为一组四聚体同工酶,包括 L 型和 M 型,催化糖酵解的第十步反应,是糖无氧氧化的第二重要的关键酶,可以被高浓度的 ATP、乙酰辅酶 A、长链脂肪酸和丙氨酸变构抑制；受 1,6-二磷酸果糖变构激活,其酶活性增强使糖酵解过程顺利进行。

二、糖的有氧氧化途径

糖的有氧氧化途径（aerobic oxidation）是指氧气供应充足时,葡萄糖在细胞质中分解生成

NOTE

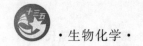

的丙酮酸进入线粒体,彻底氧化成二氧化碳和水,并释放大量能量供生命活动需要的过程。糖的有氧氧化途径是葡萄糖分解供能的主要途径,整个过程可以分为三个阶段:①葡萄糖在细胞质中氧化分解生成丙酮酸。②丙酮酸进入线粒体,氧化脱羧生成乙酰辅酶 A。③乙酰基经三羧酸循环彻底氧化生成 CO_2 和 H_2O,释出的还原当量通过氧化磷酸化推动合成 ATP。

(一)葡萄糖无氧酵解生成丙酮酸

有氧氧化途径的第一阶段与糖无氧氧化的第一阶段基本相同:

葡萄糖＋2NAD$^+$＋2Pi＋2ADP ⟶ 2 丙酮酸＋2NADH＋2H$^+$＋2ATP＋2H$_2$O

但生成的 2 分子 NADH＋H$^+$ 要通过特定的穿梭机制进入线粒体,通过呼吸链进行氧化磷酸化生成 ATP(具体内容详见《生物氧化》章)。

(二)丙酮酸氧化脱羧生成乙酰辅酶 A

在氧气供应充足的情况下,丙酮酸通过线粒体内膜上的转运蛋白进入线粒体,通过 α-氧化脱羧生成乙酰辅酶 A(乙酰 CoA),反应由丙酮酸脱氢酶复合体(pyruvate dehydrogenase complex)催化。

丙酮酸＋CoASH＋NAD$^+$ → 乙酰 CoA＋CO$_2$＋NADH＋H$^+$

这是连接糖酵解途径和三羧酸循环的关键性的中间环节,反应不可逆,催化反应的丙酮酸脱氢酶复合体由三种酶和五种辅助因子按照一定的比例构成,是一种复杂的多酶复合体,(表 7-4),催化效率较高(图 7-3),是糖有氧氧化途径的关键酶之一。

表 7-4 人体丙酮酸脱氢酶复合体组成

酶	符 号	数 目	辅 助 因 子
丙酮酸脱氢酶	E$_1$	20 或 30	TPP(焦磷酸硫胺素)
二氢硫辛酰胺转乙酰酶	E$_2$	60	硫辛酰胺(硫辛酸)、CoA(泛酸)
二氢硫辛酰胺脱氢酶	E$_3$	6	FAD(核黄素)、NAD$^+$(烟酰胺)

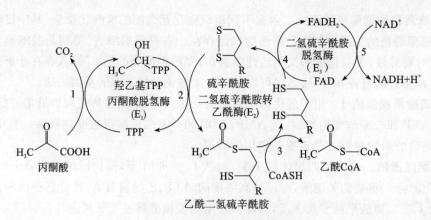

图 7-3 丙酮酸氧化脱羧过程

NOTE

（三）乙酰辅酶 A 进入三羧酸循环与氧化磷酸化

在线粒体内,乙酰辅酶 A 与草酰乙酸缩合生成柠檬酸,柠檬酸经过一系列酶促反应最终又重新生成草酰乙酸,形成一个循环。该循环生成的第一个化合物是柠檬酸,含有三个羧基,所以称为柠檬酸循环(citrate cycle)或三羧酸循环(tricarboxylic acid cycle)。该循环由 Krebs 最终阐明,因此该循环也称为 Krebs 循环。整个循环包括 8 步连续的反应。

（1）乙酰辅酶 A 与草酰乙酸(oxaloacetate)缩合生成柠檬酰辅酶 A,然后水解生成柠檬酸(citrate)和辅酶 A,反应由柠檬酸合酶(citrate synthase)催化。反应所需的能量由乙酰辅酶 A 的高能硫酯键水解提供,此反应为三羧酸循环的第一个单向不可逆反应。

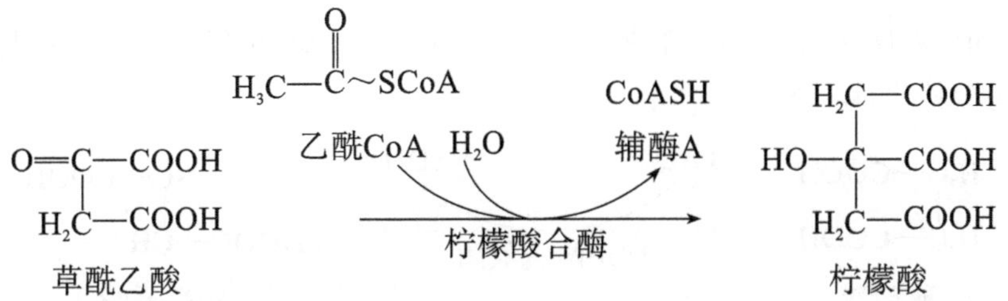

（2）柠檬酸脱水生成顺乌头酸（cis-aconitate）,顺乌头酸通过加水生成异柠檬酸(isocitrate),反应由顺乌头酸酶(aconitase)催化。

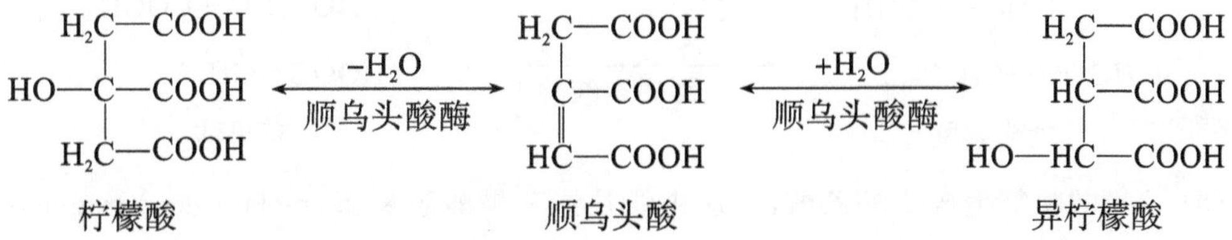

（3）异柠檬酸氧化脱羧生成 α-酮戊二酸（α-ketoglutarate）,属于 β-氧化脱羧反应,由异柠檬酸脱氢酶(isocitrate dehydrogenase)催化。此反应为三羧酸循环的第一次氧化脱羧反应,反应脱羧生成一分子 CO_2,脱下的氢交由 NAD^+ 携带,余下的碳骨架生成 α-酮戊二酸,此反应不可逆。

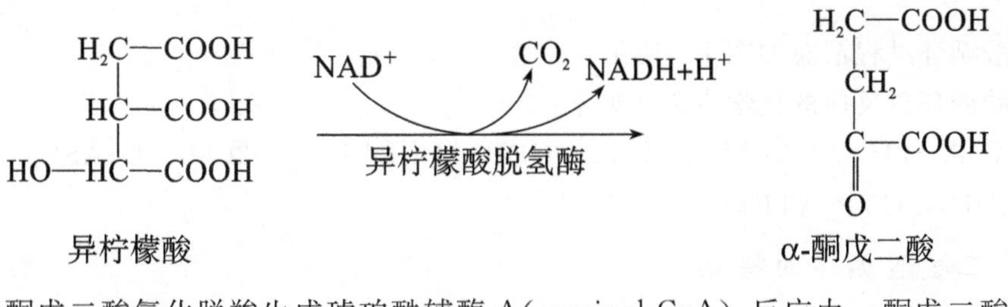

（4）α-酮戊二酸氧化脱羧生成琥珀酰辅酶 A(succinyl-CoA),反应由 α-酮戊二酸脱氢酶复合体(α-ketoglutarate dehydrogenase complex)催化。该酶由 α-酮戊二酸脱氢酶、二氢硫辛酰胺琥珀酰转移酶和二氢硫辛酰胺脱氢酶构成,也是一种复杂的多酶复合体,其所含的辅助因子及催化反应的机制都与丙酮酸脱氢酶复合体一致。此为三羧酸循环的第二次氧化脱羧反应,反应生成一分子 CO_2、一分子 $NADH+H^+$ 和一分子高能硫酯化合物,此反应不可逆。

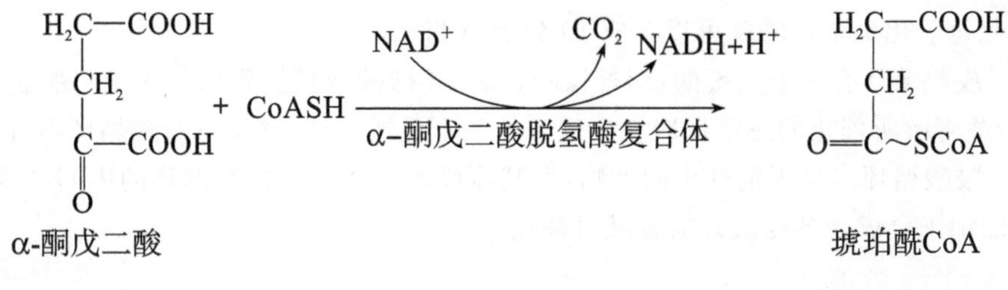

NOTE

111

（5）琥珀酰辅酶 A 生成琥珀酸（succinate），这步反应可直接生成高能磷酸化合物，是三羧酸循环中唯一的一步底物水平磷酸化反应，反应由琥珀酰 CoA 合成酶（也称琥珀酸硫激酶）催化。人体内有两种同工酶，两种酶组织分布不同，可分别以 GDP（或 ADP）为底物，催化生成 GTP（或 ATP）。

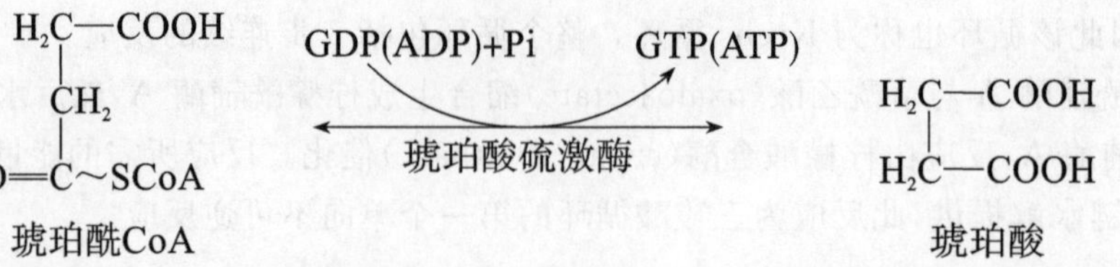

$$H_2C-COOH$$
$$|$$
$$CH_2$$
$$|$$
$$O=C\sim SCoA$$
琥珀酰CoA

$$GDP(ADP)+Pi \quad\quad GTP(ATP)$$
琥珀酸硫激酶

$$H_2C-COOH$$
$$|$$
$$H_2C-COOH$$
琥珀酸

（6）琥珀酸脱氢生成延胡索酸（fumarate），反应由琥珀酸脱氢酶（succinate dehydrogenase）催化，以 FAD 为辅基。

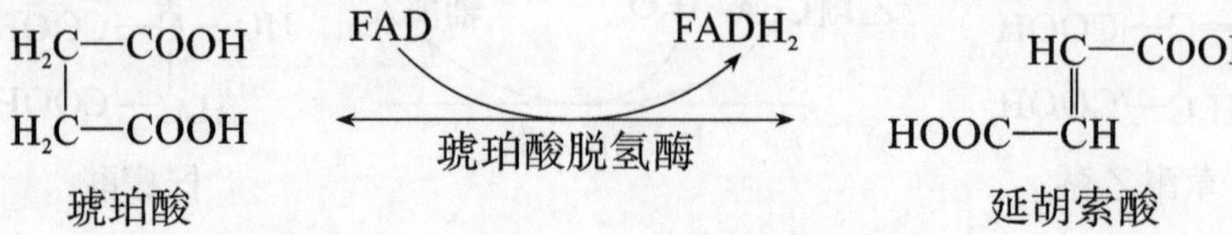

$$H_2C-COOH$$
$$|$$
$$H_2C-COOH$$
琥珀酸

$$FAD \quad\quad FADH_2$$
琥珀酸脱氢酶

$$HC-COOH$$
$$||$$
$$HOOC-CH$$
延胡索酸

（7）延胡索酸加水生成苹果酸（malate），反应由延胡索酸酶（fumarase）催化。

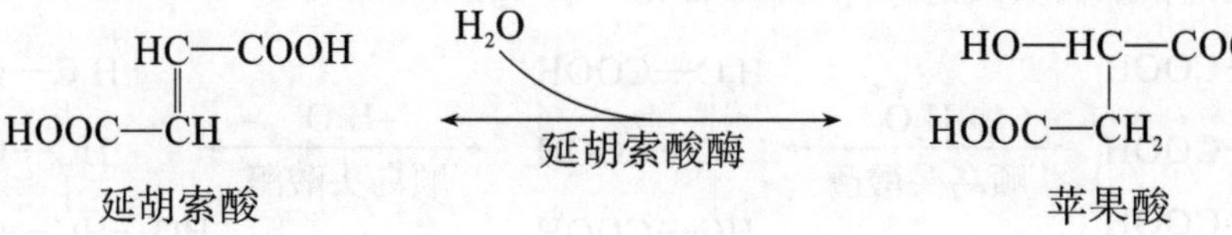

$$HC-COOH$$
$$||$$
$$HOOC-CH$$
延胡索酸

$$H_2O$$
延胡索酸酶

$$HO-HC-COOH$$
$$|$$
$$HOOC-CH_2$$
苹果酸

（8）苹果酸脱氢生成草酰乙酸，反应由线粒体苹果酸脱氢酶（malate dehydrogenase）催化，脱下的氢交由 NAD⁺ 接受，反应过程可逆。

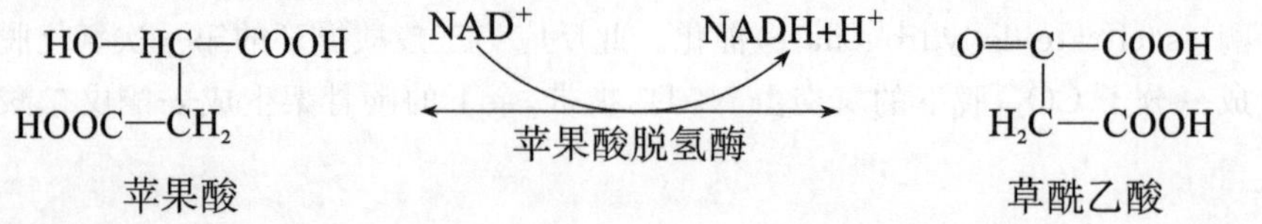

$$HO-HC-COOH$$
$$|$$
$$HOOC-CH_2$$
苹果酸

$$NAD^+ \quad\quad NADH+H^+$$
苹果酸脱氢酶

$$O=C-COOH$$
$$|$$
$$H_2C-COOH$$
草酰乙酸

三羧酸循环过程汇总如图 7-4 所示。

三羧酸循环总反应的化学方程式如下：

乙酰 CoA＋$2H_2O$＋$3NAD^+$＋FAD＋GDP(ADP)＋Pi ⟶ $2CO_2$＋CoASH＋3NADH＋$3H^+$＋$FADH_2$＋GTP(ATP)

（四）三羧酸循环的特点

三羧酸循环的反应特点主要表现为彻底氧化且整个循环不可逆。

（1）三羧酸循环每循环一次氧化 1 个乙酰基，通过两次脱羧反应生成 2 分子 CO_2，通过 4 次脱氢反应生成 4 对氢，其中 3 对交由 NAD^+ 传递，1 对由 FAD 传递。通过氧化磷酸化过程，3 分子 NADH 和 1 分子 $FADH_2$ 可以分别生成 7.5 和 1.5 分子 ATP，共计 9 分子 ATP。另外，三羧酸循环还可以通过底物水平磷酸化合成 1 分子 ATP（或 1 分子 GTP，相当于 1 分子 ATP），因此每氧化 1 个乙酰基可以合成 10 分子 ATP。

（2）三羧酸循环有三个关键酶，即柠檬酸合酶、异柠檬酸脱氢酶和 α-酮戊二酸脱氢酶复合体，因三个关键酶所催化的三步反应在生理条件下不可逆，所以整个三羧酸循环不可逆。

（3）三羧酸循环本身不消耗中间产物，但其他代谢会消耗三羧酸循环的中间产物（例如草酰乙酸可以用于合成天冬氨酸），需要及时补充。

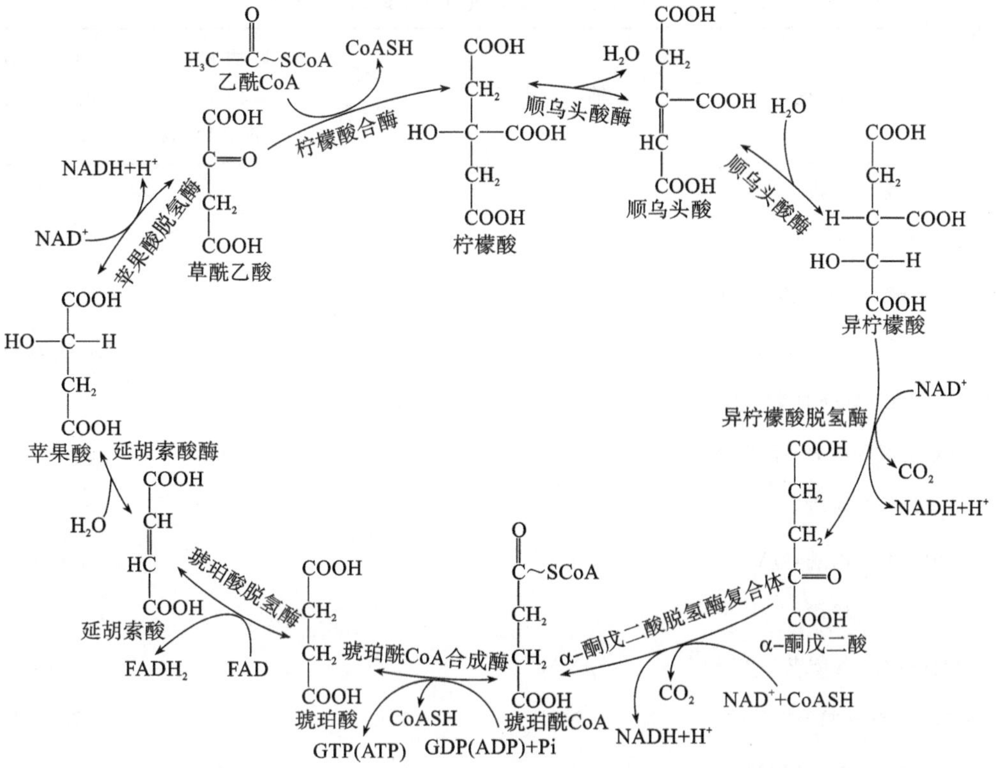

图 7-4　三羧酸循环

（4）三羧酸循环从草酰乙酸与乙酰 CoA 缩合反应开始，最终又重新生成草酰乙酸，虽然本身含量不变，但通过 ^{14}C 同位素标记法的示踪结果显示最后生成的草酰乙酸的碳骨架一半被更新。

（五）三羧酸循环的生理意义

（1）三羧酸循环是糖、脂肪和蛋白质分解代谢的共同途径，是生物氧化过程的第二阶段：①糖分解生成的丙酮酸，进入线粒体氧化脱羧后生成乙酰辅酶 A 进入三羧酸循环。②脂肪代谢生成甘油和脂肪酸。甘油可以转化生成磷酸二羟丙酮，进一步氧化成乙酰辅酶 A 进入三羧酸循环；脂肪酸通过 β-氧化分解生成乙酰辅酶 A 进入三羧酸循环（详见脂代谢相关章节内容）。③蛋白质水解产生的氨基酸通过脱氨基生成 α-酮酸，进一步氧化成乙酰辅酶 A 进入三羧酸循环（详见蛋白质分解代谢相关章节内容）。所以，糖、脂肪和蛋白质三大营养物质最终都通过三羧酸循环被彻底氧化。

（2）三羧酸循环是糖、脂肪和氨基酸代谢联系的枢纽：①糖分解生成的乙酰辅酶 A，通过合成柠檬酸从线粒体转运至细胞质，可以用于合成脂肪酸，并进一步合成脂肪（详见脂代谢相关章节内容）。②糖和甘油通过代谢生成 α-酮戊二酸等三羧酸循环的中间产物，可以用于合成非必需氨基酸。③氨基酸分解生成 α-酮戊二酸等三羧酸循环的中间产物，可以作为糖和甘油的合成原料。

（3）氧化供能：糖有氧氧化可以生成大量高能化合物，是人体最主要的供能途径。在有氧条件下，1 分子葡萄糖经过一系列酶促反应彻底氧化成 CO_2 和 H_2O，释放的能量通过底物水平磷酸化反应推动合成 6 分子 ATP，通过氧化磷酸化推动合成 26 或 28 分子 ATP，因为在有氧氧化的第一阶段要消耗 2 分子 ATP，所以净合成 30 或 32 分子 ATP（表 7-5），此条件下产生的ATP 含量是糖酵解（净合成 2 分子 ATP）的 15 或 16 倍。

表 7-5　1 分子葡萄糖有氧氧化生成的 ATP 数

反应过程	辅助因子	消耗 ATP 数	底物水平磷酸化生成的 ATP 数	氧化磷酸化生成的 ATP 数
第一阶段				
葡萄糖→6-磷酸葡萄糖		1		
6-磷酸果糖→1,6-二磷酸果糖		1		
3-磷酸甘油醛→1,3-二磷酸甘油酸	NAD$^+$			(1.5 或 2.5)×2
1,3-二磷酸甘油酸→3-磷酸甘油酸			1×2	
磷酸烯醇式丙酮酸→丙酮酸			1×2	
第二阶段				
丙酮酸→乙酰 CoA	NAD$^+$			2.5×2
第三阶段				
异柠檬酸→α-酮戊二酸	NAD$^+$			2.5×2
α-酮戊二酸→琥珀酰 CoA	NAD$^+$			2.5×2
琥珀酰 CoA→琥珀酸			1×2	
琥珀酸→延胡索酸	FAD			1.5×2
苹果酸→草酰乙酸	NAD$^+$			2.5×2
净生成 ATP 数		30 或 32		

（六）有氧氧化调节机制

糖的有氧氧化是为机体供能的主要方式,机体主要通过调节关键酶的活性来改变糖有氧氧化的反应速率,从而更好地满足机体对能量的需求。糖的有氧氧化三个阶段均有调节点,第一阶段的调节见糖的无氧氧化途径,这里主要介绍后两个阶段的调节(表 7-6)。

(1) 丙酮酸脱氢酶复合体:该酶可以通过变构和化学修饰等方式进行快速调节。

①受 ATP 变构抑制。受 ADP、辅酶 A、NAD$^+$ 变构激活;受乙酰辅酶 A、NADH 和脂肪酸反馈抑制。②受化学修饰调节。即受蛋白激酶催化磷酸化抑制,受蛋白磷酸酶催化去磷酸化激活。

(2) 柠檬酸合酶:该酶活性可以被柠檬酸和 ATP 抑制,可被 ADP 变构激活。曾被视为三羧酸循环的重要调节酶,可以控制乙酰辅酶 A 进入三羧酸循环;但柠檬酸可以向细胞质转运乙酰辅酶 A,用于合成脂肪酸,所以激活柠檬酸合酶不一定导致三羧酸循环加快。

(3) 异柠檬酸脱氢酶:该酶是三羧酸循环最主要的调节酶,其活性受 ADP 变构激活,受 ATP 变构抑制。

(4) α-酮戊二酸脱氢酶复合体:该酶是三羧酸循环中第二重要的调节点,其组成、催化机制和调节机制与丙酮酸脱氢酶复合体相同,受反应产物琥珀酰 CoA 和 NADH 反馈抑制。

此外,氧化磷酸化过程可通过改变 NADH/NAD$^+$、ATP/ADP 的值及 AMP 水平影响三羧酸循环的速度。

表 7-6　哺乳动物丙酮酸氧化脱羧和三羧酸循环调节

酶	变构激活剂	变构抑制剂	反馈抑制	化学修饰
丙酮酸脱氢酶复合体	ADP、辅酶 A、NAD$^+$	ATP	乙酰 CoA、NADH、脂肪酸	磷酸化抑制
柠檬酸合酶	ADP	ATP	柠檬酸	
异柠檬酸脱氢酶	ADP	ATP	NADH	磷酸化抑制
α-酮戊二酸脱氢酶复合体			琥珀酰 CoA、NADH	磷酸化抑制

（七）Pasteur 效应

Pasteur 效应（Pasteur effect）是指由法国科学家 L. Pasteur 在研究酵母菌发酵时发现的一种代谢现象,即在有氧条件下酵母菌的无氧代谢受到抑制,表现为葡萄糖消耗量减少、消耗速度减慢。这是因为要获得等量的 ATP,有氧氧化葡萄糖消耗量仅为糖酵解途径的 1/16～1/15。

三、磷酸戊糖途径

磷酸戊糖途径（pentose phosphate pathway）是葡萄糖磷酸化生成的 6-磷酸葡萄糖经过氧化脱羧等一系列反应生成 5-磷酸核糖（磷酸戊糖）和 NADPH 的过程。催化该途径反应的一系列酶存在于各组织细胞的细胞质中,其中肝脏、泌乳期的乳腺、肾上腺皮质、性腺、脂肪组织、骨髓和红细胞等组织细胞内该途径较为活跃。

（一）磷酸戊糖途径的反应过程

磷酸戊糖途径在各组织细胞质中进行,反应过程较为复杂,可分为两个阶段:第一阶段是经过脱氢、脱羧等反应生成磷酸戊糖和 NADPH;第二阶段是经过分子基团转移,生成 6-磷酸果糖和 3-磷酸甘油醛。

（1）磷酸戊糖途径的第一步反应和糖酵解过程相同,即葡萄糖磷酸化生成 6-磷酸葡萄糖。

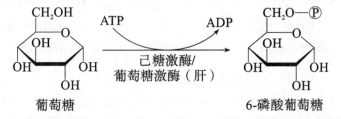

（2）6-磷酸葡萄糖脱氢生成 6-磷酸葡萄糖酸-δ-内酯,脱下的氢将 NADP$^+$ 还原成 NADPH,反应由 6-磷酸葡萄糖脱氢酶催化,在细胞内反应过程基本不可逆,同时需要 Mg^{2+} 的参与。6-磷酸葡萄糖脱氢酶是磷酸戊糖途径的关键酶。

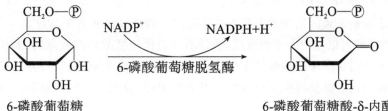

（3）6-磷酸葡萄糖酸-δ-内酯水解,生成 6-磷酸葡萄糖酸,反应由 6-磷酸葡萄糖酸-δ-内酯酶催化,同时需要 Mg^{2+} 的参与。

NOTE

6-磷酸葡萄糖酸-δ-内酯 　　→ 6-磷酸葡萄糖酸-δ-内酯酶 →　　 6-磷酸葡萄糖酸

（4）6-磷酸葡萄糖酸氧化脱羧,生成 5-磷酸核酮糖和 CO_2,反应由 6-磷酸葡萄糖酸脱氢酶催化,脱下的氢由 $NADP^+$ 接受生成 NADPH,反应需要 Mg^{2+},不可逆。

6-磷酸葡萄糖酸 　　$NADP^+$　　CO_2　$NADPH+H^+$　　→ 6-磷酸葡萄糖酸脱氢酶 → 　　5-磷酸核酮糖

（5）5-磷酸核酮糖在磷酸戊糖异构酶催化下异构生成 5-磷酸核糖。

5-磷酸核酮糖 　　←磷酸戊糖异构酶→　　 5-磷酸核糖

在机体以需要 NADPH 为主时,磷酸戊糖继续进行后续的反应,发生基团转移:5-磷酸核酮糖经过转酮酶(以 TPP 为辅助因子)、转醛醇酶催化的连续反应生成 3-磷酸甘油醛和 6-磷酸果糖。3-磷酸甘油醛和 6-磷酸果糖可以通过糖无氧氧化途径或有氧氧化途径进行分解代谢为机体提供能量,也可以通过糖异生途径重新生成 6-磷酸葡萄糖。后续代谢究竟如何进行,主要取决于组织细胞对 5-磷酸核糖、NADPH 和能量 ATP 的需要。

（二）磷酸戊糖途径的生理意义

磷酸戊糖途径最主要的生理意义是为机体提供 5-磷酸核糖和 NADPH。

（1）5-磷酸核糖可以用于合成核苷酸,核苷酸可以作为核酸的合成原料,而核酸与蛋白质的合成密切相关。因为磷酸戊糖途径是机体利用葡萄糖生成 5-磷酸核糖的唯一途径,所以在一些增殖旺盛和损伤后修复再生作用强的组织细胞中(如骨髓、皮肤、肠黏膜、心肌和肝脏等)此途径较为活跃。

（2）NADPH 作为供氢体参与体内一些物质的合成代谢,例如参与脂肪酸、胆固醇、类固醇激素等的合成,因此磷酸戊糖途径在脂类合成比较旺盛的组织中(如肝脏、脂肪组织、肾上腺、性腺、泌乳期的乳腺)很活跃。

（3）NADPH 作为谷胱甘肽还原酶的辅酶，参与氧化型谷胱甘肽（GSSG）还原成还原型谷胱甘肽（GSH）的反应：$GSSG + NADPH + H^+ \rightarrow 2GSH + NADP^+$，维持细胞内高水平的还原型谷胱甘肽。NADPH 主要支持以下作用：①保护巯基酶和其他巯基蛋白。②清除活性氧和其他氧化剂，这种作用是维持红细胞正常结构与功能所必需的。

活性氧包括过氧化氢、羟自由基、超氧自由基，它们对细胞造成的损伤主要有以下几种：①氧化 DNA、蛋白质。②将 Fe^{2+} 氧化成 Fe^{3+}，从而将血红蛋白转化成高铁血红蛋白，使其丧失运氧能力。③氧化膜脂，从而裂解细胞（特别是红细胞），造成溶血。如果红细胞内缺乏 6-磷酸葡萄糖脱氢酶，则不能通过磷酸戊糖途径得到足够的 NADPH，导致 GSH 减少，红细胞膜容易被氧化破裂，发生溶血性贫血。

（4）NADPH 参与羟化反应。肝细胞内质网内存在以 NADPH 为供氢体的 P450 羟化酶系，该酶系既参与类固醇代谢，又参与药物及毒物的生物转化。

（三）磷酸戊糖途径的调节机制

6-磷酸葡萄糖脱氢酶催化的反应是磷酸戊糖途径的关键反应，此酶的活性主要受 $NADPH/NADP^+$ 的值的影响。此外，6-磷酸葡萄糖脱氢酶、6-磷酸葡萄糖酸脱氢酶的基因表达受激素水平、营养水平等因素的调节，例如胰岛素可诱导其表达增加。

四、糖醛酸途径

糖醛酸途径（glucuronate pathway）是葡萄糖在尿苷二磷酸葡萄糖（UDP-葡萄糖）水平上氧化生成 UDP-葡糖醛酸的途径：葡萄糖→6-磷酸葡萄糖→1-磷酸葡萄糖→UDP-葡萄糖→UDP-葡糖醛酸。该途径位于细胞质中，前三步反应与糖原合成过程相同（见糖原合成过程），第四步由 UDP-葡萄糖脱氢酶催化，反应过程如下：

$$H_2O + 2NAD^+ \quad\quad 2NADH + H^+$$

UDP-葡萄糖脱氢酶

UDP-葡萄糖　　　　　　　　　　　　　　　UDP-葡糖醛酸

UDP-葡糖醛酸被称为活性葡糖醛酸，它既可以为透明质酸、硫酸软骨素和肝素等糖胺聚糖的合成提供葡糖醛酸，又可以参与生物转化的过程。

第四节　糖原的合成与分解

糖原（glycogen）是储存于动物体内的多糖，又被称为动物淀粉，其结构与支链淀粉相似，也是由 D-葡萄糖连接构成的，但其分支更多、支链更短，在糖原分子的链中每隔 6～8 个葡萄糖单位就有一个分支。

糖原主要存在于肝脏和肌肉中，分别称为肝糖原和肌糖原（健康成人的肝糖原总量有 75～150 g，占肝组织重量的 7%～10%；肌糖原含量有 120～400 g，占骨骼肌重量的 1%～3%）。糖原的含量随生理情况不同而发生相应改变。在饱食状态下，肝脏和肌肉细胞可以摄取葡萄糖合成糖原储存起来，使糖原含量增加；在空腹状态下，糖原则可以被分解利用：肝糖原可以分解生成葡萄糖，释放入血，从而维持正常的血糖水平；而肌糖原分解主要为肌肉收缩提供能量。糖原合成与分解主要在肝脏和肌肉组织细胞的胞质中进行，反应发生在糖原的非还原端。

知识拓展 7-2

【药考提示】抗疟药典型不良反应和禁忌证。

【药考提示】肝胆疾病辅助用药——葡醛内酯的药理作用和临床应用。

NOTE

117

一、糖原合成

葡萄糖在细胞内合成糖原的过程称为糖原合成(glycogenesis)。反应过程由五种酶催化进行,每连接一个葡萄糖基需要消耗两个高能磷酸化合物:一个是 ATP,另一个是 UTP。具体反应过程如下。

(1) 葡萄糖磷酸化生成 6-磷酸葡萄糖,由己糖激酶(肝细胞内为葡萄糖激酶)催化,反应消耗 1 分子 ATP。

葡萄糖 → [ATP → ADP, Mg^{2+}, 己糖激酶/葡萄糖激酶（肝）] → 6-磷酸葡萄糖

(2) 6-磷酸葡萄糖异构生成 1-磷酸葡萄糖,由磷酸葡萄糖变位酶催化,反应过程可逆,为下一步葡萄糖活化做准备。

6-磷酸葡萄糖 → [磷酸葡萄糖变位酶] → 1-磷酸葡萄糖

(3) 1-磷酸葡萄糖尿苷酸化生成 UDP-葡萄糖,由 UDP-葡萄糖焦磷酸化酶催化,反应消耗一分子 UTP,释放的焦磷酸被焦磷酸酶催化水解:$PPi + H_2O \longrightarrow 2Pi$,使反应不可逆。生成的 UDP-葡萄糖是葡萄糖的活性形式,可以作为葡萄糖供体。

1-磷酸葡萄糖 → [UTP → PPi, UDP-葡萄糖焦磷酸化酶] → UDP-葡萄糖

(4) 糖原合成:UDP-葡萄糖提供葡萄糖基,以 α-1,4-糖苷键连接于细胞内已有的糖原引物的非还原端,反应由糖原合酶(glycogen synthase)催化。糖原合酶是糖原合成过程中的关键酶。

UDP-葡萄糖 + 糖原引物 → [糖原合酶]

糖原引物是糖原蛋白(glycogenin)的一个寡糖基。糖原蛋白是一种葡萄糖基转移酶,可以利用 UDP-葡萄糖在其 Tyr194 的羟基上合成含 8～10 个葡萄糖的寡糖基,作为糖原合成的引物。糖原合酶不能从头直接催化葡萄糖基连接合成新的糖原分子,只能把葡萄糖基连接到已有的糖原引物上。

(5)形成分支:上述反应过程重复进行,使糖链不断延长。当糖原合成的糖链延长至含 12～18 个葡萄糖时,糖原分支酶(glycogen-branching enzyme)催化糖链末端的 6～7 个葡萄糖的糖链转移至邻近的糖链上,以 α-1,6-糖苷键连接,形成糖原分支。糖原分支酶仅在肝细胞和肌细胞活性较高。糖原合酶和糖原分支酶交替作用,使糖原分子不断增大,分支不断增多。分支增多可以使糖原的水溶性增加,也有利于糖原的快速合成或分解。

6～7个葡萄糖

糖原分支酶

除葡萄糖以外,其他单糖(如果糖和半乳糖等)也可以先转化成糖原合成途径的中间产物,再合成糖原。

二、糖原分解

糖原在细胞内分解成葡萄糖的过程称为糖原分解(glycogenolysis)。糖原分解过程由四种酶催化进行(图 7-5)。反应过程如下:

(1)糖原磷酸化生成 1-磷酸葡萄糖,反应由糖原磷酸化酶(glycogen phosphorylase)催化,该酶以磷酸吡哆醛为辅基,与一分子磷酸共同进行酸碱催化。糖原磷酸化酶是糖原分解的关键酶,糖原分解的反应从糖原分子的非还原端开始,生成 1-磷酸葡萄糖和比原先少了 1 分子葡萄糖残基的糖原。

和水解相比,磷酸化可以节约 ATP 的消耗,产物 1-磷酸葡萄糖也不会逸出细胞。

(2)1-磷酸葡萄糖异构生成 6-磷酸葡萄糖,由磷酸葡萄糖变位酶催化,反应过程可逆。

(3)6-磷酸葡萄糖水解生成葡萄糖,反应由葡萄糖-6-磷酸酶(glucose-6-phosphatase)催化,同时需要 Mg^{2+} 的参与。葡萄糖-6-磷酸酶主要存在于肝脏和肾皮质细胞中,糖尿病患者胰岛 β 细胞和肠黏膜细胞中也有少量葡萄糖-6-磷酸酶,其他组织特别是骨骼肌中的葡萄糖-6-磷酸酶活性很低。在饥饿状态时,肝糖原直接分解生成的葡萄糖,可以释放入血补充血糖,而肌糖原不能水解生成葡萄糖,但可以通过糖无氧氧化或有氧氧化途径为肌肉组织提供能量。

(4)脱支:当糖原磷酸解到离分支点还有 4 个葡萄糖基时,因为糖原磷酸化酶只能作用于 α-1,4 糖苷键,对 α-1,6-糖苷键无作用,因此磷酸化酶无法发挥作用,此时需要脱支酶(debranching enzyme)的参与。脱支酶催化的脱支反应分两步进行:①将分支链上 4 个糖基中的 3 个糖基转移到相邻分支的非还原端,仍以 α-1,4-糖苷键连接。②水解分支处的第 4 个葡萄糖基的 α-1,6-糖苷键,生成游离的葡萄糖和寡糖链。这样,脱去分支的寡糖链可以继续由糖原磷酸化酶催化磷酸解。由脱支酶和糖原磷酸化酶交替作用,糖原分子逐渐被水解。

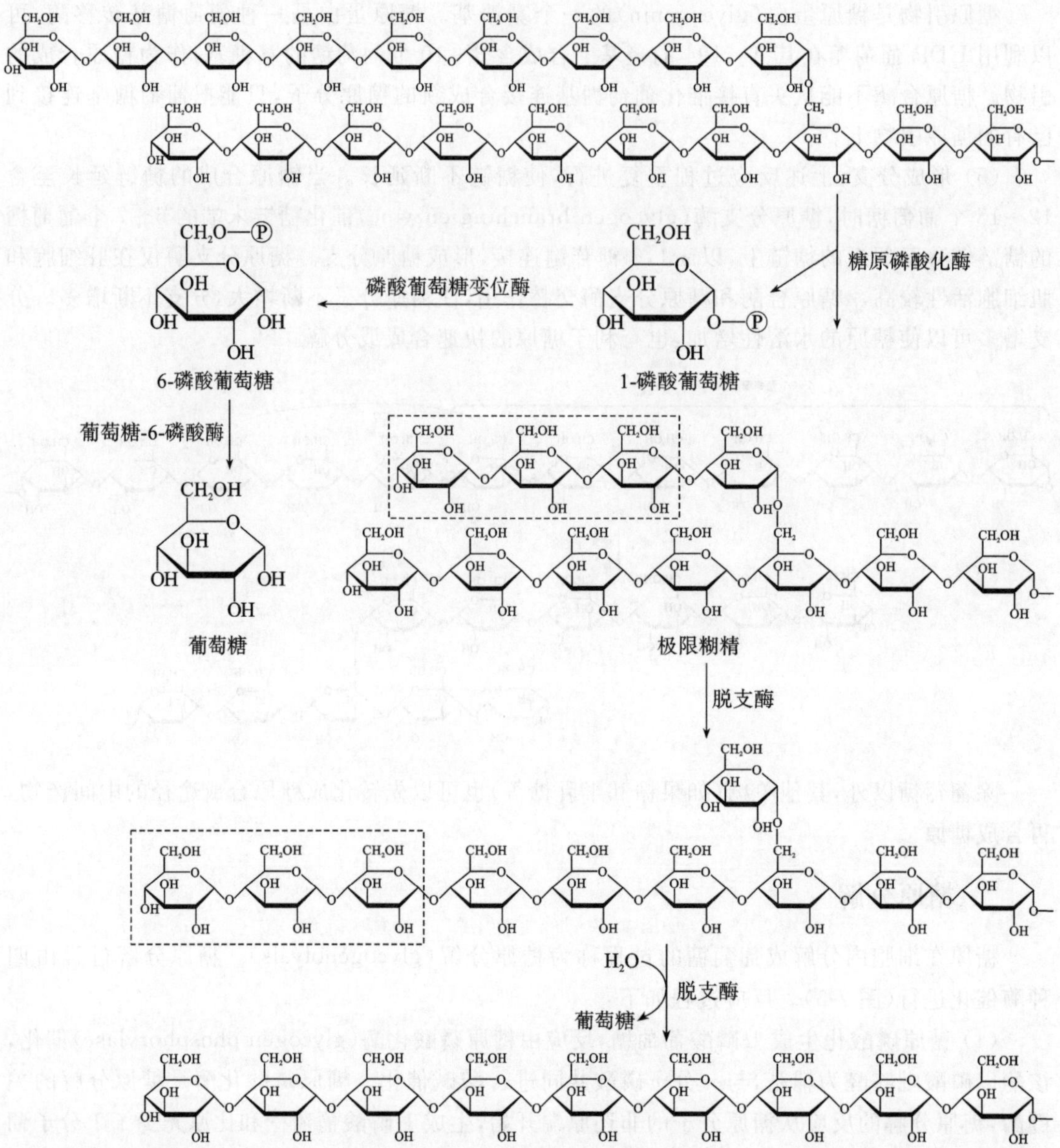

图 7-5 糖原分解过程

三、糖原合成与分解的生理意义

糖原合成与分解是机体维持血糖水平恒定的主要方式,可以缓冲间断进食对血糖水平的影响,使其保持相对稳定,这对于组织代谢,特别是依赖葡萄糖供能的组织(如脑细胞和红细胞)非常重要。

在饱食状态时,血糖水平升高,肝细胞和肌细胞摄取葡萄糖的速度加快,主要用于合成糖原储存起来,从而使血糖水平降低;在空腹状态时,血糖水平下降,组织细胞仍需要消耗葡萄糖,肝糖原加速分解,生成的葡萄糖释放入血液,使血糖水平升高。

肝糖原分解是空腹状态时血糖的主要来源。葡萄糖-6-磷酸酶主要存在于肝细胞内,所以肝糖原可以分解生成葡萄糖,直接补充血糖。

肌细胞葡萄糖-6-磷酸酶活性极低,肌糖原分解产生的 6-磷酸葡萄糖主要通过糖无氧氧化或有氧氧化途径代谢,生成 ATP 供肌肉收缩的能量需要,此代谢途径可以减少肌肉细胞对血

120

糖的利用。肌糖原虽然不能直接分解生成葡萄糖,但可以通过间接的方式补充血糖(见乳酸循环)。

四、糖原合成与分解的调节机制

糖原合成与分解对维持血糖水平恒定起主要作用。糖原合酶和糖原磷酸化酶分别是糖原合成和分解过程的关键酶,所催化的反应都不可逆,两者都有低活性的 b 型和高活性的 a 型,两种活性状态可以通过磷酸化、去磷酸化作用相互转化。糖原合酶和糖原磷酸化酶都受化学修饰调节和变构调节(表 7-7),其中糖原磷酸化酶是最早被发现的磷酸化酶,也是最早被阐明调节机制的酶。

表 7-7 糖原合成与分解调节的关键酶

酶	变构激活剂	变构抑制剂	磷 酸 化	去磷酸化
糖原合酶	6-磷酸葡萄糖		b(低活性)	a(高活性)
糖原磷酸化酶	AMP(肌)	ATP(肌)、6-磷酸葡萄糖(肌)、葡萄糖(肝)	a(高活性)	b(低活性)

(1)化学修饰调节:当机体血糖水平低于正常血糖水平时,胰高血糖素释放,通过信号转导使低活性的糖原磷酸化酶 b 磷酸化,转换成高活性的糖原磷酸化酶 a,促进肝糖原分解,血糖补充加快;同时使高活性的糖原合酶 a 磷酸化,转换成低活性的糖原合酶 b,抑制肝糖原合成,血糖消耗减缓。

当血糖水平高于正常血糖水平时,胰岛素释放,作用于肝细胞,使低活性的糖原合酶 b 去磷酸化,转换成高活性的糖原合酶 a,促进肝糖原和肌糖原合成,血糖消耗加快;胰岛素作用于肌细胞,可使细胞膜上的 GLUT4 数量增加,血糖摄取加快。

(2)变构调节:6-磷酸葡萄糖是糖原合酶 b 的变构激活剂,当血糖水平高于正常血糖水平时,肝细胞摄入葡萄糖增多,6-磷酸葡萄糖生成量增多,6-磷酸葡萄糖与糖原合酶 b 结合,促进其去磷酸化,转换成高活性的糖原合酶 a,促进肝糖原合成。葡萄糖是肝细胞糖原磷酸化酶 a 的变构抑制剂,当血糖水平正常时,进入肝细胞的葡萄糖与糖原磷酸化酶 a 结合,导致其变构,暴露出磷酸化的 Ser14,使其去磷酸化而失活。

另一方面,6-磷酸葡萄糖是肌糖原的分解产物,可以反馈抑制肌细胞内的糖原磷酸化酶 b 的活性;AMP 是肌肉细胞水解 ATP 生成的产物,可以变构激活糖原磷酸化酶 b,而 ATP 可与 AMP 竞争同一调节部位,阻止 AMP 对糖原磷酸化酶 b 的激活作用。

知识拓展 7-3

第五节 糖 异 生

糖异生(gluconeogenesis)是指由非糖物质合成葡萄糖或糖原的过程。能异生成糖的非糖物质主要有乳酸、丙酮酸、生糖氨基酸、甘油、三羧酸循环中间产物等。糖异生主要在肝脏的细胞质和线粒体内进行。肾皮质也可以进行少量糖异生,正常生理情况下约占肝脏糖异生的 10%。在长期饥饿时肾皮质糖异生量增多,基本与肝脏相当。

一、糖异生途径

在糖酵解途径中,葡萄糖通过 10 步反应生成丙酮酸,其中有 3 步反应是由 3 个关键酶催化的单向不可逆反应。在糖异生途径中,丙酮酸向逆着糖酵解途径的反应方向进行,经过 11

NOTE

步反应生成葡萄糖,其中有 4 步不可逆反应是糖异生途径特有的反应,通过这种方式绕过糖酵解途径的 3 步不可逆反应。

(1) 丙酮酸羧化支路:丙酮酸转化生成磷酸烯醇式丙酮酸通过两步反应实现。第一步:丙酮酸通过线粒体内膜上的转运蛋白从细胞质进入线粒体,由丙酮酸羧化酶(存在于线粒体基质,由四个亚基组成的同源四聚体,以生物素、Mg^{2+} 为辅基)催化,通过羧化反应生成草酰乙酸,反应需要水解 ATP 提供能量。第二步:草酰乙酸生成磷酸烯醇式丙酮酸,逸出线粒体,反应由存在于线粒体内的磷酸烯醇式丙酮酸羧激酶(同工酶 2)催化,消耗一分子 GTP,同时发生脱羧反应;另外,草酰乙酸也可以加氢还原生成苹果酸或经过转氨基反应生成天冬氨酸穿梭,通过相应的转运蛋白转运到细胞质中,重新生成草酰乙酸,再由细胞质中的磷酸烯醇式丙酮酸羧激酶(同工酶 1)催化,生成磷酸烯醇式丙酮酸,反应由 GTP 水解提供高能磷酸基团,同时脱羧生成 CO_2。

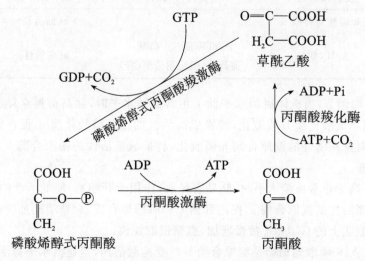

通过上述两步反应,消耗两种高能磷酸化合物,绕过了糖酵解途径的 3 步不可逆反应。

(2) 1,6-二磷酸果糖水解生成 6-磷酸果糖:反应由果糖-1,6-二磷酸酶(同源四聚体,每个亚基需要三个 Mg^{2+})催化,将 C1 位上的磷酸酯键水解,并释放无机磷酸。

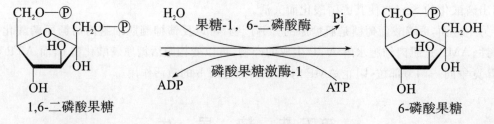

1,6-二磷酸果糖　　　　　　　　　　　　　　　　　　　　　　　　6-磷酸果糖

(3) 6-磷酸葡萄糖水解生成葡萄糖:反应由葡萄糖-6-磷酸酶催化,将 C6 位上的磷酸酯键水解,生成葡萄糖。

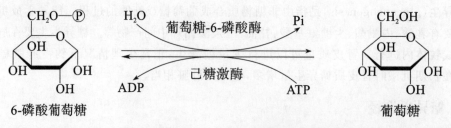

6-磷酸葡萄糖　　　　　　　　　　　　　　　　　　　　　　　　葡萄糖

综上所述,通过以上由不同的酶催化的 4 步反应,绕过了糖酵解途径的 3 步单向不可逆反应,使两条途径可以沿着完全相反的方向进行。在糖酵解途径中,1 分子葡萄糖分解生成 2 分

子丙酮酸,可净生成 2 分子 ATP;而在糖异生途径中,由 2 分子丙酮酸合成葡萄糖需要消耗 4 分子 ATP 和 2 分子 GTP。

二、底物循环

糖酵解和糖异生反应方向相反,如果糖酵解和糖异生途径同时进行,则会形成以下三个循环。

(1) 糖酵解时,葡萄糖磷酸化生成 6-磷酸葡萄糖;糖异生时,6-磷酸葡萄糖水解生成葡萄糖。

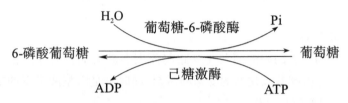

总反应的化学方程式是:$ATP + H_2O \longrightarrow ADP + Pi$。

(2) 糖酵解时,6-磷酸果糖磷酸化生成 1,6-二磷酸果糖;糖异生时,1,6-二磷酸果糖水解生成 6-磷酸果糖。

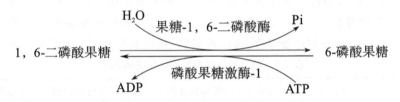

总反应的化学方程式是:$ATP + H_2O \longrightarrow ADP + Pi$。

(3) 糖酵解时,磷酸烯醇式丙酮酸通过底物水平磷酸化生成丙酮酸,同时生成 1 分子 ATP;糖异生时,丙酮酸需要经过两步反应,消耗 2 分子高能磷酸化合物,逆转生成磷酸烯醇式丙酮酸。

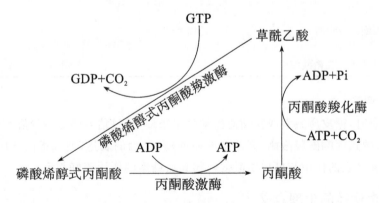

总反应的化学方程式是:$GTP + H_2O \longrightarrow GDP + Pi$。

在这些循环过程中,由不同的酶催化的单向不可逆反应可以使两种代谢物相互转变,循环可在同一细胞内完成,这种循环称为底物循环(substrate cycle)。但循环一旦发生,只能净消耗高能磷酸化合物,使化学能以热能形式散发。所以,在正常生理条件下,在多数组织内由于催化底物循环的酶活性高低不同,底物循环不会进行,以免浪费高能磷酸化合物。但底物循环具有重要的意义:①作为糖代谢过程的一种调节机制,可以使调节更加灵敏。②新生儿及冬眠动物体内的棕色脂肪组织可以通过底物循环将化学能转化为热能,用来维持体温。

NOTE

三、糖异生调节机制

糖酵解途径与糖异生途径密切相关,其调节作用也密不可分。在糖酵解途径中,由己糖激酶、葡萄糖激酶、磷酸果糖激酶-1、丙酮酸激酶催化的反应不可逆,是调节的关键酶;而在糖异生途径中,由丙酮酸羧化酶、磷酸烯醇式丙酮酸羧激酶、果糖-1,6-二磷酸酶和葡萄糖-6-磷酸酶催化的反应不可逆,是控制糖异生过程的关键酶。糖异生途径与糖酵解途径是两条方向相反的反应过程,因此,要保证其中一条途径正常进行,另一条途径就必须受到抑制,否则将形成无效循环。它们在以下两个相反过程中以协同、相反的方式受到调节,调节机制包括结构和含量调节。

1. 变构调节(表 7-8)

(1)丙酮酸羧化酶所属的丙酮酸羧化支路与丙酮酸激酶催化的反应相反,其调节作用相互联系:乙酰辅酶 A 是丙酮酸羧化酶的变构激活剂,同时也是丙酮酸激酶的变构抑制剂,可以促进糖异生作用,抑制糖酵解过程。

(2)果糖-1,6-二磷酸酶与磷酸果糖激酶-1 催化的反应相反,其调节作用相互联系:①AMP 是果糖-1,6-二磷酸酶的变构抑制剂,是磷酸果糖激酶-1 的变构激活剂;2,6-二磷酸果糖既是果糖-1,6-二磷酸酶的竞争性抑制剂,也是磷酸果糖激酶-1 的变构激活剂,两者都可以抑制糖异生,促进糖酵解。②胰高血糖素通过信号转导使磷酸果糖激酶-2 磷酸化失活,减少2,6-二磷酸果糖合成,从而促进糖异生,抑制糖酵解;胰岛素的作用与胰高血糖素的作用相反。

表 7-8 糖酵解与糖异生途径的变构调节

	酶	变构激活剂	变构抑制剂	竞争性抑制剂
糖酵解途径	(1)磷酸果糖激酶-1	AMP、ADP、2,6-二磷酸果糖	ATP、柠檬酸	
	(2)丙酮酸激酶	1,6-二磷酸果糖	ATP、乙酰 CoA、丙氨酸	
糖异生途径	(1)丙酮酸羧化酶	乙酰 CoA		
	(2)果糖-1,6-二磷酸酶		AMP	2,6-二磷酸果糖

2. 酶含量调节

在饥饿状态时,糖皮质激素或胰高血糖素分泌增多,通过信号转导诱导肝细胞糖异生关键酶(例如磷酸烯醇式丙酮酸羧激酶、葡萄糖-6-磷酸酶)基因的表达,使酶蛋白合成量增加,糖异生作用加强。胰岛素的作用与糖皮质激素或胰高血糖素的作用正好相反。

四、糖异生途径的生理意义

机体的糖异生主要发生在饥饿、进食高蛋白食物或剧烈运动之后。

(1)在饥饿状态时维持血糖水平的相对稳定:在饥饿状态时,糖原的储备量有限,机体仍然不断在消耗葡萄糖,因此肝脏内的糖异生作用加强。主要原料是蛋白质分解生成的生糖氨基酸和脂肪动员释放的甘油。合成的葡萄糖释放入血,维持血糖水平的相对稳定。这对于主要利用葡萄糖供能的组织来说具有重要意义。例如:脑组织不能利用脂肪酸,一般情况下主要利用葡萄糖供能,每日消耗葡萄糖约 120 g,消耗量较大;肾髓质、血细胞和视网膜等每日消耗葡萄糖约 40 g,肌组织每日至少也要消耗葡萄糖 30 g,由此可见,仅这些组织的葡萄糖消耗量

NOTE

每日即达 200 g 左右,整个机体的消耗量则更多。人体储存的可以供全身利用的葡萄糖约 150 g,在 12 h 内基本耗尽,显然在饥饿状态时不能仅靠分解肝糖原来维持血糖水平(肌糖原主要供肌肉收缩利用),还要通过糖异生作用生成葡萄糖,共同维持血糖水平的相对稳定。

(2)协助食物来源氨基酸的转化与储存:食物蛋白消化吸收得到的大多数氨基酸经过脱氨基等分解代谢产生的 α-酮酸(如天冬氨酸转氨基生成的草酰乙酸、谷氨酸转氨基生成的 α-酮戊二酸)可以通过糖异生途径合成葡萄糖。因此,从食物消化吸收的氨基酸可以异生成葡萄糖,并进一步合成糖原储存。

(3)参与乳酸的回收与利用:在某些生理(如剧烈运动)和病理(如循环或呼吸功能障碍)状态下,经肌糖原分解和糖无氧氧化生成大量乳酸,可以透过细胞膜进入血液,经血液循环运送到肝脏,再通过糖异生过程合成葡萄糖,由此形成一个循环,此过程称为乳酸循环,由 Cori 夫妇(1947 年诺贝尔生理学或医学奖获得者)阐明,也称为 Cori 循环。乳酸循环既可以回收乳酸,避免营养物质浪费,又可防止乳酸堆积导致代谢性酸中毒的发生。

(4)肾脏糖异生促进排酸利于机体酸碱平衡:氨基酸分解代谢产生的部分氨可与谷氨酸结合生成谷氨酰胺送至肾脏排出。在长期饥饿状态时,脂肪动员增强,酮体生成增多,导致机体 pH 值降低,引起肾脏糖异生作用加快。肾脏糖异生消耗 α-酮戊二酸,可以促进谷氨酰胺及谷氨酸降解加以补充,同时释放的氨可与小管液中的 H^+ 结合,促进排泄,防止代谢性酸中毒的发生。

第六节 血 糖

血糖是指血液中的葡萄糖。健康成人的空腹血糖水平恒定,浓度基本保持在 3.9～6.1 mmol/L,这是血糖的来源和去路保持平衡的结果。进食可使血糖水平升高,但在较短时间即可回落至正常水平。禁食一定时间后血糖也可以维持在正常水平,这是因为血糖除了食物以外还有其他来源。

一、血糖的来源和去路

血糖有多条来源和多条去路,并且受到严格调节,形成动态平衡,使血糖水平保持在一定范围内波动(表 7-9)。

表 7-9 血糖的来源和去路

血 糖 来 源	血 糖 去 路
食物来源糖的消化与吸收	氧化分解提供能量
肝糖原分解	合成糖原
糖异生	转化成其他糖类或非糖物质
	血糖过高时随尿液排出体外

1. 血糖的来源

(1)食物中糖类物质的消化与吸收:从食物消化吸收的葡萄糖及其他单糖(如半乳糖、果糖、甘露糖等可以异构生成葡萄糖)是血糖的主要来源。

(2)肝糖原分解:肝糖原分解释放的葡萄糖,是空腹时血糖的直接来源。

NOTE

（3）糖异生：许多非糖物质（如甘油、乳酸和大多数氨基酸等）可以通过糖异生途径合成葡萄糖，是饥饿时补充血糖的重要途径。

2. 血糖的去路

（1）氧化分解提供能量：血糖进入机体各组织细胞，彻底氧化成 CO_2 和 H_2O，释放能量供生命活动需要，这是血糖的主要去路。

（2）合成糖原：血糖被肝细胞和肌细胞摄取，合成肝糖原和肌糖原储存。

（3）转化成其他糖类或非糖物质：血糖在各组织中可以转化成其他糖，如核糖、脱氧核糖、氨基糖、唾液酸和糖醛酸等，也可以转化成脂肪和非必需氨基酸等非糖物质。

（4）尿糖：若血糖水平过高，超过肾小管对糖的重吸收能力，血糖随尿液排出体外，会出现糖尿。这是特殊情况下出现的去路，因为在正常生理状态下，肾小管能将肾小球滤过生成的原尿中的葡萄糖几乎完全重吸收。

二、血糖的调节机制

血糖水平保持稳定是血糖的来源和去路形成动态平衡的结果，而这种平衡依赖于器官、神经和激素等多种因素的共同作用。肝脏是调节血糖水平的主要器官，肾脏对维持血糖水平也起重要作用。神经系统和激素主要通过调节肝脏和肾脏的糖代谢使血糖水平保持稳定。

（1）肝脏调节：肝脏是维持血糖水平稳定最重要的器官，主要通过控制糖原的合成与分解及糖异生途径实现对血糖的调节。当血糖水平高于正常水平时，肝糖原合成加快，促进葡萄糖转化为糖原储存；糖异生作用减慢，减少葡萄糖的来源，从而使血糖降低。当血糖水平低于正常水平时，肝糖原分解速度加快，糖异生作用加强，血糖来源增加，从而使血糖水平升高。

（2）肾脏调节：正常情况下，血液中的葡萄糖可以经过肾小球滤过，但原尿中的葡萄糖可以被肾小管完全重吸收，然而肾小管的重吸收能力有一定的限度，其极限值为 $8.9\sim10.0$ mmol/L（$160\sim180$ mg/dL），该值被称为肾糖阈（renal threshold of sugar，即葡萄糖在尿液中开始出现的血浆浓度）。如果血糖水平低于肾糖阈，葡萄糖可以全部重吸收，不会出现尿糖；一旦血糖水平超过肾糖阈，尿液中就会出现葡萄糖。肾糖阈是可以变化的，长期糖尿病患者的肾糖阈较正常人稍高；而有些孕妇的肾糖阈较正常人稍低，所以会出现暂时性糖尿。此外，长期饥饿时肾皮质还可以通过糖异生作用补充血糖。

（3）神经调节：神经系统可以影响相应激素的分泌，激素作用于相应的靶器官，引起细胞内糖代谢途径关键酶活性发生改变，实现对血糖的调节。用电刺激交感神经系统的视丘下部腹内侧核或内脏神经，能引起肾上腺髓质分泌肾上腺素，导致肝糖原分解增加，血糖水平升高；用电刺激副交感神经系统的视丘下部外侧或迷走神经，能促使胰岛素分泌，使肝糖原合成增加，血糖水平降低。

（4）激素调节：激素通过信号转导调节细胞内糖代谢过程，从而影响血糖水平。体内调节血糖的激素包括升高血糖的激素和降低血糖的激素两大类。前者只有胰岛 β 细胞（又称 B 细胞）分泌的胰岛素，这是体内唯一一个能降低血糖水平的激素；后者主要包括的胰高血糖素［胰岛 α 细胞（又称 A 细胞）分泌］、肾上腺素（肾上腺髓质分泌）、糖皮质激素（肾上腺皮质分泌）、生长激素（腺垂体分泌）和甲状腺激素（甲状腺分泌）等。这两类激素相互制约，也相互协调，主要通过调节糖的来源和去路维持血糖水平稳定（表 7-10）。

【药考提示】胰岛素及胰岛素类似物的药理作用和临床应用。

NOTE

表 7-10　激素对血糖水平的影响

激 素		效 应	
降血糖 激素	胰岛素	①促进血糖经肌细胞、脂肪细胞的 细胞膜的葡萄糖转运蛋白进入细胞 ②促进糖有氧氧化 ③促进糖转化成脂肪	④促进糖原合成 ⑤抑制糖原分解 ⑥抑制肝内糖异生
升血糖 激素	胰高血糖素	①促进肝糖原分解补充血糖 ②促进肝脏糖异生	③抑制糖原合成 ④抑制肝细胞糖酵解
	肾上腺素	①促进肝糖原分解补充血糖 ②促进肌细胞糖原分解和糖酵解	③促进肝内糖异生
	糖皮质激素	①抑制组织细胞吸收葡萄糖	②促进糖异生
	生长激素	①抑制肌细胞吸收葡萄糖	②促进糖异生
	甲状腺激素	①促进小肠吸收单糖 ②促进肝糖原分解和糖异生	③促进糖的氧化分解 （降血糖,但效应弱）

三、血糖测定

临床上多采用葡萄糖氧化酶法测定血糖浓度,原理如下:

(1) 葡萄糖氧化酶催化第一步反应:葡萄糖＋O_2＋H_2O ⟶ 葡萄糖酸＋H_2O_2,此步反应具有特异性。

(2) 过氧化物酶催化显色反应:$2H_2O_2$＋4-氨基安替比林＋苯酚 ⟶ 醌亚胺类化合物＋$4H_2O$。

(3) 产物醌亚胺类化合物在 520 nm 波长下进行比色测定,得出血糖浓度。

第七节　糖代谢紊乱

机体在某些生理性或病理性因素(如神经系统功能紊乱、内分泌失调及肝或肾功能障碍等)的影响下,造成糖代谢障碍,从而引起血糖水平紊乱。因为一旦糖代谢出现紊乱,血糖水平就会受到影响,但应排除偶尔出现的血糖水平异常,一般只把血糖水平持续异常或耐糖曲线异常归为糖代谢紊乱。糖代谢紊乱表现为血糖降低和血糖升高两个方面。

一、低血糖

低血糖(hypoglycemia)是指空腹血糖水平低于 2.8 mmol/L。正常情况下哺乳动物脑组织主要依靠血糖提供能量,如果血糖水平降低,脑组织会因为能量供应不足首先出现反应,表现为头晕、心悸、出冷汗及饥饿感等;若血糖未得到及时补充,进一步降低,机体会出现精神恍惚、嗜睡、抽搐等症状,出现低血糖休克,此时需要及时给患者静脉补充葡萄糖以升高血糖,否则可能导致患者死亡。

引起低血糖的因素可以是生理性的,也可以是病理性的,具体原因有几种:①长时间饥饿。②持续剧烈的体力活动。③胰岛 β 细胞增生或肿瘤等导致胰岛素分泌量增多,或胰岛 α 细胞功能低下造成胰高血糖素分泌量不足,不能抵抗胰岛素的降糖作用。④垂体前叶或肾上腺皮

NOTE

质功能减退等内分泌异常,可以引起生长激素或糖皮质激素等升高血糖的激素分泌不足。⑤严重的肝脏疾病导致肝糖原的合成与分解及糖异生作用减弱,肝脏不能有效地调节血糖。

二、高血糖及糖尿

高血糖(hyperglycemia)是指空腹血糖水平超过 7.0 mmol/L。如果血糖水平超过肾糖阈(8.9～10.0 mmol/L),超过肾小管的重吸收能力,将会出现糖尿(glucosuria)。例如内分泌异常,导致生长激素分泌过多,可引起血糖升高而进一步出现垂体性糖尿。但尿糖阳性不一定是因为血糖升高和糖代谢异常,也可能是因为肾小管重吸收能力下降,如慢性肾炎、肾病综合征等都可以导致肾小管对葡萄糖的吸收能力下降,造成肾糖阈降低而出现糖尿,这被称为肾性糖尿。此外,正常的健康人偶尔也可能出现高血糖和糖尿:①一次性大量进食含糖较高的食物,导致血糖升高的速度过快,可能会出现一过性的糖尿,称为饮食性糖尿。②如果情绪激动,会引起交感神经兴奋,同时肾上腺素分泌增多,肝糖原大量分解,也会造成血糖快速升高,进而出现糖尿,称为情感性糖尿。二者都是暂时的,平时的空腹血糖也是正常的,因此它们属于生理性高血糖和糖尿。

三、糖尿病

糖尿病(diabetes mellitus)是由于胰岛素分泌减少及(或)胰岛素作用减弱引起的一组多源性代谢紊乱的疾病。其特征是持续性血糖水平增高,常伴有糖尿,病情严重时还会出现糖尿病酮症酸中毒;病程较长者,可发生特异性的微血管和大血管病变,造成各种器官损伤和功能障碍,例如糖尿病肾病、视网膜病等。根据流行病学调查,截止到 2015 年 5 月,我国糖尿病确诊人数达到 0.92 亿。

1. 糖尿病分型　国际糖尿病联盟建议将糖尿病分为 1 型、2 型、妊娠期和特殊型糖尿病,其中以 1 型、2 型糖尿病为主。

(1) 1 型糖尿病:胰岛 β 细胞因自身免疫破坏而导致胰岛素分泌不足称为 1 型糖尿病,多见于儿童和青少年时期,但也可以在成年甚至老年时期发病。主要表现为糖异生增加,脂肪动员速度加快,酮体生成量增多,易发生酮症酸中毒。大部分患者需要终身依靠补充外源性胰岛素进行治疗。1 型糖尿病人数占糖尿病总人数的 90%。

(2) 2 型糖尿病:胰岛素抵抗并伴有胰岛 β 细胞功能缺陷,多见于成年人、老年人,起病隐匿、发展缓慢、不易察觉,与肥胖、缺乏运动、不健康饮食等相关,2 型糖尿病人数约占糖尿病总人数的 90%。患者在做糖耐量实验时,其胰岛素水平可出现稍低、基本正常、高于正常或分泌高峰延迟等不同情况。治疗方案包括调整生活方式、运动、口服降糖药物、注射胰岛素等。

(3) 妊娠期糖尿病:是指妊娠妇女妊娠之前未发现,在妊娠期(通常在妊娠中期或后期)才发现的糖尿病,多数在妊娠之后糖尿病会自动消失,但有部分患者可能进一步发展为 2 型糖尿病。

(4) 特殊型糖尿病:包括病因较明确的糖尿病和由其他病因导致的继发性糖尿病。如慢性胰腺炎后期半数患者因胰腺内分泌功能障碍会引起糖尿病,但这类糖尿病比较少见。

2. 糖尿病症状　糖尿病患者有"三多一少"的症状,即多食、多饮、多尿和体重减轻(糖尿病患者糖的氧化供能发生障碍,造成机体所需能量供应不足,故患者常感到饥饿而多食。)多食使血糖水平进一步升高,当血糖水平超过肾糖阈时,肾小管不能将葡萄糖完全重吸收,造成葡萄糖从尿液排出,糖的排泄引起渗透性利尿而出现多尿。多尿造成机体失去大量水分,导致血液浓缩,渗透压增高,引起口渴,因而多饮。由于糖氧化供能减少,机体大量动员脂肪(同时合成减少),严重时动员组织蛋白氧化供能,因而身体消瘦,体重减轻。

总之,上述症状源于患者糖代谢出现下列紊乱:①葡萄糖分解减少,糖原合成减少,糖转化成脂肪下降。②糖原分解增多,糖异生作用加强。

3. 糖尿病血液指标 葡萄糖可以和体内的多种蛋白质的氨基共价结合,形成糖化蛋白,反应不需要酶催化,主要与葡萄糖的浓度有关。临床上测定的糖化蛋白主要有糖化血红蛋白和糖化血清蛋白(也称为果糖胺)。血糖、果糖胺与糖化血红蛋白均可用于诊断或追踪糖尿病的病情。

果糖胺:又称糖化血清蛋白,是血浆清蛋白质分子末端的氨基与葡萄糖不可逆共价结合的产物,此过程不需要酶催化,其生成量与血糖浓度成正比。果糖胺的测定可以反映取血前 2~3 周血糖的情况,是鉴别应激性高血糖(心、脑血管等疾病可引起)和糖尿病高血糖的有效指标。

糖化血红蛋白 A1:是血红蛋白(主要通过 β 亚基氨基端缬氨酸氨基)与葡萄糖共价结合(非酶促、不可逆反应)的产物,血红蛋白糖化率通常与血糖的平均浓度有关,不受饮食和运动的影响。糖化血红蛋白的测定可以反映取血前 8~10 周的血糖水平,用于评价糖尿病血糖控制情况。

【药考提示】糖尿病的分型及诊断依据与并发症。

四、糖耐量试验

葡萄糖耐量也称为耐糖现象,是指人体处理所给予葡萄糖的能力。口服糖耐量试验(oral glucose tolerance test,OGTT)是临床上检查葡萄糖耐量的常用方法。正常的健康人体糖代谢调节机制健全,即使一次性食入大量的糖,血糖水平也只是暂时升高,一般不会超过肾糖阈,短时间内就可以降到正常水平。如果摄入糖之后血糖水平升高不明显甚至不升高,或者血糖水平升高之后回落缓慢,均反映血糖调节机制存在障碍,称为葡萄糖耐量失常。

临床上常用的口服糖耐量试验具体实施方法:受试者先测定清晨空腹的血糖水平,然后在 5 min 内口服 75 g 无水葡萄糖,之后于 30 min、60 min、90 min 和 120 min 分别取血测定血糖水平。然后以时间作为横坐标,血糖浓度作为纵坐标,绘制曲线,称为耐糖曲线(图 7-6)。通过分析耐糖曲线可以了解机体对葡萄糖的调节能力,诊断与糖代谢异常有关的疾病。

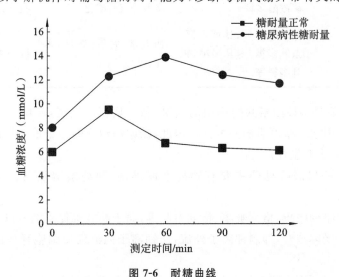

图 7-6 耐糖曲线

(1)正常健康人糖耐量曲线特点:空腹血糖水平正常;口服葡萄糖后血糖水平升高,在 1 h 内达到高峰,但不超过肾糖阈,糖尿阴性;1 h 后血糖水平逐渐回落,在 2~3 h 内降到正常水平,说明机体处理葡萄糖的能力较好。

(2)糖尿病患者糖耐量曲线特点:空腹血糖高于正常水平;口服葡萄糖后血糖水平急剧升高,并超过肾糖阈,出现糖尿;随后血糖水平降低缓慢,2~3 h 内血糖不能回落到空腹水平,说

明机体处理葡萄糖的能力降低。

此外,应激性糖尿、垂体前叶功能亢进、甲状腺功能亢进、肾上腺皮质功能亢进(库欣综合征)等都可引起糖耐量降低,其耐糖曲线也有类似特点。

第八节　糖类药物

糖类药物是指以糖类为基础的药物,包括单糖、多糖以及糖的衍生物等。糖类药物的来源非常广泛,大部分是天然化合物。多糖类药物具有多种生物活性(表7-11)。

表 7-11　部分糖类生物学作用

类　型	品　名	来源/中药来源	作　用
单糖及衍生物	葡萄糖	淀粉水解	营养作用
	甘露醇	海藻糖提取/地黄、防风、女贞子、冬虫夏草	降低颅内压、眼内压,利尿,抗脑水肿
	1,6-二磷酸果糖	酶转化法制备	抗心力衰竭、心肌缺血、心肌梗死
多糖及其衍生物	香菇多糖、灵芝多糖、人参多糖、黄芪多糖等	香菇、灵芝、人参、黄芪等	提高机体免疫力
	灵芝多糖、人参多糖、黄芪多糖、五味子多糖、枸杞多糖等	灵芝、人参、黄芪、五味子、枸杞	抗肿瘤
	硫酸酯多糖	多糖经硫酸酯化	抗病毒
	仙人掌多糖、甘蔗多糖、茶叶多糖、木耳多糖、银耳多糖等	仙人掌、甘蔗、茶叶、木耳、银耳	降血糖、降血脂

2型糖尿病往往是多种因素共同作用的结果,随着病程的发展,血糖有逐渐升高的趋势,而患者的高血糖会引起一些严重的并发症。因此,糖尿病治疗的一个重要目的就是降低血糖,减少血糖的波动,减少并发症。

目前临床应用的口服降糖药主要有胰岛素促泌剂、胰岛素增敏剂、α-葡萄糖苷酶抑制剂等。

磺脲类药物如格列喹酮、格列吡嗪、格列本脲等,属于胰岛素促泌剂,可以通过与胰岛β细胞膜外表面特异性受体结合,抑制钾离子外流,使钙离子内流促使细胞释放胰岛素,从而降低血糖。

罗格列酮和吡格列酮为噻唑烷二酮类药物,属于胰岛素增敏剂,可以减少胰岛素抵抗,促进外周组织利用葡萄糖,抑制肝脏葡萄糖的产生。

α-葡萄糖苷酶抑制剂能够抑制小肠刷状缘的α-葡萄糖苷酶,延缓肠道对葡萄糖的吸收,使餐后血糖升高延迟,提高糖耐量,减轻餐后高血糖对胰岛β细胞的刺激作用,因此,α-葡萄糖苷酶抑制剂可以防治餐后高血糖和缓解高胰岛素血症,也可以预防和治疗肥胖和高脂血症。常见的药物包括阿卡波糖、伏格列波糖、米格列醇。研究发现降糖中药中含α-葡萄糖苷酶抑制剂,它们在结构上属于黄酮类、生物碱类和皂苷类等。

二甲双胍是目前临床上治疗糖尿病的一线药物,该类药物也可以减少糖的来源,主要通过抑制肠道对葡萄糖的吸收,抑制肝脏糖异生,增加外周组织摄取和利用葡萄糖发挥降血糖的作用。二甲双胍还具有心血管保护作用,目前已成为治疗 2 型糖尿病的首选药物。

随着对糖尿病研究的深入,新的作用靶点和新的作用机制的药物不断被发现,如人胰高血糖素样肽-1(GLP-1)受体激动剂(如利拉鲁肽,商品名诺和力)、二肽基肽酶-4(DPP-IV)抑制剂(如西格列汀、沙格列汀等)和钠-葡萄糖协同转运蛋白 2(SGLT2)抑制剂(如达格列净、恩格列净)等。

【药考提示】糖尿病口服降糖药的合理使用及用药注意事项。

本章小结

糖代谢	学习要点
概念	糖无氧氧化、糖有氧氧化,糖原合成、糖原分解,糖异生,血糖
反应过程	糖无氧氧化、糖有氧氧化、三羧酸循环,糖原合成、糖原分解,糖异生
关键酶	糖酵解、糖有氧氧化、磷酸戊糖途径,糖原合成、糖原分解,糖异生
生物学意义	糖无氧氧化、糖有氧氧化、三羧酸循环、磷酸戊糖途径,糖原合成、糖原分解,糖异生
原理	糖的消化、吸收,血糖的调节,低血糖、高血糖、糖尿病

目标检测

目标检测
解析

一、填空题

1. 葡萄糖经_____酶或肝中_____酶催化可生成 6-磷酸葡萄糖。

2. 1,6-二磷酸果糖在醛缩酶催化下裂解为 2 分子磷酸丙糖,即_____和_____。

3. 在糖酵解过程中,由_____、_____及_____三个酶所催化的反应是不可逆的。

4. 在有氧条件下,每分子葡萄糖彻底氧化时,可净生成_____或_____分子 ATP。

5. 血糖的来源有:食物中糖的消化与吸收、_____和_____。

二、判断题

1. 肌糖原中的一个葡萄糖基在肌肉组织细胞中经糖有氧氧化净产生 32 分子 ATP。
（　　）

2. 磷酸戊糖途径中有两次脱氢,氢通过 NADH 氧化呼吸链氧化。（　　）

3. 葡萄糖的吸收是耗能的主动转运过程。（　　）

4. 糖皮质激素可以升高血糖。（　　）

5. 成熟红细胞的供能方式是糖的有氧氧化。（　　）

6. 机体根据需要,糖、脂肪、蛋白质之间可以通过三羧酸循环自由转化。（　　）

三、问答题

1. 试比较糖无氧氧化与糖有氧氧化的不同点。

2. 人体内 6-磷酸葡萄糖可以进入哪些代谢途径?

3. 计算 1 分子葡萄糖在肌肉组织中彻底氧化可净生成多少分子 ATP?

4. 血糖有哪些来源和去路?

5. 根据糖尿病的发病机制,试从生物化学角度简述糖尿病患者"三多一少"的病因。

在线答题

（武慧敏）

 NOTE

本章PPT

案例导入
解析

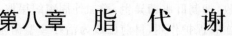

第八章 脂 代 谢

学习目标

1. 掌握脂类、脂类代谢概念，脂类代谢生物学意义；脂肪的功能；三酰甘油的中间代谢；胆固醇的转化；血脂的组成；血浆脂蛋白的分类、组成和生理功能。

2. 熟悉脂肪的结构、脂类分布及生理功能；血浆脂蛋白的代谢、甘油磷脂的代谢、胆固醇的代谢。

3. 了解脂类的消化吸收；磷脂、胆固醇的结构；脂类代谢紊乱。

脂类是重要的生命物质之一，在机体内发挥着重要的作用。人体脂类以体内合成为主，食物中的脂类被摄入后在人体进行再加工后才被利用。脂类代谢与生命活动、健康状态、疾病发生的关系密切。机体脂类代谢失衡或紊乱会引发肥胖症、脂肪肝、动脉硬化、冠心病等代谢相关疾病。

案例导入

小莉是个爱美的姑娘，为了减肥她几乎杜绝了所有含油脂的食物，但是她特别喜欢吃蛋糕等甜食。令小莉郁闷的是，一段时间后她的体脂指标非但不降反而上升了，在体检中还发现患上了脂肪肝。

1. 为什么小莉控制了脂肪摄入量，但体脂还会增高？

2. 脂类代谢与人体生理功能、疾病发生与发展有哪些关系？

3. 请给小莉制订一个健康的实施计划，做到在保持身体健康的同时将体脂指标控制在正常范围内。

第一节 概 述

一、脂类的概念与生物学功能

脂类包括脂肪和类脂。脂肪即甘油三酯（triglyceride，TG），也称三酰甘油（triacylglycerol）。类脂包括胆固醇及胆固醇酯、磷脂和糖脂等。脂类的共同性质是微溶或不溶于水，易溶于氯仿、乙醚、苯、石油醚等有机溶剂，即具有脂溶性。

（一）脂类的构成

1. 甘油三酯 甘油三酯是甘油的三个羟基分别被相同或不同的脂肪酸酯化所形成（图8-1）的，其酯酰链构成复杂，长度和饱和度变化多样。生物体内还存在少量甘油一酯（monoacylglycerol）和甘油二酯（diacylglycerol，DAG），由于它们的组织与结构不同，在体内

NOTE

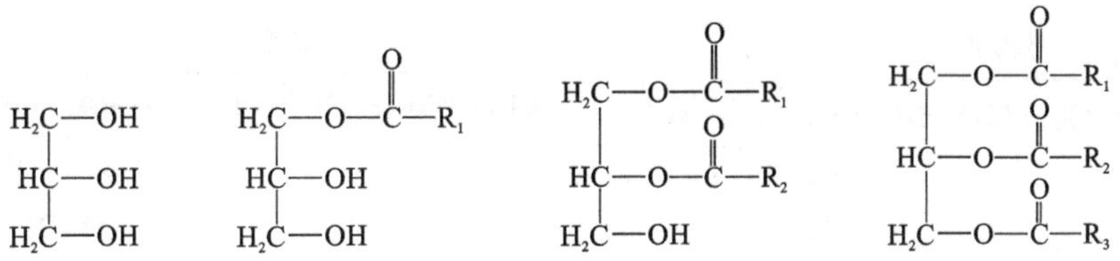

图 8-1 甘油和甘油酯结构

甘油　　　甘油一酯　　　甘油二酯　　　甘油三酯

的分布和功能也不相同。

2. 磷脂(phospholipids) 由甘油或鞘氨醇、脂肪酸、磷酸和含氮化合物组成(图 8-2)。含甘油的磷脂称为甘油磷脂(glycerophospholipids),因取代基团—X 不同,构成的甘油磷脂也不同(表 8-1),甘油磷脂结构通式如下:

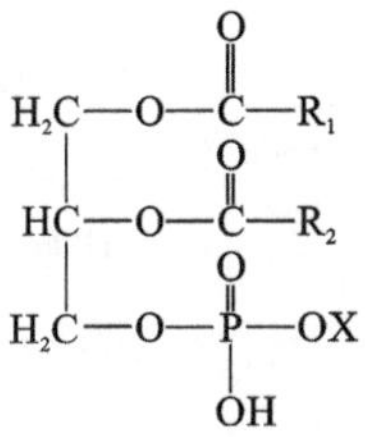

图 8-2 甘油磷脂结构通式

表 8-1 体内几种重要的甘油磷脂

HO-X	X 取代基团	甘油磷脂类型
水	—H	磷脂酸
胆碱	—$CH_2CH_2N^+(CH_3)_3$	磷脂酰胆碱(卵磷脂)
乙醇胺	—$CH_2CH_2N^+H_3$	磷脂酰乙醇胺
丝氨酸	—CH_2—$\overset{N^+H_3}{CHCOOH}$	磷脂酰丝氨酸
肌醇	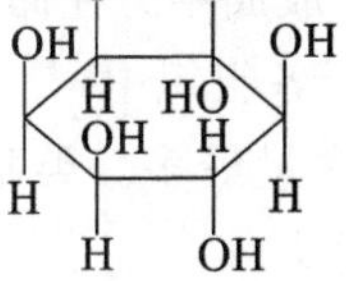	磷脂酰肌醇
甘油	—$CH_2CHOHCH_2OH$	磷脂酰甘油
磷脂酰甘油	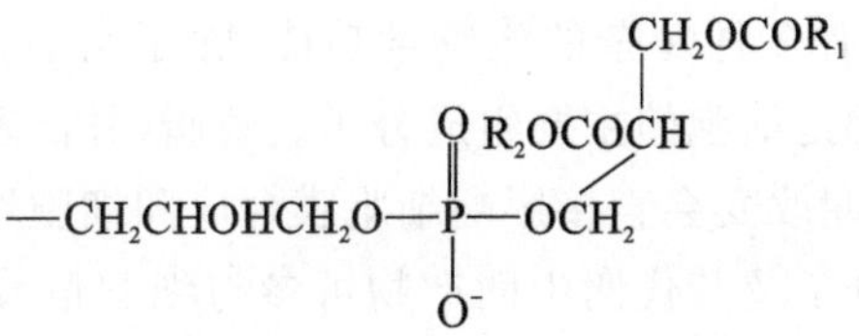 —$CH_2CHOHCH_2$O—$\overset{O}{\underset{O^-}{P}}$—$\overset{CH_2OCOR_1}{\underset{OCH_2}{OR_2OCOCH}}$	二磷脂酰甘油(心磷脂)

含鞘氨醇(sphingosine)或二氢鞘氨醇(dihydrosphingosine)的磷脂称为鞘磷脂(sphingophospholipids)。鞘氨醇的氨基以酰胺键与 1 分子脂肪酸结合成鞘脂母体结构——神经酰胺(ceramide)。因取代基—X 不同,可分为鞘磷脂和鞘糖脂(sphingoglycolipid)两类。鞘磷脂的取代基为磷酸胆碱或磷酸乙醇胺,鞘糖脂的取代基可为葡萄糖、半乳糖或唾液酸等(图 8-3)。

3. 胆固醇 属固醇类(steroids)化合物,由环戊烷多氢菲母体结构衍生形成。根据 C_3 羟

133

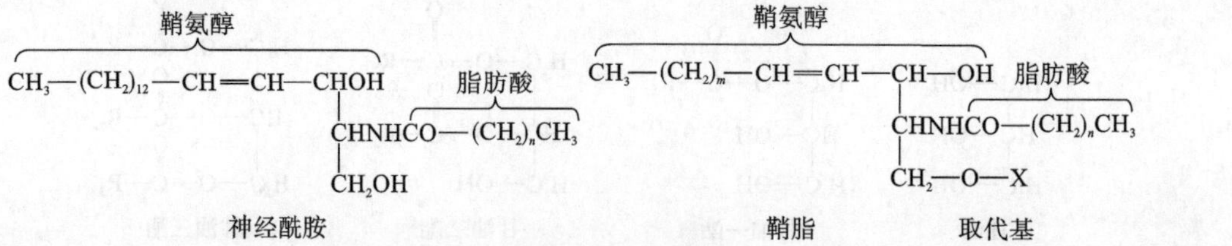

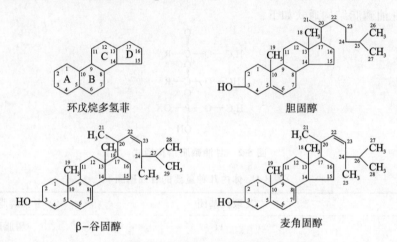

图8-3 神经酰胺和鞘脂结构

基是否被取代或 C_{17} 侧链(一般为 8 至 10 个碳原子)不同而分为不同类固醇(图8-4)。动物体内最丰富的类固醇化合物是胆固醇(cholesterol),植物中含植物固醇,其中最多的是 β-谷固醇(β-sitosterol),酵母中含有麦角固醇(ergosterol)。

环戊烷多氢菲　　　　胆固醇

β-谷固醇　　　　麦角固醇

图8-4 胆固醇和类固醇结构

(二)脂类的分布

大部分脂肪储存于脂肪组织中,即储存在皮下、大网膜、肠系膜及肾周围等处脂肪组织中,通常这些部位被称为脂库。脂库的功能是储存脂肪,这类脂肪亦称为储存脂,分布在皮下、内脏周围的脂肪有调节体温、保护内脏等作用。储存脂也称为可变脂,受机体营养状态、运动情况、神经和激素等因素的影响而发生改变,一般成年男性储存脂总量约占体重的 21%,成年女性储存脂总量约占体重的 26%。类脂分布于各组织中,是构成生物膜的基本成分。人体内类脂总量约占体重的 5%,以神经组织中类脂含量最多。类脂含量不易受营养和机体活动的状态改变而变动,因此被称为固定脂或恒定脂。

(三)脂类的生物学功能

脂类是三大营养素之一,具有多种复杂的生物学功能,除了与能量供应和储存密切相关外,脂类还有两个方面的作用:①是细胞的主要组成分子。磷脂(甘油磷脂和鞘磷脂等)和胆固醇是细胞膜的主要成分,脂类代谢改变会直接影响细胞膜合成和细胞增殖;②是细胞生命活动中的重要活性分子。多种脂类分子及其代谢中间产物可参与细胞信号转导、炎症和血管调节等,并与细胞增殖、细胞黏附和运动等密切相关。

1. 甘油三酯 分子体积小、氧化分解产能多,是机体主要供能和储能物质。1 g 甘油三酯彻底氧化可产生 38 kJ 能量,而 1 g 蛋白质或 1 g 碳水化合物只能产生 17 kJ 能量。甘油三酯是脂肪酸重要的储存库,甘油二酯还是重要的细胞信号分子。

2. 脂肪酸 是脂肪、胆固醇和磷脂的重要组成成分,具有多种重要生理功能。

(1)提供必需脂肪酸:人体自身不能合成而必须由食物提供的脂肪酸称为必需脂肪酸

(essential fatty acid，EFA)，必需脂肪酸是人体生长发育和维持正常生理活动所必需的，亚油酸(linoleic acid，ω-6)和 α-亚麻酸(α-linolenic acid，ω-3)是必需脂肪酸。花生四烯酸在人体内以亚油酸为原料合成，其合成过程需要消耗亚油酸，一般也归为必需脂肪酸。

(2)是磷脂的重要组成成分：磷脂是细胞膜的主要结构成分，磷脂与细胞膜的结构与功能直接相关。

(3)合成不饱和脂肪酸衍生物：前列腺素、血栓噁烷、白三烯是二十碳多不饱和脂肪酸衍生物，它们在机体内发挥重要的生理功能，如前列腺素使血管扩张和收缩、传导神经冲动等。

3. 磷脂 重要的结构分子和信号分子。

(1)磷脂是构成生物膜的重要成分：磷脂分子具有极性和非极性的双重特性，构成脂质双层的生物膜基础结构。磷脂可以帮助脂类或脂溶性物质顺利通过细胞膜，促进细胞内外物质交流；磷脂可以使体液中脂肪悬浮，利于脂肪吸收、转运和代谢；磷脂还能防止胆固醇在血管内沉积、降低血液黏度、促进血液循环等作用。

(2)磷脂酰肌醇是第二信使的前体：磷脂酰肌醇(phosphatidyl inositol)是细胞膜的重要组成成分，主要存在于细胞膜内层。其 4、5 位被磷酸化生成磷脂酰肌醇-4，5-二磷酸(phosphatiyl inositol-4,5-bisphosphate，PIP_2)。在激素等刺激后可分解成甘油二酯(DAG)和三磷酸肌醇(inositol triphosphate，IP_3)，能够在胞质内传递细胞信号。

4. 胆固醇 生物膜的重要成分，是具有重要生物学功能固醇类物质的前体。

(1)细胞膜基本结构成分：胆固醇中有亲水 C_3 羟基和疏水的环戊烷多氢菲和 C_{17} 侧链，能与磷脂的疏水端共存于细胞膜，是决定细胞膜性质的重要分子。

(2)转化成其他生物功能物质：胆固醇在体内内分泌腺作用下转化为类固醇激素，在肝内转变成胆汁酸，在体内转变为 7-脱氢胆固醇，然后在皮肤中经紫外线照射转变为维生素 D_3。

此外，脂肪还具有防止体温散失维持体温恒定、保护内脏器官、协助脂溶性维生素吸收等功能。脂类药物系脂肪、类脂及其衍生物的总称。其中具有特定的生理、药理效应者称为脂类药物，如卵磷脂由大豆及卵黄中提取，有防治动脉硬化和肝疾病的作用。

二、脂类的消化、吸收和储存

脂类消化的主要场所是小肠上段。膳食中的脂类主要为脂肪，即甘油三酯，此外还有少量磷脂、胆固醇等。唾液中没有脂肪水解酶，故脂肪不能在口腔中被消化，胃液中虽有少量由肠液反流至胃中的胰脂肪酶，但是由于成人胃液 pH 值为 1~2，不适合脂肪酶的存在，所以成人胃对脂肪的消化能力较弱。婴儿胃液 pH 值约为 5，乳汁中的脂肪已经乳化，所以脂肪在婴儿胃中可少量被消化，但是其主要消化场所还是在小肠内。

(一)胆汁酸盐协助脂质消化酶消化脂质

脂质不溶于水，不能与消化酶充分接触。食物到十二指肠时，胰液和胆汁经胰管和胆管分泌到十二指肠。胆汁中含有胆汁酸盐，具有较强的乳化作用，能够降低脂-水相间的界面张力，将脂质乳化成细小微团(micelles)，使脂质消化酶能够吸附在乳化微团的脂-水界面，增加消化酶和脂质接触面积，促进脂质消化。胰腺分泌脂质消化酶，包括胰脂酶(pancreatic lipase)、辅脂酶(colipase)、磷脂酶 A_2(phospholipase A_2，PLA_2)和胆固醇酯酶(cholesterol esterase)等。胰脂酶能水解甘油三酯产生 2 分子的脂肪酸和单酰甘油，后者进一步水解成甘油和脂肪酸。辅脂酶本身不具有脂酶活性，其通过疏水键和甘油三酯结合、通过氢键和胰脂酶结合，将胰脂酶锚定在乳化微团的脂-水界面，使胰脂酶和脂肪充分接触发挥水解作用，它还可防止胰脂酶在脂-水界面变性、失活。磷脂酶 A_2 催化磷脂水解生成脂肪酸和溶血磷脂。胆固醇酯酶水解胆固醇酯(cholesterol ester，CE)生成胆固醇(cholesterol)和脂肪酸。溶血磷脂、胆固醇可以协

NOTE

助胆汁酸盐将食物脂质乳化成更小的混合微团（mixed micelles），这种微团体积小、极性大，容易穿过小肠黏膜细胞表面的屏障被黏膜细胞吸收。

（二）脂质被吸收再合成进入血液循环

脂质及消化产物主要在十二指肠下段和空肠上段吸收。摄入脂质中少量由中链（6C～10C）、短链（2C～4C）脂肪酸构成的甘油三酯，经胆汁酸盐乳化后可以直接被肠黏膜细胞摄取，在细胞内脂肪酶作用下，水解生成脂肪酸和甘油，通过门静脉进入血液循环。

脂类消化产生的长链（12C～26C）脂肪酸、2-甘油一酯、胆固醇和溶血磷脂等，在小肠进入肠黏膜细胞。长链脂肪酸在小肠黏膜细胞内先被转化成脂酰 CoA，然后在滑面内质网脂酰 CoA 转移酶催化下，由 ATP 供能，转移到 2-甘油一酯羟基上，重新合成甘油三酯。最后和粗面内质网上合成的载脂蛋白（apolipoprotein，apo）、磷脂及胆固醇一起组装成乳糜微粒（chylomicron，CM），被肠黏膜细胞分泌、经淋巴系统进入血液循环（图 8-5）。

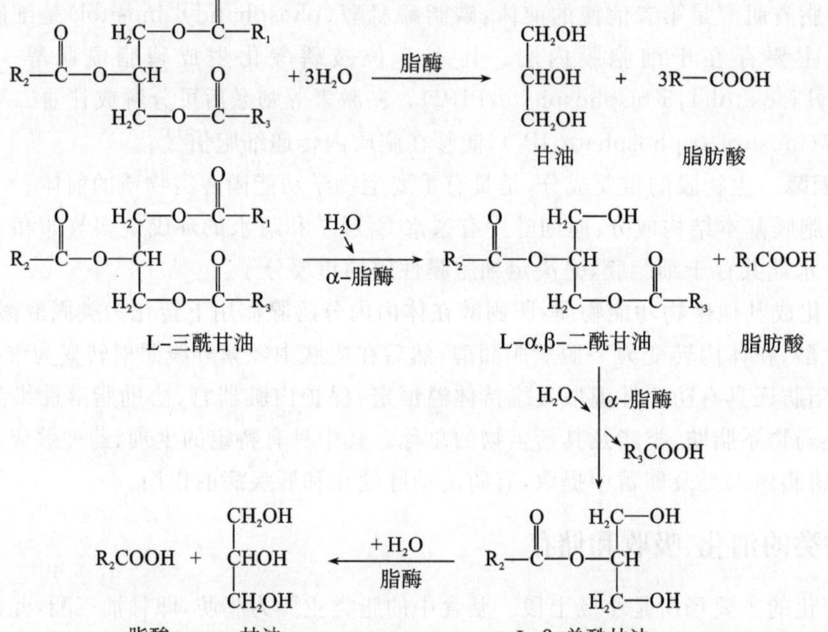

图 8-5　脂质被吸收再合成

三、脂类的运输和血浆脂蛋白

血浆中的脂类统称为血脂。血脂包括甘油三酯、磷脂、胆固醇及其酯、游离脂肪酸（free fatty acid，FFA）等。磷脂主要有磷脂酰胆碱、神经鞘磷脂及脑磷脂（磷脂酰乙醇胺与磷脂酰丝氨酸的总称）。血脂有外源性和内源性两种来源，前者从食物吸收入血，后者由肝细胞、脂肪细胞及其他组织细胞合成后释放入血。血脂含量不如血糖恒定，受膳食、运动、年龄、性别、生理状态等多种因素影响，波动范围较大。

血浆脂蛋白是脂质和蛋白质的复合体，不同脂蛋白所含脂质和蛋白质不同，其理化性质（密度、颗粒大小、表面电荷量）、免疫学性质及生理功能均有所不同。常采用电泳法和超速离心法将血浆脂蛋白进行分类命名。

（1）电泳法：在电场中各种脂蛋白的迁移率不同，按血浆脂蛋白在电场中移动的快慢可分为 α-脂蛋白、前 β-脂蛋白、β-脂蛋白和乳糜微粒（CM）4 类（图 8-6）。α-脂蛋白泳动最快，泳动位置相当于 α_1-球蛋白的位置；β-脂蛋白的泳动位置相当于 β-球蛋白的位置；前 β-脂蛋白的泳动

位置位于 α-脂蛋白和 β-脂蛋白之间,相当于 α₁-球蛋白的位置;乳糜微粒停留在原点(点样处)。

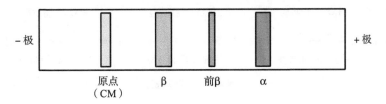

图 8-6 脂蛋白凝胶电泳示意图

（2）超速离心法:不同脂蛋白因所含脂质和蛋白质种类和数量不同,密度不一样。将血浆置于一定密度盐溶液中超速离心,各类脂蛋白会因密度不同而产生漂浮或沉降。根据沉降情况,可将脂蛋白颗粒从低密度到高密度依次分为乳糜微粒(CM)、极低密度脂蛋白(very low density lipoprotein,VLDL)、低密度脂蛋白(low density lipoprotein,LDL)、高密度脂蛋白(high density lipoprotein,HDL)四大类。分别相当于电泳分类中的 CM、前 β-脂蛋白、β-脂蛋白及 α-脂蛋白。

【药考提示】血浆脂蛋白的类型和特点。

第二节　脂肪的分解代谢

脂肪是体内脂质的主要存在形式,脂质供给机体能量依靠脂肪的分解。机体内的脂肪不断进行合成和分解。在合成方面,首先合成脂肪酸和甘油,再合成脂肪(甘油三酯);在分解方面,首先脂肪(甘油三酯)分解为甘油和脂肪酸,甘油基本按照糖代谢途径进行分解,甘油被肝脏和肾脏等摄取利用,脂肪酸在肝脏和肝外组织氧化分解,或在肝脏合成酮体向肝外输出利用,其分解代谢经 β-氧化成乙酰 CoA 进入三羧酸循环完全氧化,并产生能量(图 8-7)。

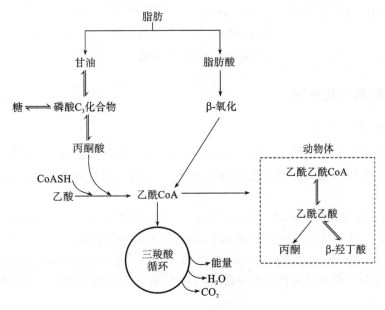

图 8-7 脂肪代谢的主要途径

一、脂肪动员

脂肪动员(fat mobilization)系指脂肪组织中甘油三酯在脂肪酶作用下,水解生成甘油和脂肪酸,供全身各组织细胞氧化利用的过程。该过程由脂肪酶催化经甘油二酯、甘油一酯逐步

NOTE

水解,最后成为甘油和脂肪酸(图8-8)。

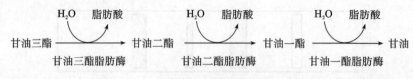

图8-8 脂肪动员

激素敏感性甘油三酯脂肪酶是脂肪动员的限速酶,其活性受到多种激素调控,故称为激素敏感性脂肪酶(hormone-sensitive triglyceride lipase,HSTL)。其中能够使甘油三酯脂肪酶活性增强的有肾上腺素、去甲肾上腺素、胰高血糖素、肾上腺皮质激素等,它们作用于脂肪细胞膜受体,促使胞质内激素敏感性脂肪酶磷酸化而激活,促进脂肪水解,故被称为脂解激素。胰岛素、前列腺素 F_2 等可降低激素敏感性脂肪酶活性,抑制脂肪水解,称为抗脂解激素。这两类激素的协同作用使体内脂肪的水解速度得到有效调节。禁食、饥饿或者交感神经兴奋时肾上腺素等脂解激素分泌增加,脂肪加速分解;餐后胰岛素分泌增加,脂肪分解速度降低。

二、甘油的氧化分解

脂肪动员产生的甘油经血液运输到肝、肾、小肠黏膜等组织细胞。在甘油激酶(glycerokinase)作用下,甘油转变为甘油-3-磷酸,然后脱氢生成磷酸二羟丙酮,进入糖代谢途径分解生成 CO_2 和 H_2O,并释放能量(图8-9)。若血糖浓度较低时,可转变为葡萄糖和糖原。肝中甘油激酶活性最高,脂肪动员产生的甘油主要被肝摄取利用,脂肪和骨骼肌的甘油激酶活性较低,对甘油的摄取利用有限。

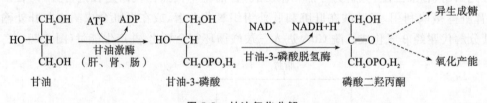

图8-9 甘油氧化分解

三、脂肪酸的氧化分解

(一)脂肪酸 β-氧化

脂肪动员产生的游离脂肪酸在氧供应充足时,可经脂肪酸活化、转移到线粒体、β-氧化生成乙酰 CoA、乙酰 CoA 进入柠檬酸循环彻底氧化 4 个阶段,最后分解生成 CO_2 和 H_2O,并释放 ATP。

1. 脂肪酸活化生成脂酰 CoA 脂肪酸先在细胞质中活化,由内质网、线粒体外膜上的脂酰 CoA 合成酶(acyl-CoA synthetase)催化生成脂酰 CoA,该过程需要 ATP、CoA-SH 及 Mg^{2+} 参与(图8-10)。脂酰 CoA 含高能硫酯键,可以提高反应活性和增加脂肪酸的水溶性,从而提高脂肪酸代谢活性。活化反应产物焦磷酸(PPi)生成后立即被细胞内焦磷酸酶水解,防止反应逆向进行。

图8-10 脂肪酸活化代谢

2. 脂酰 CoA 进入线粒体 脂肪酸氧化酶系存在于线粒体基质中,因此活化的脂酰 CoA

必须进入线粒体才能被氧化。长链脂酰 CoA 无法直接穿过线粒体内膜,需要在线粒体膜两侧的肉碱(carnitine,L-β 羟基-γ-三甲氨基丁酸)的协助下将脂酰基转移入线粒体基质内,进入基质的脂酰基又重新转变为脂酰 CoA,然后进行氧化分解。线粒体膜两侧有肉碱脂酰转移酶(carnitine acyltransferase),线粒体外膜有肉碱脂酰转移酶 I,线粒体内膜内侧有肉碱脂酰转移酶 II,前者催化长链脂酰 CoA 转变为脂酰肉碱进入线粒体膜,后者将酰基转移给线粒体内的 CoASH 重新转变为脂酰 CoA,释放肉碱。脂酰 CoA 在线粒体基质中酶的催化下进行 β-氧化(图 8-11)。

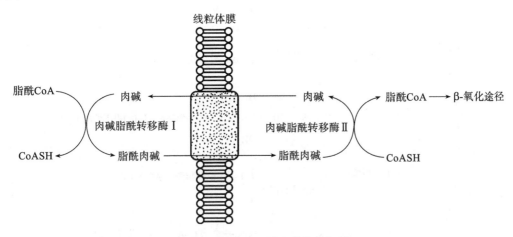

图 8-11　脂酰 CoA 进入线粒体机制

肉碱脂酰转移酶 I 是脂肪酸 β-氧化的关键酶,脂酰 CoA 进入线拉体是脂肪酸 β-氧化的限速步骤。当饥饿、高脂低糖膳食或糖尿病时,机体没有充足的糖供应,或不能有效利用糖,机体需靠脂肪酸供能,此时肉碱脂酰转移酶 I 活性增加,脂肪酸氧化增强。当饱食后则脂肪酸合成加强,肉碱脂酰转移酶 I 活性被抑制,随之脂肪酸的氧化被抑制。

3. 脂肪酸 β-氧化　线粒体中存在脂肪酸氧化酶体系的多酶复合体,在该酶系中多个酶顺序催化下,进入线粒体基质后的脂酰 CoA 从脂酰基的 β 位碳原子开始氧化分解,故称为 β-氧化。β-氧化过程包括脱氢、加水、再脱氢及硫解 4 个连续循环反应步骤(图 8-12)。

(1) 脱氢生成烯脂酰 CoA:脂酰 CoA 经脂酰 CoA 脱氢酶催化,从 α、β 碳原子各脱下一个氢原子,由 FAD 接受生成 $FADH_2$,并同时生成反 Δ^2 烯脂酰 CoA。

(2) 加水生成羟脂酰 CoA:反 Δ^2 烯脂酰 CoA 经烯脂酰 CoA 水化酶催化,加水生成 L-(+)-β-羟脂酰 CoA。

(3) 再脱氢生成 β-酮脂酰 CoA:β-羟脂酰 CoA 在 L-(+)-β-羟脂酰 CoA 脱氢酶催化下,脱下 2H,由 NAD^+ 接受 H 生成 NADH,同时生成 β-酮脂酰 CoA。

(4) 硫解产生乙酰 CoA:β-酮脂酰 CoA 在 β-酮硫解酶催化下,加 CoA-SH 使碳链在 β 位断裂,产生 1 分子乙酰 CoA 和少 2 个碳原子的脂酰 CoA。

经过上述四步反应后的脂酰 CoA 再反复进行如上反应,每次反应缩短 2 个碳原子,最终全部分解为乙酰 CoA。

(5) 乙酰 CoA 彻底氧化:脂肪酸 β-氧化生成乙酰 CoA 在线粒体中进入三羧酸循环,彻底氧化生成 CO_2 和 H_2O,并释放大量能量满足人体活动需要;一部分乙酰 CoA 在线粒体中缩合生成酮体。脂肪酸氧化过程中释放大量能量,一部分以热能形式维持体温,其余以化学能形式储存在 ATP 分子中。

例如,软脂酸是 16 个碳原子的饱和脂肪酸,需要经过 7 次氧化,产生 7 分子 $FADH_2$,7 分子 NADH+H$^+$ 及 8 分子乙酰 CoA。因此 1 分子软脂酸在 β-氧化阶段生成(1.5+2.5)×7=

NOTE

28分子ATP,在三羧酸循环阶段生成$10\times8=80$分子ATP。因为脂肪酸活化时消耗了相当于2分子ATP,所以1分子软脂肪酸完全氧化分解净生成$28+80-2=106$分子ATP。

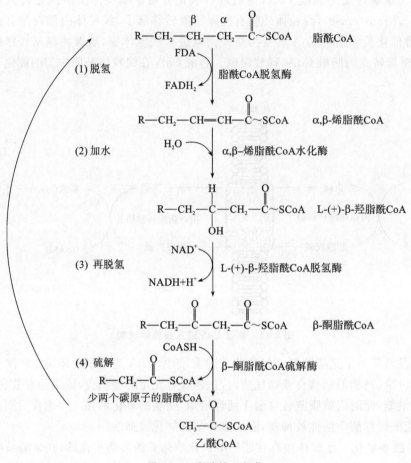

图8-12 脂肪的β-氧化

(二)脂肪酸其他氧化方式

脂肪酸的氧化除了β-氧化外,还有ω-氧化、α-氧化、奇数碳链脂肪酸氧化、不饱和脂肪酸氧化等。

(1)脂肪酸ω-氧化:ω-氧化是动物体内中长链(8C～12C)脂肪酸在动物的肝、肾微粒体中进行,经羟化酶催化使其ω端(即距羧基最远的一端)氢被氧化生成ω-羟脂酸,然后再氧化生成二羧酸,后者进入线粒体进行β-氧化,最后剩下琥珀酸直接参加三羧酸循环被氧化。

(2)脂肪酸α-氧化:α-氧化主要在哺乳动物的肝脏和脑组织中进行,由微粒体氧化酶系催化完成。脂肪酸在羟化酶催化下,α碳原子上的氢被氧化成α羧基生成羟脂酸,后者继续氧化脱羧生成了较原脂肪酸少一个碳原子的脂肪酸,然后再进入β-氧化步骤。

(3)奇数碳链脂肪酸氧化:人体内有极少量的奇数碳脂肪酸,它们经过β-氧化,产物除生成乙酰CoA外,生成了1分子丙酰CoA,丙酰CoA经丙酰CoA羧化酶催化生成甲基丙二酰CoA,经变位酶作用生成琥珀酰CoA,再进入三羧酸循环彻底被氧化。

(4)不饱和脂肪酸氧化:生物体内大约有半数以上是不饱和脂肪酸,不饱和脂肪酸在线粒体内也进行β-氧化。但是饱和脂肪酸β-氧化中产生反式烯脂酰CoA,天然不饱和脂肪酸中的双键为顺式,因此当不饱和脂肪酸在氧化过程中产生顺式Δ^3中间产物时,β-氧化就不能继续进行,需要线粒体内特异反脂酰CoA异构酶催化,将$\Delta^3\rightarrow\Delta^2$反式构型,然后按β-氧化继续进行分解。

四、酮体的生成和利用

脂肪酸在肝内 β-氧化生成大量乙酰 CoA,部分乙酰 CoA 被转变成酮体(ketone bodies),向肝外输出,酮体包括乙酰乙酸(acetoacetic acid)(约占 30%)、β-羟丁酸(β-hydroxybutyric acid)(约占 70%)和丙酮(acetone)(微量)。

(一)酮体在肝内生成

酮体的生成以脂肪酸 β-氧化生成的乙酰 CoA 为原料,在肝线粒体内由酮体合成酶系催化完成。肝脏是分解脂肪酸最活跃的器官之一,脂肪酸在肝内经过 β-氧化生成的乙酰 CoA 大大地超过了其自身所需要的乙酰 CoA,大部分过量的乙酰 CoA 被肝内酮体合成酶催化合成了酮体。如图 8-13 所示,酮体在肝内生成主要由四个步骤完成。

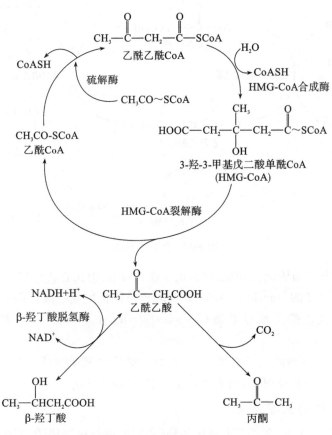

图 8-13 酮体的生成过程

(1)乙酰乙酰 CoA 生成:2 分子乙酰 CoA 在乙酰乙酰 CoA 硫解酶(thiolase)催化,释放 1 分子 CoASH,缩合成乙酰乙酰 CoA。

(2)乙酰乙酰 CoA 与乙酰 CoA 缩合成 HMG-CoA:经羟甲基戊二酸单酰 CoA 合酶(HMG-CoA synthase)催化,生成羟甲基戊二酸单酰 CoA(3-hydroxy-3-methyl glutaryl CoA,HMG-CoA),释放 1 分子 CoASH。

(3)HMG-CoA 裂解产生乙酰乙酸:HMG-CoA 在 HMG-CoA 裂解酶(HMG-CoA lyase)催化作用下,生成乙酰乙酸和乙酰 CoA。

(4)乙酰乙酸还原生成 β-羟丁酸:由 NADH 供氢,在 β-羟丁酸脱氢酶催化作用下生成 β-羟丁酸。少量乙酰乙酸脱羧转变成丙酮。

 NOTE

（二）酮体被肝外组织氧化利用

虽然肝组织内有活性较强的酮体合成酶系,但是肝脏缺乏利用酮体的酶系。而肝脏外许多组织具有活性很强的酮体利用酶,能够将酮体重新裂解生成乙酰CoA,经过三羧酸循环被彻底氧化。所以肝内生成酮体需要通过血液运输到肝脏外组织氧化利用。酮体肝外组织氧化利用过程如图8-14所示。

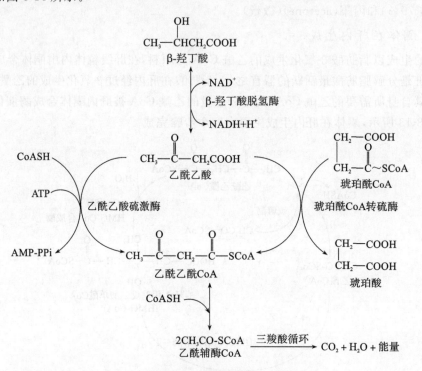

图8-14 酮体的利用

（1）乙酰乙酸利用前活化:乙酰乙酸活化途径有两条:①在心、肾、脑及骨骼肌组织线粒体内,由琥珀酰CoA转硫酶(succinyl CoA thiophorase)催化生成乙酰乙酰CoA。②在肾、心和脑组织线粒体内,经乙酰乙酸硫激酶(acetoacetyl thiokinase)催化,直接活化生成乙酰乙酰CoA。

（2）乙酰乙酰CoA硫解生成乙酰CoA:乙酰乙酰CoA硫解生成乙酰CoA,然后进入三羧酸循环被彻底氧化。一般情况下,丙酮生成量较少,可经肺呼出。

（三）酮体代谢的生理意义

酮体分子小、易溶于水,能够在血液中运输,还能够通过血脑屏障、肌组织毛细血管壁,很容易被运输到肝外组织中被利用。心肌和肾皮质利用酮体的能力大于利用葡萄糖的能力,脑组织虽然不能氧化分解脂肪酸,但却能有效利用酮体。当葡萄糖供应充足时,脑组织优先利用葡萄糖氧化供能;但是在葡萄糖供应不足或存在利用障碍时,酮体是脑组织的主要供能物质。正常情况下,血液中仅含少量酮体0.03~0.53 mmol/L(0.3~5 mg/dL)。饥饿、糖尿病或高脂低糖饮食时葡萄糖供应不足,需要依靠脂肪的氧化来供应机体所需能量,从而造成脂肪被大量动员,使酮体生成增加,当超过肝外组织利用酮体的能力时,会导致血液中酮体含量异常升高,称为酮血症;此时尿中也可出现大量酮体,称为酮尿症。乙酰乙酸和β-羟丁酸都是较强的有机酸,当血液中酮体过高时容易使血液pH值下降,导致酸中毒。酮症酸中毒是一种临床常见的代谢性酸中毒。治疗时除给予碱性药物外,还应对其酮症的病因,采取减少脂肪酸分解过多的措施来减少酮体的生成。

第三节 脂肪的合成代谢

人体除从食物中摄入甘油三酯外,还可在体内合成甘油三酯。合成途径主要有两条:①利用食物中脂肪转化为人体的脂肪,如小肠黏膜可吸收含必需不饱和脂肪酸的单酰甘油合成甘油三酯,称为外源性甘油三酯;②利用糖类物质合成甘油三酯,称为内源性甘油三酯,这是体内合成脂肪的主要途径。内源性甘油三酯的合成过程包括脂肪酸合成、甘油-3-磷酸的生成和甘油三酯的合成。

一、甘油-3-磷酸的生成

磷酸甘油主要由糖代谢的中间产物磷酸二羟丙酮还原生成,另外,肝、肾、肠等组织细胞中含有丰富的甘油激酶,来自脂肪动员的甘油,在甘油激酶的催化作用下磷酸化生成甘油-3-磷酸(图 8-15)。

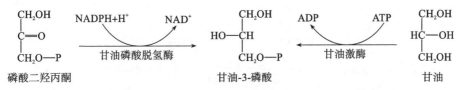

图 8-15 甘油-3-磷酸的生成

二、脂肪酸的合成

1. 部位和原料

人体肝、肾、乳腺、脂肪等组织的细胞质内可合成脂肪酸,其中肝脏的合成能力最强。合成脂肪酸的直接原料包括乙酰 CoA、NADPH＋H$^+$ 供氢、ATP 供能、CO_2 和 Mg^{2+} 等。糖、脂肪和蛋白质氧化分解均可产生乙酰 CoA,其中糖的氧化分解是乙酰 CoA 的主要来源,NADPH＋H$^+$ 主要来自磷酸戊糖途径。

脂肪酸合成酶系存在于胞质内,乙酰 CoA 全部产生于线粒体内。乙酰 CoA 必须进入胞质内才能参与脂肪酸的合成。乙酰 CoA 无法自由透过线粒体内膜,必须通过柠檬酸-丙酮酸循环过程被转运入胞质内。在此循环中,线粒体内的乙酰 CoA 和草酰乙酸缩合生成柠檬酸,柠檬酸通过线粒体内膜上的载体转运入胞质内,再经柠檬酸裂解酶的作用,裂解生成乙酰 CoA 和草酰乙酸。乙酰 CoA 即可作为原料,参与脂肪酸合成。草酰乙酸在苹果酸脱氢酶作用下还原成苹果酸,该产物继续受苹果酸酶催化发生氧化脱羧生成丙酮酸,再进入线粒体羧化为草酰乙酸。另外,苹果酸亦可直接进入线粒体,再氧化生成草酰乙酸,草酰乙酸与另一分子乙酰 CoA 缩合成柠檬酸,继续转运乙酰 CoA(图 8-16)。

2. 合成过程

(1) 乙酰 CoA 的羧化:脂肪酸合成的第一步是乙酰 CoA 羧化成丙二酸单酰 CoA(图 8-17)。

催化该反应的乙酰 CoA 羧化酶是脂肪酸合成过程中的限速酶,辅酶是生物素,Mn^{2+} 是激活剂。乙酰 CoA 羧化酶受变构调节和化学修饰调节:①柠檬酸是其变构激活剂,长链脂肪酸是其变构抑制剂;②乙酰 CoA 羧化酶可受磷酸化修饰调节,饥饿时,胰高血糖素分泌促使其磷酸化修饰受到抑制,脂肪酸的合成减少;饱食后,胰岛素分泌增加,促使其去磷酸化修饰受到激活,脂肪酸的合成增加。

NOTE

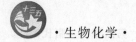

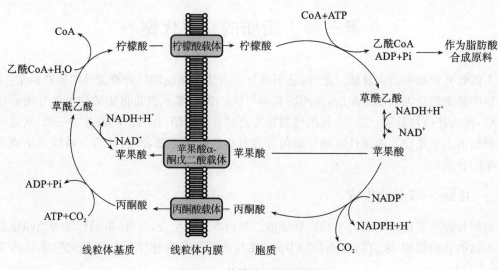

图 8-16 柠檬酸-丙酮酸循环

图 8-17 乙酰 CoA 羧化成丙二酸单酰 CoA

(2) 软脂酸的合成:催化脂肪酸合成的酶是个多功能酶复合体,催化其以 2C 为单位逐步加成形成了十六碳软脂酸。该酶系由一个酰基载体蛋白乙酰 CoA-ACP 转酰基酶(ACP)和围绕在其四周的至少六种酶组成。它们分别是:①乙酰 CoA-ACP 转酰基酶;②丙二酸单酰 CoA-ACP 转酰基酶;③酮脂酰-ACP 合成酶;④酮脂酰-ACP 还原酶;⑤羟脂酰-ACP 脱水酶;⑥烯脂酰-ACP 还原酶。在分子结构中有 1 个酰基载体蛋白(ACP)中心和 7 种酶活性中心,其催化过程包括脱羧缩合、加氢、脱水、再加氢 4 步反应,以乙酰 CoA 为初始反应物,从丙二酸单酰 CoA 获得两个碳原子后延长脂酰基链,重复 7 次生成软脂酸(图 8-18)。总反应式如下:

乙酰 CoA+7 丙二酸单酰 CoA+14NADPH+H$^+$ ——→软脂酸+6H$_2$O+7CO$_2$+8CoASH+14NADP$^+$

软脂酸再经碳链延长、去饱和等加工生成多种脂肪酸,此反应需在肝细胞的内质网或线粒体中进行。

三、脂肪(甘油三酯)的生物合成

乙酰 CoA 和甘油-3-磷酸是合成甘油三酯的直接原料。以甘油-3-磷酸为基础,在脂酰转移酶的催化下,依次接受 2 分子脂酰基生成磷酸甘油二酯(简称磷脂酸)。后者脱去磷酸基,接受 1 分子脂酰基生成甘油三酯(图 8-19)。

肝脏、脂肪组织和小肠黏膜是合成甘油三酯的主要场所。但是它们合成的原料和来源不同:①肝脏合成甘油三酯最多,其原料既有消化吸收的脂肪酸,也有以其他营养物质(葡萄糖为主)为原料合成的脂肪酸,亦有脂肪组织脂肪动员释放的脂肪酸;②脂肪组织合成甘油三酯所需的脂肪酸主要来自血浆脂蛋白;③小肠黏膜使用消化吸收的甘油一酯和游离脂肪酸合成甘油三酯。

NOTE

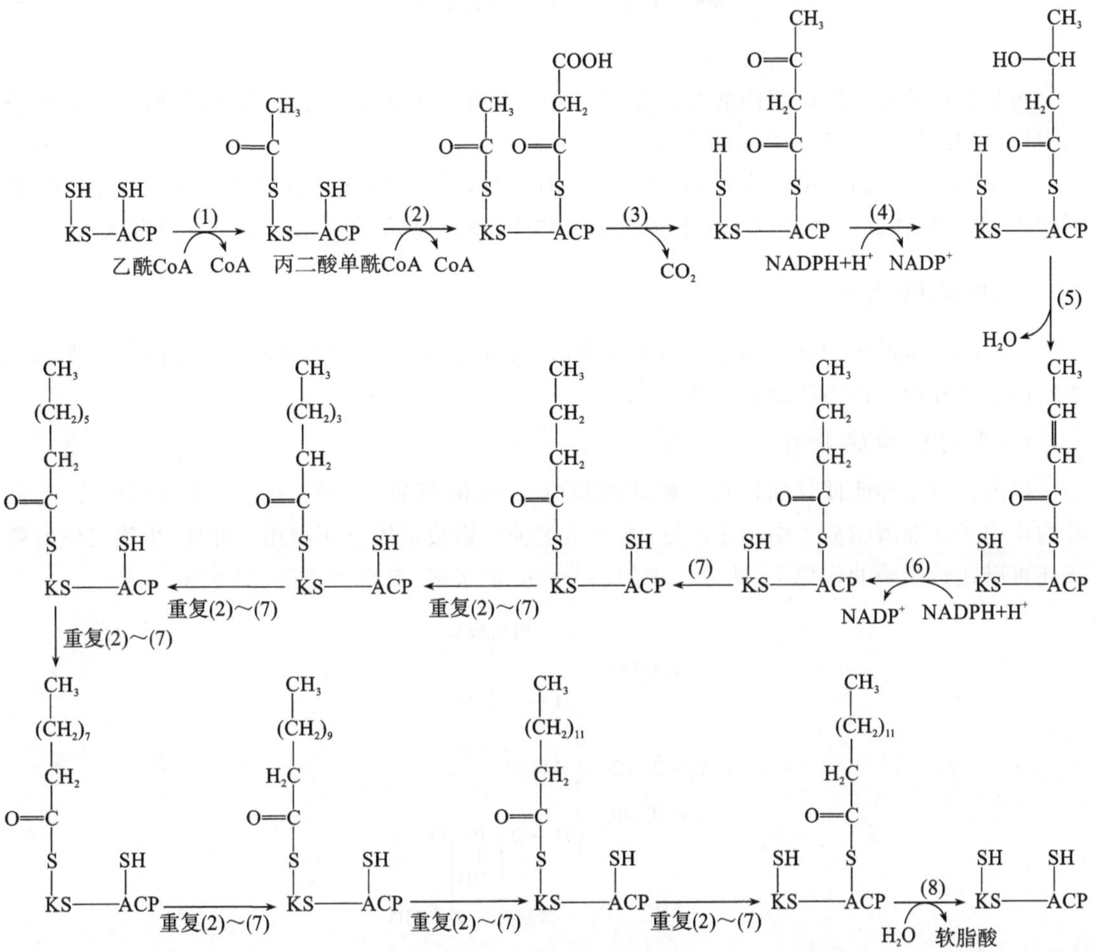

图 8-18　软脂酸的合成

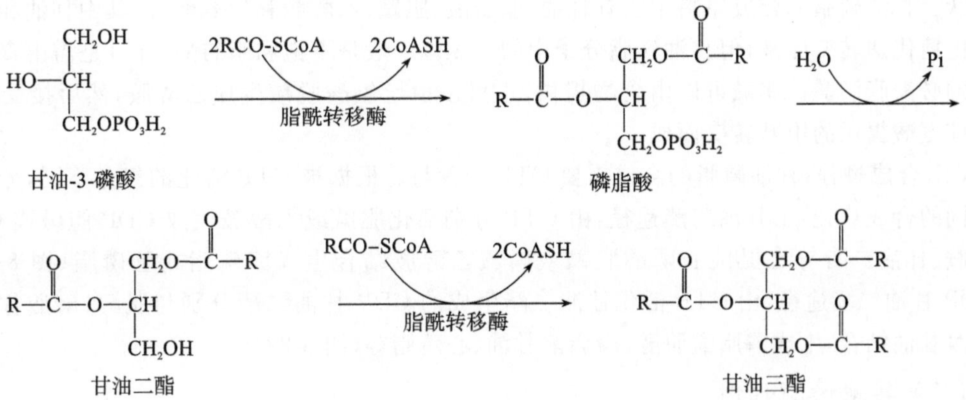

图 8-19　甘油三酯合成过程

第四节 类脂的代谢

类脂包括磷脂、糖脂、胆固醇及其酯等。磷脂不仅是生物膜的重要组成成分,而且对脂类的消化、吸收、转运等都发挥着重要的作用。胆固醇广泛分布于全身各组织中,其中约四分之一分布于脑和神经组织中。它在形成胆酸协助脂肪酸消化、构成细胞膜和构成激素中发挥重要作用,但是机体高胆固醇水平也和动脉粥样硬化、血栓形成、胆结石生成等密切相关。

一、磷脂的代谢

人体内含量最多的甘油磷脂是磷脂酰胆碱,又称卵磷脂,其次是磷脂酰乙醇胺,亦称脑磷脂。两者之和约占体内磷脂总量的75%。

(一)甘油磷脂分解

体内含有多种能使甘油磷脂水解的磷脂酶,包括磷脂酶A_1、A_2、B_1、B_2、C和D等。它们异构作用于甘油磷脂分子中特定酯键,会产生多种产物被机体重新利用。此外,生物膜中的磷脂还可以在磷脂酶的作用下,使分子中的部分成分被水解、更新和交换(图8-20)。

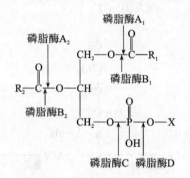

图8-20 甘油磷脂分解示意图

(二)甘油磷脂的合成

(1)合成部位与原料:体内许多组织细胞都可以合成磷脂,尤其以肝、肾和小肠等组织最为活跃。甘油磷脂的合成原料主要有甘油、脂肪酸、胆碱、乙醇胺和丝氨酸等,其中甘油和脂肪酸可由糖代谢转变而来,但甘油磷脂分子中的C-2位一般是不饱和脂肪酸,并且是需由食物中提供的必需脂肪酸。胆碱可以由食物提供,也可以由丝氨酸脱羧生成乙醇胺,然后接受S-腺苷甲硫氨酸提供的甲基转变而成。

(2)合成过程:甘油磷脂的合成需要CTP的参与。根据被CTP活化的组分不同,分为两条不同的合成途径:①甘油二酯途径,由CTP分别活化胆碱或乙醇胺生成CDP-胆碱或CDP-乙醇胺,甘油二酯与之提供的磷酸胆碱或磷酸乙醇胺结合生成卵磷脂或脑磷脂(图8-21);②CDP-甘油二酯途径,由CTP活化甘油二酯生成的CDP-甘油二酯分别与肌醇、磷酸甘油或磷脂酰甘油结合,生成磷脂酰肌醇、磷脂酰甘油、心磷脂等(图8-22)。

(三)其他磷脂代谢

鞘磷脂合成是在各组织细胞的滑面内质网内进行的。在酶的催化作用下,软脂酰CoA和丝氨酸反应生成鞘氨醇,鞘氨醇再与脂肪酸反应生成N-脂酰鞘氨醇,然后与CDP-胆碱反应,合成鞘磷脂。鞘磷脂在神经组织和脑组织中含量最高。鞘磷脂的降解可以在脑、肝、肾、脾等细胞的溶酶体中进行。正常情况下,鞘磷脂的合成和降解是处于动态平衡的。当机体先天缺

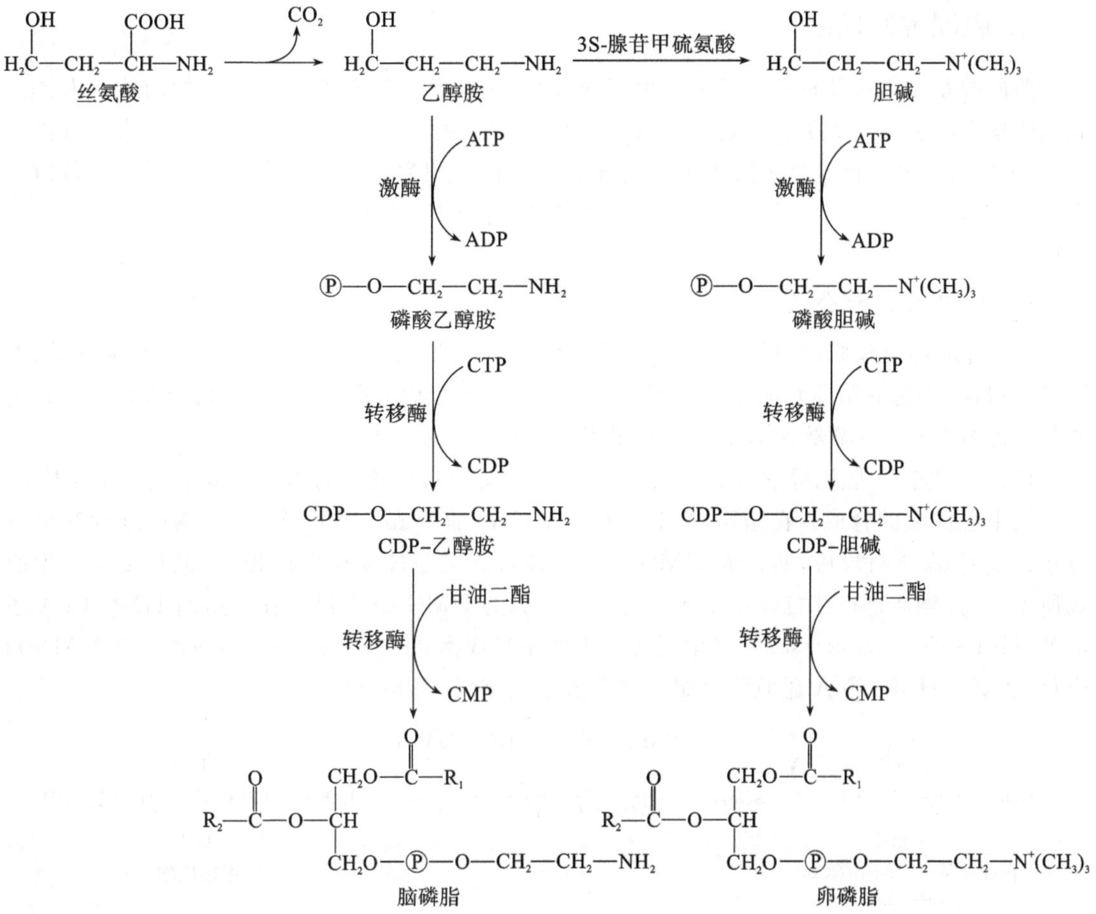

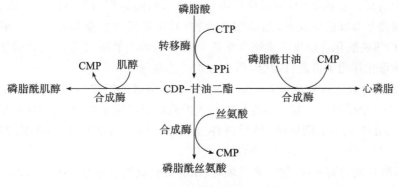

图 8-21 卵磷脂和脑磷脂的合成过程

图 8-22 CDP-甘油二酯合成途径

乏降解鞘磷脂的磷脂酶时,会导致过多的鞘磷脂沉积在细胞内,引发肝、脾肿大,智力迟钝等,这些病被统称为鞘脂病。

由以上代谢可以看出,脂肪和类脂主要在肝、肾、脂肪等组织中合成,合成原料及来源不同,意义也不同。脂肪组织合成的甘油三酯最多,合成原料主要来自食物消化的营养物(主要是葡萄糖)及脂肪动员的脂肪酸,但是肝脏合成的甘油三酯主要依靠 VLDL 运出肝脏,被肝外组织利用。正常肝脏所含脂类为肝脏的 4%～7%,其中半数为甘油三酯。如果肝脏中脂肪合成过多,且输出不完全的话,脂肪在肝脏中过量积存,若其中脂类达肝脏重量 10% 以上且主要为甘油三酯则成为脂肪肝。

二、胆固醇的代谢

胆固醇是生物膜和神经脊髓的重要组成成分，也是胆汁酸和类固醇激素的前体。人体内胆固醇按来源分为两大类：①从食物中摄取的胆固醇被称为外源性胆固醇，健康成人每日摄取0.1～0.2 g；②机体自身合成的胆固醇被称为内源性胆固醇。胆固醇广泛分布于全身各组织中，但分布极不均匀，其中约1/4分布在脑和神经组织中。肝脏是胆固醇合成与转化的主要场所。

（一）胆固醇的合成

（1）合成部位和原料：胆固醇合成的主要场所是肝脏，其次是小肠、皮肤、肾上腺皮质、性腺等组织，在细胞的胞质和内质网中进行合成。胆固醇合成的原料类似于脂肪酸的合成，直接原料是乙酰CoA，还需要NADPH＋H$^+$提供氢、ATP提供能量。

（2）合成过程：胆固醇的合成是大约有30步酶促反应的复杂过程。主要分为三个阶段：

①甲羟戊酸的合成。在胞质内，2分子乙酰CoA缩合成乙酰乙酰CoA，然后继续和另一分子乙酰CoA进行反应，缩合成HMG-CoA。该过程与酮体途径生成相同，但是反应发生的场所不一样，酮体是在线粒体中生成。胞质中生成的HMG-CoA继续在内质网HMG-CoA还原酶（HMG-CoA reductase）的催化下还原生成甲羟戊酸（mevalonic acid，MVA），由NADPH＋H$^+$供氢。HMG-CoA还原酶是胆固醇合成的关键酶（图8-23）。

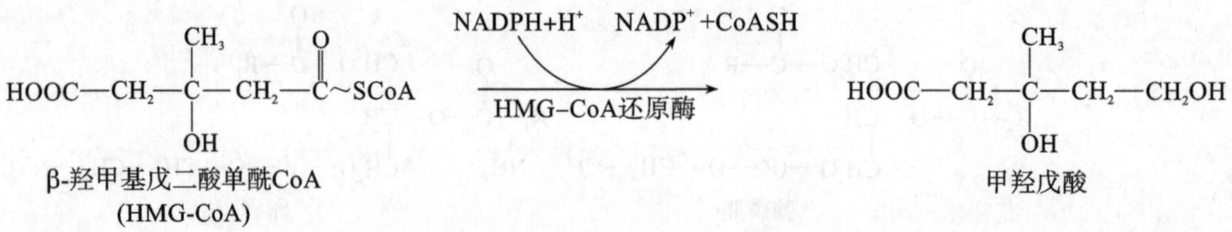

HOOC—CH$_2$—C(CH$_3$)(OH)—CH$_2$—C～SCoA $\xrightarrow[\text{HMG-CoA还原酶}]{\text{NADPH+H}^+ \quad \text{NADP}^+ \text{+CoASH}}$ HOOC—CH$_2$—C(CH$_3$)(OH)—CH$_2$—CH$_2$OH

β-羟甲基戊二酸单酰CoA (HMG-CoA) → 甲羟戊酸

图8-23 甲羟戊酸的生成

②鲨烯的合成。在胞质中，甲羟戊酸继续在一系列酶的作用下，由ATP供能，经过磷酸化、脱羧基、脱羟基等反应生成5C焦磷酸化合物（异戊烯焦磷酸及其异构物二甲基丙烯焦磷酸）；3分子5C焦磷酸化合物进一步缩合形成15C焦磷酸法尼酯；2分子焦磷酸法尼酯在内质网鲨烯合成酶催化作用下再进行缩合，还原为30C的鲨烯。

③胆固醇的合成。鲨烯是含30C的多烯烃，与胆固醇的组成与结构相比，鲨烯未形成环状结构，并多了3个碳原子。鲨烯与胞质中的固醇载体蛋白质结合，在内质网加单氧酶和环化酶等作用下，环化生成羊毛脂固醇，然后再经过氧化、脱羧、还原等过程，生成27C的胆固醇（图8-24）。

（3）胆固醇合成的调节：动物实验发现，大鼠肝脏合成胆固醇有昼夜节律性。即中午时合成的胆固醇最低，午夜时合成的胆固醇最高，这可能是与肝内HMG-CoA还原酶活性的昼夜节律变化有关。

①饥饿与饱食。饥饿或禁食时，可使HMG-CoA还原酶的蛋白合成减少、活性降低，也可能是由于乙酰CoA、NADPH＋H$^+$、ATP不足使胆固醇合成减少。相反，高糖、高脂膳食饱食时，可使HMG-CoA还原酶的活性增高，胆固醇合成增加。

②胆固醇。当膳食中摄入胆固醇量或自身胆固醇合成量增加时，可以反馈性抑制肝内HMG-CoA还原酶的合成，使肝内胆固醇合成量减少。但是，膳食胆固醇对小肠黏膜细胞内HMG-CoA还原酶无抑制作用。

③激素。胰高血糖素和皮质醇能够抑制HMG-CoA还原酶活性，使胆固醇的合成减少。胰岛素和甲状腺素能诱导肝细胞内HMG-CoA还原酶合成，增加胆固醇的合成。另外，甲状

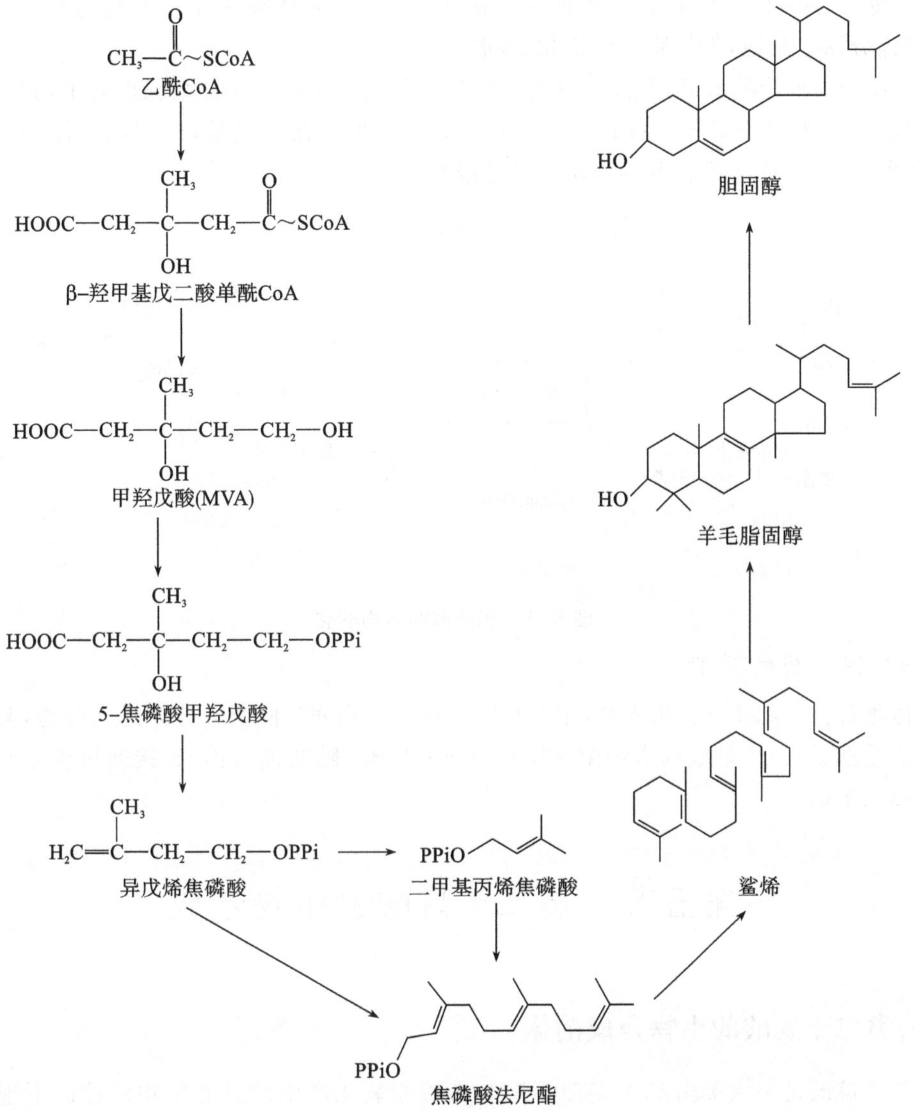

图 8-24　胆固醇合成简要过程

腺激素还能促进胆固醇在肝内转变为胆汁酸。因而,临床可见甲状腺功能亢进患者血清胆固醇含量下降,甲减患者则相反。

（二）胆固醇的酯化

血液中胆固醇大约三分之一是游离胆固醇,三分之二是胆固醇酯。胆固醇的酯化在各组织细胞和血浆中均能进行,脂酰 CoA 胆固醇酰基转移酶（acyl CoA cholesterol acyltransferase,ACAT）是组织细胞中催化胆固醇的酯化酶。在血浆中催化胆固醇酯化的酶统称为卵磷脂胆固醇脂酰转移酶（lecitin cholesterol acyltransferase,LCAT 或 PCCAT）。LCAT 是在肝脏细胞内合成后分泌入血浆中发挥作用的,当肝细胞受损时,可使该酶的合成和分泌均下降,使血浆胆固醇酯含量减少。临床上可以根据血浆胆固醇酯的含量变化推测肝脏功能。

（三）胆固醇的转化

胆固醇在体内不能彻底氧化分解为 CO_2 和 H_2O,但是可以代谢转化成一些有重要生理活性的物质（图 8-25）。

NOTE

（1）转变为胆汁酸：约有 80％的胆固醇在肝内转变为胆汁酸，胆汁酸以胆盐形式储存于胆囊，随胆汁分泌入肠道，促进脂类的消化、吸收。

（2）转变为类固醇激素：胆固醇是类固醇激素合成的前体。在肾上腺皮质中，胆固醇代谢转变为皮质醇、醛固酮等肾上腺皮质激素；在卵巢中，胆固醇转变成雌二醇、黄体酮等雌性激素，而在睾丸中，胆固醇则转变为睾酮等雄性激素。

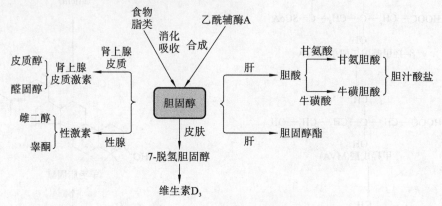

图 8-25　胆固醇的体内转化

（四）胆固醇的排泄

人体每日排出约 1.5 g 胆固醇，主要从肠道排泄。胆固醇随胆汁分泌进入肠道，其中大部分被肠道重新吸收；少量被肠道细菌作用还原成粪固醇，随粪便排出；直接通过皮脂腺排出的胆固醇约 0.1 g。

第五节　类二十烷酸的生物合成

一、类二十烷酸的生物合成前体

类二十烷酸是一大类由二十碳多不饱和脂肪酸氧化产生的具有生物活性的不饱和脂肪酸，也称类花生酸（eicosanoids），是重要的炎症因子，广泛存在于体液和组织中，调节体内众多生理和病理过程。类二十烷酸包括前列腺素类（prostaglandin），凝血噁烷类（thromboxane）和白三烯类（leukotriene），是许多哺乳动物组织产生的激素类物质。大多数的类二十烷酸是花生四烯酸（5,8,11,14-二十碳四烯酸的衍生物）（图 8-26）。

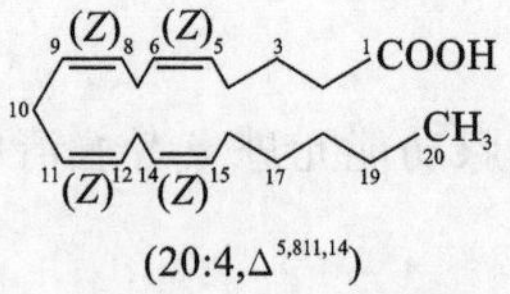

$(20:4, \Delta^{5,8,11,14})$

图 8-26　花生四烯酸

二、前列腺素与凝血噁烷的合成

（1）前列腺素类（prostaglandin，PG）：是一类具有二十碳原子的多不饱和脂肪酸衍生物，它参与许多机体生理过程的调节控制，促进炎症反应，参与生殖（如排卵、受孕和分娩时子宫的收缩）与消化过程。前列腺素以前列腺酸为基本骨架，有一个五碳环和两条侧链（R_1 和 R_2）（图 8-27）。根据五碳环上取代基团和双键位置不同，前列腺素分为 PGA～PGI 9 种类型。体内较多的是 PGA、PGE。PGC_2 及 PGH_2 是 PG 合成的中间产物。

（2）凝血噁烷类（thromboxane，TX）：也是一类二十碳不饱和脂肪酸的衍生物，具有前列腺酸样骨架但又不相同，五碳环被含氧噁烷取代。凝血噁烷 A_2（TXA_2）是该类化合物中最重要的一种（图 8-28），它主要由血小板产生，具有促进血小板凝聚和平滑肌收缩的作用。

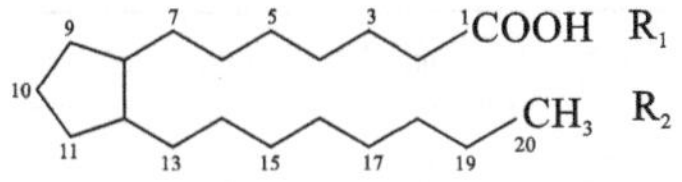

图 8-27　前列腺酸

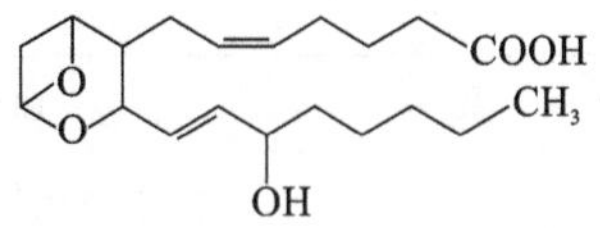

图 8-28　凝血噁烷 A_2

三、白三烯的合成

白三烯类（leukotriene，LT）：由花生四烯酸经脂（肪）氧合酶催化而合成。它最初是在白细胞中发现的，并且有三烯结构，故称为白三烯（图 8-29）。白三烯合成的初级产物是 LTA_4，在 5，6 位上有一氧环。如在 12 位加水引入羟基，并将 5，6 位环氧键断裂，则成为 LTB_4。LTA_4 的 5，6 位环氧键打开，6 位和谷胱甘肽反应则可生成 LTC_4、LTD_4 及 LTE_4 等衍生物。LTC_4、LTD_4 和 LTE_4 是过敏性反应的慢反应物质的组成成分，在炎症反应中起积极作用，具有很强的收缩支气管平滑肌的作用。

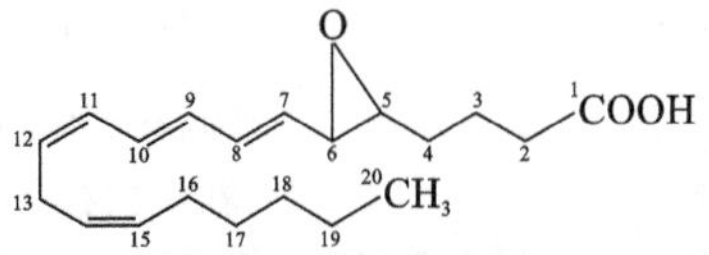

图 8-29　白三烯

第六节　脂类与药物科学

脂肪的主要生理功能是储能、供能及提供必需脂肪酸。血脂（blood-lipid）是血浆或血清中的脂质，包括胆固醇、胆固醇酯、甘油三酯、磷脂及它们与载脂蛋白形成的各种可溶性的脂蛋白（lipoproteins）。血浆中的脂蛋白有乳糜微粒、极低密度脂蛋白、低密度脂蛋白和高密度脂蛋白。血浆中各种脂质和脂蛋白保持基本恒定的浓度以维持相互的平衡，如果比例失调，则表示脂质代谢紊乱，主要表现为血液中甘油三酯、胆固醇、载脂蛋白和脂蛋白含量高于正常范围。过多的脂质可以沉积在血管壁和各组织内，引起动脉血管的粥样硬化和组织的脂肪样变。脂代谢紊乱可引发一些严重危害人体健康的疾病，包括高脂血症、动脉粥样硬化性心血管疾病、糖尿病、肿瘤等。

一、高脂血症

空腹血脂浓度持续高于正常水平即为高脂血症。临床上的高脂血症主要指血浆胆固醇及三酰甘油的含量单独超过正常上限含量，或者两者同时超过正常上限含量的异常状态。正常人的血浆胆固醇和三酰甘油的上限含量标准因地区、种族、饮食、年龄、职业及测定方法等的不同而有差异。一般成年人以空腹 12～14 h，血浆三酰甘油超过 2.26 mmol/L（200 mg/dL），胆固醇超过 6.21 mmol/L（240 mg/dL），儿童胆固醇超过 4.14 mmol/L（160 mg/dL）作为诊断标准。血脂在血浆中均以脂蛋白的形式存在和运输，因此高脂血症亦可认为是高脂蛋白血症（hyper lipoproteinemia）。1970 年世界卫生组织（WHO）建议将高脂蛋白血症分为六型。我国高脂蛋白血症主要为 Ⅱ 型和 Ⅳ 型（表 8-2）。

表 8-2　高脂蛋白血症分型

分　型	血浆脂蛋白变化	血脂变化
Ⅰ	乳糜微粒（CM）增加	三酰甘油（TG）↑↑↑，胆固醇↑
Ⅱa	低密度脂蛋白（LDL）增加	胆固醇↑↑

NOTE

分 型	血浆脂蛋白变化	血 脂 变 化
Ⅱb	低密度脂蛋白(LDL)及极低密度脂蛋白(VLDL)同时增加	三酰甘油(TG)↑↑,胆固醇↑↑
Ⅲ	中间密度脂蛋白(IDL)增加（电泳出现宽β带）	三酰甘油(TG)↑↑,胆固醇↑↑
Ⅳ	极低密度脂蛋白(VLDL)增加	三酰甘油↑↑
Ⅴ	极低密度脂蛋白(VLDL)及乳糜微粒(CM)同时增加	三酰甘油(TG)↑↑↑,胆固醇↑

高脂蛋白血症病因可分为原发性和继发性两大类。原发性高脂蛋白血症病因包括但并不全部为遗传性缺陷、家族史、肥胖、不良饮食和生活习惯、激素及神经调节异常等。继发性高脂蛋白血症病因是继发于某些疾病,如糖尿病、肾病、甲状腺功能减退等。

二、动脉粥样硬化

动脉粥样硬化(atherosclerosis,AS)是动脉硬化的一种,主要由于脂肪代谢紊乱、神经血管功能失调,引发大、中动脉内膜出现含胆固醇、类脂等黄色物质。会导致血栓形成、供血出现障碍,管腔狭窄甚至堵塞,从而影响了受累器官的血液供应,使动脉内皮细胞损伤、脂质浸润。冠状动脉如有上述变化,就会引起心肌缺血,甚至心肌梗死,即冠状动脉硬化性心脏病,简称冠心病。血浆 LDL 和 VLDL 增高的患者,冠心病的发病率显著上升。

高密度脂蛋白(HDL)水平与冠心病的发病率呈负相关。因为 HDL 能将外周细胞过多的胆固醇转变成胆固醇酯,并将其转运到肝脏进行代谢转化。降低 LDL 和 VLDL 水平提高 HDL 水平是防治动脉粥样硬化和冠心病的基本原则。

降低血脂可采取的措施有饮食控制、适量运动、服用降脂药物等。避免饮食过量,少摄入动物油和含高胆固醇、高脂肪、高糖食物;增加膳食中蔬菜、水果、豆类、牛乳制品比例;适当运动能增加骨骼肌和心肌细胞脂肪氧化,增加脂蛋白脂肪酶活性,有利于乳糜微粒和 VLDL 降解,运动还能够升高血浆中 HDL 含量,促进胆固醇逆向转运,是防止高脂血症和冠心病的重要措施;服用降脂药物可降低血脂胆固醇、三酰甘油水平。

三、肥胖症

全身性脂肪堆积过多而导致体内发生一系列病理生理变化,称为肥胖症。目前国际上用体重(质)指数(body mass index,BMI)作为肥胖度的衡量标准。BMI=体重(kg)/身高^2(m^2)。我国规定:BMI 在 18.5~23.9 为正常,24.0~27.9 为超重,高于 28 为肥胖。根据肥胖发生原因可分为单纯性肥胖和继发性肥胖两种。单纯性肥胖又称原发性肥胖,它无明显病因,其发生可能与遗传、饮食和运动习惯等因素有关。任何使能量摄入大于能量消耗的因素,都有可能引发单纯性肥胖,如食物摄入过量、体力活动过少、遗传因素等。继发性肥胖是由于服用了某些药物引起的,也称为医源性肥胖。诱发因素包括糖皮质激素(可的松、氢化可的松和地塞米松)、吩噻嗪、三环类抗抑郁药物、胰岛素等。如果颅脑手术损伤到下丘脑也可引起肥胖。虽然引起肥胖原因很多,除遗传因素和内分泌失调引起外,最常见的原因是热量摄入过多,体力活动过少,致使过多糖、脂肪酸、甘油、氨基酸等转变成三酰甘油储存于脂肪组织中。肥胖患者常伴有高血糖、高血脂、高血压和高胰岛素血症。肥胖症患者常会发生一系列内分泌和代谢改变,如血浆胰岛素浓度处于高水平,但耐糖能力却比常人低;糖转变成脂肪作用增强,血浆脂类中三酰甘油、游离脂肪酸和胆固醇都高于正常人。因此,肥胖症患者常合并发生糖尿病、冠心病、高血压、脑血管病,以及胆囊炎、胆石症和痛风症等。肥胖症的防治原则是控制饮食和增加活动量。

四、调节血脂药物

随着人们生活水平的不断提高,高脂血症及脂质代谢紊乱引发冠状动脉粥样硬化、动脉硬化、脂肪肝、糖尿病等疾病的发病率呈明显上升趋势,调整血液中脂蛋白的比例,维持相对恒定浓度,是预防和消除动脉粥样硬化的关键,因此调节血脂药物可被看作是心血管疾病的预防药物。根据作用效果不同,可将调节血脂药物分为 HMG-CoA 还原酶抑制剂、影响胆固醇和甘油三酯代谢药物两大类。

(1) HMG-CoA 还原酶抑制剂:血浆中胆固醇的来源途径有外源性和内源性两种。外源性胆固醇主要来源于食物,可通过调节食物结构控制胆固醇的摄入量。内源性胆固醇主要在肝脏由乙酸经过 26 步生物合成步骤完成,其中 HMG-CoA 还原酶是该合成过程中的限速酶,能催化 HMG-CoA 还原为甲羟戊酸,是内源性胆固醇合成中的关键步骤,此酶被抑制则内源性胆固醇合成会减少。常见的 HMG-CoA 还原酶抑制剂主要是他汀类,包括 2-甲基丁酸萘酯衍生物、吡咯衍生物、苯并吲哚类化合物、嘧啶衍生物、喹啉类衍生物,主要有:美伐他汀(mevastatin)、洛伐他汀(lovastatin)、辛伐他汀(simvastatin)、普伐他汀(pravastatin)、阿托伐他汀(atorvastatin)、氟伐他汀(fluvastatin)等。

(2) 影响胆固醇和甘油三酯代谢药物:胆固醇在体内通过多种代谢途径转变成一系列有生理活性的化合物。在肝脏 7α-羟化酶作用下代谢为胆汁酸;在肠黏膜细胞中转变成 7-脱氢胆固醇,再转化为维生素 D_3;胆固醇还可以在肾上腺皮质细胞内代谢转变成肾上腺皮质激素或在卵巢中转变成黄体酮和雌激素等。甘油三酯在脂肪酶的作用下代谢分解成甘油和游离脂肪酸,两者可以进一步氧化分解释放出能量供机体需要。故能促进上述任何环节中的代谢过程的药物,均能有效降低血浆中的胆固醇和甘油三酯的含量。调节胆固醇和甘油三酯代谢的药物包括:苯氧基烷酸类及其他类,包括烟酸类、胆汁酸结合树脂类、甲状腺素类、胆固醇吸收抑制剂类等。

这些药物在降脂的同时,会引起血糖升高、恶心、腹胀、腹泻及肝功能损害等不良反应。鉴于西药这种不良反应的情况,寻找新的有效降脂中药成为当前一个重要的课题。中药具有药源丰富、不良反应较少、疗效较确切等独特的优势,并且中药有多种降血脂作用途径,能够灵活组方、因人制宜,所以具有广阔的应用前景。

本章小结

脂 代 谢	学 习 要 点
概念	脂类类型,脂肪动员,β-氧化
过程	脂类消化吸收特点,脂肪动员,β-氧化过程,软脂酸合成,酮体代谢,胆固醇代谢,血脂蛋白代谢
意义	血脂蛋白组成及生理意义

NOTE

目标检测
解析

在线答题

目标检测

一、填空题

1. 脂酰 CoA 的 β-氧化经过 _____、_____、_____ 和 _____ 四个连续反应步骤。

2. 脂肪酸在肝脏中氧化分解所生成的 _____、_____ 和 _____ 三种中间代谢产物,统称为酮体。

二、判断题

1. 动脉粥样硬化与血浆中 LDL 和 VLDL 增高有紧密联系。 ( )

2. 胰岛素可以抑制甘油三酯脂肪酶活性,降低脂肪酸分解代谢。 ( )

三、问答题

1. 简述乙酰 CoA 在动物体内的来源及其去路。

2. 什么是酮体?为什么糖尿病人往往会并发酮血症?

3. 什么叫脂蛋白?脂蛋白有哪些类型?

(蒋立勤)

NOTE

第九章　蛋白质的分解代谢

 学习目标

> 1. 掌握氮平衡；必需氨基酸；氨基酸的脱氨基作用及重要的转氨酶；α-酮酸的代谢；氨在血液中的转运形式；尿素的合成；一碳单位。
> 2. 熟悉蛋白质的营养价值；食物蛋白的互补作用；蛋白质腐败作用及产物；体内氨基酸代谢概况；氨基酸的脱羧基作用；芳香族氨基酸代谢。
> 3. 了解食物蛋白质的消化吸收；真核细胞内蛋白质的降解；支链氨基酸代谢。

本章 PPT

体内的蛋白质处于不断地代谢中,具体包括合成代谢和分解代谢两种。氨基酸是蛋白质的基本组成单位,它的重要生理功能之一是作为原料参与合成蛋白质。蛋白质在体内分解或转化均需分解为氨基酸后再进一步代谢,所以氨基酸代谢是蛋白质分解代谢的中心内容。本章以氨基酸分解代谢为主,介绍蛋白质的营养作用,蛋白质的消化、吸收,氨基酸分解代谢及个别氨基酸的代谢。

案例导入

患者,男,45 岁,五年前诊断患有肝硬化,间歇性乏力,纳差两年。1 天前进食不洁肉食后,出现高热,频繁呕吐,继之出现说胡话,扑翼样震颤,继而进入昏迷。查体:T38.2 ℃,P110 次/分,BP75/45 mmHg,肝病面容,颈部可见蜘蛛痣,四肢湿冷,腹壁静脉可见曲张,脾肋下 4 cm,肝脏未及,腹水呈阳性。

1. 该病可能的诊断是什么?
2. 患者发病的主要生化机制是什么?
3. 该病主要的治疗原则是什么?

案例导入
解析

第一节　蛋白质的营养作用

一、蛋白质的生理功能

蛋白质是生命活动的物质基础,也是构成机体组织细胞的主要成分。其生理功能主要有以下几种。

(1) 维持组织细胞的生长、更新及修补。

(2) 参与体内重要的生理活动:如在催化作用、运输作用、代谢调节、肌肉收缩、机体防御等过程中均需要蛋白质来实现。

(3) 参与合成重要的含氮物质:蛋白质的水解产物氨基酸是合成体内多种重要含氮生理活性物质(如含氮类激素、抗体、受体、多肽、神经递质等)的原料。

NOTE

（4）氧化供能：蛋白质可作为能源物质，每克蛋白质在体内氧化分解可释放约 17.2 kJ 能量，一般成人每日约有 18% 的能量由蛋白质分解提供，蛋白质的这种功能可由糖或脂肪代替。

由此可见，提供足够的食物蛋白质对机体正常代谢和各种生命活动的进行是十分必要的，尤其对处于生长发育期的儿童、恢复期的病人，供给优质、足量的蛋白质尤为重要。

二、氮平衡

机体内蛋白质代谢状况可用氮平衡（nitrogen balance）实验来衡量。氮平衡是指每日摄入的氮（食物含氮量）与排出的氮（尿与粪的含氮量）之间的对比关系。蛋白质的含氮量平均约为16%，食物中的含氮物质绝大部分是蛋白质，因此测定食物的含氮量可以估算出所含蛋白质的量，这部分蛋白质经消化吸收进入体内主要用于体内蛋白质的合成。蛋白质在体内分解代谢终产物主要是含氮物质，它们经尿、粪排出。因此，测定摄入食物的含氮量（摄入氮）和尿与粪中的含氮量（排出氮）可以反映人体体内蛋白质的合成代谢和分解代谢的状况。人体氮平衡有以下三种情况。

（1）氮的总平衡：摄入氮＝排出氮，即每日体内蛋白质合成的量与分解的量相当，氮的"收支平衡"。见于正常成人。

（2）氮的正平衡：摄入氮＞排出氮，体内蛋白质的合成多于分解，部分摄入的氮用于合成体内蛋白质。见于儿童、孕妇及恢复期病人。

（3）氮的负平衡：摄入氮＜排出氮，体内蛋白质的分解多于合成，蛋白质摄入量不足。见于饥饿、消耗性疾病或长期营养不良人群。

三、蛋白质的生理需要量

为了维持体内氮的总平衡和氮的正平衡必须摄入足量的蛋白质。根据氮平衡实验计算，在不进食蛋白质时，体重 60 kg 的成人每日蛋白质的最低分解量约为 20 g。由于食物蛋白质与人体蛋白质组成的差异，摄入蛋白质不可能全部被人体利用，故成人每日蛋白质的最低生理需要量为 30～50 g。为了长期保持氮的总平衡，我国营养学会推荐成人每日蛋白质需要量为80 g。儿童、孕妇、消耗性疾病患者和手术后患者均应适当增加蛋白质的摄入量。

四、蛋白质的营养价值

实验证明仅注意蛋白质的数量并不能满足机体对蛋白质的需要，还应重视蛋白质的质量。由于各种蛋白质所含氨基酸的种类和数量不同，它们的质量不同。组成蛋白质的氨基酸有 20 多种，在营养上可分为两类：必需氨基酸和非必需氨基酸。从营养角度讲，二者对机体都是必不可缺少的。

1. 营养必需氨基酸

人体内有 9 种氨基酸不能自身合成或合成不足，必须由食物提供，称为营养必需氨基酸（nutritionally essential amino acid）。它们分别是：缬氨酸（Val）、异亮氨酸（Ile）、亮氨酸（Leu）、苯丙氨酸（Phe）、甲硫氨酸（Met）、色氨酸（Trp）、苏氨酸（Thr）、赖氨酸（Lys）和组氨酸（His）。其余 11 种氨基酸体内可以合成，不必由食物供给，称为营养非必需氨基酸（nutritionally non-essential amino acid）。另外，精氨酸虽能在人体内合成，但合成量较少，若长期缺乏也能造成氮的负平衡，因此也有人将其归为营养必需氨基酸。

2. 蛋白质的营养价值

蛋白质的营养价值（nutrition value）是指食物蛋白质在体内的利用率，它取决于蛋白质所含必需氨基酸的种类、数量和比例。一般来说，所含必需氨基酸种类多和数量高的蛋白质，其营养价值高，反之营养价值低。由于动物性蛋白质所含必需氨基酸的种类和比例与人体需要接近,故营养价值高。

3. 食物蛋白质的互补作用

营养价值较低的蛋白质混合食用,则必需氨基酸的种类和数量可以互相补充从而提高蛋白质的营养价值,称为食物蛋白质的互补作用(protein complementary action)。例如,谷类蛋白质含赖氨酸较少而含色氨酸较多,豆类蛋白质含赖氨酸较多而含色氨酸较少,两者混合食用即可提高营养价值。临床上对无法进食、禁食、严重腹泻等患者可静脉输入氨基酸混合液,以保证机体对氨基酸的需要。

第二节 蛋白质的消化、吸收与腐败

一、蛋白质的消化

蛋白质是具有高度种属特异性的大分子化合物,食物蛋白质必须经过消化过程,将大分子蛋白质分解为小分子肽和氨基酸,才能被机体吸收利用。此过程是人体氨基酸的主要来源,同时,消化过程还可消除食物蛋白质的种属特异性或抗原性,从而避免引起过敏或毒性反应。食物蛋白质的消化从胃部开始,主要在小肠中完成,是一系列酶促的水解反应过程。

(一)胃部的消化

食物蛋白质进入胃部后经胃蛋白酶(pepsin)作用水解生成多肽及少量氨基酸。胃蛋白酶的最适 pH 值为 1.5～2.5,其对肽键的特异性较差,主要水解由芳香族氨基酸及甲硫氨酸和亮氨酸等所形成的肽键。胃蛋白酶最初以酶原,即胃蛋白酶原(pepsinogen)的形式存在,由胃黏膜主细胞合成并分泌,需经胃酸(H^+)或胃蛋白酶自身激活(autocatalysis)转变为有活性的胃蛋白酶。此外,它还有凝乳作用,可使乳汁中的酪蛋白与 Ca^{2+} 形成乳凝块,延长乳汁在胃中停留的时间,有利于食物蛋白质的充分消化。

(二)小肠中的消化

食物蛋白质在胃中停留时间较短,消化不完全,因此,小肠是蛋白质消化的主要部位。胃中蛋白质的消化产物及未被消化的蛋白质进入小肠,经胰酶及肽酶的共同作用被水解成为寡肽和氨基酸。

胰酶是小肠中消化蛋白质的主要酶,其最适 pH 值为 7.0 左右,对肽键的特异性较高,根据水解肽键的位置不同可将胰酶分为内肽酶(endopeptidase)和外肽酶(exopeptidase)两大类。内肽酶可以特异性水解蛋白质肽链内部的一些肽键,使蛋白质形成较短的肽,此种内肽酶包括胰蛋白酶(trypsin)、糜蛋白酶(chymotrypsin)及弹性蛋白酶。胰蛋白酶水解由碱性氨基酸的羧基形成的肽键,糜蛋白酶水解由芳香族氨基酸的羧基形成的肽键,弹性蛋白酶水解由脂肪族氨基酸的羧基形成的肽键。外肽酶可分别从特异蛋白质或肽链的 N 端、C 端开始按顺序水解肽键,每次脱去一个氨基酸,此种外肽酶包括氨基肽酶和羧基肽酶(图 9-1)。胰液中的内肽酶和外肽酶初分泌时均以酶原形式存在,可保护胰组织免受蛋白酶的自身消化作用。肠激酶首先激活胰蛋白酶原转变为胰蛋白酶,胰蛋白酶再分别激活糜蛋白酶原、弹性蛋白酶原和羧基肽酶原,最后生成相应有活性的酶(图 9-2)。

食物蛋白质经胰液中各种酶的催化所得产物为氨基酸及寡肽。寡肽主要在小肠黏膜细胞内经寡肽酶的作用进行水解,寡肽酶有两种,即氨基肽酶和二肽酶,氨基肽酶从氨基末端逐步水解寡肽生成二肽,二肽再经二肽酶作用生成氨基酸。食物蛋白质在以上蛋白酶的共同作用下最终水解成氨基酸被吸收。

NOTE

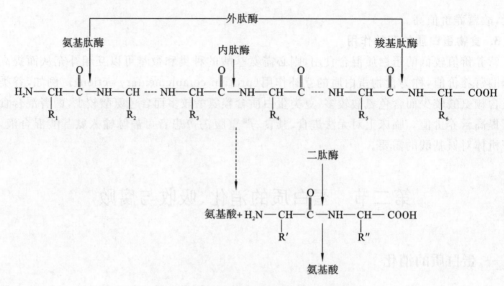

图 9-1 胰液中蛋白水解酶作用示意图

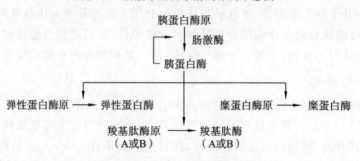

图 9-2 肠液中蛋白水解酶的激活

二、氨基酸和寡肽的吸收和转运

食物蛋白质分解的氨基酸及寡肽主要在小肠中通过主动转运方式被吸收。其吸收方式目前认为有两种:转运蛋白介导的主动转运和 γ-谷氨酰基循环。

(一)转运蛋白介导的主动转运

小肠黏膜细胞上有转运氨基酸和寡肽的载体蛋白(carrier protein),与氨基酸或寡肽、Na^+形成三联体,将氨基酸或寡肽、Na^+转运入细胞,Na^+则借钠泵排出细胞外,并消耗 ATP。此吸收过程是耗能吸钠的主动转运方式,也是氨基酸吸收的主要形式。不同的氨基酸的吸收需要不同的转运蛋白,现已知人体内至少有 7 种转运蛋白(transporter),包括中性氨基酸转运蛋白、酸性氨基酸转运蛋白、碱性氨基酸转运蛋白、亚氨基酸转运蛋白、β-氨基酸转运蛋白、二肽转运蛋白及三肽转运蛋白,其中,中性氨基酸转运蛋白是主要的载体。寡肽(二肽和三肽)经二肽转运蛋白及三肽转运蛋白吸收到小肠黏膜细胞内,经寡肽酶水解为氨基酸进入门静脉。肾小管细胞和肌细胞等细胞对氨基酸的吸收也是通过转运蛋白的主动吸收方式进行的。另外,由于氨基酸结构的相似性,当它们共用同一种载体时,在吸收过程中会彼此竞争该种载体。

(二)γ-谷氨酰基循环

γ-谷氨酰基循环(γ-glutamyl cycle)是通过谷胱甘肽(GSH)完成对氨基酸的吸收和转运过程。全过程包括 6 步酶促反应,首先谷胱甘肽对氨基酸进行转运,然后再重新合成谷胱甘肽,由此构成一个循环(图 9-3)。在 γ-谷氨酰基转移酶(γ-glutamyl transferase)的催化下,氨基酸首先与谷胱甘肽结合将肠腔氨基酸转移至细胞内,完成了氨基酸的吸收,其次反应中产生的谷氨酸、甘氨酸和半胱氨酸等在 ATP 和酶的作用下再生成谷胱甘肽。γ-谷氨酰基转移酶是关键酶,小肠黏膜细胞、肾小管细胞和脑组织通过这种吸收方式对氨基酸进行吸收。

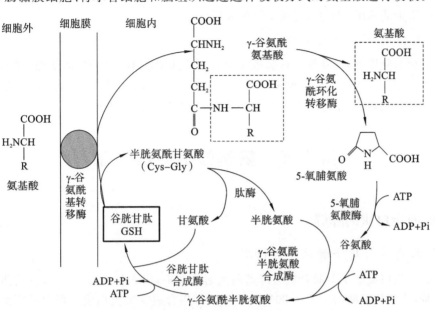

图 9-3 γ-谷氨酰基循环

三、蛋白质的腐败作用及产物

食物中大约 95% 的蛋白质被机体消化吸收。未被消化的蛋白质及未被吸收的氨基酸在肠道细菌的作用下发生以无氧分解为主要过程的变化称为蛋白质的腐败作用(putrefaction)。腐败作用的方式有多种,如脱羧、脱氨、水解、氧化、还原等。腐败作用的产物大多有害,如胺、氨、苯酚、吲哚及硫化氢等,但也可产生少量脂肪酸及维生素 K 被机体利用。

(一)胺类的生成

未被消化的蛋白质在肠道细菌的蛋白酶作用下水解成氨基酸,氨基酸经脱羧酶催化进行脱羧基作用,产生胺类(amines)物质。例如,赖氨酸脱羧基生成尸胺,组氨酸脱羧基生成组胺,5-羟色氨酸脱羧基生成 5-羟色胺,酪氨酸脱羧基生成酪胺,苯丙氨酸脱羧基生成苯乙胺等。这些腐败产物大多有毒性,通常经肝代谢转化为无毒形式排出体外。其中酪胺和苯乙胺若不能在肝内分解而进入脑组织,则可分别被羟化而生成 β-羟酪胺和苯乙醇胺,其结构与儿茶酚胺类似,称为假神经递质(false neurotransmitter)(图 9-4)。假神经递质增多,可干扰儿茶酚胺的合成和作用,影响传递神经冲动,抑制大脑的正常功能,这可能是肝昏迷发生的原因之一。

图 9-4 假神经递质和儿茶酚胺

(二)氨的生成

人体肠道中氨(ammonia)的来源主要有两个:一是未被吸收的氨基酸在肠道细菌作用下

NOTE

脱氨基而生成；二是血液中的尿素渗入肠道黏膜，受肠道细菌尿素酶的水解作用而生成氨。这些氨均可被吸收入血液，在肝中合成尿素。由于 NH_3 比 NH_4^+ 易于吸收，二者互变受 pH 值的影响，因此，降低肠道的 pH 值，可减少氨的吸收。

（三）其他有害物质的生成

除了胺类和氨以外，氨基酸经过腐败作用还可产生其他有害物质，例如酪氨酸形成苯酚、色氨酸转变成吲哚及半胱氨酸形成硫化氢等。正常情况下，上述有害物质大部分随粪便排出，只有小部分被吸收，在肝中进行生物转化而解毒，故不会发生中毒现象。

第三节　氨基酸的一般代谢

一、体内蛋白质的降解

（一）体内蛋白质降解的一般情况

机体组织蛋白质处于不断合成与降解的动态平衡中，成人每天有 $1\%\sim2\%$ 的蛋白质被降解为氨基酸，这些氨基酸的 $75\%\sim80\%$ 又被重新利用合成新的蛋白质。蛋白质降解的速率常用半衰期（half-life, $t_{1/2}$）表示，即蛋白质减少到原浓度一半时所需要的时间。人体蛋白质以不同的速率进行降解，并随生理需要而发生改变；且不同蛋白质的半衰期差异很大，短则数秒，长则数月甚至更长。如肝中蛋白质的 $t_{1/2}$ 从 30 min 到 150 h 不等。体内蛋白质更新有重要的生理意义，通过调节蛋白质的降解速度可直接影响蛋白质的代谢过程与生理功能，此外，通过更新可清除某些异常或损伤的蛋白质。

（二）体内蛋白质降解的途径

体内蛋白质降解是在细胞内一系列蛋白酶和肽酶协同作用下完成的，蛋白质首先被水解为肽，肽再降解为氨基酸。真核细胞中有两条蛋白质降解途径。

1. 溶酶体途径

主要降解的是外源性蛋白质、膜蛋白以及半衰期长的蛋白质。溶酶体途径主要在溶酶体内进行，最终经多种蛋白水解酶作用将蛋白质水解为氨基酸。此过程不需要 ATP，但对所降解的蛋白质选择性相对较差。

2. 泛素-蛋白酶体系统途径

主要降解半衰期较短或异常的蛋白质，在细胞胞液中进行，依赖 ATP 和泛素（ubiquitin），最终将蛋白质降解为氨基酸。对所降解的蛋白质特异性高，是细胞内蛋白质降解的主要途径，尤其对不含溶酶体的红细胞更为重要。泛素是一种分子质量较小（8.5 kDa）的蛋白质，其一级结构高度保守，广泛存在于真核细胞内，是细胞内蛋白质被降解的"标签"。在蛋白质的降解过程中，首先，泛素通过三步酶促反应与被降解的蛋白质共价结合，称为泛素化，此过程需要消耗 ATP。接着，蛋白酶体（proteasomes）特异性地识别被泛素标记的蛋白质并与之结合，在 ATP 作用下，将其降解为氨基酸或短肽。蛋白酶体存在于细胞核和细胞质中，是一个 26S 的大分子蛋白质复合物，由 20S 的核心颗粒（core particle, CP）和 19S 的调节颗粒（regulatory particle, RP）组成。核心颗粒形成空心圆柱形态，内部具有蛋白酶催化活性，可以直接水解蛋白质。而调节颗粒则分别位于 CP 的两端，形似盖子，参与识别、结合待降解的泛素化蛋白质，有蛋白质去折叠、定位等功能，同时具有 ATP 酶活性（图 9-5、图 9-6）。泛素-蛋白酶体系统控制的蛋白质降解途径不仅是正常情况下细胞内特异蛋白质降解的重要途径，而且对细胞生长周期、DNA 复制、染色体结构都有重要调控作用。

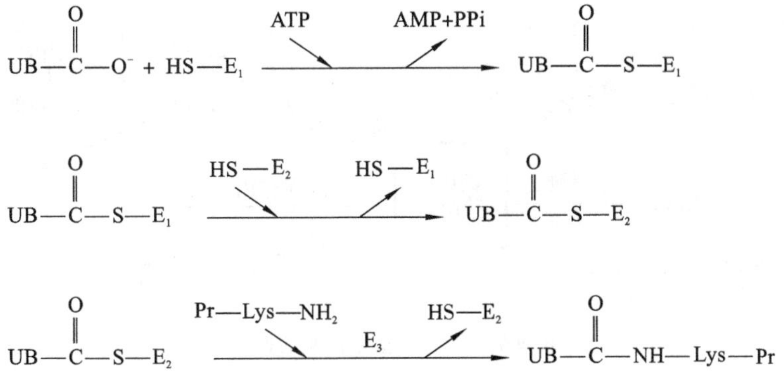

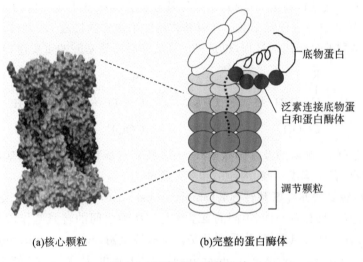

图 9-5　组织蛋白降解的泛素化反应

注：UB：泛素；E_1：泛素激活酶；E_2：泛素结合酶；E_3：泛素连接酶；Pr-Lys-NH_2：被降解的蛋白质

(a)核心颗粒　　　(b)完整的蛋白酶体

图 9-6　泛素-蛋白酶体系统

二、氨基酸代谢库

食物蛋白质经消化吸收后的氨基酸(外源性氨基酸)与体内组织蛋白质降解产生的氨基酸及合成的非必需氨基酸(内源性氨基酸)混在一起,分布于全身各处,共同参与代谢,称为氨基酸代谢库(aminoacid metabolic pool)。氨基酸在体内分布不均一,通常以游离氨基酸总量计算氨基酸代谢库。

代谢库的氨基酸在体内主要有四条代谢途径：①合成肽和组织蛋白质,这是氨基酸最主要的生理功能；②转变为重要的含氮物质,如：嘌呤、嘧啶、甲状腺素、肾上腺素或多肽激素等；③氧化分解产生能量；④转变为糖或脂类等。体内的氨基酸主要用于合成组织蛋白质和多肽以及其他含氮物质,剩余的氨基酸则被分解。正常情况下,体内氨基酸的来源和去路处于动态平衡,以保证各组织对氨基酸代谢的需要。组成蛋白质的 20 种氨基酸在化学结构上既具有共同的结构(α-氨基和 α-羧基),也存在差异(R 基团的不同)。因此,它们既有共同的代谢途径,也存在着特殊的代谢方式。体内氨基酸代谢的概况见图(图 9-7)。

三、氨基酸的脱氨基作用

氨基酸分解代谢的最主要方式是进行脱氨基作用,即氨基酸脱去氨基生成 α-酮酸和 NH_3 的过程。氨基酸脱氨基的方式主要有转氨基、氧化脱氨基、联合脱氨基及非氧化脱氨基等,其中以联合脱氨基作用最为重要。

NOTE

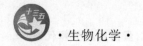
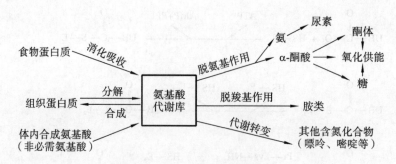

图 9-7　体内氨基酸代谢的概况

（一）转氨基作用

（1）转氨基作用的概念：转氨基作用（transamination）是在转氨酶（transaminase）的催化作用下，将氨基酸的氨基转移给 α-酮酸，结果氨基酸脱去其氨基生成相应的 α-酮酸，而原来的 α-酮酸接受氨基转变成另一种氨基酸。转氨基作用的平衡常数接近 1.0，所以反应是完全可逆的，它不仅是氨基酸的分解代谢过程，也是机体合成非必需氨基酸的重要途径。

$$
\underset{\text{COOH}}{\overset{R_1}{\text{H—C—NH}_2}} + \underset{\text{COOH}}{\overset{R_2}{\text{C=O}}} \xrightleftharpoons{\text{转氨酶}} \underset{\text{COOH}}{\overset{R_1}{\text{C=O}}} + \underset{\text{COOH}}{\overset{R_2}{\text{H—C—NH}_2}}
$$

除赖氨酸、苏氨酸、脯氨酸及羟脯氨酸外，大多数氨基酸都能进行转氨基作用。而作为氨基受体的 α-酮酸只有 α-酮戊二酸、丙酮酸和草酰乙酸。

（2）转氨酶：转氨酶亦称氨基转移酶（amino transferase），在体内分布广泛，以肝脏及心肌含量最丰富。转氨酶具有专一性，不同的氨基酸与 α-酮酸之间的转氨基作用只能由专一的转氨酶催化。体内有多种转氨酶，较为重要的是丙氨酸转氨酶（alanine transaminase，ALT）又称谷丙转氨酶（glutamic pyruvic transaminase，GPT）和天冬氨酸转氨酶（aspartate transaminase，AST）又称谷草转氨酶（glutamic oxaloacetic transaminase，GOT），它们在体内广泛存在，但在各组织中的含量不同（表 9-1），它们分别催化下列反应。

$$
\underset{\underset{\underset{\text{COOH}}{|}}{\overset{\text{CHNH}_2}{|}}}{\overset{\overset{\text{COOH}}{|}}{\underset{(CH_2)_2}{|}}} + \underset{\underset{\text{COOH}}{|}}{\overset{\text{CH}_3}{\underset{\text{C=O}}{|}}} \xrightleftharpoons{\text{ALT}} \underset{\underset{\underset{\text{COOH}}{|}}{\overset{\text{C=O}}{|}}}{\overset{\overset{\text{COOH}}{|}}{\underset{(CH_2)_2}{|}}} + \underset{\underset{\text{COOH}}{|}}{\overset{\text{CH}_3}{\underset{\text{CHNH}_2}{|}}}
$$

谷氨酸　　　　　丙酮酸　　　　　　　α-酮戊二酸　　　　丙氨酸

$$
\underset{\underset{\underset{\text{COOH}}{|}}{\overset{\text{CHNH}_2}{|}}}{\overset{\overset{\text{COOH}}{|}}{\underset{(CH_2)_2}{|}}} + \underset{\underset{\text{COOH}}{|}}{\overset{\text{COOH}}{\underset{\underset{\text{C=O}}{|}}{\overset{\text{CH}_2}{|}}}} \xrightleftharpoons{\text{AST}} \underset{\underset{\underset{\text{COOH}}{|}}{\overset{\text{C=O}}{|}}}{\overset{\overset{\text{COOH}}{|}}{\underset{(CH_2)_2}{|}}} + \underset{\underset{\text{COOH}}{|}}{\overset{\text{COOH}}{\underset{\underset{\text{CHNH}_2}{|}}{\overset{\text{CH}_2}{|}}}}
$$

谷氨酸　　　　　草酰乙酸　　　　　　α-酮戊二酸　　　　天冬氨酸

表 9-1 正常人各组织中 ALT 及 AST 活性 (单位/克组织)

组织	ALT	AST	组织	ALT	AST
肝	44 000	142 000	胰腺	2 000	28 000
肾	19 000	91 000	脾	1 200	14 000
心	7 100	156 000	肺	700	10 000
骨骼肌	4 800	99 000	血清	16	20

正常情况下,转氨酶主要存在于细胞内,特别是在肝和心肌细胞中。在疾病情况下,细胞膜通透性增加或破坏,转氨酶可大量释放入血,导致血清中转氨酶活性明显升高。如急性肝炎患者血清中 ALT 活性增高,心肌梗死患者血清中 AST 活性明显上升。因此,临床上测定血清中转氨酶活性可作为对某些疾病的诊断、疗效观察以及预后判断的参考指标之一。另外,在研究有关治疗肝病或涉及肝解毒的药物时,常测定转氨酶的活性作为重要的观察指标。

(3) 转氨基作用机制:转氨酶是结合蛋白酶,所有转氨酶的辅酶都是磷酸吡哆醛(即维生素 B_6 的磷酸酯),它结合于转氨酶活性中心赖氨酸的 ε-氨基上。在转氨基过程中,磷酸吡哆醛先接受氨基酸的氨基转变成磷酸吡哆胺,同时氨基酸则转变成 α-酮酸。磷酸吡哆胺进一步将氨基转移给另一种 α-酮酸而生成相应氨基酸,同时磷酸吡哆胺又转变成磷酸吡哆醛。在转氨酶催化作用下,磷酸吡哆醛与磷酸吡哆胺的这种相互转变起着传递氨基的作用,具体反应过程如下。

氨基酸的转氨基作用仅是将氨基由一种氨基酸分子上转移到另一种氨基酸分子上,并没有真正脱掉氨基产生游离的氨,但通过转氨基作用,可以调整体内各种氨基酸之间的比例。

(二) 氧化脱氨基作用

氧化脱氨基作用(oxidative deamination)是指氨基酸在脱氨基时伴有氧化(脱氢)反应的过程。体内有两类酶催化氧化脱氨基作用,分别是氨基酸氧化酶和 L-谷氨酸脱氢酶(L-glutamate dehydrogenase)。氨基酸氧化酶在体内分布不广,活性不高,对脱氨作用并不重要。L-谷氨酸脱氢酶是主要催化氨基酸氧化脱氨基的酶。

L-谷氨酸脱氢酶是一种不需氧脱氢酶,催化 L-谷氨酸氧化脱氨生成 α-酮戊二酸,其辅酶是 NAD^+ 或 $NADP^+$。此酶在体内分布广,具有活性高、专一性强、反应可逆等特点,在肝、肾、脑等组织中该酶活性较强,而在骨骼肌和心肌等组织中活性较弱;一般情况下,其催化的反应倾向于 L-谷氨酸的合成方向进行。由于 L-谷氨酸脱氢酶的特异性强,只催化 L-谷氨酸氧化脱氨,因此对其他氨基酸无催化作用。许多氨基酸都将氨基转移给 α-酮戊二酸生成 L-谷氨酸,再经此酶催化进行氧化脱氨。

163

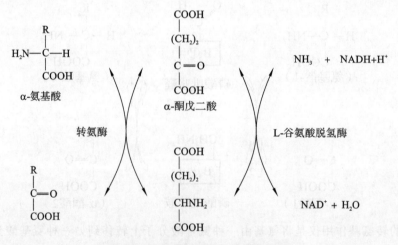

$$L\text{-谷氨酸} \xrightarrow[\text{L-谷氨酸脱氢酶}]{NAD(P)^+ \quad NAD(P)H+H^+} \text{(中间体)} \underset{-H_2O}{\overset{+H_2O}{\rightleftharpoons}} \alpha\text{-酮戊二酸} + NH_3$$

L-谷氨酸脱氢酶是一种变构酶,由 6 个相同的亚基聚合而成,GTP 和 ATP 是此酶的变构抑制剂,而 GDP 和 ADP 是其变构激活剂。因此,当体内 GTP 和 ATP 不足时,L-谷氨酸加速氧化脱氨,这对于氨基酸氧化供能起着重要的调节作用。

（三）联合脱氨基作用

联合脱氨基作用是将转氨基作用和脱氨基作用相偶联,把氨基酸转变成 NH₃ 和 α-酮酸的过程,是体内主要的脱氨基作用方式。联合脱氨基作用有两种方式。

（1）转氨基偶联氧化脱氨基作用:转氨酶与 L-谷氨酸脱氢酶协同作用,使大多数氨基酸脱去氨基生成 NH₃ 及相应 α-酮酸。其过程是:氨基酸首先与 α-酮戊二酸在转氨酶作用下生成 α-酮酸和谷氨酸,然后谷氨酸再经 L-谷氨酸脱氢酶作用,脱去氨基而生成 α-酮戊二酸,后者再继续参加转氨基作用(图 9-8)。联合脱氨基作用的全过程是可逆的,因此这一过程也是体内合成非必需氨基酸的主要途径。由于 L-谷氨酸脱氢酶的组织特异性,此类联合脱氨基作用主要发生在肝、肾、脑等组织中。

图 9-8 转氨基偶联氧化脱氨基作用

（2）嘌呤核苷酸循环:由于骨骼肌和心肌中 L-谷氨酸脱氢酶的活性弱,难于通过上述方式的联合脱氨基过程脱去氨基。在肌肉组织中存在着另一种联合脱氨基反应,即转氨基作用与嘌呤核苷酸循环(purine nucleotide cycle)相偶联,使氨基酸脱去氨基(图 9-9)。

在此过程中,氨基酸首先通过连续的转氨基作用将氨基转移给草酰乙酸,生成天冬氨酸;天冬氨酸与次黄嘌呤核苷酸(IMP)反应生成腺苷酸代琥珀酸,后者经过裂解,释放出延胡索酸并生成腺嘌呤核苷酸(AMP)。AMP 在腺苷酸脱氨酶(此酶在肌组织中活性较强)催化作用下脱去氨基,最终完成氨基酸的脱氨基作用。IMP 可以再参加下一次循环,该途径不可逆。

（四）非氧化脱氨基作用

一些氨基酸可通过脱水脱氨基、脱硫化氢脱氨基等方式进行非氧化脱氨基作用,产生 NH₃ 及相应 α-酮酸,这种方式主要存在于微生物中,动物体内也有但不多。

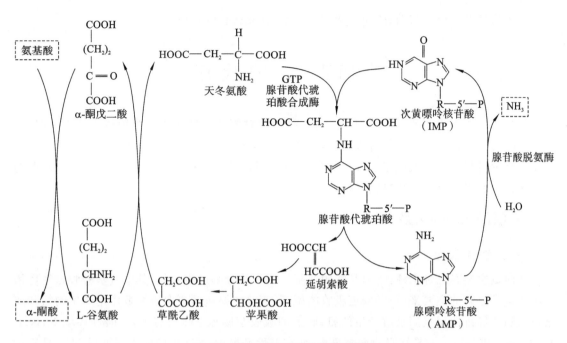

图 9-9 转氨基偶联嘌呤核苷酸循环

四、α-酮酸的代谢

氨基酸脱氨基作用生成的各种 α-酮酸（α-keto acid）可进一步代谢，主要有三条代谢途径。

（一）生成非必需氨基酸

α-酮酸经氨基化合成非必需氨基酸。氧化脱氨基、转氨基及联合脱氨基作用均是可逆反应，逆向反应使 α-酮酸与氨基合成相应的非必需氨基酸，这是机体合成非必需氨基酸的重要途径。例如丙酮酸、草酰乙酸、α-酮戊二酸经氨基化可分别转变成丙氨酸、天冬氨酸、谷氨酸。

（二）转变成糖或脂类

各种氨基酸脱氨基后产生的 α-酮酸可以转变成糖或脂类化合物。α-酮酸在体内可先转变成乙酰 CoA、丙酮酸及三羧酸循环的中间产物，通过这些中间产物使 α-酮酸可以进入糖代谢或脂代谢途径。

在体内可以经糖异生转化成糖的氨基酸称为生糖氨基酸（glucogenic amino acid）；能转变成酮体的氨基酸称为生酮氨基酸（ketogenic amino acid）；既可以转变成糖又可以转变成酮体的氨基酸称为生糖兼生酮氨基酸（glucogenic and ketogenic amino acid）（表 9-2）。

表 9-2 氨基酸生糖及生酮性质的分类

氨基酸类别	氨 基 酸
生糖氨基酸	甘氨酸、丝氨酸、缬氨酸、组氨酸、精氨酸、半胱氨酸、脯氨酸、丙氨酸、谷氨酸、谷氨酰胺、天冬氨酸、天冬酰胺、甲硫氨酸
生酮氨基酸	亮氨酸、赖氨酸
生糖兼生酮氨基酸	异亮氨酸、苯丙氨酸、酪氨酸、苏氨酸、色氨酸

（三）氧化供能

α-酮酸在体内可以通过三羧酸循环和氧化磷酸化途径彻底氧化生成 CO_2 和 H_2O，同时释放能量，供机体进行生理活动。由此可见，氨基酸也是一类能源物质。

上述途径是蛋白质与糖、脂肪代谢相互联系、相互转化的重要方式。

第四节　氨的代谢

氨是机体正常代谢的产物,但具有毒性,脑组织对氨的毒性作用最为敏感。正常情况下,氨生成之后会迅速被机体进行解毒处理,以消除氨对机体的有害影响。因此,氨的代谢实际是对氨的解毒过程。正常人血浆中氨的浓度一般不超过 $65\mu mol/L(1\ mg/L)$,体内氨的来源与去路保持动态平衡,使血氨浓度相对稳定。

一、氨的来源与去路

(一) 氨的来源

体内氨主要有三种来源:①氨基酸脱氨基作用和胺分解产生的氨,其中氨基酸脱氨基作用产生的氨是血氨的主要来源;②肠道吸收的氨,肠道氨主要包括蛋白质腐败作用产生的氨和尿素渗入肠道经细菌尿素酶水解产生的氨;肠氨的吸收与肠道 pH 值有关,在酸性环境下,NH_3 与 H^+ 结合成 NH_4^+ 不易被吸收而被排出;而在碱性环境中,NH_4^+ 倾向于转变成 NH_3 易于透过细胞膜而被吸收。临床上对于高血氨患者常采用降低肠道 pH 值来减少肠氨的吸收,尤其是肝性脑病、肝硬化腹水患者应禁止用碱性肥皂水灌肠或避免使用碱性利尿药;③肾小管上皮细胞分泌的氨,谷氨酰胺在谷氨酰胺酶的催化下水解生成谷氨酸和 NH_3 ,这部分氨分泌到肾小管腔中主要与尿中的 H^+ 结合成 NH_4^+ ,以铵盐的形式由尿排出体外,这对调节机体的酸碱平衡起着重要作用。酸性尿有利于肾小管细胞中的氨扩散入尿,但碱性尿则可妨碍肾小管细胞中的 NH_3 排泄,而易被重吸收入血,引起血氨浓度增大。

(二) 氨的去路

体内氨的代谢去路:①合成尿素,随尿排出,这是体内氨的主要去路,也是维持血氨来源与去路动态平衡的关键;②合成谷氨酰胺;③合成某些非必需氨基酸及其他重要的含氮物质(如嘌呤、嘧啶等);④以铵盐的形式从尿排出。

二、氨的转运

氨是有毒物质,组织中产生的氨以无毒的丙氨酸和谷氨酰胺两种形式经血液运输到肝脏和肾,在肝中合成尿素,在肾中与 H^+ 结合以铵盐形式由尿排出。

(一) 丙氨酸-葡萄糖循环

将骨骼肌产生的氨以无毒的丙氨酸形式运输至肝脏合成尿素。在骨骼肌,氨基酸经转氨基作用将氨基转给丙酮酸生成丙氨酸,丙氨酸经血液运输到肝。在肝中,丙氨酸通过联合脱氨基作用,生成丙酮酸,并释放出氨。氨合成尿素,丙酮酸经糖异生途径生成葡萄糖。葡萄糖释放入血被输送到骨骼肌,经糖酵解途径转变成丙酮酸,后者再接受氨基而生成丙氨酸。丙氨酸和葡萄糖反复地在肌肉和肝脏之间进行氨的转运,故将此途径称为丙氨酸-葡萄糖循环(alanine-glucose cycle)。通过该循环,使骨骼肌中的氨以无毒的丙氨酸形式运输到肝,同时,肝又为骨骼肌提供了生成丙酮酸的葡萄糖(图 9-10)。

(二) 谷氨酰胺的运氨作用

氨的另一种转运形式是谷氨酰胺,它主要将脑、肌肉等组织产生的氨运至肝或肾进行解毒,氨在肝脏中合成尿素,在肾脏中以铵盐形式排出。在脑和骨骼肌等组织中,氨与谷氨酸在

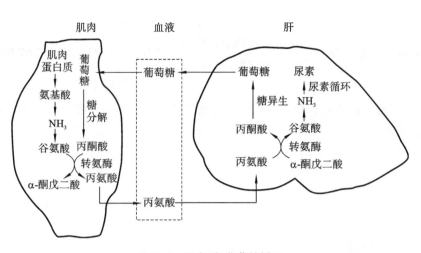

图 9-10　丙氨酸-葡萄糖循环

谷氨酰胺合成酶(glutamine synthetase)的催化下合成谷氨酰胺,并由血液输送到肝或肾,再经谷氨酰胺酶(glutaminase)水解成谷氨酸及氨。谷氨酰胺的合成与分解是由不同酶催化的不可逆反应,其合成需要 ATP 参与,并消耗能量。临床上对氨中毒患者可服用或输入谷氨酸盐,以降低氨的浓度。

谷氨酰胺既是氨的解毒产物,也是氨的储存及运输形式。谷氨酰胺在肾脏分解生成氨与谷氨酸,氨与原尿中 H^+ 结合形成铵盐随尿排出,这也有利于调节酸碱平衡。

三、尿素的合成

氨在体内的最主要去路是合成尿素而解毒,只有少部分氨在肾脏以铵盐形式排出。尿素占人体排氮总量的 $80\%\sim90\%$。

(一)尿素生成的部位

实验证明,肝是尿素合成的主要器官,肾及脑等其他组织虽然也能合成尿素,但合成量甚微。

(二)尿素生成过程

尿素生成过程称为鸟氨酸循环(ornithine cycle),又称尿素循环(urea cycle)或 Krebs-Henseleit 循环。1932 年,德国学者 H. Krebs 和 K. Henseleit 根据一系列实验,首次提出了鸟氨酸循环学说,鸟氨酸循环机制如下:首先鸟氨酸与氨及 CO_2 结合生成瓜氨酸;瓜氨酸再接受 1 分子氨生成精氨酸;最后精氨酸水解产生尿素,并重新生成鸟氨酸。鸟氨酸又参与下一轮循环(图 9-11)。

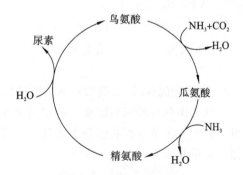

图 9-11　鸟氨酸循环简图

鸟氨酸循环的具体过程较为复杂,其详细反应过程可分为以下五步。

1. 氨基甲酰磷酸的合成:在肝细胞线粒体内,氨基甲酰磷酸合成酶Ⅰ(carbamoyl phosphate synthetase Ⅰ,CPS - Ⅰ)催化 NH_3、CO_2 和 ATP 缩合为氨基甲酰磷酸。此反应不可逆,消耗 2 分子 ATP,需要 Mg^{2+} 参与。CPS - Ⅰ 是鸟氨酸循环中的关键酶,是一种变构酶,N-乙酰谷氨酸(N-acetyl glutamic acid,AGA)是此酶的变构激活剂。

知识链接 9-1

NOTE

167

$$NH_3+CO_2+H_2O+2ATP \xrightarrow[\text{N-乙酰谷氨酸,Mg}^{2+}]{\text{氨基甲酰磷酸合成酶 I}} \underset{\text{氨基甲酰磷酸}}{H_2N-\overset{\overset{\textstyle O}{\|}}{C}-O\sim PO_3^{2-}} +2ADP+Pi$$

氨基甲酰磷酸是高能化合物,性质活泼,在酶的催化下易与鸟氨酸反应生成瓜氨酸。

2. 瓜氨酸的合成:在鸟氨酸氨基甲酰转移酶(ornithine carbamoyltransferase,OCT)的催化下,氨基甲酰磷酸与鸟氨酸缩合生成瓜氨酸。OCT 存在于肝细胞的线粒体中,反应不可逆。

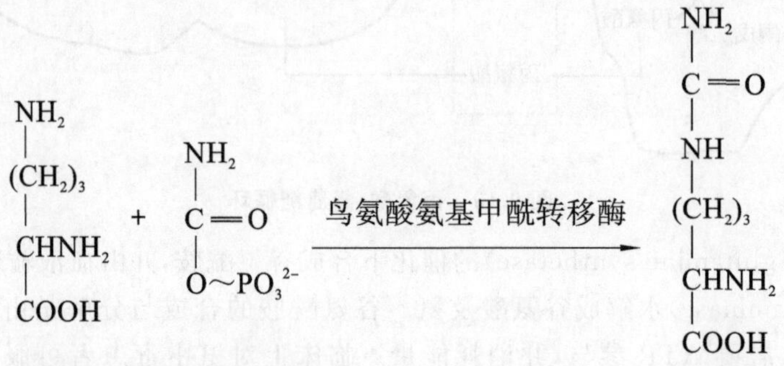

鸟氨酸　　氨基甲酰磷酸 → 瓜氨酸

3. 精氨酸代琥珀酸的合成:瓜氨酸在线粒体合成后被转运到胞液中,与天冬氨酸缩合生成精氨酸代琥珀酸,反应由 ATP 供能。催化反应的是精氨酸代琥珀酸合成酶(argininosuccinate synthetase),它是尿素合成启动以后的关键酶。天冬氨酸为尿素分子提供了第二个氮原子。

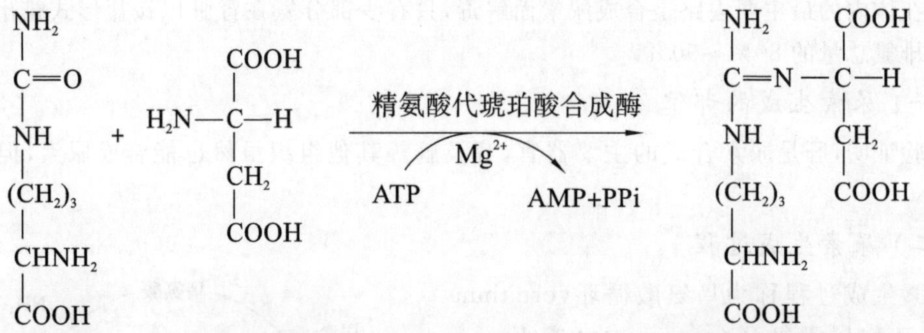

瓜氨酸　　　天冬氨酸 → 精氨酸代琥珀酸

4. 精氨酸的合成:精氨酸代琥珀酸经精氨酸代琥珀酸裂解酶催化,裂解成精氨酸与延胡索酸。延胡索酸可经三羧酸循环的中间步骤转变成草酰乙酸,后者与谷氨酸进行转氨基反应,又可重新生成天冬氨酸再参与上述反应。通过延胡索酸和天冬氨酸,可使鸟氨酸循环与三羧酸循环联系起来。

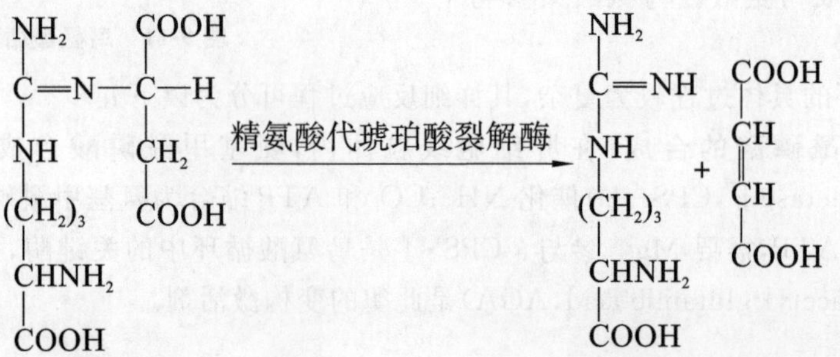

精氨酸代琥珀酸 → 精氨酸　延胡索酸

5. 精氨酸水解生成尿素：在胞液中，精氨酸在精氨酸酶的作用下水解生成尿素和鸟氨酸。鸟氨酸通过线粒体内膜上载体的转运再进入线粒体，再次参与瓜氨酸的合成。如此反复，尿素被不断合成。

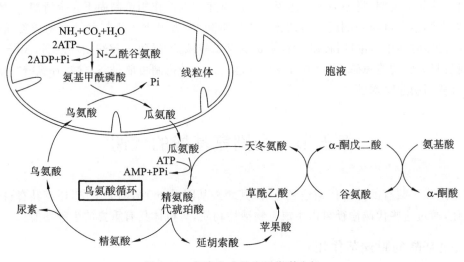

鸟氨酸循环是不可逆的耗能反应，通过一次循环，生成 1 分子尿素，用去 2 分子氨，并消耗 3 分子 ATP 及 4 个高能磷酸键，尿素合成的总反应为：

$$2NH_3+CO_2+3ATP+3H_2O \Longleftrightarrow H_2N—CO—NH_2+2ADP+AMP+4Pi$$

尿素合成的中间代谢途径如图 9-12 所示。

图 9-12 尿素合成的中间代谢途径

合成尿素的两个氮原子：一个来自氨基酸脱氨基作用生成的氨；另一个则由天冬氨酸提供，而天冬氨酸又可由多种氨基酸通过转氨基反应生成。因此，尿素分子的两个氮原子都是直接或间接来源于各种氨基酸。尿素的合成是体内解氨毒的主要方式，尿素是无毒的，水溶性较强，作为蛋白质分解代谢的终产物通过肾脏排出体外。

四、尿素合成的调节

正常情况下，机体通过合适的速率合成尿素，保证及时、充分地解除氨毒。尿素合成的速率受蛋白质膳食和两种关键酶的调节。

1. 膳食蛋白质的影响：进食高蛋白质膳食可促进尿素的合成；反之，进食低蛋白质膳食则减少尿素的合成。

2. CPS-Ⅰ的调节：CPS-Ⅰ是尿素循环启动的限速酶，AGA 是其变构激活剂，它由乙酰辅酶 A 和谷氨酸通过 AGA 合成酶催化而生成。精氨酸是 AGA 合成酶的激活剂，精氨酸浓度

增高时,尿素生成量增加。

3. 精氨酸代琥珀酸合成酶的调节:在尿素合成的酶系中,以精氨酸代琥珀酸合成酶的活性最低(表9-3),它是尿素合成启动后的关键酶,可正性调节尿素合成的速率。

表 9-3 正常人肝尿素合成酶的相对活性

酶	相 对 活 性
氨基甲酰磷酸合成酶	4.5
鸟氨酸氨基甲酰转移酶	163.0
精氨酸代琥珀酸合成酶	1.0
精氨酸代琥珀酸裂解酶	3.3
精氨酸酶	149.0

五、高血氨症和氨中毒

正常情况下,血氨的来源与去路保持动态平衡,血氨浓度处于较低水平。当肝功能严重损伤或尿素合成相关酶存在遗传性缺陷时,尿素合成障碍,血氨浓度升高,称为高血氨症(hyperammonemia)。高血氨症严重者可导致肝性脑病(氨中毒),常见的临床症状包括厌食、呕吐、间歇性共济失调、嗜睡甚至昏迷等。高血氨症的毒性作用机制尚不完全清楚,一般认为,正常时氨在脑组织可与 α-酮戊二酸结合生成谷氨酸,后者可进一步与氨结合生成谷氨酰胺而解毒。高血氨时脑中氨浓度持续增加,使 α-酮戊二酸减少,导致三羧酸循环减弱,ATP 生成不足,从而引起大脑功能障碍,严重者可发生昏迷。另一种机制可能是谷氨酸、谷氨酰胺增多,渗透压增大从而引起脑水肿。

第五节 个别氨基酸的代谢

氨基酸除了共有的分解代谢途径外,因其侧链基团(R—)结构的不同,还有其自身的特殊代谢途径,通过这些代谢途径可以生成生物活性物质,对机体具有重要的生理功能。

一、氨基酸的脱羧基作用

体内一些氨基酸可进行脱羧基作用(decarboxylation)生成相应的胺和 CO_2。催化的酶是氨基酸脱羧酶(decarboxyase),其辅酶是磷酸吡哆醛(含维生素 B_6)。体内胺类含量不多,有一些胺类物质还具有重要的生理功能。产生的胺经胺氧化酶(amine oxidase)氧化成氨和相应的醛,醛进一步氧化成羧酸再彻底分解,从而避免胺类在体内蓄积。胺氧化酶属于黄素蛋白酶,在肝中活性最强。

(一)γ-氨基丁酸

谷氨酸脱羧基生成 γ-氨基丁酸(γ-aminobutyric acid,GABA),催化反应的酶是谷氨酸脱羧酶,此酶在脑、肾组织中活性很高,所以脑中 GABA 的含量较多。GABA 是抑制性神经递质,对中枢神经有抑制作用。临床上常用维生素 B_6 治疗妊娠呕吐和小儿抽搐患者,因为维生素 B_6 构成氨基酸脱羧酶的辅酶,可增强谷氨酸脱羧酶的活性,促进 GABA 的生成而抑制神经过度兴奋。

$$\begin{array}{ccc}
\text{COOH} & & \text{COOH} \\
| & & | \\
\text{CH}_2 & & \text{CH}_2 \\
| & \xrightarrow[\text{CO}_2]{\text{L-谷氨酸脱羧酶}} & | \\
\text{CH}_2 & & \text{CH}_2 \\
| & & | \\
\text{CHNH}_2 & & \text{CH}_2\text{NH}_2 \\
| & & \\
\text{COOH} & & \\
\text{L-谷氨酸} & & \gamma\text{-氨基丁酸}
\end{array}$$

（二）组胺

组氨酸脱羧基生成组胺(histamine)，组胺在体内分布广泛，主要存在于肥大细胞中。

组胺是一种强烈的血管扩张剂，并能增加毛细血管的通透性。组胺可使平滑肌收缩，引起支气管痉挛，导致哮喘。组胺还能促进胃黏膜细胞分泌胃蛋白酶原及胃酸。

组氨酸 → 组胺

（三）牛磺酸

半胱氨酸首先氧化成磺酸丙氨酸，再脱羧基生成牛磺酸(taurine)。牛磺酸是结合胆汁酸的结合剂。人体内牛磺酸主要来自食物，并且由肾脏排泄。

（四）5-羟色胺

色氨酸先羟化生成 5-羟色氨酸，然后经脱羧生成 5-羟色胺(5-hydroxytryptamine,5-HT)。5-羟色胺广泛分布于体内各组织，脑组织中 5-羟色胺是一种抑制性神经递质，在外周组织中，5-羟色胺有很强的血管收缩作用。

色氨酸 → 5-羟色氨酸 → 5-羟色胺

（五）多胺

多胺(polyamines)是指含有多个氨基的化合物。鸟氨酸脱羧基生成腐胺，腐胺再转变成精脒(spermidine)和精胺(spermine)，三者统称为多胺，是调节细胞生长的重要物质。反应如下：

$$\text{L-鸟氨酸} \xrightarrow[-\text{CO}_2]{\text{鸟氨酸脱羧酶}} \text{H}_2\text{N}-(\text{CH}_2)_4-\text{NH}_2(\text{腐胺})$$

$$\text{S-腺苷甲硫氨酸(SAM)} \xrightarrow[-\text{CO}_2]{\text{SAM 脱羧酶}} \text{腺苷}-\text{S}-(\text{CH}_2)_3-\text{NH}_2(\text{脱羧基 SAM})$$

$$\text{腐胺}+\text{脱羧基 SAM} \xrightarrow[-\text{腺苷-S-CH}_3]{\text{丙胺转移酶}} \text{H}_2\text{N}-(\text{CH}_2)_4-\text{NH}-(\text{CH}_2)_3-\text{NH}_2(\text{精脒})$$

NOTE

171

$$\text{精脒}+\text{脱羧基 SAM} \xrightarrow[\text{—腺苷-S-CH}_3]{\text{丙胺转移酶}} \text{H}_2\text{N}—(\text{CH}_2)_3—\text{NH}—(\text{CH}_2)_4—\text{NH}—(\text{CH}_2)_3—\text{NH}_2(\text{精胺})$$

鸟氨酸脱羧酶(orinithinedecarboxylase,ODC)是多胺合成的关键酶。凡生长旺盛的组织,如胚胎、再生肝、生长激素作用的细胞及肿瘤组织等,鸟氨酸脱羧酶的活性和多胺的含量都有所升高。多胺促进细胞增殖的机制可能与稳定核酸和细胞结构、促进核酸和蛋白质的合成有关。目前临床上常把测定肿瘤病人血或尿中多胺的含量作为观察病情的指标之一。

二、一碳单位的代谢

(一) 一碳单位与四氢叶酸

某些氨基酸在分解代谢过程中产生的含有一个碳原子的有机基团称为一碳单位(one carbon unit),主要包括甲基(—CH_3,methyl)、甲烯基(亚甲基,—CH_2—,methylene)、甲炔基(次甲基,=CH—,methenyl)、甲酰基(—CHO,formyl)及亚胺甲基(—CH =NH,formimino)等。但 CO_2 不属于一碳单位。

一碳单位不能游离存在,常与四氢叶酸(FH_4)结合而进行转运并参与代谢。因此,FH_4 是一碳单位的运载体和代谢的辅酶。哺乳类动物体内,FH_4 是由叶酸经二氢叶酸还原酶(dihydrofolate reductase)催化,经两步还原反应生成的。一般来说,一碳单位通常结合在 FH_4 分子的 N^5、N^{10} 位上。

$$\text{H}_2\text{N}—\text{C} \quad \text{N} \quad \text{N} \quad \text{CH}_2 \quad \text{O} \quad \text{COOH}$$

5,6,7,8-四氢叶酸(FH_4)

$$F \xrightarrow[\text{NADPH+H}^+ \quad \text{NADP}^+]{\text{FH}_2\text{还原酶}} FH_2 \xrightarrow[\text{NADPH+H}^+ \quad \text{NADP}^+]{\text{FH}_2\text{还原酶}} FH_4$$

(二) 一碳单位的来源

一碳单位主要来自丝氨酸、甘氨酸、组氨酸和色氨酸的分解代谢,其中色氨酸分解后产生的甲酸直接提供甲酰基作为一碳单位的供体。

$$\text{丝氨酸}+FH_4 \xrightleftharpoons[\text{磷酸吡哆醛}]{\text{丝氨酸羟甲基转移酶}} N^5,N^{10}\text{-甲烯四氢叶酸}+\text{甘氨酸}$$

$$\text{甘氨酸}+FH_4 \xrightleftharpoons[\text{NAD}^+ \quad \text{NADH+H}^+]{\text{甘氨酸裂解酶}} N^5,N^{10}\text{-甲烯四氢叶酸}+NH_3+CO_2$$

$$\text{组氨酸} \xrightarrow[\text{H}_2\text{O} \quad \text{NH}_3]{\text{组氨酸酶}} \text{亚氨甲基谷氨酸} \xrightarrow[\text{FH}_4]{\text{亚氨甲基转移酶}} N^5\text{-亚氨甲基四氢叶酸}+\text{谷氨酸}$$

$$+NH_3 \Updownarrow -NH_3$$

$$N^5,N^{10}\text{-甲炔四氢叶酸}$$

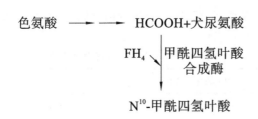

（三）一碳单位的相互转变

各种不同形式一碳单位中碳原子的氧化状态不同。在适当条件下，它们可以通过氧化还原反应而相互转变（图 9-13）。但 N^5-CH_3—FH_4 的生成是不可逆的。

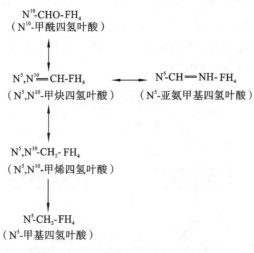

图 9-13 一碳单位的相互转变

（四）一碳单位的生理功能

一碳单位的主要生理功能是作为合成嘌呤及嘧啶的原料，在核酸生物合成中占有重要地位。例如，N^{10}-CHO-FH_4 与 N^5，N^{10}=CH-FH_4 分别提供嘌呤合成时 C_2 与 C_8 的来源；N^5，N^{10}-CH_2-FH_4 提供脱氧胸苷酸（dTMP）合成时甲基的来源。可见，一碳单位将氨基酸与核酸代谢密切联系起来。当一碳单位的生成、叶酸的合成或叶酸转变为 FH_4 障碍时，核酸合成受阻，妨碍细胞增殖，就会影响正常的生命活动，例如巨幼红细胞贫血等。根据这一生化原理，发展了一类"抗叶酸代谢"的药物，如磺胺类药物及某些抗恶性肿瘤药（氨甲蝶呤等）分别通过干扰细菌及恶性肿瘤细胞叶酸、四氢叶酸的合成，影响一碳单位代谢与核酸合成，使细胞增殖被抑制而发挥其药理作用。

三、含硫氨基酸的代谢

体内的含硫氨基酸有甲硫氨酸、半胱氨酸和胱氨酸。甲硫氨酸（又称蛋氨酸）可以转变为半胱氨酸和胱氨酸，半胱氨酸和胱氨酸可以互变，但不能转变为甲硫氨酸，所以甲硫氨酸是营养必需氨基酸。

（一）甲硫氨酸的代谢

1. 甲硫氨酸与转甲基作用 甲硫氨酸分子中含有 S-甲基，在腺苷转移酶催化下与 ATP 作用，生成 S-腺苷甲硫氨酸（S-adenosyl methionine，SAM）。SAM 中的甲基与有机四价硫结合而被高度活化，称为活性甲基，因此，SAM 又被称为活性甲硫氨酸。SAM 是体内重要的甲基直接供体，在甲基转移酶（methyl transferase）作用下可将甲基转移给甲基接受体生成多种

NOTE

甲基化合物,如肌酸、肾上腺素、胆碱、肉碱等生理活性物质的合成(表9-4),故称 SAM 为活性甲基供体。

表 9-4 SAM 参与的转甲基作用

甲基接受体	甲基化合物	甲基接受体	甲基化合物
去甲肾上腺素	肾上腺素	RNA	甲基化 RNA
胍乙酸	肌酸	DNA	甲基化 DNA
磷脂酰乙醇胺	磷脂酰胆碱	蛋白质	甲基化蛋白质
γ-氨基丁酸	肉毒碱	烟酰胺	N-甲基烟酰胺

2. 甲硫氨酸循环 在甲基转移酶的催化下,SAM 转甲基后变成 S-腺苷同型半胱氨酸,后者水解脱去腺苷,生成同型半胱氨酸,同型半胱氨酸接受 N^5-CH_3-FH_4 提供的甲基,重新生成甲硫氨酸。从甲硫氨酸活化为 SAM 到转出甲基及再生成甲硫氨酸,形成一个循环过程,称为甲硫氨酸循环(methionine cycle)(图 9-14)。

知识拓展 9-2

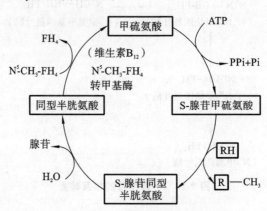

图 9-14 甲硫氨酸循环

甲硫氨酸循环的生理意义:①提供活泼甲基,通过甲硫氨酸循环生成的 SAM,可为体内广泛存在的甲基化反应提供甲基;②使 FH_4 再生,在循环中由 N^5-CH_3-FH_4 提供甲基使同型半胱氨酸转变成甲硫氨酸,从而使 N^5-CH_3-FH_4 释放 FH_4 而被再利用,因此,N^5-CH_3-FH_4 可看成是体内甲基的间接供体。维生素 B_{12} 是 N^5-CH_3-FH_4 转甲基酶的辅酶,当维生素 B_{12} 缺乏时,N^5-CH_3-FH_4 的甲基不能转移给同型半胱氨酸,即影响甲硫氨酸的合成,又妨碍 FH_4 的再生,一碳单位不能利用,核酸合成障碍,影响细胞分裂,引起巨幼细胞贫血。同时,也使同型半胱氨酸在血中浓度升高,研究表明,高同型半胱氨酸症是动脉粥样硬化和冠心病的独立危险因子,与冠状动脉疾病的严重程度呈正相关。

(二)半胱氨酸的代谢

1. 半胱氨酸与胱氨酸互变 半胱氨酸含有巯基(—SH),胱氨酸含有二硫键(—S—S—),两者可通过氧化还原反应互变。

$$2\begin{matrix}CH_2SH \\ CH-NH_2 \\ COOH\end{matrix} \underset{-2H}{\overset{-2H}{\rightleftharpoons}} \begin{matrix}CH_2-S-S-CH_2 \\ CH-NH_2 \quad CH-NH_2 \\ COOH \quad\quad COOH\end{matrix}$$

2. 硫酸根的代谢 含硫氨基酸氧化分解可以产生硫酸根,半胱氨酸是体内硫酸根的主要来源。半胱氨酸直接脱去巯基和氨基,生成丙酮酸、NH_3 和 H_2S。H_2S 再经氧化而生成 H_2SO_4。体内的硫酸根一部分以无机盐形式随尿排出,另一部分则经 ATP 活化成活性硫酸根,即 3′-磷酸腺苷-5′-磷酸硫酸(3′-phospho-adenosine-5′-phospho-sulfate,PAPS)。反应过程如下:

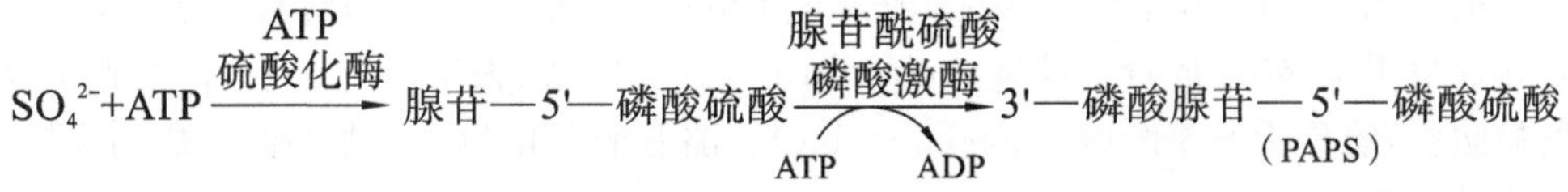

$$SO_4^{2-}+ATP \xrightarrow[\text{硫酸化酶}]{\text{ATP}} \text{腺苷—5′—磷酸硫酸} \xrightarrow[\substack{ATP \quad ADP}]{\substack{\text{腺苷酰硫酸} \\ \text{磷酸激酶}}} \underset{\text{(PAPS)}}{\text{3′—磷酸腺苷—5′—磷酸硫酸}}$$

PAPS 化学性质活泼,是体内硫酸根的供体。PAPS 在肝生物转化中可提供硫酸根使某些物质生成硫酸酯。例如,类固醇激素可形成硫酸酯而被灭活,一些外源性酚类化合物也可以形成硫酸酯而被排出体外。此外,PAPS 还可参与硫酸角质素及硫酸软骨素等分子中硫酸化氨基糖的合成。

四、芳香族氨基酸的代谢

芳香族氨基酸包括苯丙氨酸、酪氨酸和色氨酸。其中苯丙氨酸、色氨酸是必需氨基酸。

(一)苯丙氨酸的代谢

1. 苯丙氨酸羟化生成酪氨酸 正常情况下,苯丙氨酸经苯丙氨酸羟化酶(phenylalanine hydroxylase,PHA)作用羟化生成酪氨酸,再进一步代谢,这是苯丙氨酸代谢的主要途径。羟化酶是以四氢生物蝶呤为辅酶的加单氧酶,催化的反应不可逆,因而酪氨酸不能转变为苯丙氨酸。

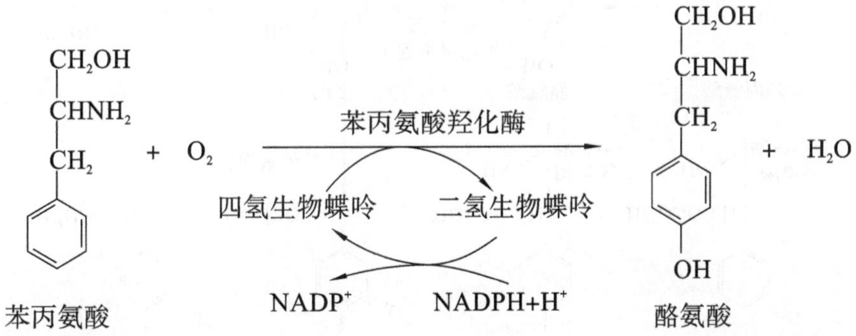

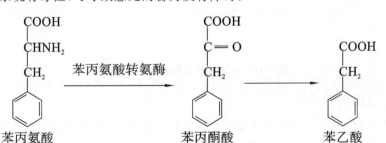

2. 生成苯丙酮酸及苯丙酮尿症 苯丙氨酸除能转变为酪氨酸外,少量可经转氨基作用生成苯丙酮酸。当苯丙氨酸羟化酶先天性缺乏时,苯丙氨酸不能正常转变成酪氨酸,体内蓄积的苯丙氨酸就会经转氨基作用生成大量苯丙酮酸,苯丙酮酸及其代谢产物随尿液排出,称为苯丙酮尿症(phenylketonuria,PKU)。苯丙酮酸可进一步转变成苯乙酸等衍生物。苯丙酮酸的堆积对中枢神经系统有毒性,可导致患儿的智力发育障碍。

知识链接 9-2

(二)酪氨酸的代谢

1. 儿茶酚胺的合成 酪氨酸在酪氨酸羟化酶作用下,生成 3,4-二羟苯丙氨酸(3,4-dihydroxyphenylalanine,DOPA 多巴)。酪氨酸羟化酶也是以四氢生物蝶呤为辅酶的加单氧

NOTE

酶。多巴经多巴脱羧酶作用,脱羧转变成多巴胺(dopamine)。多巴胺是脑中的一种神经递质,帕金森病(parkinson disease)患者多巴胺生成减少。在肾上腺髓质中,多巴胺侧链的β-碳原子可再被羟化,生成去甲肾上腺素(norepinephrine),后者经 N-甲基转移酶催化,由 S-腺苷甲硫氨酸提供甲基,转变成肾上腺素(epinephrine)。多巴胺、去甲肾上腺素、肾上腺素是含邻苯二酚的胺类,统称为儿茶酚胺(catecholamine)。酪氨酸羟化酶是儿茶酚胺合成的关键酶,受终产物的反馈调节。

2. 黑色素的合成　酪氨酸另一条途径是在黑色素细胞中合成黑色素(melanin)。在黑色素细胞中,酪氨酸在酪氨酸酶(tyrosinase)的催化下,羟化生成多巴,后者经氧化、脱羧等反应转变成吲哚-5,6-醌,聚合后成黑色素。人体缺乏酪氨酸酶,导致黑色素合成障碍,皮肤、毛发等发白,称为白化病(albinism)。患者对阳光敏感,易患皮肤癌。

3. 酪氨酸的氧化分解　酪氨酸还可在酪氨酸转氨酶的催化下,生成对羟苯丙酮酸,再羟化成尿黑酸,尿黑酸经尿黑酸氧化酶作用转变成延胡索酸和乙酰乙酸,分别进入糖和脂肪酸代谢。因此,苯丙氨酸和酪氨酸是生糖兼生酮氨基酸。当尿黑酸氧化酶先天缺陷,尿黑酸氧化受阻,大量尿黑酸由尿排出,经空气氧化使尿呈黑色,称为尿黑酸尿症(alcaptonuria)。

另外,酪氨酸在甲状腺细胞还可转变为甲状腺素。苯丙氨酸和酪氨酸代谢途径如图 9-15 所示。

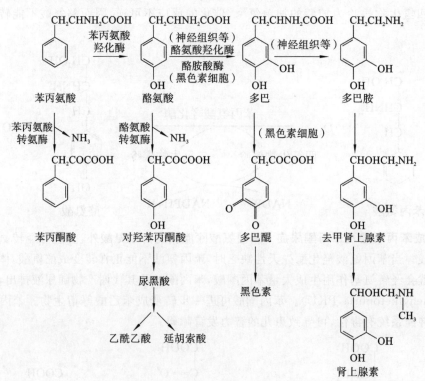

图 9-15　苯丙氨酸和酪氨酸的代谢途径

(三) 色氨酸的代谢

色氨酸除生成 5-羟色胺外,本身还可分解代谢。在肝中,色氨酸通过色氨酸加氧酶(又称吡咯酶)的作用,生成一碳单位。色氨酸分解可产生丙酮酸与乙酰乙酰辅酶 A,所以色氨酸是一种生糖兼生酮氨基酸。此外,色氨酸分解还可产生烟酸,这是体内合成维生素的特例,但其合成量甚少,不能满足机体的需要。

五、支链氨基酸的代谢

支链氨基酸包括亮氨酸、异亮氨酸和缬氨酸三种，都是营养必需氨基酸。它们的分解主要在骨骼肌中进行，有相似的代谢过程。三者代谢的开始阶段基本相同，先经转氨基作用，生成各自相应的 α-酮酸；再通过氧化脱羧等反应，生成相应的脂酰 CoA，最后经 β-氧化生成不同的中间产物参与代谢。亮氨酸产生乙酰辅酶 A 及乙酰乙酰辅酶 A；异亮氨酸产生乙酰辅酶 A 及琥珀酸单酰辅酶 A；缬氨酸分解产生琥珀酸单酰辅酶 A。因此，这三种氨基酸分别是生酮氨基酸、生糖兼生酮氨基酸及生糖氨基酸。

氨基酸除作为组成蛋白质的基本原料外，它们还可以转变成其他多种含氮的生理活性物质（表 9-5）。

表 9-5 氨基酸衍生的重要含氮化合物

氨基酸	衍生的化合物	生理功能
天冬氨酸、谷氨酰胺、甘氨酸	嘌呤碱	含氮碱基、核酸成分
天冬氨酸	嘧啶碱	含氮碱基、核酸成分
甘氨酸	卟啉化合物	血红素、细胞色素
甘氨酸、精氨酸、蛋氨酸	肌酸、磷酸肌酸	能量储存
色氨酸	5-羟色胺、尼克酸	神经递质、维生素
苯丙氨酸、酪氨酸	儿茶酚胺、甲状腺素	神经递质、激素
酪氨酸	黑色素	皮肤色素
谷氨酸	γ-氨基丁酸	神经递质
蛋氨酸、鸟氨酸	精脒、精胺	细胞增殖促进剂
丝氨酸、蛋氨酸	胆碱	卵磷脂成分
半胱氨酸	牛磺酸	结合胆汁酸成分
精氨酸	NO	细胞内信号分子

六、肌酸和磷酸肌酸的代谢

肌酸（creatine）和磷酸肌酸（creatine phosphate）是能量储存、利用的重要化合物。肌酸是以甘氨酸和精氨酸为原料，由 SAM 供给甲基而合成的（图 9-16）。肝是合成肌酸的主要器官。在肌酸激酶（creatine kinase 或 creatine phosphokinase，CPK）催化下，肌酸接受 ATP 上的高能磷酸基转变成磷酸肌酸，磷酸肌酸是高能磷酸化合物。其分子的磷酸基又可转移至 ADP 生成 ATP 被利用。磷酸肌酸在心肌、骨骼肌及大脑中含量丰富。

肌酸激酶由两种亚基组成，即 M 亚基（肌型）与 B 亚基（脑型），有三种同工酶：MM 型、MB 型及 BB 型。它们在体内各组织中的分布不同，MM 型主要在骨骼肌，MB 型主要在心肌，BB 型主要在脑。心肌梗死时，血中 MB 型肌酸激酶活性增强，可作为辅助诊断的指标之一。

肌酸和磷酸肌酸代谢的终产物是肌酐（creatinine）。正常人每日尿中肌酐的排出量恒定。肾严重病变时肌酐排泄受阻，血中肌酐浓度升高，可作为测定肾功能的指标之一。

NOTE

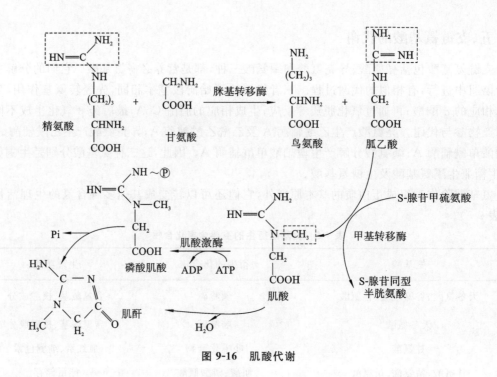

图 9-16　肌酸代谢

本章小结

蛋白质的分解代谢	学 习 要 点
概念	氮平衡,营养必需氨基酸,食物蛋白互补作用,转氨基作用,一碳单位
过程	氨基酸代谢概况,转氨基作用,氧化脱氨基作用,联合脱氨基作用,血氨的来源与去路,尿素生成过程,个别氨基酸的代谢
意义及功能	丙氨酸-葡萄糖循环意义,鸟氨酸循环意义,甲硫氨酸循环意义,一碳单位的生理功能

目标检测
解析

目标检测

一、填空题

1. 肝组织中含量最高的转氨酶是_____;心脏组织中含量最高的转氨酶是_____。

2. 肝、肾组织中氨基酸脱氨基作用的主要方式是_____。肌肉组织中氨基酸脱氨基作用的主要方式是_____。

3. 血液中转运氨的两种主要方式是_____和_____。

4. 甲硫氨酸循环中,产生的甲基供体是_____;体内活性硫酸根的形式是_____,其主要来源于_____氨基酸的代谢。

5. α-酮酸在体内代谢途径包括_____、_____、_____。

二、判断题

1. 体内氨基酸脱氨基的主要方式是转氨基作用。　　　　　　　　　　　　　　　　　（　　）

2. 一碳单位的载体是四氢叶酸。　　　　　　　　　　　　　　　　　　　　　　　　（　　）

3. 体内蛋白质分解代谢的最终产物是尿素。　　　　　　　　　　　　　　　　　　　（　　）

4. 嘌呤核苷酸循环参与氨基酸脱氨基作用。 （ ）

5. 合成尿素不是 NH_3 的主要去路。 （ ）

6. 甲硫氨酸循环的意义是生成 SAM 提供甲基。 （ ）

7. 氧化脱氨基作用能使氨基酸脱去氨基,但不产生自由的氨。 （ ）

8. 酸性氨基酸都是非必需氨基酸。 （ ）

三、问答题

1. 写出下列氨基酸与 α-酮戊二酸转氨基后生成相应 α-酮酸的名称。

(1) 天冬氨酸 (2) 丙氨酸 (3) 苯丙氨酸 (4) 谷氨酸

2. 简述尿素的生成过程。

3. 血氨有哪些来源和去路?

4. 简述体内氨基酸的来源和主要代谢去路。

（邓秀玲）

在线答题

第十章　核酸与核苷酸代谢

学习目标

1. 掌握:核苷酸从头合成途径的概念和原料的来源及其补救合成途径的概念和生理意义。

2. 熟悉:脱氧核苷酸的生成;核苷酸分解的终产物及痛风症的发病和治疗机制。

3. 了解:核苷酸的消化、吸收;核苷酸从头合成途径的基本过程;抗代谢物的种类及作用机制。

核酸是遗传物质的基础,在体内可分解产生核苷酸,而后者又可作为核酸合成的重要原料。作为核酸基本结构单位的核苷酸,在体内分布广泛,参与机体的很多生化反应,具有重要的生物学功能。人体内的核苷酸可以通过简单的原料由自身合成,因此不属于营养必需物质。细胞内核苷酸可以降解为核苷或碱基而进一步被代谢排出,同时这些降解的中间产物也可以被细胞再利用来合成核苷酸,使得核苷酸分解与合成过程处于动态的平衡中,一旦发生异常即可诱导某些疾病的发生,因此核苷酸的代谢可以作为药物研发的重要靶点。

案例导入

患者,男,67 岁,身高 172 cm,体重 80 kg。6 天前患者晚上饮酒后午夜突然发生右足第一跖趾关节肿痛难以入睡,局部灼热红肿,皮温升高,压痛伴活动障碍,服用抗生素消炎治疗 3 天后,关节肿痛缓解不明显。临床检验白细胞 9.9×10^9/L,中性粒细胞百分比 79%,血尿酸为 522 μmol/L。

问题:

1. 该患者初步诊断为何种疾病？ 诊断的主要依据是什么？

2. 入院后还需完善哪些相关检查？

3. 临床上常用于治疗此疾病的药物是什么？ 其作用机制是什么？

第一节　概　　述

一、核酸的消化与吸收

食物中的核酸多与蛋白质结合以核蛋白的形式存在。核蛋白在胃中受胃酸作用,分解成蛋白质与核酸。蛋白质的消化过程见本书第八章,而核酸进入小肠后受到胰液和肠液中多种水解酶的催化逐步降解(图 10-1)。首先,核酸先在小肠内由核酸酶(包括 DNA 酶和 RNA 酶)分解为寡核苷酸和部分单核苷酸。接着,这些寡核苷酸和单核苷酸分子可继续由小肠黏膜细胞分泌的特异性的二酯酶和核苷酸酶进一步降解。然后,核苷酸及其水解产物可以被小肠黏膜细胞吸收,而且吸收后的绝大部分仍可进一步被分解。分解的产物戊糖可以参与机体的戊糖代谢;而嘌呤碱和嘧啶碱除小部分可被机体再利用外,大部分被分解而排出体外。因此,机体很少利用食物来源的嘌呤碱和嘧啶碱。

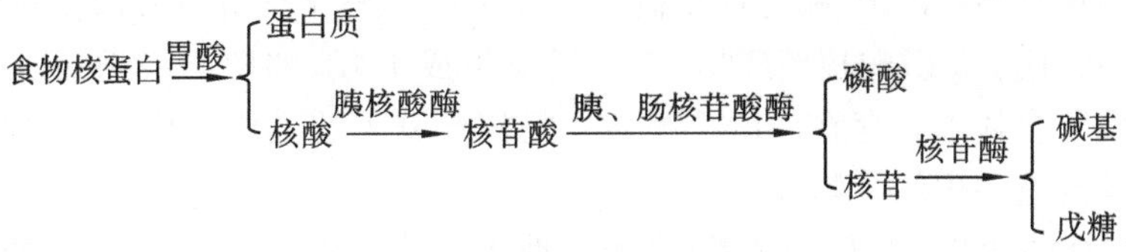

$$食物核蛋白 \xrightarrow{胃酸} \begin{cases} 蛋白质 \\ 核酸 \xrightarrow{胰核酸酶} 核苷酸 \xrightarrow{胰、肠核苷酸酶} \begin{cases} 磷酸 \\ 核苷 \xrightarrow{核苷酶} \begin{cases} 碱基 \\ 戊糖 \end{cases} \end{cases} \end{cases}$$

图 10-1 核酸的消化

二、核苷酸代谢概况

与糖、脂类、蛋白质等营养物质的代谢相似,核苷酸代谢也包括合成代谢和分解代谢。核苷酸的合成代谢包括可以直接利用简单物质为原料的从头合成途径与直接利用体内游离的嘌呤或嘌呤核苷的补救合成途径两种。但是由于碱基组成不同,所以嘌呤核苷酸和嘧啶核苷酸的合成代谢和分解代谢不尽相同,因此本章分别予以介绍。

第二节 嘌呤核苷酸代谢

一、嘌呤核苷酸的合成代谢

嘌呤核苷酸的合成有从头合成和补救合成两条途径,其中从头合成途径是机体合成嘌呤核苷酸的主要途径。

(一)嘌呤核苷酸的从头合成途径

从头合成(de novo synthesis)途径,指机体利用磷酸核糖、氨基酸、一碳单位和 CO_2 等简单物质为原料,经过一系列酶促反应,合成嘌呤核苷酸的反应过程。嘌呤核苷酸从头合成的主要器官是肝脏,其次是小肠和胸腺,而脑、骨髓则无法进行此合成途径。

除某些细菌外,几乎所有生物体都能合成嘌呤碱。1948 年,John M. Buchanan 等人通过测定同位素标记化合物喂养的鸽子排出的尿酸中被标记原子的位置,证实合成嘌呤碱的原料为氨基酸、一碳单位和 CO_2 等(图 10-2)。

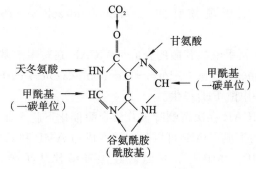

图 10-2 嘌呤碱合成的元素来源

【药考提示】从头合成的定义及各元素来源。

NOTE

1. 嘌呤核苷酸从头合成的过程

嘌呤核苷酸的从头合成是在 5-磷酸核糖分子上逐步合成的,其具体合成过程可以分为两个阶段:首先进行次黄嘌呤核苷酸(inosine monophosphate, IMP)的合成,然后再进行 IMP 的转变形成腺嘌呤核苷酸(AMP)和鸟嘌呤核苷酸(GMP)。整个合成过程都在胞质中进行。

(1) IMP 的合成　5-磷酸核糖经历 11 步反应生成 IMP,如图 10-3 所示。此过程中的酶在胞质中多以酶复合体形式存在。IMP 虽然不是核酸分子的主要组成分子,但是它是嘌呤核苷酸合成的前体或重要中间产物。

①5-磷酸核糖的活化。5-磷酸核糖(来源于糖代谢的磷酸戊糖途径)在磷酸核糖焦磷酸合成酶催化下,活化生成磷酸核糖焦磷酸(phosphoribosyl pyrophosphate, PRPP),后者 C-1 位的焦磷酸基团由 ATP 提供。PRPP 不但是嘌呤核苷酸合成的重要中间物,也是嘧啶核苷酸、组氨酸、色氨酸合成的前体物质,因此 PRPP 合成酶是催化多种物质合成的重要酶,该酶是一种变构酶,受多种代谢物的变构调节。

②5-磷酸核糖胺的合成。PRPP 上的焦磷酸在磷酸核糖酰胺转移酶(amidotransferase)催化下被谷氨酰胺的酰胺基所取代,生成 5-磷酸核糖胺(phosphoribosyylamine, PRA)。此反应由焦磷酸水解供能,是嘌呤合成的限速步骤。

③甘氨酰胺核苷酸的合成。PRA 与甘氨酸在甘氨酰胺核苷酸合成酶(glycinamide ribonucleotide synthetase)催化下生成甘氨酰胺核苷酸(glycinamide ribonucleotide, GAR)。此反应由 ATP 提供能量。

④甲酰甘氨酰胺核苷酸的合成。GAR 在 GAR 甲酰转移酶的催化下甲酰化,生成甲酰甘氨酰胺核苷酸(formylglycinamide ribonucleotide, FGAR),甲酰基由 N^{10}-甲酰 FH_4 提供。

⑤甲酰甘氨咪核苷酸的合成。FGAR 与谷氨酰胺在 FGAR 酰胺转移酶催化下生成甲酰甘氨咪核苷酸(formylglycinamidine ribonucleotide, FGAM),能量由 ATP 提供。

⑥5-氨基咪唑核苷酸的合成。FGAM 在 5-氨基咪唑核苷酸合成酶的催化下脱水环化形成 5-氨基咪唑核苷酸(5-aminoimidazole ribonucleotide, AIR),能量由 ATP 提供。至此,嘌呤环中的咪唑环的合成已经完成。

⑦5-氨基咪唑-4-羧酸核苷酸的合成。AIR 在 AIR 羧化酶催化下将 CO_2 连接在咪唑环上,生成 5-氨基咪唑-4-羧酸核苷酸(carboxyaminoimidazole ribonucleotide, CAIR)。

⑧N-琥珀酰-5-氨基咪唑-4-氨甲酰核苷酸的合成。CAIR 和天冬氨酸在 N-琥珀酰-5-氨基咪唑-4-氨甲酰核苷酸合成酶的作用下缩合,生成 N-琥珀酰-5-氨基咪唑-4-氨甲酰核苷酸(N-succinyl-5-aminoimidazole-4-carboxamide ribonucleotide, SAICAR),能量由 ATP 提供。

⑨5-氨基咪唑-4-氨甲酰核苷酸的合成。SAICAR 在 SAICAR 裂解酶催化下脱去延胡索酸,生成 5-氨基咪唑-4-氨甲酰核苷酸(5-aminoimidazole-4-carboxamide ribonucleotide, AICAR)。

⑩5-甲酰胺基咪唑-4-氨甲酰核苷酸的合成。AICAR 在转甲酰基酶的催化下甲酰化,生成 5-甲酰胺基咪唑-4-氨甲酰核苷酸(5-formyl aminoimidazole-4-carboxamide ribonucleotide, FAICAR),甲酰基由 N^{10}-甲酰 FH_4 提供。

⑪IMP 的合成。FAICAR 在次黄嘌呤核苷酸合酶催化下脱水环化生成 IMP。

(2) AMP 和 GMP 的生成　IMP 可以分别转变成为 AMP 和 GMP(图 10-4)。

① IMP 转变为 AMP。IMP 与天冬氨酸在腺苷酸代琥珀酸合成酶(adenylosuccinate synthetase)催化下,合成腺苷酸代琥珀酸(adenylosuccinate),而后者在腺苷酸代琥珀酸裂解酶催化下脱去延胡索酸,生成 AMP。此过程第一步反应消耗的能量由 GTP 提供。

② IMP 转变为 GMP。IMP 在脱氢酶催化下脱氢氧化生成黄嘌呤核苷酸(xanthosine monophosphate, XMP),NAD^+ 为受氢体,而 XMP 与谷氨酰胺在 GMP 合成酶催化下生成

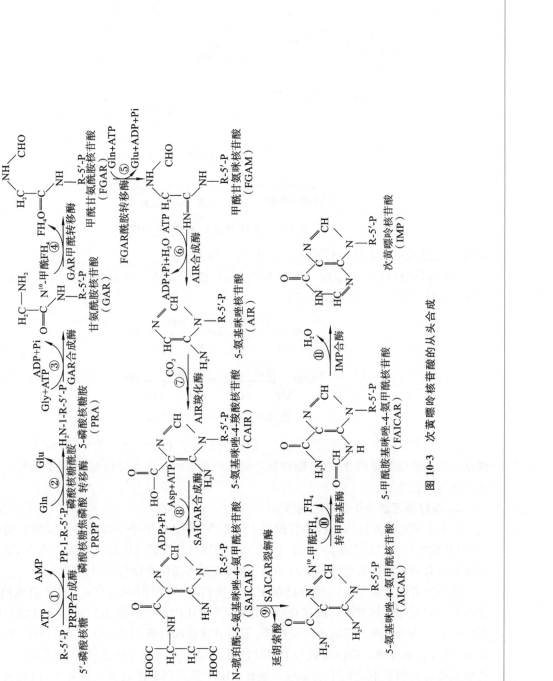

图 10-3 次黄嘌呤核苷酸的从头合成

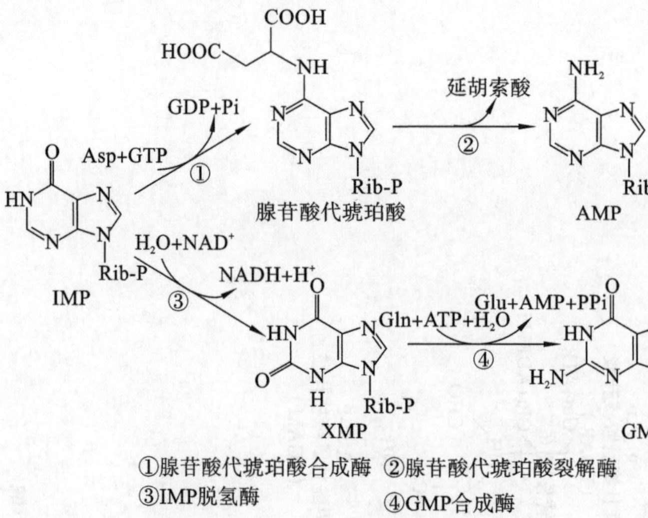

图 10-4　IMP 转变为 AMP 和 GMP

①腺苷酸代琥珀酸合成酶　②腺苷酸代琥珀酸裂解酶

③IMP脱氢酶　　　　　　④GMP合成酶

GMP。此过程第二步反应消耗的能量由 ATP 提供。

（3）ATP 和 GTP 的合成　细胞内的 AMP 和 GMP 均可在激酶的作用下,经过两次磷酸化反应生成 ATP 或 GTP(图 10-5)。

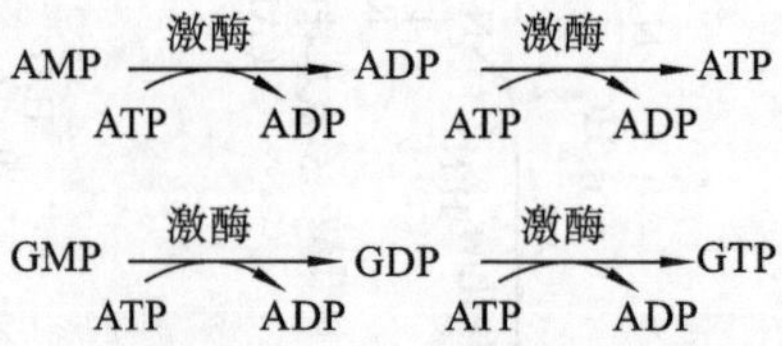

图 10-5　ATP 和 GTP 的合成

嘌呤核苷酸的从头合成过程是在 5-磷酸核糖分子上逐步合成嘌呤环,而不是先合成嘌呤碱基再与 5-磷酸核糖结合,这是嘌呤核苷酸从头合成的一个重要特点,也是它与嘧啶核苷酸从头合成的明显差别。

2. 嘌呤核苷酸从头合成的调节

从头合成途径是体内嘌呤核苷酸的主要来源,但是由于这个合成过程又需要消耗磷酸核糖、氨基酸等原料以及大量的 ATP,因此机体必须对其合成速度进行精确的调节,以便机体既能满足因合成核酸而对嘌呤核苷酸的需求,又能避免底物和能量的过多消耗。

嘌呤核苷酸从头合成的调节机制主要是反馈调节(图 10-6(a))。PRPP 合成酶和 PRPP 酰胺转移酶是嘌呤核苷酸合成途径的关键酶,其催化的两个反应也就是从头合成的两个主要调控环节。由于这两个都属于变构酶类,所以其活性均可被 IMP、AMP 及 GMP 等反馈抑制;相反,其各自的底物 5-磷酸核糖与 PRPP 能分别增强合成酶与酰胺转移酶的活性。在嘌呤核苷酸从头合成调节中,PRPP 合成酶可能比 PRPP 酰胺转移酶起更大的作用,因此机体对前者的调控就更为关键。

另外,对于嘌呤核苷酸从头合成过程中还可以进行交叉调节(图 10-6(b))。一方面,在 IMP 转变为 AMP 时需要消耗 GTP,IMP 转变为 GMP 时需要消耗 ATP,即 GTP 可以促进 AMP 的生成,ATP 也可以促进 GMP 的生成。而另一方面,过量的 AMP 能抑制 IMP 向 AMP 的转变,但不影响 GMP 的合成;同样的,过量的 GMP 也能反馈抑制 GMP 的生成,但不影响 AMP 的合成。这就是交叉调节。这种交叉调节作用对维持体内 ATP 与 GTP 浓度的平衡具有重要意义。

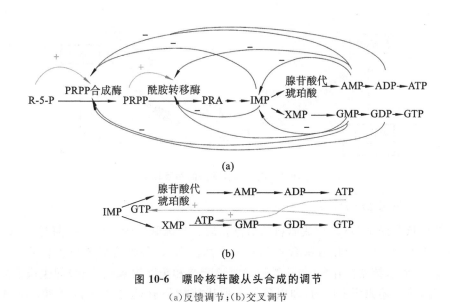

图 10-6 嘌呤核苷酸从头合成的调节

(a)反馈调节;(b)交叉调节

(二)嘌呤核苷酸的补救合成途径

补救合成途径(salvage pathway),是指直接利用体内游离的嘌呤或嘌呤核苷,经过简单酶促反应,合成嘌呤核苷酸的过程,或称为重新利用途径。体内补救合成过程比较简单,消耗能量也比较少。

补救合成的方式有如下两种。

1. 嘌呤碱与 PRPP 直接合成嘌呤核苷酸 是体内嘌呤核苷酸补救合成途径中的主要反应方式。体内催化这类反应的酶有两种,即腺嘌呤磷酸核糖转移酶(adenine phosphoribosyl transferase,APRT)和次黄嘌呤-鸟嘌呤磷酸核糖转移酶(hypoxanthine guanine phosphoribosyl transferase,HGPRT)。

$$腺嘌呤 + PRPP \xrightarrow{APRT} AMP + PPi$$

$$次黄嘌呤 + PRPP \xrightarrow{HGPRT} IMP + PPi$$

$$鸟嘌呤 + PRPP \xrightarrow{HGPRT} GMP + PPi$$

2. 腺苷的再利用 体内的腺苷可以在腺苷激酶催化下,磷酸化生成腺苷酸。生物体内仅具有腺苷激酶,而不存在其他嘌呤核苷的激酶。

$$腺苷 \xrightarrow[ATP \quad ADP]{腺苷激酶} AMP$$

嘌呤核苷酸补救合成途径是机体非常重要的途径之一,其生理意义在于:补救合成一方面可以减少从头合成过程中对氨基酸等原料和能量的消耗;另一方面对于体内缺乏从头合成核苷酸酶系而不能进行从头合成的某些组织器官(如脑和骨髓等组织)而言,补救合成途径具有更重要的意义。例如,由于基因缺陷致使患儿先天缺乏 HGPRT,引起嘌呤的代谢终产物尿酸大量积累,对脑和肾脏损伤严重,此症称为自毁容貌症(或 Lesch-Nyhan 综合征),临床表现为脑发育不全、智力减退、有自残行为等。

(三)嘌呤核苷酸间的相互转变

体内的各种嘌呤间可以相互转化,以维持彼此的平衡。除前已述及的 IMP 可以转变为 XMP、AMP 和 GMP 外,AMP 和 GMP 也可以转变为 IMP(图 10-7)。

【药考提示】补救合成的定义及生理意义。

NOTE

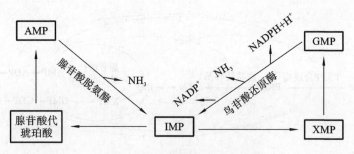

图 10-7　嘌呤核苷酸间的相互转变

（四）脱氧核苷酸的生成

脱氧核糖核苷酸是 DNA 合成原料的前体物质。当细胞处于旺盛分裂期时，为满足 DNA 大量合成的需要，脱氧核糖核苷酸含量会明显增加。那么，各种脱氧核糖核苷酸是如何合成的？实验证明，脱氧核糖核苷酸（包括嘌呤脱氧核苷酸和嘧啶脱氧核苷酸）的生成主要是通过相应的核苷酸直接还原而生成的，即以氢元素取代核糖分子 $C_{2'}$ 上原本的羟基。除 dTMP 是从 dUMP 转变而来外，其他的脱氧核糖核苷酸（dNDP）都是由二磷酸核糖核苷酸（NDP，N 代表 A、G、C、U 等碱基）在核糖核苷酸还原酶催化下还原而来。其产物 dNDP 可以在激酶的作用下磷酸化生成三磷酸脱氧核糖核苷酸（dNTP）。

$$二磷酸核糖核苷酸 \xrightarrow{\text{核糖核苷酸还原酶,Mg}^{2+}} 二磷酸脱氧核糖核苷酸$$
$$\text{NDP} \qquad\qquad\qquad\qquad\qquad\qquad \text{dNDP}$$

另外，几种脱氧核苷磷酸化合物间也可以发生相互转化。

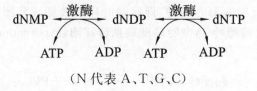

（N 代表 A、T、G、C）

知识链接 10-1

二、嘌呤核苷酸的分解代谢

体内嘌呤核苷酸的分解代谢主要在肝、小肠及肾中进行，其过程与食物核苷酸的消化过程相似，可先由核苷酸酶水解生成核苷和磷酸，再由核苷经核苷磷酸化酶催化生成碱基与磷酸核糖。嘌呤碱既可作为原料重新参与嘌呤核苷酸的补救合成，又可被进一步代谢。人体内，嘌呤碱的代谢终产物是尿酸（uric acid），可随尿液排出体外。具体代谢过程如图 10-8 所示：AMP 降解生成次黄嘌呤，继而又被黄嘌呤氧化酶（xanthine oxidase）氧化生成黄嘌呤，最后在黄嘌呤氧化酶的作用下生成尿酸；另外，GMP 降解生成鸟嘌呤，再转变为黄嘌呤，最终也生成尿酸。

在正常情况下，体内尿酸的生成与排泄相对恒定，正常人血浆中尿酸含量为 $0.12 \sim 0.36$ mmol/L（$2 \sim 6$ mg/dL），男性平均约为 0.27 mmol/L（4.5 mg/dL），女性平均约为 0.21 mmol/L（3.5 mg/dL）。当人体摄入大量高嘌呤食物（如海鲜、肉类等）、体内核酸大量分解（如白血病、恶性肿瘤等）或排泄发生障碍（如肾脏疾病）等时，均会导致血浆中尿酸含量升高。由于尿酸水溶性差，当血浆尿酸浓度超过 0.48 mmol/L（8 mg/dL）时，就会以尿酸盐晶体形式沉积。当这些尿酸盐晶体沉积在关节和软骨组织等处时，会导致痛风症；当尿酸盐晶体沉积在肾脏时，会形成肾结石。

临床上常用别嘌呤醇（allopurinol）治疗痛风症，其可能的机制如图 10-9 所示：别嘌呤醇与次黄嘌呤结构相似，可竞争性抑制黄嘌呤氧化酶活性，从而抑制尿酸的生成；同时别嘌呤醇还与 PRPP 反应可形成别嘌呤核苷酸，既可以消耗从头合成原料 PRPP 的量而减少 IMP 的合

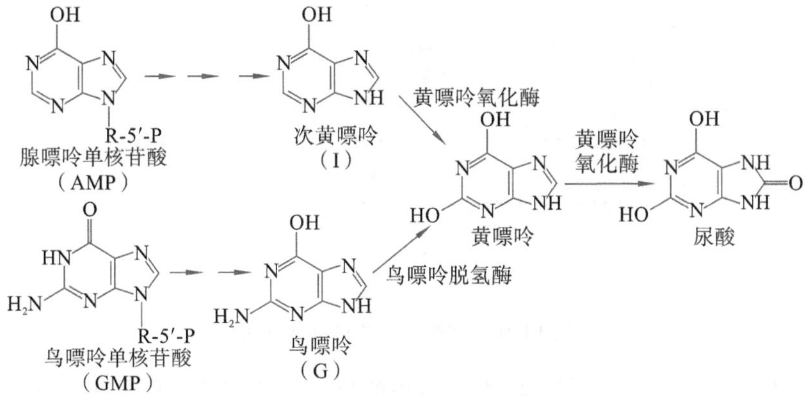

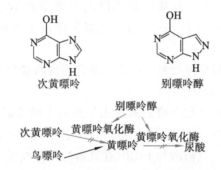

图 10-8 嘌呤核苷酸的分解代谢

成,又可以作为 IMP 结构类似物反馈抑制 IMP 的合成,也能使嘌呤核苷酸合成减少。除此之外,痛风症患者要限制嘌呤的摄入量,少食动物内脏、海鲜等。

次黄嘌呤   别嘌呤醇

别嘌呤醇
次黄嘌呤 黄嘌呤氧化酶 黄嘌呤氧化酶
乌嘌呤 黄嘌呤 尿酸

图 10-9 次黄嘌呤与别嘌呤醇的结构及别嘌呤醇的作用机制

第三节 嘧啶核苷酸的代谢

一、嘧啶核苷酸的合成代谢

与嘌呤核苷酸一样,嘧啶核苷酸的合成途径也有从头合成和补救合成两条途径,从头合成途径是生成嘧啶核苷酸的主要途径。

(一)嘧啶核苷酸的从头合成

放射性同位素示踪实验证实:嘧啶环的合成原料来自谷氨酰胺、CO_2 和天冬氨酸等(图 10-10)。嘧啶核苷酸的从头合成场所主要在肝脏,其次是小肠和胸腺等组织。

1. 嘧啶核苷酸的从头合成过程

与嘌呤核苷酸的从头合成不同,嘧啶核苷酸的合成是先合成嘧啶环,然后再与磷酸核糖相连形成核苷酸。嘧啶核苷酸的从头合成是首先合成尿嘧啶核苷酸(uridine monophosphate,UMP),然后再由 UMP 转变为胞嘧啶核苷酸(CMP)和胸腺嘧啶脱氧核苷酸(dTMP)。

(1)尿嘧啶核苷酸的合成 如图 10-11 所示,此过程共需经历 6 步反应即可完成。反应过程在细胞质和线粒体中进行。

①氨基甲酰磷酸的合成 谷氨酰胺与 CO_2 在氨基甲酰磷酸合成酶 Ⅱ(carbamoyl phosphate synthetase Ⅱ,CPS Ⅱ)的催化下合成氨基甲酰磷酸,此反应需要消耗 ATP。

【药考提示】痛风病的发病及其治疗机制。

187

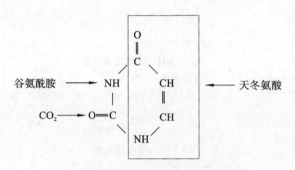

图 10-10 嘧啶环合成的元素来源

CPS Ⅱ是嘧啶核苷酸从头合成的限速酶之一,该酶位于肝细胞的细胞质中。而尿素合成过程中,催化氨和CO_2合成氨基甲酰磷酸的氨基甲酰磷酸合成酶Ⅰ(CPS Ⅰ),位于肝细胞线粒体中。虽然这两种合成酶催化合成的主要产物相同,但两种酶存在的位置与其氮源是不同的,性质也不同。

②氨甲酰天冬氨酸的合成　氨基甲酰磷酸与天冬氨酸在天冬氨酸氨基甲酰转移酶(aspartate transcarbamoylase,ATCase)催化下生成氨甲酰天冬氨酸。天冬氨酸氨基甲酰转移酶位于细胞质中。

③二氢乳清酸的合成　氨甲酰天冬氨酸在二氢乳清酸酶催化下脱水环化生成具有嘧啶环的二氢乳清酸(dihydroorotic acid)。

④乳清酸的合成　二氢乳清酸在脱氢酶催化下脱氢生成乳清酸(orotic acid)。二氢乳清酸脱氢酶是含铁的黄素酶,以氧或NAD^+为电子受体,位于线粒体内膜的外侧。

⑤乳清酸核苷酸的合成　乳清酸与PRPP在乳清酸磷酸核糖转移酶催化下生成乳清酸核苷酸(orotidine-5′-monophosphate,OMP)。

⑥尿嘧啶核苷酸的合成　OMP在乳清酸核苷酸脱羧酶作用下脱羧生成尿苷酸(uridine monophosphate,UMP)。

研究发现,真核生物细胞内催化嘧啶核苷酸从头合成的前三个酶(即CPS Ⅱ、天冬氨酸氨基甲酰转移酶和二氢乳清酸脱氢酶)位于同一条的多肽链(相对分子质量约为200000)上,是一个多功能酶;另外,还发现合成反应的后两个酶(即乳清酸磷酸核糖转移酶和乳清酸核苷酸脱羧酶)也是位于同一条肽链上的多功能酶。这些酶以这种形式的存在使得催化过程中产生的中间产物不会释放到细胞质中,有利于嘧啶核苷酸的合成与调节。

(2)三磷酸胞嘧啶核苷(CTP)的生成　如图10-12所示,UMP在尿苷酸激酶和二磷酸核苷激酶的连续催化下,形成三磷酸尿嘧啶核苷(UTP),然后在三磷酸胞苷合成酶催化下,得到谷氨酰胺的一个氨基生成三磷酸胞嘧啶核苷(CTP),此过程消耗一分子ATP。

(3)胸腺嘧啶脱氧核苷酸(dTMP)的生成　dTMP是脱氧尿嘧啶核苷酸(dUMP)在胸苷酸合酶(thymidylate synthase)催化下甲基化而生成的,甲基由N^5,N^{10}-CH_2-FH_4提供(图10-13)。生成的FH_2在二氢叶酸还原酶作用下可重新生成FH_4,而FH_4又可再次携带一碳单位进入反应。胸苷酸合酶和二氢叶酸还原酶常作为肿瘤化疗的靶点。

如图10-13所示,合成dTMP所需的dUMP可以来有两种来源:一是先由UDP还原为dUDP后,再水解脱磷酸而成dUMP;二是由dCMP直接脱氨生成的。其中第二种是dUMP的主要合成途径。

2.嘧啶核苷酸从头合成的调节

原核生物和真核生物嘧啶核苷酸从头合成调节所依赖的限速酶是有差别的:细菌体内是天冬氨酸氨基甲酰转移酶,而哺乳动物细胞内则主要是CPS Ⅱ。

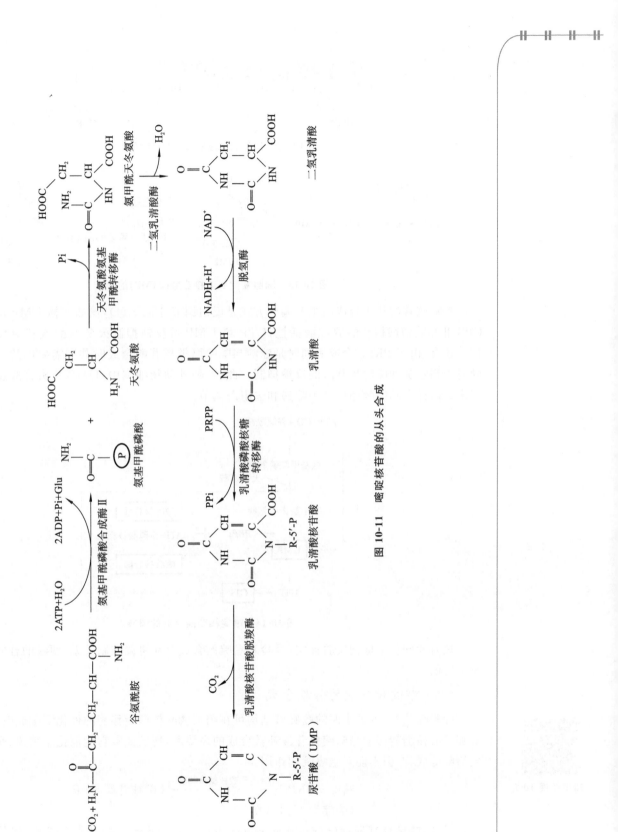

图 10-11 嘧啶核苷酸的从头合成

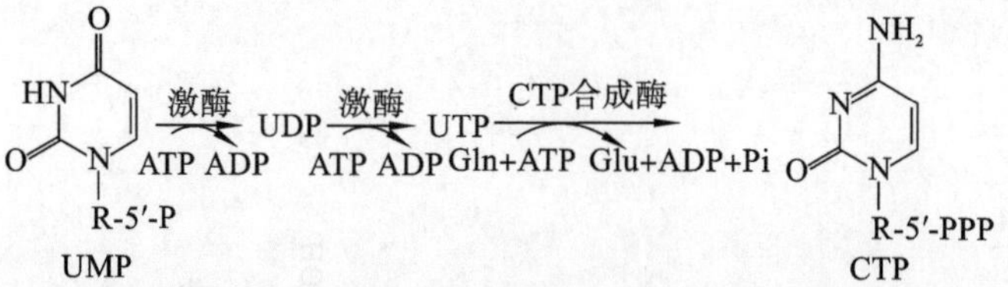

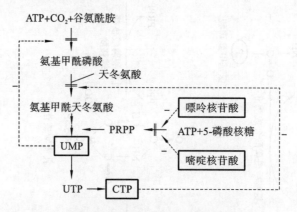

图 10-12　三磷酸胞嘧啶核苷(CTP)的合成

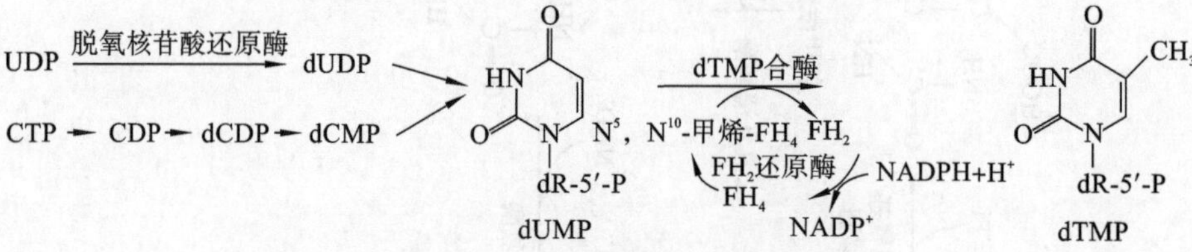

图 10-13　胸腺嘧啶脱氧核苷酸(dTMP)的合成

嘧啶核苷酸从头合成的主要调节方式是反馈调节(图 10-14),例如产物 UMP 可反馈抑制 CPS Ⅱ 和乳清酸核苷酸脱羧酶活性;CTP 和 UMP 可反馈抑制天冬氨酸氨基甲酰转移酶活性。还有,由于 PRPP 合成酶同时是嘧啶与嘌呤两类核苷酸合成时共同需要的酶,因此,它可同时受到嘧啶和嘌呤核苷酸的反馈抑制。此外,哺乳动物细胞中,UMP 从头合成过程起始和终末的两种多功能酶还可受到阻遏和去阻遏调节。

图 10-14　嘧啶核苷酸合成的调节

放射性同位素标记实验证实,嘌呤和嘧啶的合成存在协调控制关系,两者的合成速度常常是平行的。

（二）嘧啶核苷酸的补救合成

除胞嘧啶外,各种来源的嘧啶碱基均可在嘧啶磷酸核糖转移酶的催化下生成嘧啶核苷酸。嘧啶磷酸核糖转移酶是嘧啶核苷酸补救合成的主要酶,现已证实它能催化尿嘧啶、胸腺嘧啶和乳清酸等底物,但不能对胞嘧啶起作用。

$$嘧啶＋PRPP \xrightarrow{\text{嘧啶磷酸核糖转移酶}} 嘧啶核苷酸＋PPi$$
（嘧啶为 U、T、O）

另外,嘧啶核苷激酶(pyrimidine nucleoside kinase)也是一种补救合成酶,能催化各种嘧啶核苷形成相应的嘧啶核苷酸,例如尿苷激酶可催化尿苷生成尿苷酸,胸苷激酶可催化脱氧胸苷生成脱氧胸苷酸。

知识拓展 10-1

NOTE

$$(脱氧)嘧啶核苷＋ATP \xrightarrow{嘧啶核苷激酶} 嘧啶核苷酸＋ADP$$
$$(嘧啶为 U、C、T)$$

二、嘧啶核苷酸的分解代谢

嘧啶核苷酸的分解代谢主要在肝脏中进行。与嘌呤核苷酸相似,体内嘧啶核苷酸的分解可以在核苷酸酶和核苷酶的催化作用下生成磷酸、核糖和嘧啶碱,而后者可被机体进一步分解利用。

1. 胞嘧啶和尿嘧啶的分解 如图 10-15 所示,首先,胞嘧啶可以在胞嘧啶脱氨酶的作用下脱氨基转变为尿嘧啶,而尿嘧啶可以在脱氢酶的作用下还原为二氢尿嘧啶,后者可以在二氢尿嘧啶酶作用下水解裂环生成 β-脲基丙酸,然后再进一步被水解为 β-丙氨酸、CO_2 和 NH_3。最后,β-丙氨酸可经转氨基作用脱氨基后参与有机酸代谢,NH_3 则可参与氨基酸代谢。

2. 胸腺嘧啶的分解 胸腺嘧啶可以在二氢胸腺嘧啶脱氢酶的催化下还原成二氢胸腺嘧啶,而后再水解为 β-氨基异丁酸。β-氨基异丁酸既可经转氨酶催化脱去氨基后进一步转变琥珀酰 CoA 进入糖代谢,又可直接随尿排出。

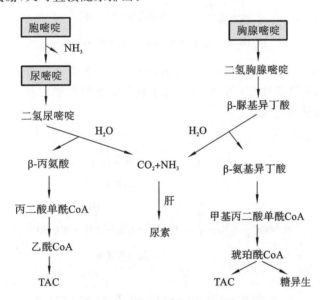

图 10-15 嘧啶核苷酸的分解代谢

第四节 核苷酸代谢和药物科学

当今社会科技发展飞速,药物的研发早已摆脱了从生活经验中寻求某些可以治疗疾病与伤痛的天然药物的阶段。随着物质代谢研究的深入,发现很多抗代谢物具有药物的活性。所谓抗代谢物(antimetabolite)是指在化学结构上与正常代谢物相似,能以假底物或竞争性抑制方式拮抗正常代谢的物质。大多数抗代谢物能与正常代谢物竞争酶的活性中心,抑制酶活性,从而导致正常代谢受阻,最终抑制核酸和蛋白质的生物合成。肿瘤细胞的核酸和蛋白质合成十分旺盛,因此很多核酸合成和蛋白质合成的抗代谢物具有抗肿瘤的效果。本节重点介绍与核苷酸代谢相关的抗代谢物。

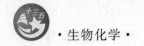

一、嘌呤核苷酸的抗代谢物

嘌呤核苷酸的抗代谢物主要包括嘌呤、氨基酸和叶酸等的类似物，它们主要以竞争性抑制的方式干扰或阻断嘌呤核苷酸的合成过程，从而进一步抑制核酸的生物合成。

1. 嘌呤类似物 例如 6-巯基嘌呤（6-mercaptopurine，6-MP）、6-巯基鸟嘌呤、8-氮杂鸟嘌呤等。其中 6-MP 与次黄嘌呤结构相似（图 10-16），在临床上应用较多。首先，6-MP 既能作为 IMP 的类似物直接反馈抑制 PRPP 酰胺转移酶活性，而干扰磷酸核糖胺的形成；又能在体内磷酸核糖化生成 6-MP 核苷酸，而间接竞争性抑制 IMP 转变为 AMP 和 GMP 的反应，这些都可以阻断嘌呤核苷酸的从头合成。其次，6-MP 还能竞争性抑制次黄嘌呤-鸟嘌呤磷酸核糖转移酶活性，使 PRPP 分子中的磷酸核糖不能向鸟嘌呤及次黄嘌呤转移，而抑制嘌呤核苷酸的补救合成。

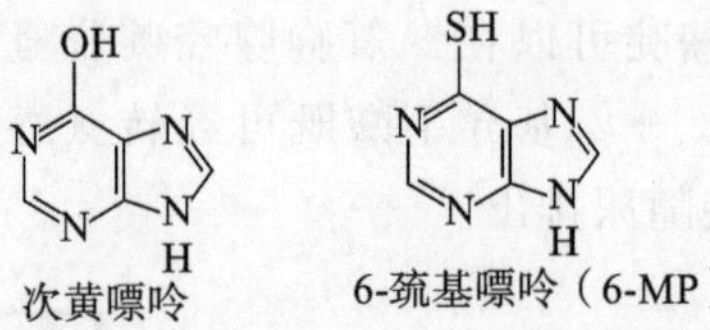
OH
N
N
H
SH
N
N
H

次黄嘌呤　　6-巯基嘌呤（6-MP）

图 10-16　次黄嘌呤和 6-巯基嘌呤的结构

2. 氨基酸类似物 例如氮杂丝氨酸（azaserine）、6-重氮-5-氧正亮氨酸（diazonorleucine）等。它们的结构与谷氨酰胺相似（图 10-17），可干扰谷氨酰胺在嘌呤核苷酸合成中的作用，从而抑制嘌呤核苷酸的从头合成。

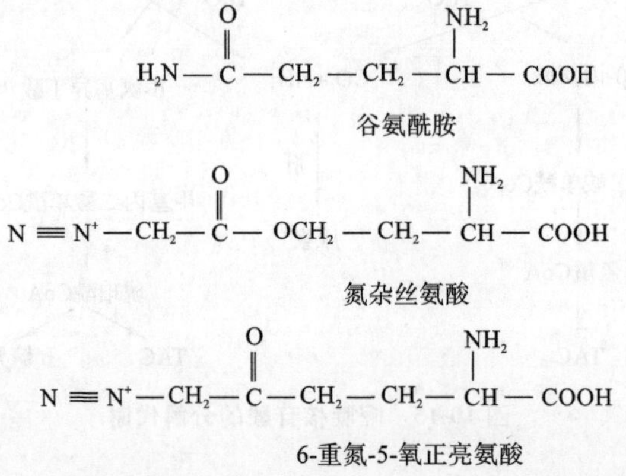
O
NH2
H2N — C — CH2 — CH2 — CH — COOH
谷氨酰胺
O
NH2
N ≡ N+ — CH2 — C — OCH2 — CH2 — CH — COOH
氮杂丝氨酸
O
NH2
N ≡ N+ — CH2 — C — CH2 — CH2 — CH — COOH
6-重氮-5-氧正亮氨酸

图 10-17　谷氨酰胺、氮杂丝氨酸和 6-重氮-5-氧正亮氨酸的结构

3. 叶酸的类似物 例如氨蝶呤（aminopterin）和氨甲蝶呤（methotrexate，MTX）等，其结构如图 10-18 所示。它们能竞争性抑制二氢叶酸还原酶活性，使人体叶酸不能还原成二氢叶酸及四氢叶酸，影响嘌呤分子中 C_2 和 C_8（来自一碳单位的甲酰基）的供应，从而抑制嘌呤核苷酸的合成。目前在临床上，MTX 广泛用于白血病等肿瘤的治疗。

抗代谢物的研究对阐明药物的作用机制与新药的研发具有重要意义，过去许多药物是经过大量随机筛选确定的，成功率较小。现在，以抗代谢物理论为基础的新药开发，为高效研发新药物提供了新的有效途径。但是应该注意的是，由于上述很多药物缺乏对肿瘤细胞的特异性，所以它们对增殖速度较快的某些正常组织也具有杀伤性，毒副作用较大，因此临床用药的时候要注意。

嘌呤核苷酸抗代谢物的作用如图 10-19 所示。

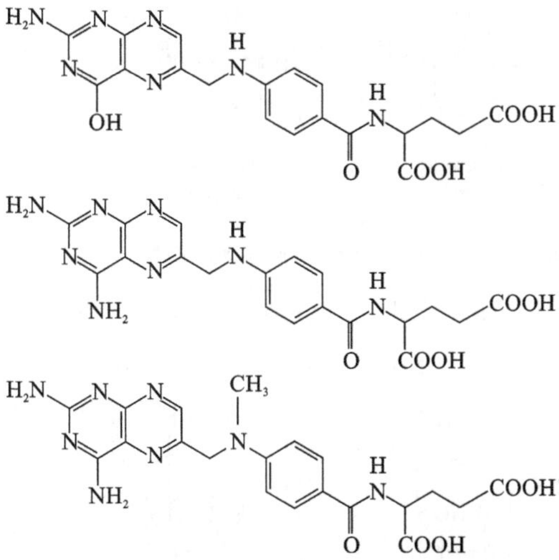

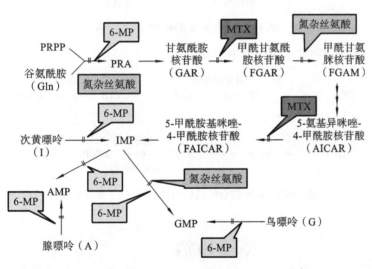

图 10-18 叶酸、氨蝶呤和氨甲蝶呤的结构

图 10-19 嘌呤核苷酸抗代谢物的作用(‖表示抑制)

二、嘧啶核苷酸的抗代谢物

与嘌呤核苷酸一样,嘧啶核苷酸的抗代谢物也是一些嘧啶、氨基酸或叶酸等的结构类似物,它们也对代谢具有影响,也具有抗肿瘤的作用。

1. 嘧啶的类似物 例如 5-氟尿嘧啶(5-fluorouracil,5-FU),它与胸腺嘧啶的结构相似(图 10-20),但本身无活性,在体内转变成一磷酸脱氧核糖氟尿嘧啶核苷(FdUMP)及三磷酸氟尿嘧啶核苷(FUTP)后可发挥生物学活性。其中 FdUMP 与 dUMP 的结构相似,能竞争性抑制胸苷酸合酶的活性,阻断 dTMP 的合成;而 FUTP 以 FUMP 的形式掺入 RNA 分子,破坏 RNA 的结构与功能。

2. 氨基酸类似物 例如氮杂丝氨酸,其与谷氨酰胺结构相似,能竞争性抑制氨甲酰磷酸合成酶Ⅱ和 CTP 合成酶活性,从而阻断 CTP 的合成。

3. 叶酸类似物 叶酸类似物的结构特点和作用机制已在嘌呤抗代谢物中做过介绍,不再赘述。在嘧啶核苷酸合成中,叶酸类似物(氨蝶呤和氨甲蝶呤)可干扰叶酸代谢,抑制 FH_2 再生为 FH_4,阻断 dUMP 从 $N^5,N^{10}-CH_2-FH_4$ 获得甲基生成 dTMP,进而影响 DNA 的合成。

另外,某些改变了核糖结构的核苷类似物,如阿糖胞苷和环胞苷(图 10-21)也是重要的抗

NOTE

193

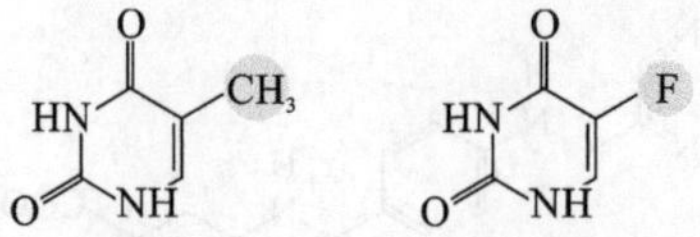

胸腺嘧啶
（T）

5-氟尿嘧啶
（5-FU）

图 10-20　胸腺嘧啶和 5-氟尿嘧啶的结构

癌药物,阿糖胞苷能抑制 CDP 还原成 dCDP,也能影响 DNA 的合成。

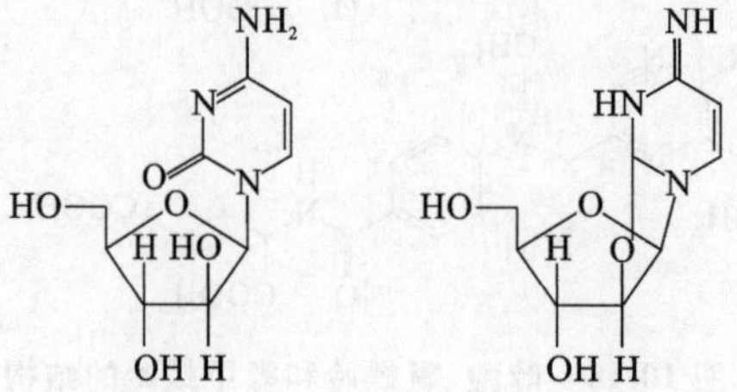

阿糖胞苷

环胞苷

图 10-21　阿糖胞苷和环胞苷的结构

嘧啶核苷酸抗代谢物的作用如图 10-22 所示。

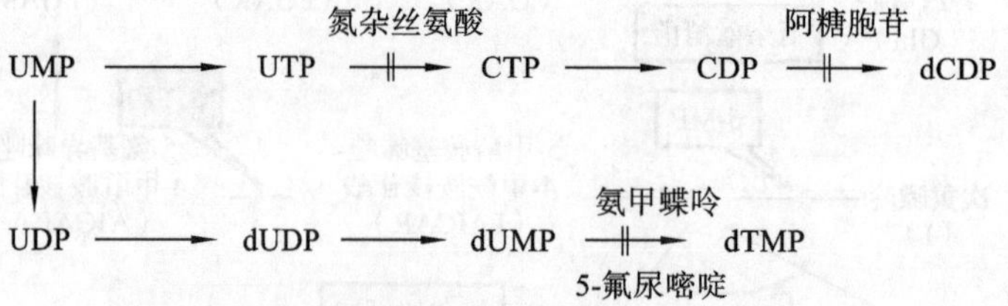

氮杂丝氨酸　　　　　　阿糖胞苷

UMP ⟶ UTP ⫴ CTP ⟶ CDP ⫴ dCDP

UDP ⟶ dUDP ⟶ dUMP ⫴ dTMP

氨甲蝶呤

5-氟尿嘧啶

图 10-22　嘧啶核苷酸抗代谢物的作用（⫴ 表示抑制）

本章小结

核酸与核苷酸代谢	学习要点
概念	核苷酸的从头合成途径、核苷酸的补救合成途径、抗代谢物
过程	从头合成的原料及特点、补救合成的关键酶、脱氧核苷酸的合成、抗代谢物的种类及作用机制、分解代谢的产物及痛风症的发病和治疗机制
意义	补救合成的生理意义

目标检测

目标检测
解析

一、填空题

1. PRPP 是_____的缩写,它是从_____转变来的。

2. 5-氟尿嘧啶是_____的类似物,能抑制_____的合成,因此可作为抗癌药物使用。

3. 核苷酸的合成包括_____和_____两种途径。

4. 参与嘌呤核苷酸合成的氨基酸由_____、_____和_____。

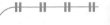

二、判断题

1. HGPRT 是补救合成中重要的酶,其缺乏会导致 Lesch-Nyhan 综合征。 （ ）
2. 氮杂丝氨酸是丝氨酸的类似物,能干扰核苷酸的合成。 （ ）
3. 嘧啶核苷酸从头合成的特点是在 5-磷酸核糖的基础上逐步合成的。 （ ）
4. 脱氧核苷酸只能由核苷二磷酸还原而成。 （ ）
5. 人体的所有组织都能从头合成核苷酸。 （ ）

三、问答题

1. 什么是嘌呤核苷酸的从头合成途径? 请简述嘌呤环各元素的来源。
2. 什么是核苷酸的补救合成途径? 请简述其生理意义。
3. 简述 PRPP 在核苷酸合成中的重要作用。
4. 嘌呤碱基代谢的终产物是什么? 其代谢异常会导致哪种疾病的发生? 临床治疗该病常用的药物是什么,简述其作用的分子机制。
5. 影响核苷酸合成的抗代谢物有哪些种类? 分别举两个例子。

(李春梅)

在线答题

NOTE

第十一章　胆汁酸与胆色素代谢

学习目标

1. 掌握:胆汁酸的分类、结构特点;胆汁酸代谢、关键酶及胆汁酸的调节;游离胆红素与结合胆红素的性质。

2. 熟悉:胆汁酸的肠肝循环及其生理意义;胆红素的生成、胆色素的肠肝循环。

3. 了解:胆汁的组成;三类黄疸的特点。

　　肝脏是人体内最大的实质性器官。成人肝脏平均重约 1500 g,约占体重的 2.5%。肝脏独特的形态结构和化学组成使得肝脏承担了复杂多样的生物学功能,是新陈代谢的重要器官。

　　肝脏具有双重输入和输出通道。肝动脉和门静脉两条输入通道为肝脏提供血液供应:肝动脉为肝细胞提供氧和部分营养物质,门静脉为其输送消化吸收而来的大量营养物质。肝静脉和胆道系统是肝脏的两条输出通道:肝静脉与体循环相连,将肝脏的代谢产物运输到其他组织供其利用,胆道系统将肝脏分泌的胆汁通过肠道排出体外。另外肝血窦结构使肝细胞与血液接触面积增大,血流速度放缓,增加了肝细胞与血液之间物质交换的时间。

　　肝细胞有丰富的线粒体,保证活跃的代谢活动有足够的能量供应。肝细胞富含内质网和核糖体,是肝脏合成蛋白质和脂类的场所。肝脏富含高尔基体和溶酶体,与物质的转运、排泄有密切的关系。

　　肝细胞含有丰富的酶类,有的酶为肝脏所独有,有的酶在肝脏中活性最高,例如合成酮体和尿素的酶系仅存在于肝细胞中。

　　由于具有这些独特的结构和丰富的酶系,肝脏成为代谢最为重要的器官,具有复杂多样的代谢功能。肝脏不仅与糖、脂、蛋白质、维生素、激素等物质的代谢密切相关,还具有分泌、排泄、生物转化等重要功能,被视为人体物质代谢的中枢。关于肝脏在营养物质代谢中的作用在前面章节已做介绍,本章将着重介绍其独特的胆汁酸代谢和胆色素代谢功能。

案例导入

　　患者,女,45岁,进食较油腻的饭菜后,感觉上腹部不适,恶心,呕吐。随时间延长症状逐步消失,无进一步的不适感。患者否认餐后有吐血和疼痛加剧的现象。患者以往曾被告知胆固醇水平较高,并制定了锻炼计划,但未坚持下来,现在已停止该计划。检查过程中,无发热现象,重要的体征均正常。腹部超声显示胆囊中可见少量胆结石。

　　问:胆结石是怎样形成的?

第一节 胆汁酸代谢

一、胆汁与胆汁酸概述

肝脏在脂类物质的消化吸收中起着重要作用。肝脏通过生成和分泌肝胆汁促进脂类物质的消化和吸收。胆汁由肝细胞分泌经胆道系统排入十二指肠。肝脏初分泌的胆汁称为肝胆汁,清澈透明,呈金黄色。肝胆汁进入胆囊,其中水和无机盐被胆囊不断吸收,同时胆囊壁分泌黏蛋白不断地加入胆汁,使肝胆汁浓缩成为胆囊胆汁。胆囊胆汁黏稠不透明,呈暗褐色。胆汁中的化学成分包括水、胆汁酸盐、胆色素、无机盐、蛋白质、胆固醇、磷脂、药物、毒物等,其中胆汁酸盐是主要的固体成分。通常我们所称的胆汁酸盐也即胆汁酸,因为胆汁中的各种胆汁酸均以钾盐或钠盐的形式存在。分泌胆汁的意义在于既促进脂类消化和吸收,又可将某些代谢产物和生物转化的物质(如胆色素、胆固醇、药物、毒物等)排入肠腔,随粪便排出体外。

二、胆汁酸的种类

(一)按来源分类

1. 初级胆汁酸(primary bile acid) 在肝细胞,以胆固醇为原料合成的胆汁酸称为初级胆汁酸,包括胆酸、鹅脱氧胆酸及其与甘氨酸或牛磺酸结合生成的甘氨胆酸、牛磺胆酸、甘氨鹅脱氧胆酸或牛磺鹅脱氧胆酸。

2. 次级胆汁酸(secondary bile acid) 在肠道,以初级胆汁酸为原料受肠道细菌作用生成的产物称为次级胆汁酸,包括脱氧胆酸、石胆酸及其被重吸收回肝后(胆汁酸的肠肝循环)与甘氨酸或牛磺酸结合生成的甘氨脱氧胆酸、牛磺脱氧胆酸。

(二)按结构分类

1. 游离胆汁酸(free bile acid) 包括胆酸、脱氧胆酸、鹅脱氧胆酸和少量石胆酸。

2. 结合胆汁酸(conjugated bild acid) 游离胆汁酸与甘氨酸或牛磺酸的结合产物,主要包括甘氨胆酸、牛磺胆酸、甘氨鹅脱氧胆酸和牛磺鹅脱氧胆酸。胆汁酸与牛磺酸或甘氨酸相结合,使其水溶性增大,易于排出。结合型胆汁酸是胆汁酸的主要存在形式。胆汁酸的结构与分类见表 11-1。

表 11-1 胆汁酸的结构与分类

初级胆汁酸	
游离型	胆酸 鹅脱氧胆酸

	初级胆汁酸
结合型	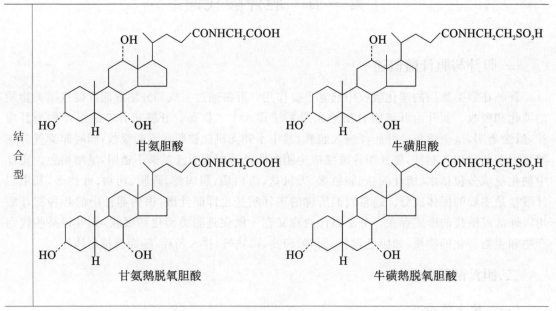

甘氨胆酸　　　　　　　牛磺胆酸

甘氨鹅脱氧胆酸　　　　牛磺鹅脱氧胆酸

	次级胆汁酸
游离型	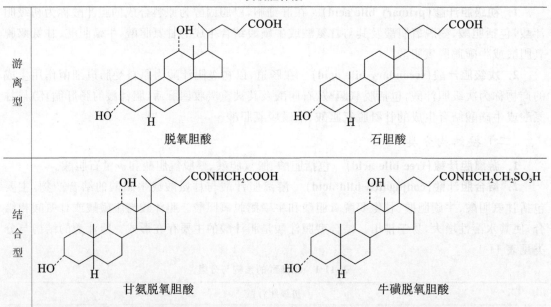

脱氧胆酸　　　　　　　石胆酸

甘氨脱氧胆酸　　　　　牛磺脱氧胆酸

无论初级胆汁酸还是次级胆汁酸,在胆汁中均以钾盐或钠盐形式存在,即胆汁酸盐。

（三）胆汁酸的生理功能

1. 促进脂类和脂溶性维生素的消化吸收　胆汁酸分子内既含有亲水基团（羟基、羧基、磺酸基），列于胆汁酸固醇核的一侧,构成胆汁酸的亲水面,又含有疏水基团（烃核和甲基），分布于固醇核的另一侧,构成胆汁酸的疏水面(图 11-1)。这种结构如同表面活性剂,能够降低油/水两相之间的表面张力,促进脂类乳化,形成直径 20 μm 以内的微团,增加消化酶和脂类的接触面积,帮助脂类的消化吸收。胆汁酸的乳化作用还能促进脂溶性维生素 A、维生素 D、维生素 E、维生素 K 的吸收。在消化道内,脂类物质覆盖在食物微团表面,阻碍了消化酶与食物中其他营养物质的接触。因此胆汁酸对脂类物质的乳化作用,也间接促进了对其他营养物质的消化吸收。如果胆汁酸分泌不足,肠道残留过多的未消化物,在肠道细菌的作用下,则发生更

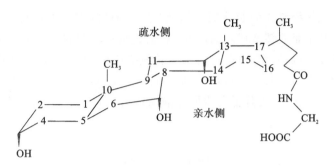

图 11-1 甘氨胆酸的结构

多的腐败作用和气体。

2. 酸中和作用 胆汁酸呈碱性,在肠道能中和来自胃的酸性食糜。

3. 抑制胆固醇析出产生结石 胆固醇的环戊烷多氢菲结构使得胆固醇难溶于水,易于形成结石。胆汁中的卵磷脂和胆汁酸盐可与胆固醇形成微团,使其不易沉淀析出。因此胆汁中胆固醇的溶解度与胆汁酸盐、卵磷脂与胆固醇的相对比例有关。如果肝合成胆汁酸的能力下降、消化道胆汁酸丢失过多、肠肝循环中摄取胆汁酸过少、高胆固醇血症导致排入胆汁中的胆固醇过多,均可造成胆汁中胆汁酸、卵磷脂和胆固醇的比值下降,胆固醇结晶析出形成结石。不同胆汁酸对结石形成的作用不同,鹅脱氧胆酸可使胆固醇结石溶解。临床上常用鹅脱氧胆酸或熊脱氧胆酸治疗胆固醇结石。

除了有利于胆固醇的排泄,胆汁酸也是肝脏排出药物、毒物、胆色素、各种无机物的重要载体。

三、胆汁酸代谢

(一)初级胆汁酸的生成

肝细胞通过复杂的酶促反应将胆固醇转变生成初级胆汁酸,这是胆固醇的主要代谢途径。胆汁酸的合成主要发生在肝细胞的微粒体和胞液中,过程非常复杂,经历了包括羟化、侧链氧化、异构、加水等多步酶促反应。首先,胆固醇在 7α-羟化酶(cholesterol 7α-hydroxylase)的催化下生成 7α-羟胆固醇,然后再在固醇核结构上进行还原、羟化、侧链氧化裂解和加辅酶 A,生成具有 24 碳的胆酰 CoA,如果在固醇核的第 12 位未羟化,则为鹅脱氧胆酰 CoA,最后胆酰 CoA 和鹅脱氧胆酰 CoA 通过异构化、加水水解分别生成胆酸和鹅脱氧胆酸这两种初级游离型胆汁酸。若胆酰 CoA 和鹅脱氧胆酰 CoA 水解掉辅酶 A 后,与甘氨酸或者牛磺酸相结合,则分别生成甘氨胆酸、甘氨脱氧胆酸、牛磺胆酸和牛磺脱氧胆酸四种初级结合型胆汁酸(图 11-2)。

7α-羟化酶是胆汁酸合成的限速酶。7α-羟化酶受其产物胆汁酸的反馈抑制调节。因此临床上口服药物考来烯胺可吸附胆汁酸,减少肠道对胆汁酸的吸收,降低对 7α-羟化酶的抑制,促使胆固醇转化为胆汁酸,从而减少血清胆固醇含量。7α-羟化酶也受到底物的调节,胆固醇可诱导该酶基因的表达。结合胆固醇的合成途径,我们可知高胆固醇饮食同时抑制 HMG-CoA 还原酶的合成和促进 7α-羟化酶的表达。机体通过两个酶的协同作用维持血清胆固醇水平。7α-羟化酶还受到激素的调节。甲状腺素通过两种途径促进胆汁酸的生成:第一,诱导 7α-羟化酶的基因表达,使该酶转录增强,mRNA 增多;第二,激活胆汁酸侧链氧化酶系,加速合成胆汁酸。所以甲亢患者的血清胆固醇含量常偏低,而甲减患者血清胆固醇含量偏高。此外,糖皮质激素和生长激素也能提高 7α-羟化酶的活性。维生素 C 作为 7α-羟化酶的辅酶,增强其活性,促进胆汁酸的生成。

(二)次级胆汁酸的生成

初级结合型胆汁酸随胆汁排入肠道,在小肠下端和大肠腔内经肠道细菌作用,首先水解掉

NOTE

甘氨酸或牛磺酸生成初级游离型胆汁酸;后者继续在细菌的作用下,脱去7-α羟基,转变成次级游离型胆汁酸。其中胆酸转变成脱氧胆酸,鹅脱氧胆酸转变成石胆酸。部分次级游离型胆汁酸经过肠道重吸收,重新回到肝脏,可再次与甘氨酸或牛磺酸结合,生成次级结合型胆汁酸(图11-2)。肠道细菌若将鹅脱氧胆酸的7α-OH转变为7β-OH,则转化生成熊脱氧胆酸。熊脱氧胆酸具有抗氧化应激作用,可降低肝内胆汁酸潴留引起的肝损伤,用于治疗慢性肝病。

【药考提示】熊去氧胆酸的适应证。

知识链接 11-1

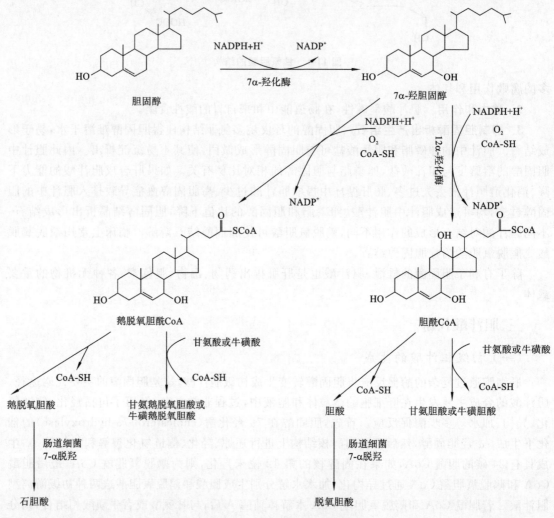

图 11-2　胆汁酸的合成代谢

（三）胆汁酸的肠肝循环

　　胆汁酸进入肠道后,绝大部分会被重新吸收利用,仅少量随粪便排出。约95％的胆汁酸(包括初级、次级、结合型、游离型)在肠道被重新吸收进入血液,再经门静脉入肝。结合型胆汁酸主要在回肠以主动转运的方式重吸收入血,游离型胆汁酸则在整个肠道都可通过被动吸收的方式回到血液。重吸收回到肝脏的游离型胆汁酸可再次转化生成结合型胆汁酸,与新合成的初级胆汁酸一起再次排入肠道(图11-3)。此过程称为胆汁酸的肠肝循环(enterohepatic circulation of bile acid)。

　　胆汁酸肠肝循环的生理意义在于通过反复利用有限的胆汁酸,满足脂类物质消化的需要。人体每日需要 16～32 g 胆汁酸来帮助脂类消化吸收,但体内的胆汁酸储备总量只有 3～5 g,因此只能通过反复利用胆汁酸来满足脂类乳化的需求。人体每餐后进行 2～4 次肠肝循环,使有限的胆汁酸最大限度地满足人体消化吸收脂类物质的需要。胆汁酸肠肝循环的意义还在于维持胆汁中胆汁酸盐的比重,避免胆固醇浓度过高而结晶析出胆结石。因此若因肠道切除手术或者腹泻等原因破坏了胆汁酸的肠肝循环,则会导致患者脂类物质的消化能力下降,并且容易形成胆结石。

近期研究显示胆汁酸的肠肝循环也参与了胆汁酸合成的调节。作为对肠道胆汁酸重吸收的应答机制,在肠道上皮细胞,一种被称作成纤维细胞生长因子19(fibroblast growth factor 19,FGF19)的激素被诱导合成。FGF19随着胆汁酸的肠肝循环进入肝脏,从转录水平抑制7α-羟化酶合成。因而,FGF19对7α-羟化酶的抑制作用与胆汁酸的肠道重吸收相协调,保持胆汁酸含量的平衡。FGF19不足会导致7α-羟化酶增加,合成和排入肠道的胆汁酸增加,由于胆汁酸能抑制肠道对水、电解质的重吸收,故进一步引起胆汁酸腹泻。因而,血清FGF19水平可作为胆汁酸腹泻的诊断指标。

知识拓展 11-1

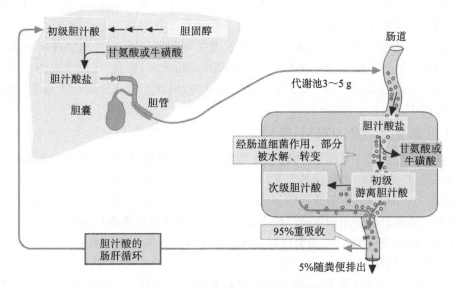

图 11-3 胆汁酸代谢及其肠肝循环

第二节 胆色素代谢与黄疸

铁卟啉化合物是体内血红蛋白、肌红蛋白、细胞色素、过氧化氢酶和过氧化物酶的辅酶。铁卟啉化合物分解代谢生成胆色素(bile pigments),包括胆红素(bilirubin)、胆绿素(biliverdin)、胆素原(bilinogen)和胆素(bilin)等。胆红素具有毒性,肝是处理胆红素的主要器官。如果胆红素血液含量过高,则会发生高胆红素血症——黄疸。近年研究表明胆红素也存在有益的功能,是人体的抗氧化剂,可清除体内自由基,抑制磷脂和亚油酸的氧化,保护细胞膜免受损伤。

一、胆红素的生成和转运

(一)胆红素的生成

正常成人每天产生250~350 mg胆红素。80%来自红细胞衰老后释放出的血红蛋白,其余来自造血过程中红细胞过早破坏的血红蛋白,以及肌红蛋白、细胞色素、过氧化物酶、过氧化氢酶等含有铁卟啉化合物的细胞组分。

红细胞的正常寿命平均为120天。衰老红细胞被肝、脾、骨髓的单核吞噬系统识别、吞噬、

 **NOTE**

破坏,释放出血红蛋白。正常成人每天约有 2×10^{11} 个红细胞被破坏,释放出约 6 g 血红蛋白。血红蛋白随后分解为珠蛋白和血红素。其中珠蛋白按照蛋白质代谢的一般途径分解为氨基酸,再次利用;血红素则被单核吞噬细胞降解生成胆红素。在单核吞噬细胞中,由微粒体的血红素加氧酶(heme oxygenase,HO)催化,血红素分子中的 α-次甲基桥(=CH—)的碳原子两侧断裂,生成 CO、铁和胆绿素,这个过程还需要 O_2 和 NADPH 的参与。此步骤是胆红素生成的限速步骤,血红素加氧酶是胆红素生成的限速酶。

现已发现三种血红素加氧酶同工酶:HO-1、HO-2 和 HO-3。其中 HO-1 的研究最为明确,也是血红素加氧反应中的主要功能酶。HO-1 的活性受多种因素诱导增强。尤其是在不利环境或疾病条件下,细胞处于应激状态,例如缺氧、内毒素、重金属、一氧化氮、炎症细胞因子等都能诱导 HO-1 表达增加,导致胆红素的增加。所以 HO-1 可以看作是一种应激蛋白,其表达增加是机体的自我保护机制。如前所述,近年的研究显示胆红素是一种强抗氧化剂,适量的胆红素有利于清除氧化自由基,保护细胞抵御不利因素。

血红素分解释放出的铁进入体内铁代谢池可被再利用,CO 则可通过呼吸道排出体外。胆绿素在胞液中进一步被胆绿素还原酶(biliverdin reductase)催化,还原生成胆红素,此步反应由 NADPH 提供氢原子。由于该酶活性高,反应快,因此正常人无胆绿素堆积。胆红素的生成过程见图 11-4。

(二)胆红素在血液中的转运

胆红素分子中虽然含有羟基、丙酸基和亚氨基等亲水基团,但这些基团之间形成了分子内氢键,使自身极性被隐藏,而疏水基团暴露于外侧(图 11-5),整个胆红素分子表现出难溶于水的性质,而成为脂溶性物质,易穿透生物膜和血脑屏障产生毒性,尤其是对富含脂质的神经组织危害更大。因此机体必须采用适当的方式将胆红素运送到肝脏进行处理。

胆红素在血液中以胆红素-白蛋白复合物的形式进行运输。胆红素进入血液后,与血浆白蛋白结合,理化性质发生改变。其意义在于:第一,增加了亲水性,使其溶解度增加,有利于在血液中运输;第二,亲脂性减小,不易透过生物膜对细胞产生毒害。此时的胆红素虽然结合了白蛋白,但还未经肝脏生物转化,仍然称为游离胆红素,或者未结合胆红素(unconjugated bilirubin)。胆红素-白蛋白复合物由于相对分子质量较大,不能从肾小球滤过排出,因此尿液中无游离胆红素。即使血浆胆红素浓度偏高,尿液检测仍然呈阴性。

正常人血浆中胆红素浓度为 $3.4\sim17.1\ \mu mol/L$。由于每分子白蛋白能结合两分子胆红素,因此正常人每 100 mL 血浆能结合约 25 mg 胆红素,足以结合正常情况下人体产生的全部胆红素。如果血中白蛋白含量明显降低、胆红素浓度升高、白蛋白的结合部位被其他物质占据或与胆红素的亲和力降低,均可导致胆红素再次游离出来,损伤细胞。某些有机阴离子如磺胺药、脂肪酸、水杨酸、胆汁酸等,可与胆红素竞争结合白蛋白分子,干扰胆红素与白蛋白的结合或改变白蛋白的构象使胆红素游离出来。过多的游离胆红素可与脑部基底核的脂类结合,将神经核黄染,同时引起一系列神经精神症状,干扰脑的正常功能,发生胆红素脑病(bilirubin encephalopathy),又称核黄疸(kernicterus)。因此,对有黄疸倾向的病人或新生儿应该尽量避免使用上述药物。

二、胆红素在肝细胞内的代谢

胆红素以胆红素-白蛋白复合物的形式运输到肝脏进一步代谢。肝细胞对胆红素的处理分为三个阶段:摄取、转化和排泄。

(一)摄取

血液中胆红素与白蛋白通过非共价键相结合,这种化学键较弱,结合疏松,易于分离。胆

图 11-4 胆红素的生成过程

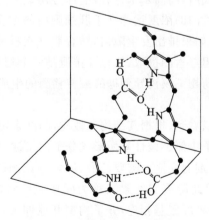

图 11-5 胆红素的空间结构

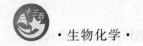
红素-白蛋白复合物输送到肝脏后,胆红素先在肝血窦中与白蛋白分离,随即被肝细胞摄取。放射性标记实验证明只需 18 分钟就有 50% 的胆红素从血浆中被清除,说明肝细胞摄取胆红素的能力很强。事实上,胆红素可以自由通过肝血窦肝细胞膜表面进入肝细胞,所以肝细胞摄取胆红素的能力实际上取决于胆红素进入肝细胞后的处理速度。

肝细胞的胞质中存在两种胆红素结合蛋白——Y 蛋白和 Z 蛋白,也称为配体蛋白(ligandin),胆红素进入肝细胞即与配体蛋白结合。Y 蛋白和 Z 蛋白对胆红素具有高亲和力。尤其是 Y 蛋白,与胆红素的结合力更强,且在肝细胞中含量丰富,约占人肝细胞胞液蛋白总量的 2%,是肝细胞内胆红素转运的主要蛋白质。胆红素与两种配体蛋白的结合也会受到竞争性结合物的影响。例如,脂溶性物质如固醇类物质、磺溴酚酞、某些染料及一些有机阴离子等与 Y 蛋白都具有很强的结合力,可竞争 Y 蛋白的结合,影响肝细胞摄取胆红素的能力。婴儿在刚出生的前 7 天,体内 Y 蛋白水平较低,肝细胞摄取胆红素的能力不够,故此时期易发生生理性的新生儿黄疸。一些药物如苯巴比妥,可诱导肝细胞合成 Y 蛋白,因此临床上可用苯巴比妥治疗新生儿黄疸。

(二) 转化

胆红素与配体蛋白结合后被输送至滑面内质网进行处理。在滑面内质网 UDP-葡糖醛酸转移酶的催化下,胆红素以共价键与来自 UDP-葡糖醛酸的葡糖醛酸基相连,生成水溶性的胆红素葡糖醛酸酯(bilirubin glucuronide)。每分子胆红素可结合 2 分子葡糖醛酸。胆红素与葡糖醛酸基结合生成大量的胆红素葡糖醛酸二酯和少量的胆红素葡糖醛酸一酯(图 11-6)。另外还有少量的胆红素可与硫酸根结合,生成葡萄糖硫酸酯。这种处理方式是肝脏典型的生物转化方式——第二相结合反应。转化后的胆红素称为结合胆红素(conjugated bilirubin)。通过结合反应,胆红素的分子结构与理化性质被改变,从有毒、疏水的游离胆红素转变成无毒、易溶于水的结合胆红素。结合胆红素可穿过肾小球基底膜,通过肾随尿液排出。但在正常情况下,结合胆红素在肝脏产生后即随胆汁排出,因此在正常人尿液中结合胆红素检测仍然为阴性。苯巴比妥具有诱导肝细胞合成 UDP-葡糖醛酸转移酶的作用,可加强肝细胞生物转化游离胆红素的能力,故临床上可使用苯巴比妥治疗新生儿高胆红素血症。

$$胆红素 + UDP\text{-}葡糖醛酸 \xrightarrow{\ UDP\text{-}葡糖醛酸转移酶\ } 胆红素葡糖醛酸一酯 + UDP$$
$$+$$
$$胆红素葡糖醛酸二酯 + UDP \xleftarrow{\ UDP\text{-}葡糖醛酸转移酶\ } UDP\text{-}葡糖醛酸$$

(三) 排泄

【药考提示】葡糖醛酸内酯的适应证。

结合胆红素在肝细胞生成后,经高尔基体、溶酶体分泌进入毛细胆管,最后随胆汁排入肠道。结合胆红素在肝毛细胆管内的浓度远远高于肝细胞内的浓度,因此结合胆红素的排出是逆浓度梯度的过程,需耗能。如果排出发生障碍,结合胆红素极易逆流入血,血浆结合胆红素的浓度就会增高。肝细胞对胆红素的摄取、转化和排泄是一个相互协调的体系,保证血浆胆红素被不断清除。苯巴比妥等药物不仅诱导葡糖醛酸转移酶的生成,促进胆红素的转化,还能增强结合胆红素的排泄。

从胆红素的代谢过程可以看到,根据其结构和性质,胆红素可分为游离胆红素和结合胆红素两种形式。游离胆红素分子中侧链极性基团形成分子内氢键,使分子空间构型卷曲,极性部位被封闭,不能直接与重氮试剂起反应。需要乙醇、尿素等试剂破坏其分子内氢键后,才能与重氮试剂生成紫红色产物,因此游离胆红素又称为间接胆红素(indirect-reacting bilirubin)。结合胆红素则相反,侧链与葡糖醛酸基相连,分子构型开放伸展,能直接与重氮试剂反应显紫红色,因此结合胆红素又称为直接胆红素(direct-reacting bilirubin)。两种胆红素的性质比较

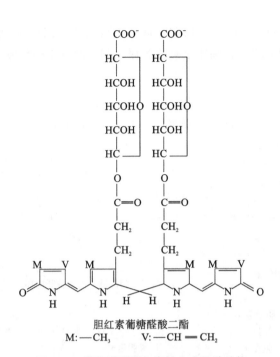

胆红素葡糖醛酸二酯
M:—CH₃   V:—CH═CH₂

图 11-6　葡糖醛酸胆红素的生成及其结构

见表 11-2。

表 11-2　两种胆红素的比较

类　别	游离胆红素	结合胆红素
别称	未结合胆红素、间接胆红素、血胆红素、肝前胆红素	肝胆红素、直接胆红素、葡糖醛酸胆红素
来源	主要来源于血液中血红蛋白分解产生	肝细胞滑面内质网生物转化产生
结构	侧链极性基团形成分子内氢键，卷曲封闭	分子内氢键被打开，侧链结合葡糖醛酸基或硫酸根
溶解性	脂溶性	水溶性
毒性	能透过细胞膜，毒性大	不易透过细胞膜，毒性小
能否随尿液排出	不能	能
与重氮试剂反应	间接、缓慢反应	直接、快速反应

三、结合胆红素在肠道中的转变与肠肝循环

结合胆红素随胆汁排入肠道后，在回肠下段和结肠受肠道细菌作用，发生水解脱去葡糖醛酸基，再被逐步还原成多种胆素原族化合物，包括中胆素原、粪胆素原和尿胆素原，总称为胆素原。胆素原均无色。大部分胆素原(80%～90%)随粪便排出，在结肠下段胆素原遇空气氧化成胆素，包括尿胆素和粪胆素。胆素呈棕褐色，是粪便的主要色素。通常成人每日排出量为40～280 mg。如因胆道阻塞，结合胆红素不能排入肠道，不能形成胆素原及胆素，粪便呈灰白色，临床上称为白陶土样便。婴儿肠道细菌少，胆红素未被细菌作用而随粪便直接排出，因此婴儿粪便呈现胆红素的橙黄色。

除了随粪便直接排出，还有10%～20%的胆素原被肠黏膜细胞重吸收，经门静脉入肝。其中大部分仍以胆素原的形式再次随胆汁排入肠道，构成胆色素的肠肝循环（bilinogen enterohepatic circulation）。少量胆素原进入体循环运行至肾随尿排出，即尿胆素原。正常成

NOTE

人尿胆素原的排出量为 0.5～4 mg。尿胆素原遇空气氧化成尿胆素,是尿液的主要色素。尿胆红素、尿胆素原、尿胆素三者在临床上被称为尿三胆。胆红素的代谢与胆素原的肠肝循环如图 11-7 所示。

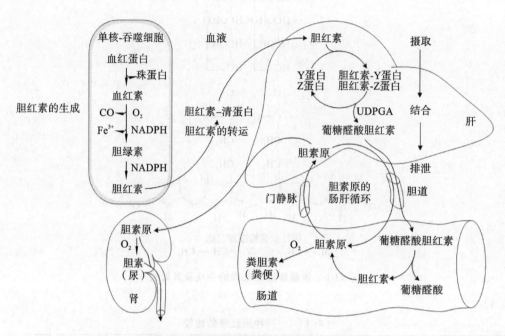

图 11-7　胆红素的代谢与胆素原的肠肝循环

四、高胆红素血症与黄疸

正常人血清胆红素含量很少,浓度为 $3.4～17.1\ \mu mol/L$,其中游离胆红素约占 80%,其余为结合胆红素。当胆红素生成过多,或肝细胞对胆红素摄取、生物转化、排泄过程发生障碍时,都可导致血清中胆红素浓度升高,引起高胆红素血症。由于游离胆红素具有极强的脂溶性,易于穿过细胞膜,且与弹性蛋白有较高的亲和力。因此当血清中游离胆红素含量过高时,可扩散入组织,造成组织黄染称为黄疸(jaundice)。特别是皮肤、巩膜等富含弹性蛋白的部位。黏膜中含有能与胆红素结合的血浆白蛋白,因此也能被染黄。

黄疸的程度与血清胆红素的浓度密切相关。若胆红素浓度高于正常值但低于 34.2 $\mu mol/L$ 时,肉眼观察不到黄染,称为隐性黄疸;若高于 34.2 $\mu mol/L$,肉眼可见明显黄染,称为显性黄疸。引起血清胆红素含量升高的原因很多,大致可分为三类。第一,来源增多,例如大量红细胞被破坏,造成胆红素来源增多,称为溶血性黄疸;第二,转化障碍,例如肝炎等肝脏疾病导致肝细胞处理游离胆红素的能力下降,称为肝细胞性黄疸;第三,去路不畅,例如胆道阻塞造成胆红素排出受阻,逆流入血,称为阻塞性黄疸。

（一）溶血性黄疸

某些疾病(如恶性疟疾、过敏等)、药物和输血不当等情况,引起红细胞大量破坏,产生的胆红素过多,超过肝细胞的摄取和处理的能力,造成血清游离胆红素浓度异常增高,称为溶血性黄疸(hemolytic jaundice)或肝前性黄疸(prehepatic jaundice)。此时,血中游离胆红素浓度过高,因此重氮反应试验检测,间接反应(游离胆红素)呈强阳性;结合胆红素的浓度改变不大,故尿胆红素呈阴性。同时肝对胆红素的摄取、转化和排泄增多,胆素原的肠道重吸收增多,粪便、尿液检测胆素原和尿胆素均升高。

NOTE

（二）肝细胞性黄疸

由于肝脏疾病导致肝细胞功能障碍,对胆红素处理能力下降,引起血清胆红素浓度过高,称为肝细胞性或肝原性黄疸(hepatocellular jaundice)。肝细胞性黄疸可引起以下指标的改变。首先,肝细胞对胆红素的摄取能力下降,血中游离胆红素堆积,血清检测游离胆红素浓度升高。其次,由于肝细胞肿胀,压迫肝脏毛细胆管,导致部分结合胆红素逆流入血,血清检测结合胆红素浓度升高,尿液检测尿胆红素阳性(结合胆红素易溶于水,可随尿液排出)。第三,由于肝细胞对胆红素的摄取和处理能力下降,结合胆红素生成减少,继而后续产物胆素原及胆素均减少,因此粪便检测粪胆素原含量降低,尿胆素原及尿胆素可能减少。最后,虽然胆素原的生成减少,但经肠肝循环回肝后,却更多地通过损伤的肝细胞进入体循环,到达肾并随尿排出体外,所以临床检测尿胆素原含量也可能升高。

（三）阻塞性黄疸

由于各种原因引起的胆汁排泄通道受阻(如胆管炎症、肿瘤、结石或先天性胆管闭锁等疾病),使胆小管或毛细胆管压力增高而破裂,胆汁中结合胆红素返流入血而引起的黄疸成为阻塞性黄疸(obstructive jaundice),也称为肝后性黄疸(posthepatic jaundice)。由于结合胆红素逆流入血,故血清检测结合胆红素浓度升高,尿液检测尿胆红素呈阳性。胆管阻塞,胆红素排出减少甚至无,肠道生成胆素原减少或无生成,因此粪便和尿液检测胆素原和胆素浓度均降低。胆管完全阻塞的患者粪便可呈陶土色。

三种黄疸时血、尿、粪的实验室检查变化见表 11-3。

表 11-3 三种黄疸时血、尿、粪的实验室检查变化

指标	正常	溶血性黄疸	肝细胞性黄疸	阻塞性黄疸
血清胆红素				
总量	<1 mg/dL	>1 mg/dL	>1 mg/dL	>1 mg/dL
结合胆红素	<0.2 mg/dL	不变	增高	显著增高
游离胆红素	<1 mg/dL	显著增高	增高	不变
尿三胆				
尿胆红素	无	无	有	有
尿胆素原	少量	增高	不一定	降低或无
尿胆素	少量	增高	不一定	降低或无
粪便				
粪胆素原	40~280 mg/d	增高	降低或正常	降低或无
粪便颜色	正常	加深	变浅或正常	变浅或陶土色

本章小结

胆汁酸与胆色素代谢	学习要点
概念	胆汁酸的肠肝循环、胆色素的肠肝循环
功能	胆汁酸及其肠肝循环的生理意义
原理	胆汁酸的代谢、胆汁酸代谢的调节、游离胆红素和结合胆红素的性质、胆色素的肠肝循环

目标检测
解析

在线答题

目标检测

一、填空题

1. 游离胆红素在血液中与_____结合运输,易于被_____(靶细胞)所摄取。

2. 肝细胞内胆红素的结合蛋白(载体蛋白)有_____蛋白和_____蛋白。

3. 结合胆汁酸是_____和_____的 24 位羧基分别与_____或_____结合而生成。

4. 阻塞性黄疸患者血中以_____胆红素升高为主,溶血性黄疸患者血中以_____胆红素升高为主。

二、判断题

1. 游离胆红素水溶性较大,易透过生物膜。 （　　）

2. 直接胆红素又称未结合胆红素。 （　　）

3. 牛磺胆酸属于次级胆汁酸。 （　　）

4. 胆红素在体内是以胆固醇为原料转变而成的。 （　　）

5. 胆汁酸盐是血红素代谢的产物。 （　　）

三、问答题

1. 游离胆红素与结合胆红素有何区别?

2. 胆汁酸肠肝循环与胆素原肠肝循环有何异同点?

（王含彦）

NOTE

第十二章　代谢和代谢调控总论

学习目标

1. 掌握：代谢调节的三种方式；关键酶的概念；化学修饰调节和级联放大系统；酶原的概念及其激活的方式；变构调节的概念；反馈调节的概念及四种方式。

2. 熟悉：代谢的特点；四大物质代谢的相互关系；细胞内酶隔离分布的意义；酶含量的调节。

3. 了解：新陈代谢、合成代谢和分解代谢、物质代谢和能量代谢的概念及相互关系。激素调节和神经调节的方式。

第一节　代谢的基本概念及特点

一、新陈代谢的基本概念

生物体维持生命是一个非常复杂的过程，需要通过新陈代谢不断地更新机体，在此过程中进行的所有化学反应的总称为新陈代谢（metabolism）。

新陈代谢的功能可以概括为如下五个方面：①从周围环境中获得营养物质；②将从环境中获得的营养物质转变为自身特有的结构元件，即组成大分子的前体物质；③将结构元件装配成自身的生物大分子；④合成或降解生物体特殊功能需要的分子；⑤提供一切生命活动所需的能量。

（一）分解代谢和合成代谢

新陈代谢包括分解代谢（catabolism）和合成代谢（anabolism）两个方面。分解代谢指机体将来自环境或细胞内所储存的有机营养物质分子（如糖、蛋白质、脂肪），通过多步反应降解成较小的、简单的终产物（如二氧化碳、乳酸、乙醇等）的过程，又称呼吸作用（respiration）或异化作用（dissimilation）。分解代谢过程中，有机大分子的化学键断裂，释放出能量，常以腺苷三磷酸（ATP）形式捕获，部分化学能以 NADH 和 NADPH 的形式保存下来。合成代谢又称生物合成（biosynthesis）或同化作用（assimilation），是从小分子合成较大的分子的过程。这一过程通常需要由分解代谢产生的 ATP 提供能量。分解代谢和合成代谢通常采用不同的途径进行，但有时会共有一些环节，称为兼用代谢途径（amphibolic pathway）。

分解代谢与合成代谢是代谢过程的两个方面，缺一不可。两者对立统一，相辅相成。分解代谢是合成代谢的能源来源，合成代谢是分解代谢的物质基础。

（二）物质代谢和能量代谢

生物大分子的合成和分解过程中所发生的各种生理活性物质的转换，称为物质代谢（material metabolism）。伴随物质代谢进行的各种能量间转化称为能量代谢（energy

NOTE

metabolism)。能量代谢和物质代谢是同一过程的两个方面,能量转化寓于物质转化过程之中,物质转化必然伴有能量转化。它们之间的关系如图 12-1 所示。

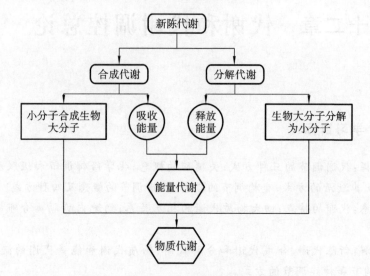

图 12-1　物质代谢与能量代谢之间的关系

(三)代谢途径

代谢途径阐明了反应物、中间产物和代谢产物之间的关系,往往不是一步完成的,而是经过许多步骤有顺序地组织在一起,每一步骤都产生相应的代谢中间物,简称中间体(intermediate)。中间体产生的各个环节称为中间代谢(intermediary metabolism)。

二、代谢的特点

(一)代谢的整体性

生物体内同时进行着各种营养物质的代谢,如糖、蛋白质、脂、无机盐、水、维生素等,它们之间不是孤立的,而是一个高度协调的整体,彼此之间相互依存、相互制约、相互转变。例如,刚进食后,体内的血糖浓度升高,其中一部分葡萄糖转化为糖原储存起来,这时糖原的分解就会受到抑制。另一部分葡萄糖氧化分解,提供合成蛋白质、核酸、多糖、磷脂的能量和元件,同时机体会降低对脂肪和蛋白质的分解利用。

(二)代谢具有共同的代谢池

代谢的整体性决定了无论是体外摄入的物质还是体内各组织细胞合成的物质,最终都会不分彼此,进入到各种共同的代谢池中。以血糖的来源为例,食物中的糖可吸收、消化成葡萄糖,是血糖的主要来源。饥饿时,肝脏储备的肝糖原可分解成葡萄糖进入血液。此外,蛋白质、脂肪及乳酸等非糖物质可通过糖异生途径变成葡萄糖。这些不同来源的葡萄糖构成了血糖代谢池,血糖又被运输到各个组织,参与代谢。

ATP 是能量代谢的通用货币,糖、脂、蛋白质在体内氧化分解产生的能量,很大部分储存在 ATP 的高能磷酸键中,为各项生命活动如生物大分子的合成、运动、生长、发育、繁殖提供能量。

生物体内的还原力也具有同一性,主要是 NADH 和 NADPH 两种。其中 NADH 主要用于呼吸链起始物质的还原,NADPH 用于生物合成中提供还原力,它们是偶联合成代谢和分解代谢的特殊功能分子。如葡萄糖经磷酸戊糖途径(HMP)途径产生的大量 NADPH 可为脂肪酸、胆固醇及氨基酸的合成提供还原力。

NOTE

（三）代谢途径的多样性

体内的代谢途径主要有三种形式，如图 12-2 所示。线形途径（a）如葡萄糖到丙酮酸的 EMP 途径、谷氨酸族氨基酸的合成；环状途径（b）如 TCA 循环、尿素循环和腺嘌呤核苷酸循环；螺旋途径（c）如脂肪酸的生物氧化及合成。

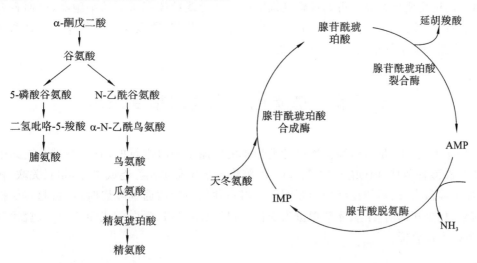

(a) 谷氨酸族氨基酸的合成　　　　　　　(b) 腺嘌呤核苷酸循环

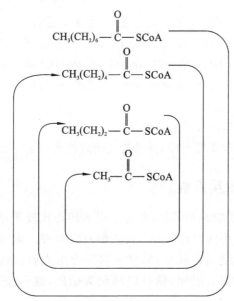

(c) 脂肪酸的β氧化

图 12-2　几种类型的代谢途径

（四）代谢的可调节性

代谢途径中的某一化合物往往可以进入合成代谢途径，也可以进入分解代谢途径产生不同的产物。该化合物代谢的方向、强度和速度并不是一成不变的，而是随着内外环境和生理功能状态不断变化，这就是代谢的可调节性，这种现象在生物界普遍存在，是生物的重要特征。

（五）代谢的组织、器官特异性

肝脏是体内物质代谢最活跃的器官，肺、肾、肠道也有生物转化的作用。机体各组织、器官分化的结构不同,各种酶系种类和含量也有差异,因此它们除了具有一般的基本代谢外,还具有各自不同的代谢特点。比如肝脏中的氨基酸,特别是芳香族氨基酸代谢很活跃,这是因为肝脏中有关氨基酸代谢的酶(如催化多种氨基酸转氨基、脱氨基、转甲基、脱硫及脱羧基等作用的酶)含量丰富、活性很高。当肝脏有严重病变时,芳香族氨基酸在肝内代谢障碍使芳香族氨基酸在血中的浓度明显升高。再如成熟红细胞由于缺乏线粒体等重要的细胞器,因而丧失了核酸、蛋白质的生物合成及有氧氧化的能力,但保留了糖酵解、磷酸戊糖途径及谷胱甘肽代谢系统,这些代谢保证了红细胞的一系列功能。

第二节　物质代谢之间的相互关系

生物体内糖、脂、蛋白质和核酸等各类物质的代谢是同时进行的,它们通过共同的中间代谢物如 6-磷酸葡萄糖、丙酮酸和乙酰辅酶 A 等将各条代谢途径等连成整体,相互关联、相互制约,形成了经济有效、运转良好的代谢网络。当一种代谢物质遇到障碍时,可引起其他物质的代谢紊乱,如糖尿病时,组织葡萄糖摄入受损,可导致脂代谢、蛋白质代谢甚至水、盐代谢的紊乱,引发代谢综合征。

案例导入

患儿,8 岁,体重 45.3 kg,体检中,取清晨空腹末梢指血进行化验,结果如下:总胆固醇(TC):4.68 mmol/L,甘油三酯(TG)1.73 mmol/L,高密度脂蛋白胆固醇(HDL-C)1.62 mmol/L,低密度脂蛋白胆固醇(LDL-C)2.97 mmol/L,血糖(GLU)5.52 mmol/L,尿酸(UA)325.51 μmol/L。身体未有明显疾病,喜食碳酸饮料、糖果、甜饼等。

初步诊断:儿童单纯性肥胖症。

1. 膳食中的糖如何在体内形成过量的甘油三酯?

2. 从生化角度解释高血糖和高胆固醇、高尿酸之间的关系。

一、糖代谢和脂代谢的相互关系

糖和脂肪是绝大多数生物的能源和碳源,两者之间的转化比较明显。在机体中糖转变为脂的大致步骤如下:糖酵解生成中间产物磷酸二羟丙酮及丙酮酸。磷酸二羟丙酮可转变为 α-磷酸甘油,丙酮酸经氧化脱羧后变成乙酰 CoA,然后再缩合生成脂肪酸。生成的 α-磷酸甘油和脂肪酸可作为合成脂肪的原料。因此,糖可以转化为脂肪,这正是高糖饮食引起肥胖的原因。

糖也可以为胆固醇的合成提供原料,进而参与磷脂的合成。合成 1 分子胆固醇需 18 分子乙酰 CoA、36 分子 ATP 及 16 分子 NADPH+H$^+$。乙酰 CoA 及 ATP 来自糖的有氧氧化,而 NADPH 主要由磷酸戊糖途径提供。

脂类分解产生的甘油可以经过磷酸化生成 α-磷酸甘油,再转变为磷酸二羟丙酮,异生成糖。脂肪酸也可转变为糖,但有一定的限度。脂肪酸通过 β-氧化生成乙酰 CoA,在植物或微生物体内,乙酰 CoA 经乙醛酸循环生成琥珀酸,琥珀酸通过三羧酸循环转变为草酰乙酸,再通过糖的异生作用转变成糖。但在动物体内,不存在乙醛酸循环,乙酰 CoA 会经三羧酸循环完全氧化成二氧化碳和水。

在某些病理状态下,也可以观察到糖代谢与脂类代谢之间的密切关系。例如,患者血糖升高时,糖的分解增强,为甘油三酯和胆固醇的合成提供了更多的原料,血脂也会升高。当体内胰岛素不足或者由于饥饿、禁食,体内缺乏糖的情况下,脂肪分解过多,酮体浓度升高,一部分酮体可通过尿液排出体外,形成酮尿。当肝内酮体生成的量超过肝外组织的利用能力,血酮体浓度就会过高,导致酮血症和酮尿症。酮体中的乙酰乙酸和 β-羟丁酸都是酸性物质,积蓄过多时,可使血液变酸而引起酸中毒。

二、糖代谢和蛋白质代谢的相互关系

糖和蛋白质在体内的转化也是双向的。糖代谢得到的一些中间产物是部分氨基酸的碳链结构,如葡萄糖分解产生的丙酮酸经氨基化作用或转氨作用,可变为丙氨酸、甘氨酸、半胱氨酸、丝氨酸、苏氨酸和色氨酸。丙酮酸经三羧酸循环产生的 α-酮戊二酸和草酰乙酸经转氨作用生成谷氨酸和天冬氨酸。同时,氨基酸和蛋白质合成所需的能量也大部分来源于糖的分解代谢。

蛋白质酶促水解生成的氨基酸可以转变为糖。许多氨基酸(生糖氨基酸)经脱氨基作用生成 α-酮酸,这些酮酸可转化为三羧酸循环的关键中间体如丙酮酸、α-酮戊二酸、琥珀酸或草酰乙酸等,再经糖异生转变为糖。例如精氨酸、组氨酸和脯氨酸可生成 α-酮戊二酸;天冬氨酸可生成草酰乙酸等。

三、脂代谢和蛋白质代谢的相互关系

蛋白质在生物体内能转变成各种脂质,这种转化是充分的,但很不经济的。蛋白质水解产生的氨基酸,其中生酮氨基酸代谢为乙酰乙酸,由乙酰乙酸再缩合成脂肪酸。生糖氨基酸通过丙酮酸,可以转变为甘油,接着氧化脱羧后转变为乙酰 CoA,再经丙二酸单酰途径合成脂肪酸。

脂肪也可转化为蛋白质。脂肪分子中的甘油可先转变为丙酮酸,再转变为 α-酮戊二酸和草酰乙酸,然后通过转氨基作用转变为丙氨酸、谷氨酸和天冬氨酸。但是甘油在脂肪分子中所占比例很小,这种转化是有限的。含量较多的脂肪酸,首先经 β-氧化生成乙酰 CoA 再进入三羧酸循环形成氨基酸。如果三羧酸循环中的有机酸耗尽且无其他来源补充,反应将不能进行。植物和微生物体内,通过乙醛酸循环可将乙酰 CoA 合成琥珀酸,促进脂肪酸转化为氨基酸。动物体内不存在乙醛酸循环,由脂肪酸合成氨基酸的过程较难进行。

此外,氨基酸可作为磷脂合成的原料。丝氨酸脱羧生成胆胺,胆胺是脑磷脂的组成部分。胆胺接受甲硫氨酸提供的甲基生成胆碱,胆碱是卵磷脂的重要原料。

四、核酸和糖、脂肪、蛋白质代谢的相互关系

核酸是细胞内的重要遗传物质,对蛋白质的合成起着决定性的作用,进而影响各种其他物质的代谢。此外,许多核苷酸在代谢中起着重要作用,如 ATP 为糖异生、脂肪酸的合成提供能量及磷酸基团。双糖和多糖的合成需要 UTP、CTP 参与磷脂的合成,许多酶的辅酶如CoA、NAD^+、FAD 都是腺嘌呤核苷酸的衍生物。

其他各类代谢物质为核酸及其衍生物的合成提供原料。糖通过 HMP 途径生成的 5-磷酸戊糖是核苷酸合成的重要原料。脂类代谢提供碱基合成所需要的 CO_2。蛋白质代谢的产物甘氨酸、谷氨酰胺、天冬氨酸、天冬酰胺可转变为糖或酮体,为嘌呤和嘧啶的合成提供原料。

综上所述,糖、脂类、蛋白质和核酸在代谢过程中是密切相关、相互转化的。糖代谢是各类物质代谢的"总枢纽",丙酮酸、乙酰 CoA 等在代谢网络中是各类物质转化的重要中间产物。四大主要物质的代谢关系如图 12-3 所示。

NOTE

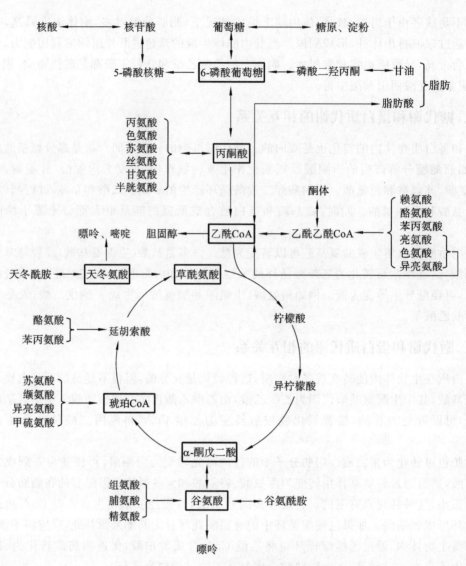

图 12-3　四大物质代谢关系图

第三节　代谢的调节

　　单细胞生物代谢调节的方式比较单一,而多细胞生物进化程度较高,代谢调节比较复杂。代谢调节可分为三个不同层次:①酶水平的调节,包括酶活性和含量的调节;②细胞水平的调节是通过细胞内代谢物浓度的变化来调节一些酶促反应的速度,是最基本、最原始的调节方式。③机体水平的综合调节。多细胞生物进化出内分泌腺,可分泌激素。激素作为化学信息物质可改变细胞内代谢物的浓度,也可以控制一些酶的活性或含量,对代谢的调节具有高效性。高等生物还具有复杂的神经系统。神经元受到刺激后直接作用于靶细胞,或改变某些激素的分泌,再通过多种激素的相互协调对各个器官、系统进行整体调控。

一、酶水平的调节

　　生物体内的各种代谢反应都酶催化的,酶是新陈代谢调节因素的主要元件,通过酶水平的调节可改变代谢速度、方向和途径。酶水平的调节有两种方式:一种是细调,通过激活或抑制以改变细胞内已有的酶分子催化活性(酶活性调节);另一种是粗调,通过控制酶合成或降解速率,来改变酶的含量(酶含量调节)。

在代谢过程中的一系列反应中,如果其个反应速度很慢,便成为整个过程的限速步骤,催化此限速步骤的酶称为限速酶(rate limiting enzyme)(又称关键酶或调节酶)。代谢途径的调节主要依靠调节限速酶活性的精细调节实现,表 12-1 列举了一些重要过程的限速酶。

表 12-1 重要代谢途径的限速酶

代谢途径	限速酶
糖酵解	己糖激酶(葡萄糖激酶)、6-磷酸果糖激酶和丙酮酸激酶
三羧酸循环	柠檬酸合酶、异柠檬酸脱氢酶、α-酮戊二酸脱氢酶复合体
糖异生	丙酮酸羧化酶、磷酸烯醇式丙酮酸羧激酶、果糖二磷酸酶和葡萄糖磷酸酶
糖原合成	糖原合酶
糖原分解	磷酸化酶
脂肪酸氧化	酯酰肉碱转移酶 I
脂肪酸从头合成	乙酰 CoA 羧化酶
胆固醇合成	HMG-CoA 还原酶
酮体合成	HMG-CoA 合成酶

(一)酶活性的调节

酶活性的调节包括共价修饰调节、酶原的激活、变构调节、酶分子的聚合和解聚等对已有的酶活性进行调节等。

1. 共价修饰调节

酶分子中的某些基团,在其他酶的催化下,发生共价修饰,引起酶分子构象的改变,进而使酶的活性改变,这种方式称为酶的共价修饰(covalent modification)。酶的共价修饰调节主要有六种修饰方式:磷酸化/去磷酸化、乙酰化/去乙酰化、腺苷酰化/去腺苷酰化、尿苷酰化/去尿苷酰化、甲基化/去甲基化、氧化(S—S)/还原(2—SH)。其中磷酸化/去磷酸化是最为常见的修饰方式,是高等动植物酶化学修饰的主要形式。酶蛋白分子中丝氨酸、苏氨酸、酪氨酸等氨基酸残基的羟基是磷酸化的修饰位点,可受蛋白激酶(protein kinase)催化、消耗 ATP 而被磷酸化,而去磷酸化则是由蛋白磷酸酶(protein phosphatase)催化下的水解反应。酶的磷酸化和去磷酸化是对相反、可逆的过程,调节酶在活性状态和非活性状态的相互变化,如图 12-4 所示。

酶的磷酸化过程可引起一系列级联式的酶促化学修饰,当某种被修饰酶的别构效应物的浓度发生微小的变化(如激素的浓度)时,就会在很短时间内使上千靶蛋白从无活性变成有活性,新的被激活的酶又能激活下一个激酶,引起级联激活,信号呈指数递增,具有高度的放大效应。例如,在应激情况下,少量肾上腺素的释放,经细胞膜上的专一受体以及 G 蛋白的偶联作用,激活腺苷酸环化酶(AC),可促使细胞内 cAMP 浓度升高,cAMP 激活蛋白激酶 A(PKA),后者催化糖原磷酸化酶激酶的激活,随后催化磷酸化酶 b 转变成有活性的磷酸化酶 a,从而加速糖原的分解,为机体提供能量或维持血糖浓度(图 12-5)。

上述链锁代谢反应中一个酶被激活后,诱发其他酶被激活,导致原始调节信号的逐级放大,该链锁代谢反应系统称为级联系统(cascade system)。

2. 酶原的激活

有些酶(通常是蛋白酶)在刚刚合成或初分泌时并无活性,这些无活性的酶的前身(或前

【药考提示】共价修饰调节的方式。

【药考提示】级联系统的概念及特点。

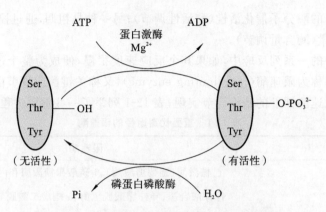

图 12-4 共价修饰调节(酶的磷酸化与去磷酸化)

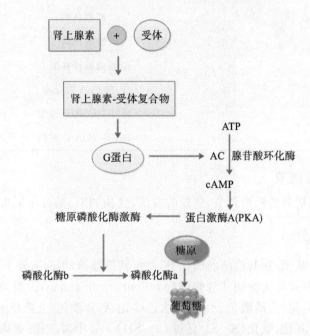

图 12-5 肾上腺素激活糖原分解的级联系统

体)称为酶原(zymogen)。例如,胰蛋白酶、胰凝乳蛋白酶、弹性蛋白酶、羧肽酶等。这些由胰腺或胃部合成的酶都是以无活性的前体形式合成的,并以无活性的前体分泌到消化道,当需要它们表现出催化活性时,才由专一性的酶切转变成有活性的酶。由酶原转变为有活性酶的作用称为酶原激活(zymogen activation)。

酶原激活具有非常重要的生理意义,这种机制对机体有保护的作用。如胰腺分泌的胰蛋白酶,若以活化形式合成就会造成对胰腺组织细胞本身的水解破坏,这就是急性胰腺炎发生的重要原因。再如凝血酶类以酶原形式存在于血液中,保证了血流的畅通,只有血管破损时才会激活凝血酶原,促进血液凝固,堵塞伤口,防止大量失血。

酶原之所以没有活性,是因为它们的活性中心被掩盖或还未完全形成。激活时,酶原分子内肽链的一处或多处断裂,同时使分子构象发生一定程度的改变从而形成酶活性中心所必需的构象。如胰蛋白酶原在激活过程中,赖氨酸-异亮氨酸之间的肽键被打断,失去一个六肽,断裂后的 N 端肽链的其余部分解脱张力的束缚,使它能像一个放松的弹簧一样卷起来,这样就使酶蛋白的构象发生变化,使得与催化有关的组氨酸、天冬氨酸被带至丝氨酸附近,形成了活性中心。激活胰蛋白酶原的蛋白水解酶是肠激酶。胰蛋白酶一旦生成后,也可自身激活。胰蛋白酶原激活过程如图 12-6 所示。

216

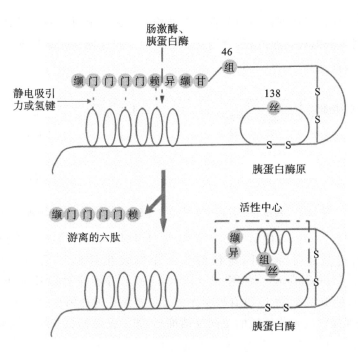

图 12-6 胰蛋白酶的激活过程

3. 变构调节

变构调节是一种常见的快速调节酶活性的方式。某些小分子物质与酶蛋白活性中心外的某一部位特异地、可逆地结合,引起酶蛋白分子的构象变化,从而改变酶的催化活性,这种调节的方式称为变构调节(allosteric regulation)。被调节的酶称为变构酶(allosteric enzyme)。能使酶活性增强的效应物称为变构激活剂,通常是变构酶的底物,在降解代谢中起作用;反之,称为变构抑制剂,代谢过程的终产物常常作为途径起始反应的酶变构抑制剂,在合成代谢中起作用。例如,ATP 是糖酵解途径中磷酸果糖激酶的变构抑制剂,而 AMP 或 ADP 则是该酶的变构激活剂。当细胞内 ATP 浓度升高时,磷酸果糖激酶被抑制,糖的氧化分解速度降低,避免能源的浪费;相反,当 ADP、AMP 增多时,磷酸果糖激酶的活性增强,糖的氧化分解加强,ATP 生成增多,从而满足机体对能量的需要。可见变构调节可控制代谢速度,使糖代谢的速度与细胞对能量的需求协调一致。变构调节产生的效应主要有以下两种类型。

(1)反馈抑制

在多个酶促系列反应中,终产物可对反应序列前面的酶发生抑制作用,称为反馈抑制(feedback inhibition)。

①顺序反馈抑制。在分支代谢途径中,终产物的积累引起分支处的中间产物积累,再反馈抑制反应途径中前面的酶,这种调节是按照顺序进行的,所以称为顺序反馈抑制(sequential feedback in hibition)。这种调节的机理如图 12-7 所示。D 和 E 积累过多时,只分别抑制催化其合成的酶 E_2 和 E_3,而互不干扰。当 E_2 和 E_3 同时受到抑制时,使 C 积累,C 又对酶 E_1 起反馈抑制,整个反应过程停止。

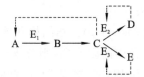

图 12-7 顺序反馈抑制

【药考提示】酶原激活的过程及意义。

【药考提示】变构调节的四种方式。

顺序反馈抑制如枯草芽孢杆菌中芳香族氨基酸的合成。苯丙氨酸、色氨酸、酪氨酸单独过量,只会抑制自身支路的代谢速度,只有当它们的共同中间体分支酸累积过多才反馈抑制共同途径第一个酶的活性,如图12-8所示。

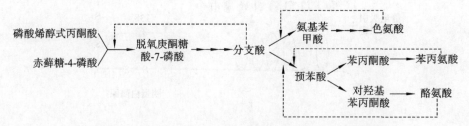

图 12-8　枯草芽孢杆菌中芳香族氨基酸合成的顺序反馈抑制

②协同反馈抑制。在分支代谢中,终产物单独过量时,只能抑制相应支路的酶。只有当几种最终产物同时过量才能对共同途径的第一个酶发生抑制作用,称为协同反馈抑制(concerted feedback inhibition)。如图12-9所示,D和E分别抑制酶E_2和E_3,两者协同抑制酶E_1,但单独过量的D和E对E_1没有抑制作用。如多黏芽孢杆菌在合成天门冬族氨基酸时,天冬氨酸激酶受到赖氨酸和苏氨酸的协同反馈抑制,如果仅是苏氨酸或赖氨酸过量,并不能引起抑制作用(图12-10)。

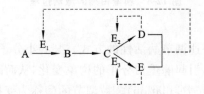

图 12-9　协同反馈抑制

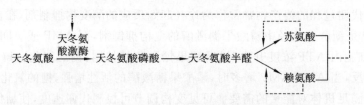

图 12-10　多黏芽孢杆菌中天冬氨酸激酶的协同反馈抑制

③累积反馈抑制。分支代谢途径的几种末端产物各自都能单独对公共步骤的第一个酶进行反馈抑制,但只是部分抑制,甚至在高浓度时也如此,各产物的抑制作用互不影响,只有当最终产物都过多时,才能达到最大抑制效果,这种作用称为累积反馈抑制(cumulative feedback inhibition)。如图12-11所示,末端产物D和E分别单独抑制第一个酶活性的40%和50%,当D和E都同时过量时,则抑制$40\%+(1-40\%)\times50\%=70\%$,或者$50\%+(1-50\%)\times40\%=70\%$酶活力。大肠杆菌谷氨酰胺合成酶的调节属于积累反馈抑制,如图12-12所示,谷氨酰胺代谢的终产物甘氨酸、色氨酸、丙氨酸、组氨酸、氨甲酰磷酸、6-磷酸氨基葡萄糖、CTP及AMP等可分别结合在谷氨酰胺合成酶的不同调节部位,对酶有不同程度的抑制,当所有这些产物均与酶结合时,其活性完全丧失。

④同工酶的反馈抑制。同工酶(isozyme)是指结构和性质不同,但催化同一代谢反应的一组酶。若这组同工酶是分支代谢途径中的限速酶,则分支途径的末端产物可分别专一性地对该同工酶中的某一个酶起反馈作用,这就是同工酶的反馈抑制(isoenzyme feedback inhibition)(图12-13)。

如天冬氨酸激酶在大肠杆菌中有三种同工酶(AK_1、AK_2、AK_3),它们分别被终产物苏氨

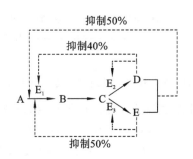

图 12-11　累积反馈抑制

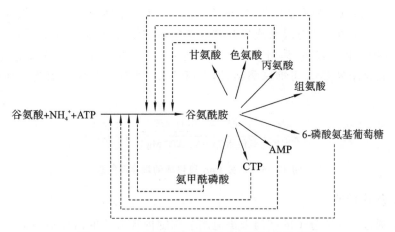

图 12-12　大肠杆菌谷氨酰胺合成酶的反馈抑制

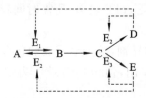

图 12-13　同工酶的反馈抑制

酸、甲硫氨酸和赖氨酸抑制（图 12-14）。

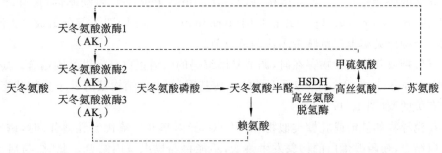

图 12-14　大肠杆菌中天冬氨酸代谢的同工酶调节

（2）前馈激活

在代谢途径中前面的底物对其后某一催化反应的酶有促进酶活性提高的作用，称为前馈激活（feedforward activation）。前馈激活在代谢反应中较为常见，如糖原合成中，6-磷酸葡萄糖是糖原合成酶的变构激活剂（图 12-15）。

4. 酶分子的聚合和解聚

许多调节酶在发生变构调节或共价修饰调节的过程中，常常伴有寡聚酶分子的聚合或解

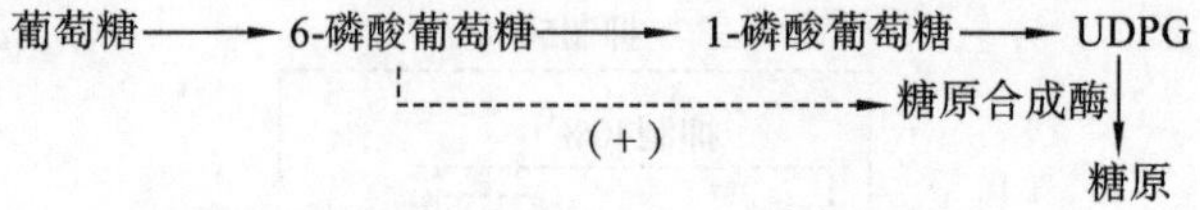

葡萄糖 ——→ 6-磷酸葡萄糖 ——→ 1-磷酸葡萄糖 ——→ UDPG
　　　　　　└ - - - - - - - - - - - - - - - →糖原合成酶┐
　　　　　　　　　　　　　（＋）　　　　　　　　　　　↓
　　　　　　　　　　　　　　　　　　　　　　　　　糖原

图 12-15　6-磷酸葡萄糖对糖原合成酶的前馈激活

聚作用,实现酶活性态和非活性态之间的互变。近年来,越来越多的文献把这种现象单独作为一种酶活调节机理进行研究,认为这也是酶活调节的一种有效方式。如动物体内的乙酰 CoA 羧化酶(Acetyl-CoA Carboxylases,ACC),它是脂肪酸合成的限速酶,能够催化依赖于 ATP 的乙酰 CoA 生成丙二酰 CoA。ACC 是一种存在于胞液中的生物素依赖的变构羧化酶,其以生物素为辅基,以 HCO_3^- 为羧基供体,需要 Mg^{2+}。该酶的单体由四个亚基组成,相对分子质量为 40.9 万,没有活性。当柠檬酸或异柠檬酸与酶蛋白结合时,促使酶分子进一步聚合成约有 20 个单体的细丝状多聚物,其相对分子质量达 400 万～800 万,这种多聚体是酶分子的活性结构形式。长链脂酰 CoA 可抑制酶活性,ATP-Mg^{2+} 则使多聚体解聚为单体而失活,如图 12-16 所示。

单体　　　柠檬酸、异柠檬酸　　　多聚体
（无活性）⇌————————————⇌（有活性）
　　　　长链脂酰CoA、ATP-Mg^{2+}

图 12-16　乙酰 CoA 羧化酶的聚合和解聚

（二）酶含量的调节

生物体除通过改变酶分子的结构来快速调节细胞内现有酶的活性适应需要外,还可以控制酶的绝对含量来调节代谢。某种酶的含量主要由该酶的合成或降解速率决定,此过程涉及酶蛋白合成基因的开启或关闭,消耗 ATP 较多,所需时间较长,属迟缓调节。

1. 酶蛋白的诱导和阻遏

将加速酶合成的化合物称为诱导剂,减少酶合成的化合物称为阻遏剂,两者是在酶蛋白生物合成的转录或翻译过程中发挥作用,但影响转录较为常见,诱导物多为底物,阻遏剂多为产物。

（1）底物对酶合成的诱导作用

1961 年,法国科学家 J. L. Monod 和 F. Jacob 提出操纵子学说。操纵子(operon)即控制细胞基因表达的协调单位,一般由结构基因(structural gene,S)、启动基因(promoter gene,P)、操纵基因(operator gene,O)和终止基因(terminator gene,T)四个部分组成。大肠杆菌的乳糖操纵子结构详见第十三章转录表达调控章节。

在没有乳糖或其他诱导物存在时,调节基因编码的阻遏蛋白与操纵基因结合。妨碍 RNA 聚合酶(RNA polymera,RNAP)转录下游的结构基因,使三个结构基因处于关闭状态,不合成乳糖代谢有关的酶(图 12-17(a))。

当存在诱导物如乳糖或乳糖类似物(如 IPTG,异丙基-β-D-硫代半乳糖苷)时,诱导物可以与阻遏蛋白结合,使阻遏蛋白的构象发生改变,不能再与操纵基因结合。此时,与启动子结合的 RNA 聚合酶就可以行使转录功能,从而使 β-半乳糖苷酶、半乳糖苷渗透酶、半乳糖苷转酰酶被诱导产生,乳糖代谢顺利进行(图 12-17(b))。

乳糖操纵子上也存在着正调节,调节基因的产物 CAP 蛋白,亦称作 cAMP 受体蛋白(cAMP receptor protein,CRP),它能与环腺苷酸(cAMP)结合而被活化,帮助 RNA 聚合酶与启动子结合,促进转录进行。

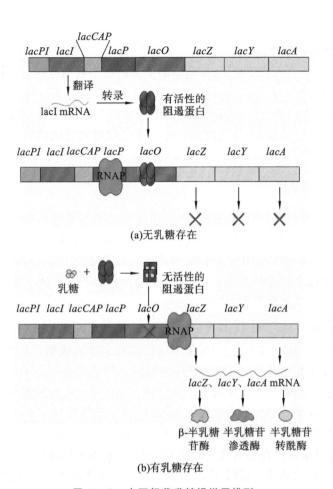

图 12-17　大肠杆菌乳糖操纵子模型

（2）产物对酶合成的阻遏作用

在代谢过程中，当某些代谢产物过量时，除了可以通过反馈调节关键酶的活性外，也可以阻遏调节关键酶的合成量。阻遏的机理也可以通过操纵子模型解释。色氨酸操纵子（图12-18）包括启动子（trpO）、操纵基因（trpP）和 5 个与色氨酸合成相关的结构基因 E、D、C、B、A，分别编码与色氨酸合成相关的邻氨基苯甲酸合酶、吲哚甘油-3-磷酸合成酶和色氨酸合成酶，这几种酶在催化分支酸转变为色氨酸的过程中发挥着重要作用。色氨酸操纵子通常情况下是开放的，阻遏蛋白是无活性的蛋白；当色氨酸过量时，色氨酸与阻遏蛋白结合，使阻遏蛋白的构象改变，有利于其与操纵基因的结合，转录停止，5 种酶的基因不能正常表达。

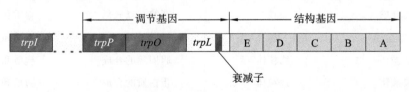

图 12-18　色氨酸操纵子模型

色氨酸操纵子中在 trpO 与第一个结构基因 trpE 之间有 162bp 的一段引导序列（leading sequence，L），L 基因内包含一个衰减子（attenuator）。研究发现，当细胞中存在少量的色氨酸，但含量又不足以使其作为辅阻遏物激活阻遏蛋白，不足以关闭 trpO 位点，从而使 RNA 聚合酶可以启动转录，但转录过程仅到达引导序列处，RNA 聚合酶便从 DNA 模板上解离下来。这种当转录从起始位点启动后，RNA 聚合酶在未到达结构基因编码区之前提前终止的现象称为衰减作用（attenuation）。色氨酸操纵子通过阻遏作用和衰减作用，共同维持一定的色氨酸

【药考提示】乳糖操纵子学说和诱导作用。

【药考提示】色氨酸操纵子和阻遏作用。

NOTE

浓度。

2. 酶分子的降解调节作用

生物细胞内的酶不是永恒不变的,而是不断更新的。细胞内存在着各种蛋白质水解酶,这些水解酶根据细胞的指令,有目的、有计划地将特定的蛋白质分子分解。因此,凡能改变蛋白水解酶的活性或蛋白水解酶分布的因素都能影响酶蛋白的降解速度,进而影响酶的含量。如饥饿时,精氨酸酶的活性增加,主要是酶蛋白的降解速度减慢。饥饿也可使乙酰 CoA 羧化酶的浓度降低,这与酶蛋白的合成量减少以及酶的降解速度加快有关。

二、细胞水平的调节

原核生物结构比较简单,没有精细的结构,代谢的场所主要是在细胞膜或细胞质上;真核生物具有多种细胞器,如细胞核、内质网、线粒体、高尔基体和溶酶体等。细胞将各种多酶体系或是与这些细胞器结合,或是存在于细胞液内,因此,酶催化的代谢反应是隔离分布的,各个代谢途径独立进行,彼此之间互不干扰,同时又相互协调和制约。细胞水平的调节,主要是生物膜对代谢的调节,包括以下两个方面。

(一)内膜系统对代谢途径的分隔作用

酶在细胞内有一定的布局和定位,催化不同代谢反应的酶或酶系集中并隔离于不同的亚细胞区域内,或存在于细胞质中,这种现象称为酶的区域化(regionalization of enzymes)。酶系在细胞器上的隔离分布,对于代谢的调节具有很大的作用。首先细胞内酶的区域化分布,使酶、底物及辅因子等在某一细胞器内浓度相对较高,有利于代谢反应快速进行;当代谢达到一定程度时,代谢产物局部累积,会发生终产物对关键酶的反馈抑制作用。其次酶的区域化,使酶催化的各种类型反应可以在相对独立的空间内进行,互不干扰,但是通过膜的通透性和转运机制,又可以使各个相关的反应能够连续、协调地进行。如脂肪酸的氧化和合成两个代谢途径分别在线粒体内外不同的区域进行。脂肪酸合成时所需的原料乙酰 CoA 是糖、脂、氨基酸代谢的重要中间产物,主要存在线粒体中,它要先与草酰乙酸缩合成柠檬酸,通过载体转运出线粒体,再在柠檬酸裂解酶催化下裂解为乙酰辅酶 A 和草酰乙酸,参与脂肪酸合成。而脂肪酸活化的产物必须被从胞液运至线粒体基质中发生 β-氧化,长链脂酰 CoA(十碳以上)需要以肉碱为载体才能跨膜转运。主要代谢途径在细胞内的区域化分布如表 12-2 所示。

【药考提示】内膜系统分隔作用的意义。

表 12-2　主要代谢途径在细胞内的区域化分布

代谢途径	分　布	代谢途径	分　布
糖酵解	胞质	酮体的合成	线粒体
糖原合成与分解	胞质	DNA、RNA 的合成	细胞核
脂肪酸合成	胞质	糖的有氧氧化	胞质和线粒体
磷酸戊糖途径	胞质	糖异生	胞质和线粒体
三羧酸循环	线粒体	胆固醇的合成	胞质和内质网
氧化磷酸化	线粒体	蛋白质的合成	胞质和内质网
脂肪酸氧化	线粒体	磷脂的合成	内质网

(二)膜系统控制着细胞和细胞器的物质运输

细胞膜具有高度的选择透过性,它的主要作用是进行物质运输,细胞膜通过对营养物质的吸收和代谢废物的转移可对代谢进行调节。如葡萄糖进入肌肉和脂肪细胞的运输过程是血糖代谢的限速步骤,胰岛素可以促进其主动运输,从而降低血糖。又如 Ca^{2+} 从肌细胞的线粒体中出来,可与磷酸化酶 b 激酶结合并使其激活,加速糖原的分解。

三、机体水平的调节

单细胞生物的代谢调节主要涉及酶水平和细胞水平的调节。随着生物的进化,多细胞生物发展了激素水平的调节和神经水平的调节。虽然激素水平的调节比较原始,但两者并无本质差别,都是通过信号转导系统使细胞之间进行信息交流,彼此协调,体现了机体水平的代谢调节。

(一)激素水平的调节

激素水平的调节是高等动物体内代谢调节的重要方式。激素是生物细胞分泌的一类特殊化学物质,它随血液循环运输至全身,作用于特定的靶组织或靶细胞,引起细胞内物质代谢朝着一定的方向进行,产生特定的生物学效应。激素的作用是高效的,激素在血液中含量很低,但却能产生显著的生理效应,这是激素的作用被逐级放大的结果。此外,激素调节具有高度的特异性,通常一种激素只作用于一定的细胞组织,不同的激素调节不同的物质代谢和生理过程,这是由于组织或细胞上含有能特异识别和结合相应激素的受体(receptor)。

受体是指存在于靶细胞膜上或细胞内能特异性识别并结合信号分子的特殊蛋白质。它的化学本质多为糖蛋白,也可以是脂蛋白。根据受体所在的细胞部位,可将受体分为两大类:膜受体和非膜受体,后者又称为胞内受体。

与膜受体结合的激素通常是亲水性的生物大分子,如胰岛素、促性腺激素、生长激素、促甲状腺激素、甲状旁腺素等蛋白质类激素,由于不能穿过靶细胞膜进入胞内,只能通过与膜受体结合后进行信息转换,再将信号逐级放大,产生显著的代谢效应。通常把细胞外的信号(激素)称为第一信使(first messenger),而把细胞内负责信号转导的物质称为第二信使(second messenger)。以肾上腺素的作用机制为例阐述与膜受体结合的激素类物质的作用机制。肾上腺素受体与 G 蛋白相偶联,当细胞没有受到激素刺激时,G 蛋白的 α 亚基与 GDP 结合,处于非活化态。肾上腺素与受体结合后,受体的构象改变,进而引起 G 蛋白构象改变,结合 GTP 而活化,使三聚体 G 蛋白解离出 α 亚基和 β、γ 二聚体复合物,结合 GTP 的 α 亚基与腺苷酸环化酶结合,使之活化,并将 ATP 转化为 cAMP(图 12-19),cAMP 作为第二信使调节细胞内的有关糖原的分解。当血糖浓度达到一定水平,细胞内的磷酸二酯酶将 cAMP 水解为 AMP,从而不再发挥第二信使的作用。除 cAMP 外,目前发现的第二信使还包括 cGMP、Ca^{2+}、IP3(三磷酸肌醇)和 DG(二酰甘油)等。

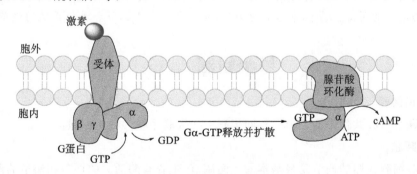

图 12-19 肾上腺素的作用机制

与胞内受体结合的激素多是脂溶性物质,包括类固醇激素、前列腺素、甲状腺素、活性维生素 D 及视黄酸等疏水性激素。这类激素可穿过细胞质膜作用于细胞质或细胞核中的受体,与胞内受体结合形成激素-受体复合物,成为转录因子,作用于特异的基因调控序列,促进或抑制基因的转录和表达以调节细胞内的蛋白质或酶的量,从而实现激素对代谢的调节。如肾上腺皮质激素能诱导糖异生途径的四个关键酶的合成,对糖代谢有重要的调节作用。

【药考提示】第二信使的概念和作用。

知识链接 12-1

NOTE

（二）神经系统对代谢的调节

高等动物有完善的神经系统,各种生理活动和物质代谢都处于中枢神经系统的控制之下。神经系统的调节有直接控制,也有间接控制。直接控制是大脑接受某种刺激之后,直接对相关的组织和器官发出信息,使它们兴奋或抑制以调节代谢。同时,大脑还控制着很多内分泌腺的活动,通过内分泌腺分泌的激素也能对新陈代谢产生间接的影响。激素信息的传递依靠体液,它的特点是微量而高效,缓慢而持久,但它只对部分代谢有调节作用,具有局部性;神经系统传递信息是依靠一定的神经通路,以神经冲动的形式传播,作用短暂、迅速、准确。神经系统的调节可协调全部代谢途径,具有整体性。例如当人处于寒冷环境中时,冷刺激可使有关神经兴奋,促使肾上腺分泌肾上腺素增加,血糖浓度升高,导致机体代谢活动增强,产热量增加。再如当动物处于长期饥饿状态时,交感神经兴奋导致胰腺释放胰高血糖素,肝细胞中乙酰 CoA 羧化酶被磷酸化而失活,脂肪合成受阻。同时,乙酰 CoA 羧化酶失活导致其产物丙二酸单酰 CoA 含量降低,使得更多的脂酰 CoA 进入线粒体,促进脂肪酸的氧化。在脂肪组织中,血液中的胰高血糖素激活了激素敏感性脂酶,促进脂肪水解,产生游离的脂肪酸进入血液,游离脂肪酸作为燃料分子为其他组织提供能量。

本章小结

1. 代谢又称新陈代谢,是生物体内所有化学变化的总称,包括合成代谢和分解代谢,代谢过程中会发生物质变化同时伴随能量变化。体内代谢的特点:①整体性;②代谢途径的多样性;③具有共同的代谢产物;④代谢途径是可调控的;⑤代谢的组织器官特异性。

2. 生物体内糖、脂、蛋白质和核酸等各类物质的代谢是同时进行的,细胞内四大物质在代谢过程中是彼此影响、相互联系的,三羧酸循环是物质的共同代谢途径,是它们之间联系的桥梁。

3. 物质代谢按其调节水平分为三个层次:①酶水平的调节,是生物最基本的调节方式,通过调节关键酶的活性实现,其中改变现有酶分子的结构调节酶活性的方式,发生较快,包括共价修饰调节、酶原激活、变构调节及酶分子的聚合和解聚;也可通过改变酶的含量影响酶活性,此调节缓慢而持久,包括酶的诱导和阻遏及酶蛋白的降解。②细胞水平的调节,代谢的复杂性要求参与代谢反应的酶被细胞的膜系统分隔在不同的区域;同时细胞的膜系统也是营养物质和代谢产物进出的屏障。③机体水平的调节,包括激素水平调节和神经系统的调节两种方式。

目标检测

目标检测
解析

一、名词解释

1. 操纵子　2.共价修饰调节　3.同工酶　4.级联系统　5.酶原激活

二、判断题

1. 酶对细胞代谢的调节是最基本的代谢调节,主要有酶活力的调节和酶量的调节。
（　　）

2. 动物体内的蛋白质可能转变为脂肪,但不能转变为糖。（　　）

3. 蛋白质的磷酸化和去磷酸化是共价修饰调节的一种重要方式。（　　）

4. 按照操纵子学说,对基因起调控作用的是 RNA 聚合酶。（　　）

5. 三羧酸循环、脂肪酸的 β 氧化、氧化磷酸化和糖酵解均发生在线粒体中。（　　）

6. 细胞内区域化在代谢调节中的作用,除把不同的酶系统和代谢物分割在特定区间外,

NOTE

还通过膜上的运转系统调节代谢物、辅因子和金属离子的浓度。 （   ）

    7. 启动子和操纵基因是没有基因产物的。 （   ）

    8. 级联系统中每次共价修饰都是对原始信号的放大。 （   ）

三、问答题

    1. 简述糖类代谢与脂类代谢之间的关系。

    2. 什么是反馈抑制？包括哪几种类型？

    3. 举例说明级联放大作用。

    4. 代谢的区域化有什么意义？

（张志华）

第十三章 DNA 的生物合成

本章 PPT

学习目标

1. 掌握:DNA 复制的基本规律;原核生物参与 DNA 复制的酶及其功能;原核生物 DNA 复制的过程。

2. 熟悉:真核生物参与 DNA 复制的酶及其功能;逆转录过程;端粒;DNA 损伤; DNA 修复。

3. 了解:与 DNA 合成有关的抗肿瘤药。

DNA 是大多数生物的遗传物质。DNA 生物合成指在生物体内或细胞内进行的 DNA 合成,主要包括 DNA 指导的 DNA 合成(即 DNA 复制与 DNA 修复合成)和 RNA 指导的 DNA 合成(即逆转录)。细胞分裂时,通过 DNA 的自我复制(self-replication),亲代细胞所包含的遗传信息传递到子代细胞。某些病毒的遗传物质是 RNA,它们通过逆转录的方式进行复制。大多数情况下,亲代 DNA 将遗传信息精确地传递到子代。特殊情况下,由于存在染色体交换、重组或转座等,子代细胞的 DNA 可发生变异。此外,辐射、化学诱变剂、病毒等体外因素也可以导致 DNA 变异。DNA 的精确遗传是维持生物物种相对稳定的主要因素,而 DNA 变异则为生物多样性以及生物适应多变的环境提供条件,同时这些变异也是导致疾病发生的主要原因。例如,肿瘤主要是由于 DNA 突变引起的,目前市面上很多抗肿瘤药都与 DNA 生物合成密切相关。

案例导入

案例导入
解析

患者,女,61 岁,出现上呼吸道的症状去医院就诊,症状为咳嗽并伴有黄痰、肋膜炎样胸痛。胸部 X 片显示,肺部左侧下叶肿块,并伴有阻塞性变化。随后又进行胸部 CT、支气管镜和颈部纵隔镜检查,在检查中取到的组织通过病理诊断确诊为非小细胞肺癌,Ⅲb 期。治疗计划:按周期进行化疗,化疗药物为长春瑞滨和顺铂。

1. 顺铂是何种类型的化疗药物?

2. 顺铂作为抗肿瘤药物的机制是什么?

第一节 DNA 的复制

DNA 复制是以亲代 DNA 分子为模板,按照碱基配对的原则合成子代 DNA 链的过程。复制的化学本质是酶催化下的核苷酸聚合。

一、DNA 复制的特点

早期通过对细菌 DNA 复制过程的研究,揭示了 DNA 复制的几个基本特点。后来的研究

NOTE

表明所有生物的 DNA 复制都具有这些特点，包括：半保留复制（semiconservative replication），双向复制（bidirectional replication），半不连续复制（semidiscontinuous replication）。

（一）半保留复制

DNA 双螺旋模型表明组成 DNA 分子的两条链是互补的，每条链都可以作为模板合成其互补链。理论上，DNA 复制有以下三种方式：半保留复制，DNA 分子两条母链之间的氢键断裂而彼此分开，各自作为模板链合成一条与之互补的新生子链，新生子链与母链构成子代 DNA 分子；全保留复制（conservative replication），两条母链彼此结合，恢复原状，新合成的两条子链彼此结合形成一条新的双链；混合式（random dispersive replication），亲代双链被切成双链片段，复制完成后，"新旧"DNA 同时存在于同一条链中（图 13-1）。

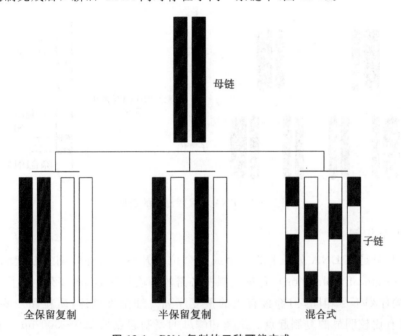

图 13-1　DNA 复制的三种可能方式

1958 年，M. Messelson 和 F. W. Stahl 用实验证实自然界 DNA 复制方式为半保留式，否定了其他两种复制方式。研究者利用细菌能够以 NH_4Cl 为氮源合成 DNA 的特性，在添加氮同位素 ^{15}N 的培养基中培养大肠杆菌（E. coli）细胞，使其 DNA 被 ^{15}N 标记，^{15}N-DNA 的密度比普通 ^{14}N-DNA 大。培养若干代后，E. coli DNA 全部为 ^{15}N 的"重链"DNA，将其作为亲代。然后将亲代 E. coli 转接于 $^{14}NH_4Cl$ 培养基培养，每隔 20 分钟取样（约为 E. coli 生长一代所需时间），分别作为子一代、子二代等，依次类推。提取亲代、子一代和子二代的 DNA 进行密度梯度离心。离心结果显示：亲代和子一代 DNA 都只有一条带，但是二者在离心管中所处的位置不同，亲代 DNA 比子一代更靠近离心管底部；子二代 DNA 有两条带，其中一条带与子一代 DNA 位于离心管同一位置，另一条带更靠近离心管管口（图 13-2）。如果 DNA 是全保留复制，则子一代应该出现两条带，这与实验结果不符，可以排除全保留复制。如果 DNA 是混合式复制，则子二代应该只有一条带，这也与实验结果不符，也可以排除混合式复制。如果 DNA 是半保留复制，我们可以进行以下推论：亲代 DNA 的双链全部由 ^{15}N 的重链构成；子一代的 DNA 是杂合分子，双链中一股是 ^{15}N 的重链，一股是 ^{14}N 的轻链；子二代中出现两种密度的 DNA 分子，其中一种是重链＋轻链，另一种全部由 ^{14}N 的轻链构成。以上推论与实验结果一致。随着在 $^{14}NH_4Cl$ 培养基中培养代数的增加，轻链 DNA 分子增加，杂合分子保持不变。该

NOTE

227

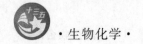

实验结果证明,亲代 DNA 复制后,以半保留形式存在于子代 DNA 分子中。

DNA 的半保留复制机制确保了亲代 DNA 能精确地传递到子一代。经过许多代的复制,DNA 仍可以保持完整,并存于后代而不被分解掉。DNA 比细胞内的其他成分都要稳定得多,这和它的遗传功能是相符的。但是这种稳定性是相对的,在细胞内外各种物理、化学和生物因子的作用下,DNA 也会发生损伤,需要修复。从进化的角度看,DNA 更是处在不断的变异和发展之中。

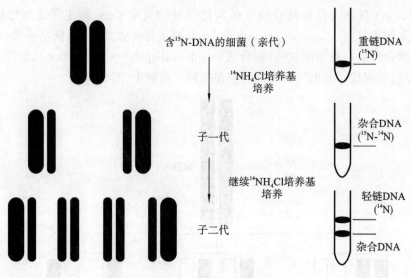

图 13-2　DNA 半保留复制的证据

（二）双向复制

DNA 复制总是在 DNA 分子上的一个或多个位点开始。这种控制复制起始的位点称为复制起始点(origin of replication),它是复制所必需的一段特殊 DNA 序列。不同生物的 DNA 复制起始点的序列不尽相同,但都含有短的重复序列。细菌染色体、质粒和一些病毒的环形 DNA 通常具有比较明显的复制起点。细菌和酵母的复制起点长 200～300 bp。亲代 DNA 在复制起始点解链后,就形成一个复制泡,即两个复制叉(replication fork),分别向相反的方向进行复制,称为双向复制。

从一个复制起始点开始所复制的 DNA 分子或 DNA 片段是一个基本的复制单位,称为复制子(replicon)。也就是说复制子是含有一个复制起始点并能独立完成复制的功能单位。原核生物(prokaryote)和质粒等基因组为环状双链 DNA,只有一个复制起始点和一个复制终点(terminus),为单复制子复制,即复制从起点开始向两个方向合成,至终点汇合(图 13-3)。真核生物(eukaryote)的基因组庞大而复杂,为线状双链 DNA,位于多条染色体上,有众多的复制起始点,每个复制子的完成都是通过 DNA 复制过程完成的,是多复制子复制(图 13-4)。

（三）半不连续复制

在 DNA 复制过程中,新链的合成方向总是从 $5' \rightarrow 3'$ 延伸的。我们已经知道 DNA 为反向平行的双螺旋结构,复制时双螺旋解开,分别作为模板合成子链,在复制叉移动的方向上,一条子链以 $5' \rightarrow 3'$ 方向合成,另一条子链以 $3' \rightarrow 5'$ 方向合成,并且这两条合成方向相反的子链是在同一个 DNA 聚合酶的催化下合成的。两条子链是如何同时合成的呢? 如果两条链随着复制叉的移动都是连续合成的,那么其中一条链的合成方向必定是从 $3' \rightarrow 5'$ 进行的,但是这与我们的观察又不相符。以上矛盾由日本科学家冈崎(Okazaki)及其同事解决。1968 年,日本科学家冈崎等利用电子显微镜及放射自显影技术研究 DNA 的生物合成,发现复制时,其中一条子

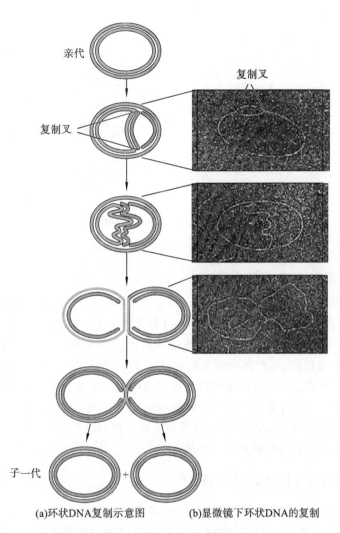

(a)环状DNA复制示意图　　(b)显微镜下环状DNA的复制

图 13-3　环状 DNA 的复制

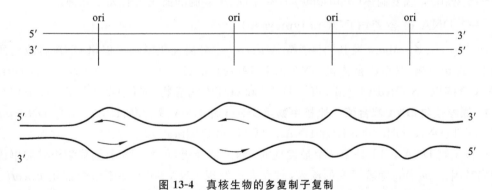

图 13-4　真核生物的多复制子复制

链在合成时首先合成的是一系列小片段（现在被称为冈崎片段）。这一研究结果揭示了 DNA 复制的又一规律：子一代中一条链的合成是连续的，另外一条链的合成是不连续的，也就是说 DNA 复制是半不连续复制。延伸方向与解链方向一致的子链顺着 $5'{\rightarrow}3'$ 方向连续合成，称为领头链（leading strand）；延伸方向与解链方向相反的子链先反向合成小片段，然后再连接起来，小片段的聚合方向也是 $5'{\rightarrow}3'$，但整条子链最终的合成方向却是 $3'{\rightarrow}5'$，这股不连续复制的链称为随从链（lagging strand）（图 13-5）。随从链上的小片段称为冈崎片段（Okazaki fragment）。

 NOTE

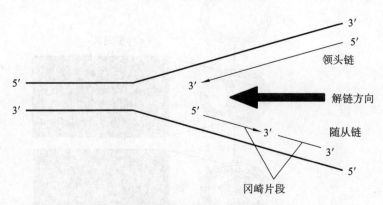

图 13-5　DNA 的半不连续复制

(四) DNA 复制具有高保真性

DNA 复制具有高度保真性。在 *E. coli* 中,每合成 $10^9 \sim 10^{10}$ 个核苷酸便会发生一次错配,即错配率为 $10^{-10} \sim 10^{-9}$。*E. coli* 的基因组约为 4.6×10^6 bp,这就意味着基因组每复制 1000～10000 代才会出现一次错配。如此高的保真度主要依靠以下几方面因素来保证。第一,在 DNA 子链合成过程中,严格的碱基配对保证了亲代和子代 DNA 分子之间遗传信息传递的高保真性。互补碱基对之间的氢键以及几何结构能够区分在某一位置上添加的是正确还是错误的核苷酸;第二,体内复制叉的复杂结构提高了复制的准确性;第三,DNA 聚合酶具有 $3' \rightarrow 5'$ 核酸外切酶活性,可以及时切除错误添加的核苷酸,并以正确的替代;第四,细胞内的修复系统也可以把复制中的错配碱基进行修复。

二、参与 DNA 复制的酶及蛋白因子

DNA 复制的化学本质是酶催化下的脱氧核糖核苷酸聚合。*E. coli* DNA 的复制需要 20 多种酶或蛋白质,它们各自承担特定的任务,共同组成的结构称为 DNA 复制酶体系(DNA replicase system)或复制体(replisome)。参与 DNA 复制的酶主要有如下几种。

(一) DNA 聚合酶(DNA polymerase)

1955 年,A. Kornberg 及其同事首先从 *E. coli* 中分离纯化得到了催化 DNA 合成的酶,被称为 DNA 聚合酶,其全称是依赖 DNA 的 DNA 聚合酶(DNA-dependent DNA polymerase)。DNA 聚合酶以 dNTP(dATP、dGTP、dTTP 和 dCTP)为底物,催化 DNA 沿 $5' \rightarrow 3'$ 方向合成。

1. 原核生物 DNA 聚合酶　原核生物至少有 5 种 DNA 聚合酶:DNA-pol Ⅰ、DNA-pol Ⅱ、DNA-pol Ⅲ、DNA-pol Ⅳ(Din B)和 DNA-pol Ⅴ(UmuC,UmuD)。

原核生物 DNA-pol Ⅰ是第一个被发现的 DNA 聚合酶,是由 928 个氨基酸构成的单体酶,其编码基因是 *polA*。随着研究的深入,研究人员发现 DNA-pol Ⅰ并不适合催化 *E. coli* 染色体 DNA 的复制。第一,DNA-pol Ⅰ的聚合活性不高,每秒钟平均仅能聚合 10～20 个核苷酸,无法与 *E. coli* 中复制叉的移动速度相匹配。第二,DNA-pol Ⅰ持续合成 DNA 的能力非常低。第三,遗传学研究结果表明许多基因(由它们编码产生了许多酶)均参与 DNA 的复制过程,DNA-pol Ⅰ并非是唯一的酶。第四,研究人员从 *E. coli* 中陆续发现了其他四种 DNA 聚合酶,并阐明了其相关功能(表 13-1)。

NOTE

表 13-1 原核和真核生物 DNA 聚合酶分类及比较

原核生物（*E. coli*）	亚 基 数 目	功　　能
pol Ⅰ	1	去除 RNA 引物，DNA 损伤修复
pol Ⅱ	1	DNA 损伤修复
pol Ⅲ	≥10	染色体 DNA 复制
pol Ⅳ	1	DNA 损伤修复，TLS
pol Ⅴ	3	TLS

真核生物	亚 基 数 目	功　　能
polα	4	合成引物
polβ	1	碱基切除修复
polγ	3	线粒体 DNA 复制和损伤修复
polδ	2～3	DNA 复制，核苷酸切除修复，碱基切除修复
polε	4	DNA 复制，核苷酸切除修复，碱基切除修复
polθ	1	DNA 交联损伤修复
polζ	1	TLS
polλ	1	减数分裂相关的 DNA 损伤修复
polμ	1	体细胞高变（somatic hypermutation）
polκ	1	TLS
polη	1	相对准确的 TLS（跨越环丁烷二聚体）
polτ	1	TLS，体细胞高突变
polι	1	TLS

DNA-pol Ⅰ的主要功能是切除随从链上的 RNA 引物（$5' \to 3'$ 外切酶活性），填补引物切除后留下的空缺（$5' \to 3'$ 聚合酶活性），以及对复制中发生的错误掺入进行校正（$3' \to 5'$ 外切酶活性）。DNA-pol Ⅰ在分子生物学研究中非常有用，但是 $5' \to 3'$ 外切酶活性常常影响到它的应用范围，于是研究者们采用特异的蛋白酶消化 DNA-pol Ⅰ，去除 N 端具有 $5' \to 3'$ 外切酶活性的结构域，剩下 C 端的 604 个氨基酸残基称为 Klenow 片段。Klenow 片段具有 $5' \to 3'$ 聚合酶活性和 $3' \to 5'$ 外切酶活性，是实验室 DNA 合成和序列分析的常用工具酶。

DNA-pol Ⅱ的编码基因是 *polB*，在原核细胞中的功能尚不清楚。一些研究表明，缺失 DNA-pol Ⅱ的细菌仍然能够进行 DNA 复制和生长。然而，在 DNA 损伤积累较多的细菌中 DNA-pol Ⅱ被诱导合成。因此，研究人员推测 DNA-pol Ⅱ的功能可能是在 DNA 大范围损伤的情况下参与应急性复制。

DNA-pol Ⅲ是原核生物中参与 DNA 复制的主要酶，它的编码基因是 *polC*（NDAE），其聚合能力远远大于 DNA-pol Ⅰ和 DNA-pol Ⅱ，聚合速率为 250～1000 个核苷酸/秒。DNA-pol Ⅲ同时具备 $5' \to 3'$ 聚合酶活性和 $3' \to 5'$ 外切酶活性，但是不具备 $5' \to 3'$ 外切酶活性。DNA-pol Ⅲ是由 10 种亚基组成的不对称多聚体（图 13-6）。其中，α、ε 和 θ 亚基组成核心酶，α 亚基具有 $5' \to 3'$ 聚合酶活性，ε 亚基具有校正活性（$3' \to 5'$ 外切酶活性），θ 亚基促进 ε 亚基的校正功能。1 对环状的 β 亚基套构成滑动夹，能在 DNA 链上沿模板滑动，把整个酶复合体和 DNA 链连接在一起。其余的亚基统称为 γ 复合物，包括 γ、δ、δ'、ψ、χ 和两个 τ，有促进滑动夹加载、全酶组装至模板上以及增强核心酶活性的作用（图 13-6）。

 NOTE

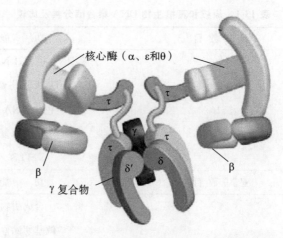

核心酶（α、ε和θ）

τ

τ

γ

τ

τ

β

δ′

δ

β

γ复合物

图 13-6 *E.coli* DNA pol Ⅲ 结构（ψ 和 χ 亚基未显示）

DNA-pol Ⅳ 和 DNA-pol Ⅴ 是在 1999 年才被发现的，他们参与 DNA 的损伤修复。当 DNA 受到较为严重的损伤时，即可诱导产生这两个酶，但是修复过程缺乏准确性，因而出现高突变率。在 DNA 损伤部位，正常 DNA 聚合酶因不能形成正确碱基配对而停止复制。此时，DNA-pol Ⅳ 和 DNA-pol Ⅴ 参与 DNA 损伤部位的复制，但这两类酶在复制时常常具有较高的突变率，因此在跨越损伤部位时将造成错误倾向的复制，即所谓的跨越损伤合成（translesion synthesis，TLS）。此类修复所带来的高突变率虽会杀死许多细胞，但是至少可以克服复制障碍，使少量的突变细胞得以存活。因此，此类修复属于细胞在极端环境下的一种应急机制。

2. 真核生物 DNA 聚合酶　真核生物 DNA 聚合酶种类繁多，有的负责细胞核 DNA 复制，有的负责细胞器 DNA 复制。常见的真核生物聚合酶有 5 种，分别是 DNA-polα、DNA-polβ、DNA-polγ、DNA-polδ 和 DNA-polε。所有真核细胞都有 DNA-polα，并且其结构和功能都基本相同。polα 为多聚体蛋白，其中一个亚基具有引物酶活性，另外一个亚基具有聚合酶活性，但是不具备 $3' \rightarrow 5'$ 外切酶活性。因为遗传稳定性要求 DNA 复制具有高保真性，所以 polα 不适合用作 DNA 复制酶。它的主要功能是合成小片段的 DNA 或者 RNA，如合成 DNA 复制过程中冈崎片段的引物。这些引物的进一步延伸依靠 DNA-polδ 来完成。polδ 是真核生物复制中起主要作用的聚合酶，同时具备 $5' \rightarrow 3'$ 聚合酶活性和 $3' \rightarrow 5'$ 外切酶活性，其作用相当于原核生物的 pol Ⅲ。DNA-polε 与原核生物的 DNA-pol Ⅰ 类似，在复制中起切除引物、填补引物空缺、校正和修复作用。DNA-polγ 存在于线粒体中，是对线粒体 DNA 进行复制的聚合酶。其他类型的聚合酶主要参与 DNA 的损伤修复过程（表 13-1）。

（二）解旋酶（helicase）

DNA 复制时，首先需要把双链解开成两条单链，解开双链的酶称为解旋酶，也称为 DNAB 蛋白。该酶在 DNA 复制时可以破坏双链碱基之间的氢键，并沿着解链方向移动，解开双链。解链过程需消耗 ATP。

（三）单链结合蛋白（single stranded DNA binding protein，SSB）

DNA 双链解开为两条单链后具有自动恢复为双链的趋势。同时，单链 DNA 在细胞内更容易受到核酸酶的攻击而降解。单链结合蛋白结合单链 DNA，使其保持单链状态并免受核酸酶攻击。在复制的过程中，随着复制叉的前移，单链结合蛋白不断地在单链 DNA 模板上结合和脱离，反复使用。

（四）拓扑异构酶（topoisomerase）

由于 DNA 双螺旋的特殊结构，DNA 复制时的双链局部解开为单链后，会在螺旋内部产

知识链接 13-1

NOTE

生拓扑应力,进而在开口的前后方形成超螺旋(图 13-7),这将阻止双链的进一步解开。这时拓扑异构酶(简称拓扑酶)将处于超螺旋的 DNA 单链或双链切开,使断端自由旋转以释放超螺旋,然后连接起来,这一过程的化学本质是 $3',5'$-磷酸二酯键的断裂和重新形成。拓扑酶广泛存在于原核及真核生物中,分为Ⅰ型和Ⅱ型。拓扑酶Ⅰ型可切断 DNA 双链中的一股,使超螺旋的 DNA 松弛,然后再把切口重新连接起来,这一过程不需要消耗能量。拓扑酶Ⅱ能切断超螺旋 DNA 的双链,将断端绕过与其缠结的 DNA 链,理顺后重新连接起来,这一过程需要消耗 ATP 来提供能量。

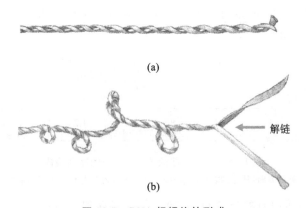

图 13-7 DNA 超螺旋的形成
(a)松弛的 DNA 双螺旋;(b)DNA 解链时前方形成正超螺旋

(五)引物酶(primase)

所有的 DNA 聚合酶都不具备从头合成 DNA 的能力,即无法催化两个游离的脱氧核苷酸之间形成磷酸二酯键,只能催化核酸片段的 $3'$-OH 末端与 dNTP 之间的聚合。因此,DNA 复制开始时需要一个短链 RNA 分子作为引物(也可以是 DNA)为它提供一个 $3'$-OH 末端。在原核细胞中,RNA 引物由引物酶合成,真核细胞则由 DNA-polα 合成。引物酶是一种特殊的 RNA 聚合酶,只能在特定条件下催化合成小分子 RNA 引物。无论是领头链还是随从链都需要引物,但 RNA 引物并不存在于成熟的 DNA 分子中,这是因为在复制过程中,它们不断被水解,水解后留下的空隙由 DNA polⅠ填补,然后以 DNA 取代。

(六)连接酶(ligase)

复制中前导链的合成是连续的,而随从链则是先合成冈崎片段,然后再将这些片段的引物切除、填补并连接起来。DNA polⅠ只是填补空缺,但是形成的是不连续片段,还需要连接酶将不连续片段连接起来。冈崎片段最后缺口的连接由连接酶完成。连接酶连接缺口处的 $3'$-OH 末端和 $5'$-P 末端,两者之间生成 $3',5'$-磷酸二酯键,从而把两段相邻的 DNA 链连成完整的链。连接酶的催化作用需要消耗 ATP。连接酶能够催化双链中的单链缺口闭合连接,但不能将单独存在的 DNA 单链或 RNA 单链连接起来。连接酶不但在复制中起最后连接缺口的作用,在 DNA 修复、重组和剪接中也起缝合缺口的作用。因此,它也是基因工程的重要工具酶之一。

三、DNA 复制的过程

(一)原核生物 DNA 复制过程

DNA 复制过程可以分为三个阶段:起始、延长和终止。三个阶段酶学反应的发生部位以及参与的酶都各不相同。接下来我们将根据 *E. coli* 体外实验结果来阐述 DNA 复制过程,这一复制规律也适用于其他复制系统。

NOTE

1. 复制起始

E. coli 基因组上有一个固定的复制起点,称为 oriC。它由 245 bp 的 DNA 序列组成,其中包含一些保守元件,这些元件在不同类型的细菌中都高度保守,其组成如下:①包含 3 组由 13 个碱基对组成的串联重复序列,该区富含 AT。在 DNA 双链中,AT 间的配对只有 2 个氢键,因此这一区域容易发生解链,被称为 DNA 开链元件(DNA unwinding element,DUE);②含有 5 组由 9 个碱基对组成的重复序列(称为 R 位点),作为起始点识别因子(DNAA 蛋白)的结合位点;③还包含另外三个 DNAA 蛋白结合位点(I 位点),只有当 ATP 与 DNAA 蛋白结合以后,才能与 I 位点结合;④IHF 蛋白(integration host factor)和 FIS 蛋白(factor for inversion stimulation)结合位点(图 13-8)。

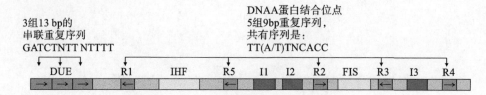

图 13-8 *E. coli* 起始位点(oriC)的序列组成

箭头方向代表核苷酸序列的方向,从左到右代表 5′→3′方向,从右到左代表 3′→5′方向;序列名称的含义见正文。

至少有 10 种酶或蛋白质参与了 DNA 复制的起始阶段。首先,DNAA 蛋白在 ATP 的参与下,识别起始区域,结合在 R 和 I 位点,打开 DUE 区域的双链。紧接着,在 DNAC 蛋白的协助下(DNAC 首先与 ATP 结合),解旋酶 DNAB 结合在起始位点并开始解开双螺旋(图 13-9)。解旋酶 DNAB 的结合是复制起始的关键步骤。DNAB 在复制过程中可以重复利用,它沿着 DNA 单链从 5′→3′方向移动,边移动边解开 DNA 双链。DNAB 结合在 DNA 双链方向相反的两条单链上,形成 Y 形复制叉(replication forks)。在复制叉内,参与复制起始的所有蛋白都将直接或间接地与 DNAB 结合。DNAA 和 DNAB 与起始区域形成复合体后,引物酶(DNAG 蛋白)进入复合体并在适当的位置开始合成引物。由 DNAA、DNAB、引物酶以及其他参与复制起始的蛋白,连同复制起始区域共同构成的复合物结构称为引发体(Primosome)。引发体一旦形成,保护单链模板的单链结合蛋白和释放超螺旋的拓扑异构酶也加入进来。最后结合上来的是 DNA PolⅢ,表示起始完成,可以进行链延长。

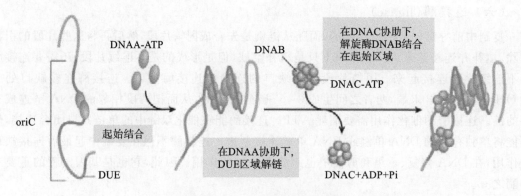

图 13-9 *E. coli* 复制起始的模型

2. 复制的延长

复制的延长是在 DNA PolⅢ 的催化下进行的。DNA 链的延长包括两个相关但是具有明显差异的过程:领头链和随从链的合成。领头链的合成首先由引物酶合成 10～60 bp 的 RNA 引物,再由 DNA PolⅢ 催化底物 dNTP 的 α-磷酸基团与引物 3′-OH 反应,脱去一分子焦磷酸 PPi。随后,新加入的 dNMP 的 3′-OH 又可以结合下一分子的 dNTP,以此类推,领头链得以

 NOTE

延长。领头链的合成是连续的,合成方向是 $5'\rightarrow3'$,与复制叉移动方向一致,也与解旋酶移动方向一致。

随从链在合成时首先合成短的冈崎片段。与领头链的合成相同,随从链的合成也是先由引物酶合成 RNA 引物,再由 DNA PolⅢ催化底物 dNTP 与 RNA 引物相连。在 DNA 复制过程中,由于领头链和随从链都是由同一个 DNA PolⅢ催化,并且催化链合成的方向都是 $5'\rightarrow3'$。因此,随从链的 DNA 模板必须折叠或绕成环状,与领头链正在延长的区域对齐,使两个区域分别处于 DNA PolⅢ核心酶的两个催化位点上。随从链的合成方向虽然也是沿 $5'\rightarrow3'$,但是却与复制叉移动方向相反,并且它的合成是不连续的,合成的不连续片段称为冈崎片段(图13-10)。原核生物中,DNA 复制速度非常快,每秒钟大约合成 1000 bp。一旦一个冈崎片段合成结束,其引物将迅速被 DNA-polⅠ切除,并填补引物空缺,最后的缺口由连接酶连接,最终形成完整的 DNA 链。

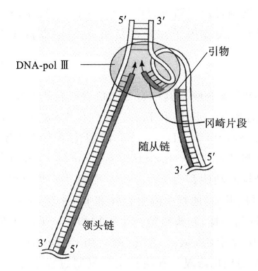

图 13-10 同一复制叉上领头链和随从链的延长

3. 复制的终止

复制结束时,反向的两个复制叉都移动到 *E. coli* 环状 DNA 的复制终止位点。*E. coli* 终止位点由一些约 20 bp 的多拷贝序列组成,它是 Tus (terminus utilization substance)蛋白结合位点,可以形成 Tus-ter 复合物。Tus-ter 复合物具有抑制和解除解旋酶活性的功能,从而阻止复制叉的前进。当反向运行而来的两个复制叉遭遇到 Tus-ter 复合物后,同时停止前进,复制因此终止。

(二)真核生物的复制过程

真核生物 DNA 复制过程与原核生物相似,但是更为复杂。真核生物 DNA 复制过程也具备复制的基本特点,参与复制的一些关键蛋白或酶在结构与功能上都和原核生物中的同源序列高度保守。真核细胞基因组 DNA 比原核生物大许多,并且与蛋白质共同组装成染色体结构。真核生物不仅基因组大,而且复制时核苷酸聚合速率也较慢,仅为 *E. coli* 的 1/20 左右(约 50 bp/s)。如果从一个位点开始复制,复制完一整条染色体将耗费大量的时间,这与实际观察情况不符。因此,在真核细胞中,每条染色体上都具有多个复制起点。每个真核 DNA 分子上有上千个复制子,复制时这些复制子并不是同时启动,而是有时序性的。通常是转录活性较高的常染色质先复制,转录活性低甚至不转录的异染色质后复制。

1. 复制的起始

真核生物的复制起始结构仅在一些低等真核生物中得以阐明。在脊椎动物中,复制起始

位点常常是一些多变的富含 AT 区域,并且这些位点从一个细胞周期到下一个周期都各不相同。在酵母中,复制起始位置称为自主复制序列(autonomously replicating sequences,ARS),也称为复制基因(replicator)。复制基因长度大约为 150 bp,其中包含一些关键的保守序列。在酵母单倍体的 16 条染色体上,大约分布有 400 个复制基因,他们可以启动基因组的多位点复制。

真核细胞 DNA 复制的起始分两步进行,即复制基因的选择和复制起点的激活。复制基因的选择出现于 G1 期。复制启动时,首先,由复制起点识别复合物(origin recognition complex,ORC)识别并结合复制基因。ORC 在功能上与原核生物的 DNAA 蛋白相似,为 6 个相关亚基组成的复合体。随后 CDC6 蛋白和 CDT1 蛋白结合上来,这两种蛋白能促进解旋酶 MCM2-7 蛋白(minichromosome maintenance protein)大量聚集,形成前复制复合物(pre-replication complexes, preRCs)。解旋酶的结合是复制起始的关键点。复制基因的激活发生在 S 期。在 S 期,preRCs 被两种蛋白激酶(DDK 和 CDK)磷酸化,从而被激活。preRCs 磷酸化导致在复制起始点组装其他复制因子并开始复制,这些复制因子包括 CDC7、DNA 聚合酶 α、δ 等。

2. 复制的延长

真核生物具有几种 DNA 聚合酶。其中有专门负责线粒体 DNA 复制的聚合酶(Polγ),负责细胞核 DNA 复制的聚合酶包括 Polα 和 Polδ。首先由 Polα 合成引物,再由 DNA-Polδ 催化 dNTP 与引物 3'-OH 连接,延伸引物。DNA-Polδ 能催化领头链和随从链的 DNA 合成,其功能的发挥需要称为增殖细胞核抗原(proliferating cell nuclear antigen,PCNA)的细胞周期因子辅助。PCNA 的三维结构和功能都与 *E. coli* Pol Ⅲ 的 β 亚基类似,即形成一个圆形的滑动夹子,能在 DNA 链上沿模板滑动,把整个酶复合体和 DNA 链连接在一起,确保聚合酶持续合成 DNA。与原核生物的复制一样,领头链的一个引物和随从链的多个引物也需要不断地被除去,这是由 DNA-polε 来切除引物,填补空缺,最后由连接酶连接形成完整的 DNA 子链。DNA-polε 还可参与 DNA 的损伤修复。在真核生物复制过程中充当单链结合蛋白的是 RPA(replication protein A)蛋白,而 RFC(replication factor C)蛋白则相当于原核生物中的 γ 复合物。

3. 复制的终止

真核生物基因组为线性 DNA 分子,复制的终止需要在每一条染色体末端形成一个特殊的结构——端粒来完成。真核生物 DNA 合成后立即组装成核小体。

第二节 逆转录与端粒

一、逆转录

有些病毒的遗传物质是 RNA,通过逆转录(reverse transcription)的方式进行复制,这类病毒也称为逆转录病毒(retrovirus)。1970 年 Howard Temin 和 David Baltimore 分别从 RNA 病毒中发现能催化以 RNA 为模板合成双链 DNA 的酶,称为逆转录酶。迄今为止,绝大多数逆转录酶都是从 RNA 病毒中分离获得,如人类免疫缺陷病毒(human immunodeficiency virus,HIV)等。

逆转录过程包括以下几个步骤:①RNA 病毒感染动物细胞,病毒的单链 RNA 基因组和逆转录酶都将进入宿主细胞。逆转录酶以病毒 RNA 为模板,催化合成与之互补的 DNA,形成 RNA-DNA 杂交链;②杂交链中的 RNA 链被降解;③以杂交链中的 DNA 单链为模板,合成与之互补的 DNA 分子,形成双链 DNA,称为前病毒 DNA(图 13-11)。逆转录酶同时具有三种酶的活性:RNA 为模板的 DNA 聚合酶活性、以 DNA 为模板的 DNA 聚合酶活性以及 RNA 酶活性。由于 DNA 聚合酶合成 DNA 分子时需要引物,在逆转录过程中,引物来源于病毒自身的 tRNA。以上合成反应按照 $5' \rightarrow 3'$ 方向延伸。逆转录病毒的 DNA 聚合酶活性不具备 $3' \rightarrow 5'$ 核酸外切酶活性,因此逆转录过程产生的 DNA 分子突变率较高,突变率大约为每合成 20000 个碱基发生一次突变。这一突变率远远高于 DNA 复制过程中的突变率(10^{10} 个碱基中约有 1 个突变)。

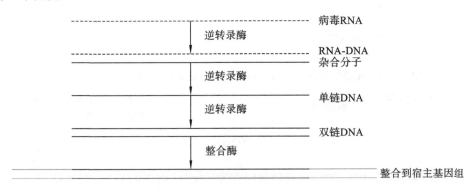

图 13-11 逆转录病毒在细胞内的复制方式

逆转录复制的发现丰富了中心法则,揭示了遗传物质流动方向既可以从 DNA 到 RNA,也可以从 RNA 到 DNA。通过对逆转录病毒的研究,从中发现了癌基因,并进而提出病毒致癌理论。此外,逆转录酶也广泛用于分子生物学实验。例如,在通过 cDNA(complementary DNA)法获取目的基因中,我们便是利用逆转录酶将提取的 mRNA 逆转录成单链 DNA,用 RNA 酶降解 RNA,再通过聚合酶将单链 DNA 合成双链 DNA,称为 cDNA。

二、端粒

真核生物基因组为线性 DNA 分子,其染色体末端结构称为端粒(telomere),它是由许多成串的短重复序列组成的。当复制叉移动到染色体末端时,最后复制的 RNA 引物被去除后将在两条子链的 5′端留下空隙。由于 DNA 聚合酶的聚合作用需要引物,而空隙的 5′端既没有可用的引物,又不具有合成引物的模板。如果不填补这两个末端空隙,那么单链末端就会被核酸酶降解。如此一来细胞基因组 DNA 可能面临复制一次就缩短一些,经过几十轮复制,最终将造成染色体末端基因丢失,破坏了遗传信息的完整性。端粒酶(telomerase)的发现,解开了真核生物基因组 DNA 末端复制的谜团。

1997 年,人类端粒酶基因被成功克隆。该酶由三部分组成:端粒酶 RNA(human telomerase RNA,hTR),约 150 个核苷酸,为(A_nC_n)$_x$ 重复序列组成;端粒协同蛋白(human telomerase associated protein1,hTP1)以及端粒酶逆转录酶(human telomerase reverse transcriptase,hTRT)。端粒酶同时兼备提供 RNA 模板和催化逆转录的功能,并通过一种称为爬行模型(inchworm model)的机制来维持染色体末端的完整。具体过程如下:首先,hTR 的(A_nC_n)$_x$ 辨认并结合母链 DNA(T_nG_n)$_x$ 的重复序列并移至其 3′端;然后再以 RNA 为模板,逆转录合成相应的 DNA;复制一段 DNA 后,hTR(A_nC_n)$_x$ 爬行移位至新合成母链的 3′端,再以逆转录的方式复制延伸母链;当母链延伸足够长度后,端粒酶脱离母链,随后 RNA 引物酶以母链为模板合成引物,并在 DNA-pol I 的催化下填充子链,DNA 连接酶连接最后缺口,最后引物被去除,并结合上端粒 DNA 结合蛋白 TRF1 和 TRF2(图 13-12)。

NOTE

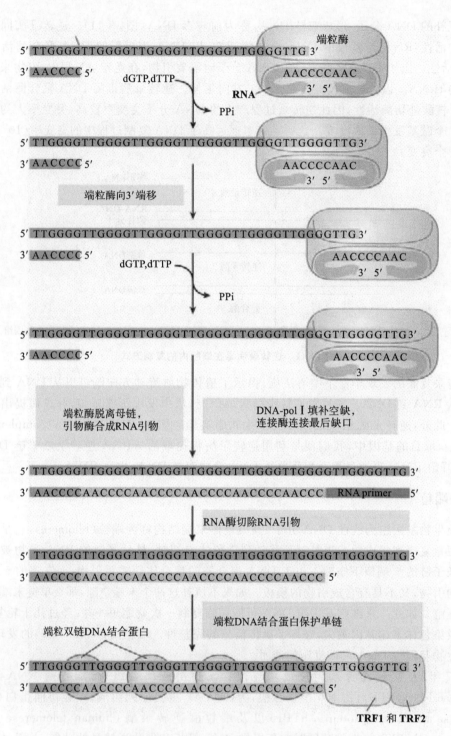

5' TTGGGGTTGGGGTTGGGGTTGGGGTTGGGGTTG 3'   端粒酶
3' AACCCC 5'   AACCCCAAC
                                                3' 5'

dGTP,dTTP
→ PPi

5' TTGGGGTTGGGGTTGGGGTTGGGGTTGGGGTTGGGGTTG 3'
3' AACCCC 5'   AACCCCAAC
                                                3' 5'

端粒酶向3'端移

5' TTGGGGTTGGGGTTGGGGTTGGGGTTGGGGTTGGGGTTG 3'
3' AACCCC 5'   AACCCCAAC
                                                    3' 5'

dGTP,dTTP
→ PPi

5' TTGGGGTTGGGGTTGGGGTTGGGGTTGGGGTTGGGGTTGGGGTTG 3'
3' AACCCC 5'   AACCCCAAC
                                                        3' 5'

端粒酶脱离母链，   DNA-pol I 填补空缺，
引物酶合成RNA引物   连接酶连接最后缺口

5' TTGGGGTTGGGGTTGGGGTTGGGGTTGGGGTTGGGGTTGGGGTTG 3'
3' AACCCCAACCCCAACCCCAACCCCAACCCCAACCCC   RNA primer   5'

RNA酶切除RNA引物

5' TTGGGGTTGGGGTTGGGGTTGGGGTTGGGGTTGGGGTTGGGGTTG 3'
3' AACCCCAACCCCAACCCCAACCCCAACCCCAACCCC 5'

端粒双链DNA结合蛋白   端粒DNA结合蛋白保护单链

5' TTGGGGTTGGGGTTGGGGTTGGGGTTGGGGTTGGGGTTGGGGTTG 3'
3' AACCCCAACCCCAACCCCAACCCCAACCCCAACCCC 5'

                                              TRF1 和 TRF2

图 13-12　端粒酶催化作用的爬行模型

第三节　DNA 的损伤与修复

一、DNA 损伤

DNA 损伤(DNA damage)是指基因组 DNA 分子结构或序列的改变,DNA 序列的永久改

变也称为 DNA 突变(DNA mutation)。

（一）突变的类型

突变包括错配(mismatch)、缺失(deletion)、插入(insertion)和重排等几种类型。DNA 分子的碱基错配又称为点突变(point mutation)。点突变指单一碱基的改变，它又包括转换(transition)(嘌呤与嘌呤,嘧啶与嘧啶之间互换)和颠换(transversion)(嘌呤与嘧啶之间发生互换)。如果突变不影响基因编码的氨基酸序列，这类突变是同义突变(synonymous mutation)。反之若突变造成了基因编码的氨基酸序列改变，则是非同义突变(nonsynonymous mutation)。若突变形成终止密码子，称为无义突变(nonsense mutation)。DNA 分子上碱基的缺失或插入均有可能导致移码突变(frame shift mutation)。移码突变是指一个或多个非 3 整倍数的核苷酸对插入或缺失,而使编码区该位点后的三联体密码子阅读框改变,导致位点后氨基酸都发生错误,通常该基因产物将完全失去活性或者功能会完全改变。

除了碱基序列改变外,DNA 分子上的一些功能基团如碱基、核酸与磷酸二酯键等遭受攻击,将会导致 DNA 分子结构的改变,从而可能阻断 DNA 的复制或转录。这些损伤包括碱基脱落、碱基结构破坏、嘧啶二聚体等。

DNA 重排也会影响 DNA 分子结构。重排是指 DNA 分子内发生的较大片段的交换,但不涉及遗传物质的丢失与增加。重排可以发生在一条染色体的内部也可以发生在两条染色体之间。

综上所述,DNA 损伤可产生两种后果:一是 DNA 结构发生永久性改变,即突变;二是损伤阻断 DNA 的复制或转录。

（二）诱发 DNA 损伤的因素

诱发 DNA 损伤的因素一般可分为体内因素和体外因素。体内因素来源于 DNA 的复制错误、DNA 结构自身不稳定、细胞代谢中产生的活性氧对 DNA 的攻击等。体外因素包括物理、化学和生物因素引起的 DNA 损伤。

1. 体内因素

在 DNA 复制过程中,由于碱基的异构互变以及 4 种 dNTP 之间浓度的不平衡等因素,会发生个别碱基错配。尽管 DNA 聚合酶的 $3' \rightarrow 5'$ 核酸外切酶活性可以对错配碱基进行矫正,但是仍然有个别错配碱基被保留下来。大约每合成 10^{10} 个碱基会产生 1 个突变。真核细胞基因组 DNA 包含大量短重复序列,在复制这些区域时,可能会出现"打滑",使该区域重复序列的拷贝数在新合成 DNA 上发生改变。

DNA 结构自身不稳定是诱发 DNA 损伤的常见因素。在受热或所处环境 pH 值发生改变时,DNA 分子上连接碱基和核糖的糖苷键可自发发生水解,导致碱基的脱落,如脱嘌呤。另外碱基环上的氨基也可自发脱落进而转变成另一碱基,如腺嘌呤脱氨基后成为次黄嘌呤,胞嘧啶脱氨后成为尿嘧啶。

细胞代谢中产生的活性氧对 DNA 的攻击主要体现在对碱基的修饰作用,如修饰鸟嘌呤,形成 8-羟基脱氧鸟嘌呤。

2. 体外因素

（1）物理因素。

物理因素主要是指紫外线或电离辐射所造成的 DNA 损伤。紫外线的高能量使 DNA 相邻嘧啶碱基之间双键打开形成二聚体。二聚体结构使 DNA 产生弯曲扭结,复制与转录受阻。此外,紫外线还会导致 DNA 链间的其他交联或链断裂等损伤。电离辐射(如 X 射线、γ 射线等)可直接作用于 DNA,断裂 DNA 分子化学键,使 DNA 链断裂或发生交联。电离辐射除了直接效应外还可以通过水在电离时所形成的自由基起作用(间接效应),导致 DNA 分子碱基

被修饰,破坏碱基环结构,使其脱落。

(2) 化学因素。

化学因素是指一些化学诱变剂,大多数是致癌物,包括碱基类似物、碱基修饰剂、烷化剂、嵌入染料等。碱基类似物是人工合成的化合物,与 DNA 正常碱基结构类似,能在 DNA 复制时取代正常碱基掺入到 DNA 分子中,并且与互补链上的碱基配对,进而引发 DNA 碱基置换。如 5-溴尿嘧啶(5-bromouracil,5BU)是胸腺嘧啶的类似物,在通常情况下以酮式结构存在,能与腺嘌呤配对;但是有时候它也以烯醇式结构存在,与鸟嘌呤配对,结果便可导致 AT 配对与 GC 配对间的相互转变。5-溴尿嘧啶常被用作抗癌剂或促突变剂。

碱基修饰剂通过对 DNA 碱基的修饰,改变其配对性质。例如,亚硝酸能脱去碱基上的氨基。腺嘌呤脱氨基后成为次黄嘌呤,与胞嘧啶配对,而不是与原来的胸腺嘧啶配对。胞嘧啶脱氨基后成为尿嘧啶,与腺嘌呤配对。

烷化剂是极强的化学诱变剂,常常被用作抗肿瘤药。烷化剂的化学活性高,可产生带正电的碳离子中间体,进而可以与生物大分子(主要是 DNA、也可以是 RNA 或某些重要的酶类)中富电子基团(如氨基、巯基、羟基、羧基、磷酸基等)发生共价结合,使其丧失活性或使 DNA 分子发生断裂。例如,烷化剂可以与 DNA 鸟嘌呤残基中第 7 位氮共价结合,使其烷基化,产生 DNA 双链内或同链不同碱基的交叉连接,阻止 DNA 复制。

嵌入染料如溴化乙锭(ethidium bromide,EB)、吖啶橙(acridine)等可以插入到 DNA 的碱基对之间,使 DNA 碱基对之间的距离增大,导致 DNA 在复制过程中发生核苷酸缺失,结果造成移码突变。

(3) 生物因素。

生物因素主要是一些病毒和霉菌,如麻疹病毒、疱疹病毒、风疹病毒、黄曲霉等,这些病毒或霉菌可产生诱发 DNA 损伤的毒素或者蛋白质。

二、DNA 的修复

DNA 结构的稳定不仅关乎物种的稳定性,也常常决定了细胞的生死存亡。由于导致 DNA 损伤的各种体内、外因素广泛存在,生物在长期进化过程中,形成了自身 DNA 修复系统。细胞内存在多种 DNA 修复途径或系统。

(一) 直接修复

有些 DNA 损伤在修复过程中不涉及碱基或核苷酸的切除,而是由修复酶直接作用于受损 DNA,将之恢复原状,称为直接修复。例如,DNA 因紫外照射形成的嘧啶二聚体,可被 DNA 光裂合酶(DNA photolyase)直接分解为原来的核苷酸单体。DNA 光裂合酶在生物界广泛存在,其活性可被可见光(有效波长为 300~500 nm)激活。DNA 碱基的烷基化损伤也可以被直接修复。如烷化剂可使 DNA 鸟嘌呤碱基甲基化,进而使 DNA 在随后的复制中出现错配(甲基化的鸟嘌呤将与胸腺嘧啶配对)。人类 O^6-甲基鸟嘌呤-DNA 甲基转移酶能将鸟嘌呤 O^6 位的甲基转移到自身的半胱氨酸残基上,使甲基化的鸟嘌呤恢复正常结构(图 13-13)。

(二) 切除修复

切除修复是细胞内最普遍的 DNA 损伤修复。在一系列修复酶的作用下,DNA 分子受损或错配部位被切除,然后以另一条完整的链为模板,由 DNA 聚合酶填补被切除的空隙,最后的切口由连接酶连接。切除修复包括三种:碱基切除修复、核苷酸切除修复和错配切除修复。

1. 碱基切除修复

所有细胞都含有 DNA 糖苷酶(glycosylase),它可以识别 DNA 上受损碱基。常见损伤包括碱基上的氨基脱落,如胞嘧啶脱氨基后变成尿嘧啶。DNA 糖苷酶将识别并切除损伤碱基,

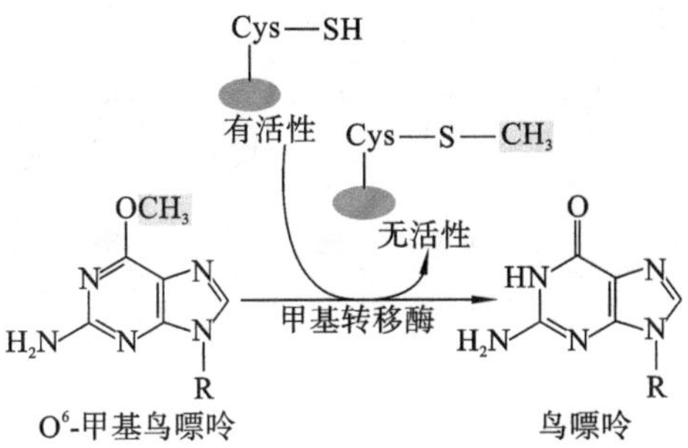

图 13-13 DNA 碱基的烷基化损伤修复

产生一个无碱基位点(abasic site),也称为 AP 位点(apurinic or apyrimidinic site)。AP 核酸内切酶(AP endonucleases)水解 AP 位点处的磷酸二酯键。水解部位既可以是 AP 位点 5′ 端,也可以是 3′ 端,根据 AP 核酸内切酶的种类不同将有所差异。在原核生物中,包含 AP 位点及其之后核苷酸的一段 DNA 序列将被 DNA Pol I 切除(5′→3′核酸外切酶活性),留下的空隙也是由 DNA Pol I 填补(5′→3′聚合酶活性)。真核生物中替补空隙的聚合酶是 Polε。最后切口由 DNA 连接酶连接。一般说来,一种 DNA 糖苷酶对应一类碱基损伤,如尿嘧啶糖苷酶只能识别由胞嘧啶脱氨基后形成的尿嘧啶(图 13-14)。

2. 核苷酸切除修复

如果损伤造成了 DNA 双螺旋结构较大的扭曲,则通过核苷酸切除来进行修复。具体过程如下:①由一个多酶系统(核酸切除酶)识别 DNA 损伤部位,然后通过水解磷酸二酯键同时在损伤部位的上、下游各产生一个切口。②在 DNA 解旋酶(UrvD)帮助下,切口之间的 DNA 双链解开,包含损伤 DNA 的一段寡核苷酸链随即被去除。这段寡核苷酸链在原核生物中包含 12～13 个核苷酸,真核生物包含 27～29 个。③留下的空隙由 DNA 聚合酶填补(原核生物为 Pol I,真核生物为 Polε)。④最后的切口由 DNA 连接酶连接。在 *E. coli* 中,核酸切除酶包括 UrvA、UrvB 和 UrC 三个亚基,真核生物的核酸切除酶包含的亚基更多更复杂(图 13-15)。

核苷酸切除修复系统不仅能够修复整个基因组中的损伤,而且也能修复转录过程中模板链的损伤,即转录偶联修复(transcription-coupled repair)。在此修复过程中,由 RNA 聚合酶来识别损伤部位。

3. 错配修复

由于 DNA 复制过程中 DNA 聚合酶具有 5′→3′核酸外切酶活性,可以及时纠正错配碱基,因此在复制中产生的碱基错配极为稀少。即便产生少量错配,细胞内错配修复系统也可以进一步减少错配碱基比例,保证 DNA 复制的高保真性。目前研究较为清楚的是 *E. coli* 和一些相关细菌的错配修复系统,至少有 12 种蛋白参与 *E. coli* 错配修复。

在错配修复过程中,修复体系首先必须知道哪一条链是模板链,哪一条链是新合成子链,然后根据模板链序列来更正新合成链。在 *E. coli* 复制起始区域内有许多 GATC 重复序列,其中所有腺嘌呤的第六位 N 原子都被甲基化。当复制叉移动到该位置时,在短时期内(几秒或几分钟),母链上该位置被甲基化,但是新合成子链还未发生甲基化,即 DNA 双链中只有一条链被甲基化。在此期间,我们可以根据是否甲基化来区分母链和子链。

错配修复过程首先由 MutL 与 MutS 蛋白形成复合体,识别并结合到错配碱基上(除了 C—C错配)。随后,当 MutH 蛋白结合到 MutL 蛋白上,GATC 序列靠近 MutL-MutS 蛋白复合体,进而导致错配区域的 DNA 链形成环状,包裹着 MutL-MutS 蛋白复合体。MutH 发挥位点特异的核酸内切酶活性(只有在遇到双链中只有其中一条链的 GATC 序列甲基化时,MutH 才具有核酸内切酶活性),切除未甲基化子链 GATC 重复序列 5′ 端的 G,产生一个缺

NOTE

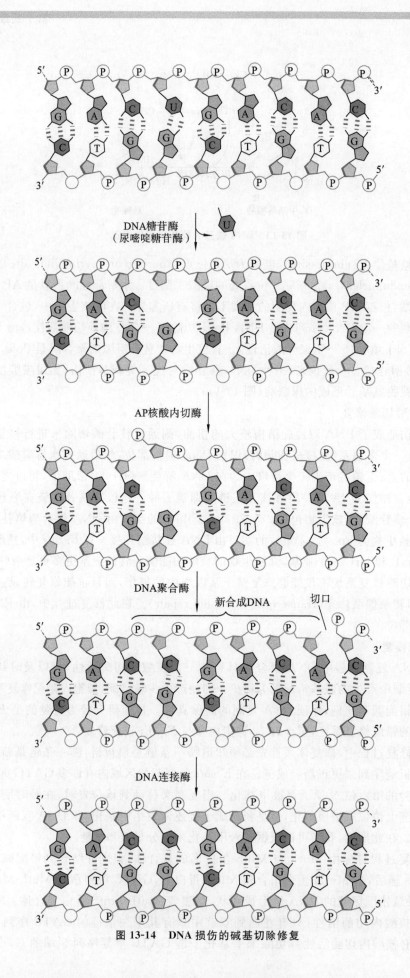

图 13-14　DNA 损伤的碱基切除修复

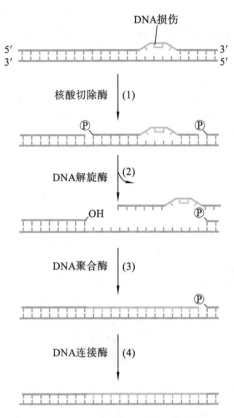

DNA损伤

5′ 3′
3′ 5′

核酸切除酶 (1)

DNA解旋酶 (2)

DNA聚合酶 (3)

DNA连接酶 (4)

图 13-15 DNA 损伤的核苷酸切除修复

口。DNA 解旋酶 Ⅱ（DNA helicase Ⅱ）、核酸外切酶 Ⅰ（exonuclease Ⅰ）或者核酸外切酶 X（exonuclease X）等共同作用,沿 3′→5′方向降解未甲基化子链缺口与错配碱基之间的一段核苷酸。单链结合蛋白（SSB）、DNA pol Ⅲ 以及 DNA 连接酶共同作用,合成新的 DNA 链填补空缺,完成子链修复（图 13-16）。

（三）重组修复

DNA 分子中一条链的断裂,不会给细胞带来严重后果,因为另一条链仍然储存着正确遗传信息,可被模板依赖的 DNA 修复系统修复。然而 DNA 双链断裂,则是一种极为严重的损伤,细胞需要通过重组修复（recombinational repair）来完成其修复,即通过与姐妹染色体正常拷贝的同源重组来恢复正确的遗传信息。同源重组在 *E. coli* 中研究得较为清楚。其过程如下:DNA 复制时,如果一条模板链上有损伤,当复制叉接近损伤部位时,DNA 聚合酶将暂停合成 DNA 并且从损伤部位脱落。随后,断裂部位 5′端部分核苷酸将被核酸酶水解,随即产生一个具有 3′末端的单链,在重组酶的作用下它将与另一 DNA 分子同源区的互补链配对。相对应的链则被置换出来,与原来断裂的链配对。经过修复合成和链的分支移动,形成一个 X 形的交叉结构（称为 holliday 中间体,根据其发现者 Holliday R 的名字命名）。最后中间体分解,重新形成一个新的复制叉,损伤部位得以修复（图 13-17）。在 *E. coli* 中,Rec A 蛋白（也称为重组酶）与损伤 DNA 单链区结合,同时它还可以识别一段与受损 DNA 序列同源的姐妹链。Rec BCD 则充当核酸酶和解旋酶的作用,延伸 DNA 链。

（四）跨越损伤 DNA 合成

当 DNA 发生大范围损伤而使复制无法进行下去并危及细胞生存时,细胞将采取跨越损伤 DNA 合成（translesion DNA synthesis,TLS）的方式来修复损伤部位。TLS 是一种差错倾向修复（error prone repair）,合成的 DNA 有很高错配率。在 *E. coli* 中,参与跨越损伤修复的

 NOTE

是 DNA 聚合酶Ⅳ和Ⅴ(真核生物也有类似的酶参与 TLS)(表 13-1)。这类跨越损伤 DNA 聚合酶的重要特征是,虽然他们依赖模板,但插入核苷酸时并不依赖碱基配对,这就是他们能跨越模板链中的损伤合成 DNA 的原因。由于这些 DNA 聚合酶没有"阅读"模板链中的遗传信息,所有他们在合成 DNA 时具有较高的差错率。因为跨越损伤 DNA 合成的差错率较高,这一方式可能是 DNA 损伤修复系统的最后手段,它使细胞在面临 DNA 复制受阻的巨大灾难时能够存活,但是付出的代价是突变率高。因此,在正常环境中,细胞不合成跨越损伤 DNA 聚合酶,只有在对 DNA 损伤做出应答时才被诱导合成。编码跨越损伤 DNA 聚合酶的基因表达是 SOS 应答(SOS response)的一部分。

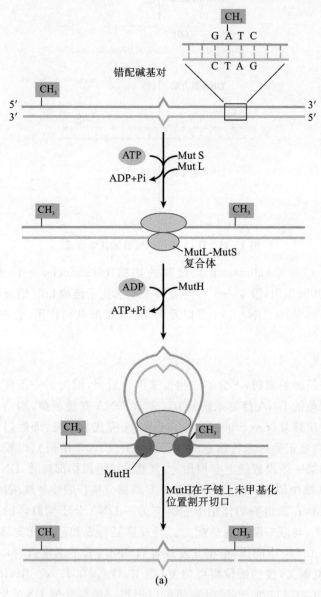

图 13-16　DNA 损伤的错配修复

(a)修复模型的早期阶段;(b)错配修复的完成

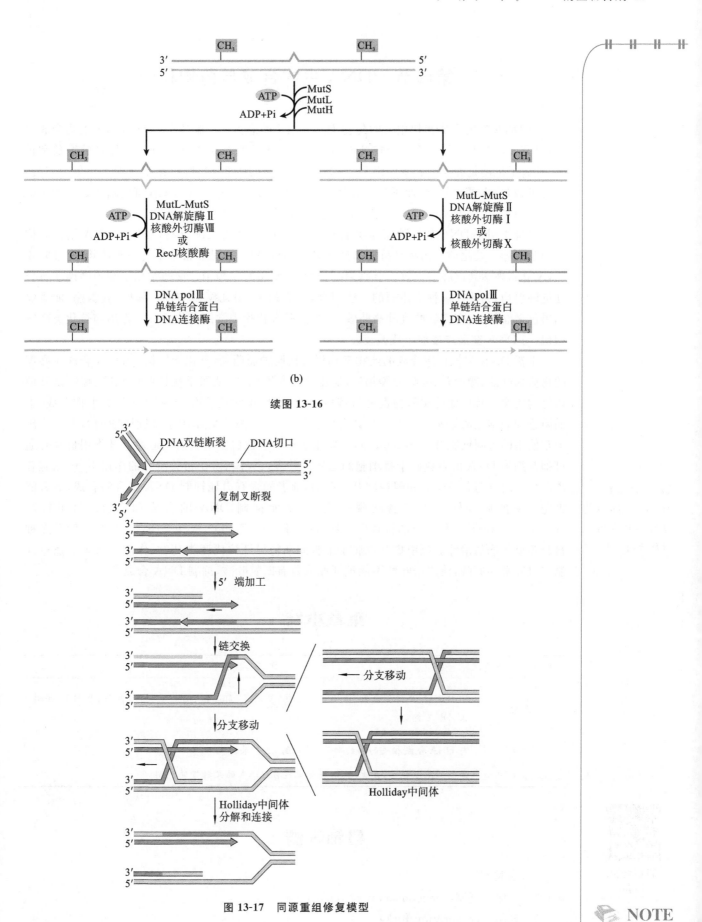

(b)

续图 13-16

图 13-17 同源重组修复模型

第四节　DNA 生物合成与药物科学

与 DNA 生物合成密切相关的药物主要应用于肿瘤治疗。临床上,针对 DNA 生物合成途径,研究人员开发出了一系列的抗肿瘤药。肿瘤的主要特征是肿瘤细胞不受控制的增长和扩散,其分子机制是肿瘤细胞基因组 DNA 发生突变。抗肿瘤药物按照作用原理大致分为三类:①直接和 DNA 相作用,从而影响或破坏 DNA 的结构和功能,使 DNA 在细胞增殖过程中不能发挥作用;②干扰 DNA 和核苷酸合成的药物;③影响蛋白质合成的药物。

直接作用于 DNA 的抗肿瘤药物主要有烷化剂类、金属铂配合物(顺铂)、DNA 拓扑异构酶抑制剂等。烷化剂类药物是抗肿瘤药物中使用得最早,也是非常重要的一类药物,通过阻止 DNA 复制来达到抗肿瘤疗效。金属铂配合物,最常用的是顺铂。该药物属于细胞周期非特异性抗肿瘤药,为治疗多种实体瘤的一线用药,如头颈癌、睾丸癌、骨肉瘤、肺癌、乳腺癌、卵巢癌和黑色素瘤等,具有广泛的抗肿瘤药效,为当前联合化疗中常用药物之一。作用与烷化类药物相似,与 DNA 交叉连接而干扰其复制。

干扰 DNA 和核苷酸合成的药物又称为抗代谢肿瘤药物,其化学结构与 DNA 合成所必需的物质如叶酸、嘌呤碱、嘧啶碱等相似,能竞争性与酶结合,从而干扰核酸中嘌呤、嘧啶及其前体物的代谢。抗代谢肿瘤药物也可与核酸结合,取代正常核苷酸,干扰 DNA 的生物合成,进而阻止肿瘤细胞的繁殖。此类药物具有周期特异性,一般主要作用于细胞周期的 S 期。临床上常使用的有阿糖胞苷(cytarabine),主要用于治疗急性白血病和消化道癌。其作用机制是通过抑制细胞 DNA 的合成而干扰细胞的增殖。其进入人体后,在相关激酶的作用下,阿糖胞苷磷酸化成阿糖胞苷三磷酸和阿糖胞苷二磷酸,前者能强有力地抑制 DNA 聚合酶合成,后者能抑制二磷酸胞苷转变为三磷酸脱氧胞苷,从而抑制 DNA 的合成和聚合。氨甲蝶呤(methotrexate)是一种广泛的抗代谢药物,被用于白血病、淋巴瘤、头颈部肿瘤、骨肉瘤及多种自身免疫疾病的治疗。氨甲蝶呤也属于细胞周期特异性抗代谢类药物,作用于 S 期。通过抑制二氢叶酸还原酶,使二氢叶酸不能被还原成具有四氢叶酸,抑制 DNA 合成。

【药考提示】直接影响 DNA 结构和功能的抗肿瘤药。

本章小结

DNA 生物合成	学习要点
概念	中心法则、半保留复制、半不连续复制、复制叉、前导链、随从链、冈崎片段、复制子、逆转录、DNA 突变
功能	与 DNA 合成相关的酶的功能,端粒酶,逆转录酶
原理	复制的基本规律,复制过程,逆转录过程,DNA 的几种修复机制

目标检测

一、名词解释

1. 半保留复制(semiconservative replication)

2. 复制叉(replication fork)

目标检测
解析

NOTE

3. 冈崎片段（Okazaki fragment）

4. 复制子（replicon）

5. 反转录（reverse transcription）

二、填空题

1. 常见的 DNA 损伤的修复方式有＿＿＿＿、＿＿＿＿、＿＿＿＿和＿＿＿＿等。其中，＿＿＿＿＿ 是生物界最普遍的一种 DNA 修复方式。

2. 参与 DNA 复制的酶类主要有 ＿＿＿＿ 、＿＿＿＿、＿＿＿＿ 、＿＿＿＿ 及＿＿＿＿等。

3. DNA 复制连续合成的链称为＿＿＿＿，不连续合成的链称为＿＿＿＿。

三、问答题

1. DNA 复制是如何实现高保真性的？

2. 简述逆转录的基本过程。

3. 试述参与原核生物 DNA 复制过程所需的物质及其作用。

在线答题

（郭冬梅）

NOTE

第十四章　RNA 的生物合成

　学习目标

　　1. 掌握：RNA 聚合酶全酶的组成及各亚基的功能；不对称转录、模板链及编码链的概念；转录的基本过程；操纵子；真核生物 mRNA 的转录后加工。

　　2. 熟悉：结构基因、断裂基因、外显子及内含子的概念；顺式作用元件与反式作用因子；真核基因的转录调控。

　　3. 了解：RNA 复制；RNA 干扰；RNA 合成相关的药物。

　　储存于 DNA 中的遗传信息需要通过转录和翻译，才能获得行使功能的蛋白质。在转录过程中，RNA 聚合酶以 DNA 的一条链为模板，通过碱基配对的方式合成与模板链互补的 RNA。最初转录的 RNA 还需要经过一系列的加工和修饰才能成为成熟的 RNA。除了 DNA 可以储存遗传信息，RNA 也可以储存遗传信息。RNA 所携带的遗传信息可以用于指导 RNA 的合成，称为 RNA 复制。RNA 转录水平的调控是基因表达调控中的一个重要环节。

案例导入

　　患儿，男，2 岁，因持续性低热、咳嗽、盗汗 15 天就医，口服退热药治疗后无明显好转；入院查体：38.7 ℃，神清，精神较差；胸廓对称，听诊双肺呼吸音粗，可闻及少许湿啰音；痰涂片查找结核菌阳性，肝肾功能正常。诊断为小儿原发性结核病。利福平、异烟肼、乙胺丁醇用药治疗，病情逐步好转。

　　1. 利福平的抗菌机制是什么？

　　2. 在临床上干扰转录的常用药物还有哪些？

　　3. 利福平是否能单独用于结核病治疗？如果否，为什么要与其他抗结核药物进行联合用药？

|第一节　转　　录|

一、转录的特点

　　转录是以双链 DNA 分子的其中一条链为模板，转录产物是 RNA，原料为游离的核糖核苷酸，场所是细胞核。RNA 转录与 DNA 复制相比，转录有很多相同或相似之处，也有其特点。

　　DNA 复制是全基因水平的拷贝，DNA 数量增加一倍。RNA 转录是有选择性，它起始于 DNA 模板的特定起点，并在下游的特定位点终止，我们称此区域为一个转录单位。RNA 转录的选择性还体现在随着细胞的不同生长发育阶段和细胞环境的改变而开启或者关闭（详见转录调控节段）。RNA 合成由 DNA 指导的 RNA 聚合酶（DNA-directed RNA polymerase，DDRP）催化，以 DNA 双链的一条链为模板合成 RNA。作为 RNA 合成模板的一股单链称为模板链（template strand），又称为负链或者反义链；相对应的另一股单链被称为编码链（coding strand），又称为正链或者有义链（图 14-1）。转录 RNA 产物的碱基序列，除用 U 代替 T 以外，与编码链的碱基序列一致。在书写 DNA 序列时，为避免烦琐，一般只写出编码链，且方向从左至右为 5′→3′。不同基因的模板链和编码链，在 DNA 分子上并不是固定在某一股链中，这种现象称为不对称转录（asymmetric transcription）。不对称转录有两重含义：一是指双链 DNA 只有一股单链用作模板，二是指同一单链上可以交错出现模板链和编码链。

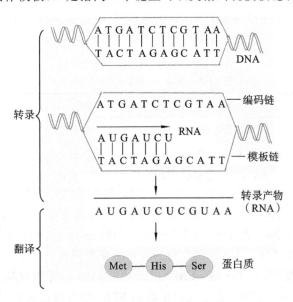

图 14-1 DNA 模板及其转录产物

二、参与转录的酶和通用转录因子

（一）DNA 指导的 RNA 聚合酶

DNA 指导的 RNA 聚合酶，以核糖核苷三磷酸作为底物，并需要适当的 DNA 作为模板，催化 3′,5′-磷酸二酯键的形成。与 DNA 聚合酶不同，RNA 聚合酶不需要引物的存在，直接在模板上合成 RNA 链。

大肠杆菌的 RNA 聚合酶全酶（holoenzyme），是由 5 种亚基组成的六聚体蛋白质，2 个 α，β、β′、ω 和 σ 组成，各亚基的功能见表 14-1。没有 σ 亚基的 $α_2ββ′ω$ 称之为核心酶（core enzyme）。RNA 合成起始阶段，σ 亚基和核心酶协同其他转录因子特异性结合到启动子，构成转录复合体，起始 RNA 转录。体外转录实验中发现，$α_2ββ′ω$ 亚基足以催化合成 RNA，但是合成的 RNA 没有固定的起始位点；只有 σ 亚基存在时，才能在特定的起始点开始转录。大肠杆菌体内，当 RNA 中第一个磷酸二酯键生成后，转录复合体构象发生改变，σ 亚基从转录复合体上脱落，RNA 进入延伸阶段。

表 14-1 大肠杆菌 RNA 聚合酶各亚基性质和功能

亚 基	基 因	功 能
α	rpoA	酶的装配，决定哪些基因被转录
β	rpoB	催化 3′,5′-磷酸二酯键
β′	rpoC	结合 DNA 模板

NOTE

续表

亚 基	基 因	功 能
σ	rpoD	辨认起始位点
ω	rpoZ	组建,调节

真核生物主要包含 3 种 RNA 聚合酶,即 RNA 聚合酶 I、RNA 聚合酶 II、RNA 聚合酶 III。RNA 聚合酶 I 位于细胞核的核仁,催化合成 rRNA 的前体 28S rRNA、5.8S rRNA、18S rRNA。RNA 聚合酶 II 主要转录生成前体 mRNA,mRNA 是各种 RNA 中寿命最短、最不稳定的 RNA。RNA 聚合酶 III 位于核仁外,催化合成 tRNA,5S rRNA 和一些核小 RNA。真核细胞的三种 RNA 聚合酶不仅在功能和理化性质上不同,而且对 α-鹅膏蕈碱(α-amanitine)的敏感性不同(表 14-2)。

表 14-2 真核生物的 RNA 聚合酶

种 类	转 录 产 物	细胞内定位	对 α-鹅膏蕈碱的反应
RNA 聚合酶 I	大部分 rRNA 的前体	核仁	耐受
RNA 聚合酶 II	mRNA 前体 hnRNA	核内	敏感
RNA 聚合酶 III	RNA, 5S rRNA, snRNA	核内	高浓度下敏感

真核生物 RNA 聚合酶的结构比原核生物复杂,通常都有 10～15 个亚基。以 RNA 聚合酶 II 为例,由 12 个亚基组成,其中最大的两个亚基(相对分子质量分别为 160000～220000 和 128000～150000),与大肠杆菌 RNA 聚合酶的 β′ 和 β 亚基同源。与 β′ 亚基对应的最大亚基的羧基末端含有七肽重复序列(Tyr-Ser-Pro-Thr-Ser-Pro-Ser),简称羧基末端结构域(carboxyl terminal repeat domain, CTD)。所有真核生物的 RNA 聚合酶都具有 CTD,只是七肽重复序列的重复程度不同。在酵母中存在 26 个七肽重复序列,而在哺乳动物中存在 52 个七肽重复序列。CTD 能被数个激酶磷酸化,其中包括 TF II H,周期蛋白依赖性激酶 9(cyclin-dependent kinase 9,CDK9)。CTD 的 Ser 和 Thr 磷酸化,构象发生变化,是启动转录的关键步骤。

与 DNA 聚合酶相比,RNA 聚合酶缺乏 3′→5′ 核酸外切酶活性,无校对功能,因此转录发生的错误率比复制发生的错误率高。一个基因转录可以产生多个 RNA 拷贝,而且 RNA 最终要被降解,因此转录产生错误远比复制产生错误对细胞的影响小。

(二)转录起始因子与启动子

启动子是指 RNA 聚合酶识别、结合和开始转录的一段 DNA 序列。习惯上,我们将转录合成的第一个核苷酸称为+1,从转录的近端向远端计数。转录起点的左侧为上游(upstream),用负数表示,上游邻近起点的第一个核苷酸为-1。起点后为下游(downstream),即转录区。

利用 DNA 酶水解 DNA,启动子区与 RNA 聚合酶结合而不被水解。将启动子区的 DNA 分离出来,利用定位诱变技术,产生启动子碱基突变,研究获得启动子的保守共有序列(consensus sequence)。原核生物的启动子大约为 40 bp,能够被原核生物 RNA 聚合酶所结合覆盖。启动子序列有 2 个保守序列,包括转录起始位点上游-35 bp 位置(5′-TGTTGACA-3′)和上游-10bp 位置(5′-TATAAT-3′),如图 14-2 所示。-35 bp 位置突变降低 RNA 聚合酶与启动子结合的速度,而-10 bp 位置序列突变降低 DNA 双链解开的速度。上游-10 bp 位置序列含有较多的 AT 碱基对,因此又称之为 TATA 盒,其退火温度较低,RNA 聚合酶结合到 TATA 盒上,DNA 双链易被解链。启动子相对于转录起始位点的位置也是非常重要的,如 TATA 盒。启动子结构是不对称的,-35 bp 序列提供 RNA 聚合酶的识别信号,-10 bp 序

列帮助 DNA 局部双链解开,它们决定了转录的方向。不同物种之间的启动子序列会存在一定的差异,但是它们都含有上述两个保守序列,并相对于转录起始位点的位置是一致的。在大肠杆菌中,被共同调控的一系列基因拥有相同的−35 bp 和−10 bp 启动子序列,能被不同的 σ 因子所识别,协助 RNA 聚合酶起始转录。

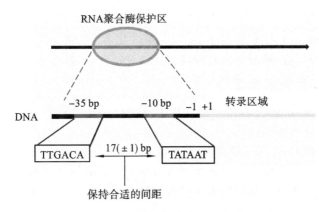

图 14-2 大肠杆菌启动子序列

哺乳动物大多数基因的 TATA 盒位于转录起始位点上游 25~30 bp 的位置。真核生物 RNA 聚合酶本身不能识别启动子序列和其他序列的差别,而是需要一些辅助因子帮助 RNA 聚合酶特异性结合于启动子,形成转录起始复合体,这些辅助因子被称为通用转录因子 (general transcription factor,GTFs)。相对应于 RNA 聚合酶Ⅰ、RNA 聚合酶Ⅱ、RNA 聚合酶Ⅲ的通用转录因子,分别称为 TFⅠ、TFⅡ、TFⅢ。其中 RNA 聚合酶Ⅱ对应的通用转录因子 TFⅡ包括 TFⅡA、TFⅡB、TFⅡD、TFⅡE、TFⅡF、TFⅡH(表 14-3)。原核生物由 RNA 聚合酶中的 σ 亚基特异性识别 TATA 盒,而真核生物需要通用转录因子 TFⅡD 中的 TBP 亚基特异性识别 TATA 盒。在一系列通用转录因子的帮助下,真核生物的 RNA 聚合酶特异性结合在启动子上,转录起始前复合物形成。通用转录因子的功能见表 14-3,转录起始前复合物的形成过程详见真核生物转录过程。

表 14-3 RNA 聚合酶Ⅱ的通用转录因子

通用转录因子	功 能
TFⅡD	TBP 亚基结合 TATA 盒
TFⅡA	辅助 TBP-DNA 结合
TFⅡB	稳定 TFⅡD-DNA 复合物,结合 RNA pol
TFⅡE	解螺旋酶,结合 TFⅡH
TFⅡF	促进 RNA polⅡ结合及作为其他因子结合的桥梁
TFⅡH	解旋酶、作为蛋白激酶催化 CTD 磷酸化

小部分基因缺乏 TATA 盒,但是它们可能有其他顺式作用元件(cis elements)(应先给出顺式作用元件的定义),例如,initiator sequence(Inr)或者 downstream element (DPE)请先给出中文名,引导 RNA 聚合酶结合到启动子上,为转录起始位点提供基础转录。Inr 元件跨越转录起始位点(−3 到＋5),序列为 $TCA_{+1}G/TTT/C(A_{+1}$ 表示第一个被转录的核苷酸)。Inr 结合蛋白帮助 RNA 聚合酶和 TFⅡD 结合到启动子上。DPE 位于转录起始位点下游＋25bp 位置,序列为 A/GGA/TCGTG,功能与 Inr 一致。如果启动子上同时有 TATA 盒和 Inr 元件或者 DPE 元件,转录效率更高。因此,这些元件的不同组合,再加上序列的轻微变化,构成了数量十分庞大的各种启动子,决定基因的转录效率。

NOTE

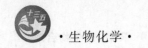
（三）转录延伸因子

RNA 聚合酶和通用转录因子在启动子上装配，DNA 局部解旋，起始转录。转录开始后，转录复合体改变构象，沿模板链向前移动，启动子被清空，转录进入延伸阶段，RNA 聚合酶的 σ 亚基脱落。

真核生物延伸阶段除 RNA 聚合酶外有诸多延伸因子参与作用，这些延伸因子的主要作用是阻止转录的暂停或终止。延伸因子 pTEFb 磷酸化 RNA 聚合酶 CTD，RNA 聚合酶离开启动子，延伸因子与酶结合，转录进入延伸阶段。转录结束时，延伸因子解离，CTD 去磷酸化。

（四）转录终止子和终止因子

提供转录终止信号的 DNA 序列称为终止子，协助 RNA 聚合酶识别终止信号的辅助因子则称为终止因子（terminal factor）。

大肠杆菌存在两类终止子：一类称为不依赖于 rho(ρ)因子的终止子，另一类称为依赖于 rho(ρ)因子的终止子。不依赖于 ρ 的终止子含有富含 GC 的回文对称区，它的转录产物会形成二级发夹结构。且二级发夹结构后面紧接着多聚 U 序列，由于 U-A 碱基对易被打开，RNA 聚合酶暂停。

依赖 ρ 因子的终止子富含胞嘧啶，但不富含 G-C 区和 T 核苷酸，必须在终止因子 ρ 因子存在时才能终止转录。ρ 因子是一种六聚体蛋白，具有依赖于 RNA 的 ATPase 活性，在 RNA 存在时水解 ATP 获能，推动 ρ 因子沿着 RNA 链移动。ρ 因子与 RNA 聚合酶作用，RNA 被释放，RNA 聚合酶和 ρ 因子从 DNA 上脱落下来。

三、转录过程

（一）原核生物的转录过程

原核生物的转录过程可分为转录起始，转录延伸和转录终止 3 个阶段。

原核生物起始过程需要 RNA 聚合酶全酶。RNA 聚合酶沿着模板链移动，当 σ 亚基与一10 区 TATA 盒特异性结合时，RNA 聚合酶与模板形成稳定结合，形成转录前起始复合物（preinitiation complex，PIC）。DNA 仍保持完整的双链结构，转录前起始复合体又称为闭合转录复合体，是转录起始的第一步。第二步，DNA 双链打开，闭合转录复合体变成开放转录复合体。开放转录复合体中 TATA 盒部分双螺旋解开后，转录开始。DNA 双链解开范围大约为 17 bp。第三步，形成磷酸二酯键。按照 Watson-Crick 碱基互补配对的原则，存在合适核糖核酸的情况下，与模板配对的第一位核苷酸和第二位核苷酸，在 RNA 聚合酶作用下生成 3′，5′-磷酸二酯键，聚合释放焦磷酸 PPi，保留第一位核苷酸 5′端 3 个磷酸基团，生成聚合物 5′ pppNpN-OH 3′；其 3′端的游离羟基，可以接收新的 NTP 并与之聚合，使 RNA 链延长下去。与 DNA 复制不同，转录起始不需要引物。

第一个磷酸二酯键生成后，转录复合体的构象发生改变，σ 亚基从转录复合体上脱落，并离开启动子，RNA 合成进入转录延伸阶段（脱落后的 σ 亚基又可再与核心酶结合，反复使用）。此时，仅有 RNA 聚合酶的核心酶留在 DNA 模板上，并沿 DNA 模板链不断前移，阅读方向为 3′→5′方向，合成方向沿 5′→3′方向进行，催化新的核苷酸加到 3′-OH 上，延长的 RNA 链与模板链呈反向互补。每添加一个新的核糖核酸，聚合释放焦磷酸 PPi。焦磷酸 PPi 很快地被焦磷酸酶降解生成 2 个单磷酸分子 Pi，保证 RNA 合成反应的不可逆性。

RNA 链延长时，核心酶会沿着 DNA 模板链不断前移，聚合反应下游的 DNA 双链不断解链，合成完成后又重新恢复双螺旋结构。DNA 双螺旋结构的解链和再聚合处于动态中，其外观类似泡状，被称为转录泡（transcription bubble）（图 14-3）。在转录过程中，转录泡持续存在，转录泡的大小与 DNA 序列无关，而取决于 RNA 聚合酶。大肠杆菌的转录解链范围约为

17 bp。在开链区局部，DNA 模板链指导核心酶催化 RNA 链延长，转录产物 3′端会有一小段与模板 DNA 保持结合状态，形成动态的 8 bp RNA-DNA 杂合双链（hybrid duplex）。随着 RNA 链不断延长，5′端不断脱离模板向外伸展，因为从化学结构上，DNA/DNA 双链结构比 DNA/RNA 形成的杂合双链稳定。

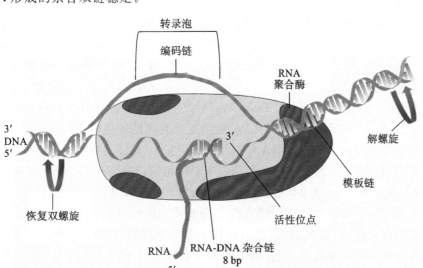

图 14-3　大肠杆菌转录泡结构示意图

原核生物没有细胞核，RNA 转录和蛋白质翻译同时进行，在 RNA 链转录合成尚未完成之前已经开始蛋白质的合成。同一个 DNA 模板分子上有多个转录复合体同时进行 RNA 的合成；在新合成的 RNA 链上有多个核糖体结合其上，参与翻译。在电子显微镜下观察，可见羽毛状图像，伸展的小羽毛是新合成的 RNA 链，小黑点是核糖体（图 14-4）。

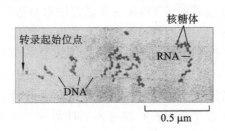

图 14-4　电镜下原核生物转录和翻译同步进行

依据是否需要蛋白质因子的参与，原核生物转录终止分为依赖 ρ 因子与非依赖 ρ 因子。ρ 因子是由科学家 J. Roberts 在 T4 噬菌体感染的大肠杆菌中首次发现。体外转录实验发现，在没有 ρ 因子存在的情况下，T4 噬菌体 DNA 的转录产物比细胞内的转录产物要长。ρ 因子存在时，T4 噬菌体 DNA 的转录产物与细胞内的转录产物长度一致，提示 ρ 因子参与 T4 噬菌体 DNA 的转录终止。在依赖 ρ 因子的转录终止过程中，ρ 因子识别转录 RNA 上的终止信号，并与之结合。结合 RNA 后的 ρ 因子和 RNA 聚合酶作用，发生构象变化，从而使 RNA 聚合酶停止向前移动。ρ 因子具有 RNA 依赖的 ATP 酶活性，破坏 DNA/RNA 杂化双链结构，RNA 被释放。RNA 聚合酶从 DNA 上解离，形成游离的核心酶和 σ 因子，转录终止。

非依赖 ρ 因子的转录终止，依赖于 DNA 模板上靠近转录终止处的特殊碱基序列。这些特殊碱基序列富含 GC，经转录可形成 RNA 茎环二级结构。茎环二级结构可改变 RNA 聚合酶的构象，导致 RNA 聚合酶和 DNA 模板结合方式改变，阻止 RNA 聚合酶向下游前进。转录 RNA 产物 3′端有多个连续的 U，RNA/DNA 杂化链易打开，促进 RNA 链从模板链上脱

NOTE

落,转录终止。

(二)真核生物的转录过程

真核生物的转录过程远比原核生物复杂。以 RNA 聚合酶 Ⅱ 为例研究真核生物的转录过程。转录起始时,原核生物 RNA 聚合酶通过 σ 亚基特异性识别 TATA 盒,可直接结合 DNA 模板。而真核生物 RNA 聚合酶不能直接识别和结合启动子,需依靠通用转录因子识别并结合模板,故其起始复合体的装配过程比原核生物复杂。首先由 TF Ⅱ D 亚基- TATA 结合蛋白(TATA binding protein, TBP)特异性识别 TATA 盒,导致 DNA 螺旋 100° 的弯曲。此弯曲将促进 TBP 相关的一些蛋白(TBP-associated factors, TAFs)结合。TBP 和 14 个 TAFs 复合体称为 TF Ⅱ D。TF Ⅱ D 是唯一的 DNA 特异性结合通用转录因子,TF Ⅱ D 与 TATA 盒结合是转录起始复合体形成的第一步(TATA 盒突变显著降低转录效率);然后 TF Ⅱ B 与 TBP 结合,同时与 TATA 盒上游邻近 DNA 序列结合;TF Ⅱ A 与 TF Ⅱ D-TBP 复合体结合,起稳定作用;TF Ⅱ F 与原核生物 σ 因子在结构和功能上非常相似,TF Ⅱ F 与 RNA 聚合酶 Ⅱ 形成复合体,通过 RNA 聚合酶 Ⅱ 与 TF Ⅱ B 的相互作用结合 TF Ⅱ B-TF Ⅱ D 复合体,降低了 RNA 聚合酶 Ⅱ 与 DNA 的非特异性结合,协助 RNA 聚合酶 Ⅱ 靶向结合启动子上;最后 TF Ⅱ E 和 TF Ⅱ H 加入,形成闭合复合体,装配完成,这就是转录起始前复合物形成。通用转录因子不断加入,转录起始前复合物不断增大,结合转录起始位点 −30bp 到 +30bp 的位置。TF Ⅱ H 具有解旋酶活性和激酶活性。解螺旋酶活性能使转录起点附近的 DNA 双螺旋解开,使转录闭合复合体成为转录开放复合体,启动转录。激酶活性催化 RNA 聚合酶 CTD 磷酸化,转录开放复合体发生构象变化,启动转录。除了基本转录因子外,真核基因的转录起始还有其他转录因子的参与。如启动子近端上游元件 GC 盒、CAAT 盒,能分别被上游转录因子 Sp1 和 CTF 识别,增强基因的转录效率;增强子或沉默子能被反式作用因子所识别,激活或者抑制基因的转录效率。

真核生物的延长过程与原核生物基本相似。但因为真核生物中存在核膜,没有转录和翻译同步进行的现象;且真核生物基因组 DNA 在双螺旋结构的基础上,与多种组蛋白组成核小体(nucleosome),转录延长过程中出现核小体解聚和重组现象。

转录终止与转录后修饰密切相关。RNA 聚合酶 Ⅱ 催化 hnRNA 的转录终止与加 poly A 尾同时发生。转录终止子上有两组保守序列,AATAAA 序列以及下游的富含 GT 序列,被称为修饰点。当 RNA 聚合酶转录越过修饰点,核酸酶特异性识别并切断转录终止子两组保守序列的连接处。随即由 poly A 聚合酶在断端的 3′-OH 处加入 poly A 尾结构,断裂点下游的转录产物被 RNA 酶降解,因此认为 poly A 尾结构保护 RNA 免受降解。

四、转录后加工

转录生成的 RNA 分子是初级转录产物,需要经过加工,才能成为有功能的成熟 RNA。以 mRNA 的前体核内不均一 RNA(heterogeneous nuclear RNA, hnRNA)为例介绍转录后加工过程,加工主要在细胞核中进行。

(一)前体 mRNA 在 5′端加入帽结构

大多数真核 mRNA 在 5′端形成特殊的帽子结构。RNA 聚合酶 Ⅱ 催化合成的新生 RNA 链长度达到 25～30 个核苷酸时,其 5′末端的第一个核苷酸会被催化,与 7-甲基鸟嘌呤核苷通过 5′-5′三磷酸连接键相连,形成帽子结构(图 14-5)。加帽过程由鸟苷酸转移酶(guanylate transferase)和甲基转移酶(methyltransferase)催化完成。步骤如下:首先新生 RNA 的 5′端第一个核苷酸的 γ-磷酸被水解;然后在鸟苷酰转移酶的作用下与另一个 GTP 分子的 5′端结合,形成 5′,5′-三磷酸结构;最后由 S-腺苷甲硫氨酸(SAM)提供甲基,催化鸟嘌呤碱基的 N7

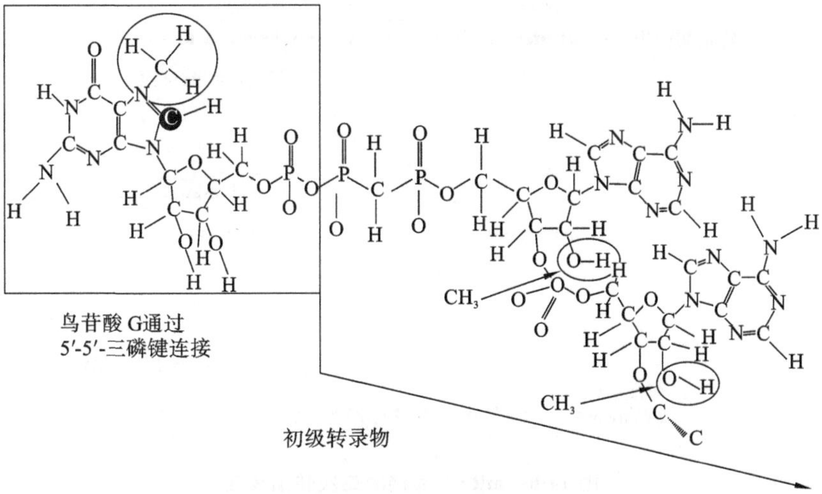

鸟苷酸 G 通过
5′-5′-三磷键连接

初级转录物

图 14-5 真核生物 mRNA 的 5′帽结构

位和 5′端原第一个或第二个核苷酸核糖 C2′-OH 发生甲基化。5′端帽结构可以使 mRNA 免遭核酸酶的攻击,也能与帽结合蛋白质复合体(cap-binding complex of protein)结合,参与启动蛋白质的合成。

(二)前体 mRNA 在 3′端加入多聚腺苷酸结构

真核生物 mRNA 的 3′端有 poly A 尾结构,80~250 个腺苷酸。poly A 尾并不是由 DNA 模板转录合成,而是由 poly A 聚合酶在核酸酶消化断裂 hnRNA 转录终止修饰点后催化合成的。poly A 的长度很难确定,poly A 尾会随着时间不断缩短。未经剪接的 hnRNA 上发现了 poly A 尾结构,因此推测 poly A 加尾先于 mRNA 的剪接。poly A 加尾和转录终止同时进行。

(三)前体 mRNA 进行剪接

在真核生物中,mRNA 前体序列中存在着一些间插序列,氨基酸编码序列称为外显子,间插序列称为内含子。内含子和外显子交替排列构成了割裂基因。去除初级转录上的内含子,把外显子连接成成熟 mRNA 的过程称为 mRNA 剪接(mRNA splicing)。

内含子序列在不同转录本,甚至同一转录本的不同内含子中各不相同,但是两个外显子和内含子之间的序列非常保守,包括 5′-剪接位点(5′-splice site),剪接分支点(branch point)和 3′-剪接位点(3′-splice site)。剪接分支点位于 3′ 剪接位点的上游 20~40 个核苷酸的位置。剪接体(splicesome)参与初始 RNA 剪接形成成熟的 mRNA。剪接体,又称之为小核糖核蛋白复合体(small ribonucleoprotein complex, snRNP complex),包含初始 RNA、5 个小核 RNA(U1、U2、U5、U4 和 U6)和 60 个以上的蛋白质分子。这些蛋白质分子,大多数含有 RNP 和 SR 蛋白质基序(protein motif)。

剪接过程包括 2 次转酯反应(图 14-6)。snRNP 首先与 mRNA 前体相互作用,使两个相邻的外显子相互靠近形成一个套索结构;内含子剪接分支点上腺苷酸核糖上 2′-OH 发生亲核攻击,水解断裂上游外显子和内含子的 3′-5′磷酸二酯键,内含子 5′端磷酸与参与亲核攻击腺苷酸的 2′-OH 形成 2′-5′磷酸二酯键,上游外显子的 3′-OH 游离出来,完成第一次转酯反应。第二次转酯反应,上游外显子的 3′-OH 攻击下游外显子与内含子连接处的 5′端磷酸,上游外显子和下游外显子形成一个连续的 RNA 序列,包含内含子的套索结构被释放水解。

NOTE

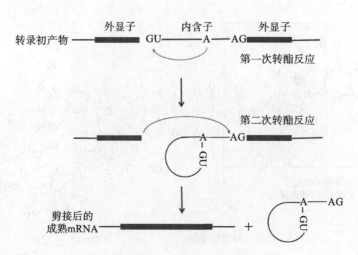

图 14-6　mRNA 剪接的二次转酯反应

五、RNA 复制

核糖核酸是遗传信息的基本携带者,并能通过复制合成与其自身相同的分子。例如,噬菌体 Qβ 的遗传信息为 RNA,它能借助寄主细胞进行复制酶介导的病毒 RNA 复制。RNA 复制即以 RNA 为模板,在 RNA 复制酶作用下,按 $5'→3'$ 方向合成互补的 RNA 分子。噬菌体 QβRNA 为正链,入侵大肠杆菌时,其 RNA 可以直接进行蛋白质的合成。RNA 约为 4500bp,编码 3 个蛋白,分别为成熟蛋白、外壳蛋白、复制酶的 β 亚基。噬菌体 Qβ 复制酶含有 4 个亚基,噬菌体只编码 β 亚基,其余 3 个亚基来自宿主细胞。复制酶 β 亚基与来自宿主细胞的 3 个亚基装配好以后,结合到正链 RNA 的 3′端,以正链为模板合成出负链 RNA。随后负链 RNA 与正链 RNA 解离,复制酶以负链为模板合成正链。正、负链的合成方向都为 $5'→3'$ 方向。

RNA 病毒的种类很多,其中含有的遗传信息 RNA 分为两类,正链和负链。通常具有 mRNA 功能直接翻译合成蛋白质的,称为正链。而它的互补链为负链。复制方式是多种多样的,归纳起来可以分成以下几类。

(1)病毒含有正链 RNA:进入宿主细胞后首先合成复制酶,然后在复制酶作用下进行病毒 RNA 的复制,最后由病毒 RNA 和蛋白装配成病毒颗粒,如噬菌体 Qβ。

(2)病毒含有负链 RNA 和复制酶:这类病毒侵入细胞后,借助于病毒带进去的复制酶合成正链 RNA,再以正链 RNA 为模板,合成病毒蛋白质和复制病毒 RNA。

(3)病毒含有双链 RNA 和复制酶:以双链 RNA 为模板,在病毒复制酶的作用下通过不对称的转录,合成正链 RNA,并以正链 RNA 为模板翻译成病毒蛋白质。然后再合成病毒负链 RNA,形成双链 RNA 分子。

复制酶的模板特异性很高,它只识别病毒自身的 RNA,而对宿主细胞和其他病毒无关的 RNA 均无反应。例如,噬菌体 Qβ 的复制酶只能以 QβRNA 作为模板,对于类似的噬菌体 RNA 都不识别。但 RNA 复制酶中缺乏校正功能,因此 RNA 复制时错误率很高,这与反转录酶的特点相似。

第二节　基因转录的调节

基因表达(gene expression)是基因经过转录及翻译,产生具有特异生物学功能的蛋白质分子,并赋予细胞或个体一定功能或形态表型的过程。但并非所有基因表达过程都产生蛋白质,rRNA、tRNA 转录也属于基因表达。基因表达有严格的规律性,表现为时间和空间特异性。在细胞的生长、发育和分化过程中,遗传信息的表达可按照一定时间顺序发生变化,随着细胞内外环境条件改变加以调整。基因表达调控是适应环境、维持个体生长和发育的基础。

转录水平调控是基因表达调控的关键环节,存在严格的调节控制。大肠杆菌的基因组有 $4×10^6$ 个碱基对,其中有 $4×10^3$ 个转录起始位点。人类有 10^9 转录起始位点分布于 $3×10^9$ 个碱基对的基因组中。RNA 聚合酶如何在巨大的基因组面前找到转录起始位点(启动子)起始转录?RNA 聚合酶结合到 DNA 上,以 10^3 bp/s 的速率移动,直到识别特异的 DNA 序列——启动子。启动子识别机制存在于原核生物和真核生物中(在启动子与通用转录因子中已述),RNA 聚合酶特异性结合启动子,有高亲和性,保证转录起始的正确性。转录效率有赖于顺式作用元件、反式作用因子以及 RNA 聚合酶的相互作用。原核生物以负调节为主,调节因子活性常受变构效应调节;真核生物以正调节为主,调节因子常受共价修饰调节,主要是磷酸化的调节。

一、原核细胞转录水平的调节——操纵子学说

与真核生物基因组相比,原核生物基因组中重复序列较少;结构基因无内含子序列,且在基因组中的占比较大(原核生物约为 50%,真核生物约为 10%);结构基因在基因组中以操纵子为单位排列,是原核基因转录调控的基本单位。

操纵子(operon)是原核生物基因表达的功能单位,使生物适应于不同的生存环境,它包含数个成簇排列的结构基因、上游调控序列以及下游终止序列。操纵子是原核生物特有的,操纵子的全部结构基因通过转录形成一条多顺反子 mRNA,编码多个蛋白质,即多个结构基因受一个启动子和共同调控序列的调节。真核生物转录产生单顺反子 mRNA,编码 1 个蛋白。调控序列包括启动子、操纵元件(operator)以及一定距离外的调节基因。启动子是 RNA 聚合酶结合起始转录的部位,是决定基因是否转录的关键元件,包含 −10bp 和 −35bp 保守共有序列;碱基突变影响 RNA 聚合酶与启动子结合及转录起始效率。调节基因(regulatory gene)编码与操纵序列结合的调控蛋白,可分为三类:特异因子、阻遏蛋白和激活蛋白。特异因子决定 RNA 聚合酶特异识别和结合;阻遏蛋白(repressor)或激活蛋白(activator)与 DNA 特异结合介导负性或正性调节。操纵元件与启动子序列毗邻,甚至与启动子部分重叠,它能被特异的阻遏蛋白识别结合;当操纵序列上结合了阻遏蛋白时,阻遏蛋白阻碍 RNA 聚合酶与启动子的结合,或使 RNA 聚合酶不能向前移动,介导负性调节。原核操纵子调节序列中还存在一种结合激活蛋白的特异 DNA 序列,激活蛋白结合后 RNA 聚合酶活性增强,转录激活,介导正性调节。

为适应不同的生存环境,操纵子调节可以是负向或正向的,因此可分为负向可诱导、负向可阻遏、正向可诱导、正向可阻遏。①负向可诱导:参与调节的阻遏蛋白与操纵基因结合,并阻止操纵子上基因的转录。若存在着一个诱导物,它会与阻遏蛋白结合,改变阻遏蛋白的构象,使它不能与操纵基因结合,转录发生。②负向可阻遏:正常情况下,基因处转录激活。调节基因编码阻遏蛋白,但他们不能与操纵基因结合;只有在变构剂存在的情况下,阻遏蛋白构象发生改变,阻遏蛋白与操纵基因结合,转录抑制。③正向可诱导:正常情况下,激活蛋白不能与 DNA 结合;只有在变构剂诱导下,激活蛋白才能与 DNA 结合,起始转录。④正向可阻遏:正常情况下,激活蛋白与 DNA 结合,起始转录;抑制剂与激活蛋白结合,阻止激活蛋白与 DNA 结合,转录关闭。

1961 年,弗朗索瓦·雅各布(François Jacob)及雅克·莫诺(Jacques Lucien Monod)发现了首个操纵子——乳糖操纵子(lac operon),开创了基因转录调控研究,荣获 1965 年诺贝尔生

NOTE

257

理学与医学奖（图 14-7）。

图 14-7 乳糖操纵子的发现者（左 Jacques Lucien Monod，右 François Jacob）

乳糖操纵子包含相连的结构基因、上游调控序列以及下游终止序列。在结构基因的下游有一段 DNA 序列为转录提供终止信号，我们称之为终止序列。在结构基因的上游是调控序列，包括操纵序列（operator，简称 O）和启动子序列（promotor，简称 P）以及一个 CAP 结合序列。其中启动子是 RNA 聚合酶特异性识别并结合的部位，是决定乳糖操纵子结构基因是否表达的关键元件。而操纵序列 O 是阻遏蛋白特异性识别并结合的部位，阻遏蛋白与 O 序列结合抑制基因的表达。CAP 结合序列是 CAP 蛋白（catabolite gene activator protein，CAP）的结合位点，CAP 蛋白结合 CAP 序列，激活 RNA 转录活性。在调控序列的上游还有一个调节基因 I，编码与操纵序列特异性识别结合的阻遏蛋白（图 14-8）。

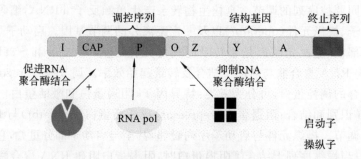

图 14-8 乳糖操纵子结构

3 个相连的结构基因分别编码 β-半乳糖苷酶、透性酶和乙酰基转移酶。透性酶运送乳糖通过细胞膜进入到细胞内，β-半乳糖苷酶催化乳糖分解生成半乳糖和葡萄糖，而乙酰基转移酶催化半乳糖发生乙酰化反应，生成乙酰半乳糖。因此它们是大肠杆菌催化利用乳糖的重要酶。乳糖和葡萄糖可作为培养大肠杆菌的能源；乳糖操纵子根据培养基中的能源物质种类来调控乳糖操纵子的表达；只存在乳糖时，乳糖操纵子转录开始。

乳糖操纵子的调控机制，包括由阻遏蛋白介导的负性可诱导调控和由 CAP 蛋白介导的正性可诱导调控。阻遏蛋白的负性可诱导调控，分为没有乳糖存在和仅有乳糖存在两种情况。当没有乳糖存在时，乳糖操纵子处于阻遏状态。调节基因 I 在其自有的启动子启动下转录翻译阻遏蛋白，阻遏蛋白特异性识别结合启动子，RNA 聚合酶不能越过阻遏蛋白沿 DNA 滑行，抑制了基因的转录，基因关闭。即当乳糖不存在时，催化降解乳糖的酶不表达。从节约能量的角度，这是大肠杆菌对环境的一种适应性调节机制。

当仅有乳糖存在时，乳糖操纵子被诱导。在整个诱导的过程，真正的诱导剂并不是乳糖而是半乳糖，半乳糖作为诱导剂与阻遏蛋白结合，改变了阻遏蛋白的空间构象，阻遏蛋白与 O 序

NOTE

列解离。RNA 聚合酶就能顺利地与启动子结合,并且通过 O 序列来起始转录。值得注意的是,阻遏蛋白的阻遏作用并非绝对,即使在没有诱导剂的情况下,阻遏蛋白也能与 O 序列偶尔解离,因此 β-半乳糖苷酶少量表达。少量表达的 β-半乳糖苷酶又催化水解乳糖产生半乳糖。半乳糖作为诱导剂诱导基因表达。

乳糖操纵子还受到 CAP 蛋白介导的正性可诱导调控。大多数情况下,CAP 蛋白都是处于无活性状态的;cAMP 作为变构激活剂与 CAP 蛋白结合,激活 CAP 蛋白的活性。cAMP 的浓度取决于葡萄糖的浓度(图 14-9)。大肠杆菌中的葡萄糖分解代谢产物能够抑制腺苷酸环化酶,激活磷酸二酯酶。腺苷酸环化酶催化 ATP 生成 cAMP,磷酸二酯酶催化 cAMP 降解生成 5′AMP。因此,当葡萄糖存在时,cAMP 浓度降低;无葡萄糖存在时,cAMP 浓度升高,激活 CAP 蛋白的活性,特异性识别 CAP 结合位点,促进了 RNA 聚合酶与 P 序列结合,RNA 聚合酶顺利地通过 O 序列启动基因的表达。因此,当葡萄糖和乳糖同时存在,大肠杆菌会优先利用葡萄糖。

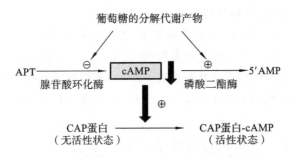

图 14-9 大肠杆菌 cAMP 与 CAP 蛋白活性调节

乳糖操纵子的调控是受到两种蛋白的调节,一种是负性调控蛋白——阻遏蛋白,一种是正性调控蛋白——CAP 蛋白。大肠杆菌根据环境中碳源的性质和水平来调节两种蛋白的活性,阻遏蛋白受到乳糖的调节,CAP 蛋白受到葡萄糖的调节。当有乳糖存在时,阻遏蛋白从 O 序列解离,失去了阻遏作用;在无葡萄糖存在时,cAMP 升高,进而激活 CAP 蛋白,促进 RNA 聚合酶的转录活性。只有两个方面同时具备时,即无葡萄糖存在而乳糖存在时,乳糖操纵子才能大量表达。由此可见两种调节机制相辅相成。

二、真核细胞基因转录的调节

真核细胞内 DNA 含量远大于原核生物,其中 90% 为非编码序列,可能参与调控。且真核生物 DNA 在细胞核内与多种蛋白质结合构成染色质结构。基因转录首先改变染色质的状态,使转录因子能够接触 DNA,此过程称为染色质重塑(chromatin remodeling)。但这一过程只是使基因转录成为可能;转录的实现还有赖于顺式作用元件、反式作用因子与 RNA 聚合酶的相互作用。

(一)染色质结构水平调节

真核生物中,DNA 和组蛋白构成以核小体为基本单位的染色质。根据间期细胞核内染色质纤维折叠压缩的程度,染色质可分为常染色质和异染色质。常染色质折叠压缩程度低,相对处于伸展状态,DNA 组装比(染色质纤维长度与 DNA 实际长度之比)为 1/2000～1/1000。异染色质折叠压缩度高,DNA 组装比为 1/10000～1/8000,处于聚缩状态;异染色质上的基因无转录活性。相反,常染色质上基因有转录活性,但并非常染色质的基因都有转录活性。

核小体是染色质的主要结构单位,四种组蛋白(H2A,H2B,H3,H4 各 2 个)组成的八聚体,由 147bp 的 DNA 缠绕近两圈,构成核小体的核心区(core particle);核小体核心颗粒之间通过 60bp 左右的 DNA 相连,并与组蛋白 H1 结合。每个组蛋白的氨基末端伸出核小体外,形

NOTE

成组蛋白尾巴;这些尾巴既是核小体间相互作用的纽带,又是组蛋白修饰发生位点。这些修饰包括乙酰化、甲基化、磷酸化和泛素化,主要发生在组蛋白赖氨酸、精氨酸、组氨酸等带有正电荷的碱性氨基酸上。

组蛋白修饰影响基因转录调控,主要分为 2 个层面:①直接影响染色质或核小体的结构;②化学修饰为一些基因调控蛋白提供附着位点。各种不同修饰的效应可能是协同的,也可能是拮抗的,是动态变化的,我们称之为组蛋白密码(histone code)。例如,组蛋白乙酰化有利于DNA 与组蛋白八聚体的解离,核小体结构松弛,各种转录因子和协同转录因子能与 DNA 特异性结合,激活基因的转录;组蛋白甲基化虽然不会在整体上改变组蛋白的电荷,但是能够增强其碱性和疏水性,因而增强其与 DNA 的亲和力。乙酰化修饰和甲基化修饰通过改变组蛋白与 DNA 之间的相互作用从而改变染色质的活性。值得注意的是,并非所有的组蛋白甲基化与基因转录活性呈负相关,如 $H_3K_4me_3$ 标记具有转录活性的启动子。转录活跃基因 5′端 1kb 处会出现一些易被核酸酶消化的高敏感位点,即缺乏或没有核小体蛋白的裸露 DNA。组蛋白的磷酸化修饰与细胞增殖和分裂相关。

染色质结构水平调节还体现在 DNA 水平上,如 DNA 碱基甲基化。DNA 甲基化的主要形式为 5-甲基胞嘧啶(5-mC)和少量 6-甲基腺嘌呤(6-mA)。常染色质的活性转录区通常没有或者很少甲基化,而非活性区则甲基化程度高。例如,雌性哺乳动物细胞中有两个 X 染色体,只有一个 X 染色体上的基因具有转录活性,另一个 X 染色体被高度甲基化而永久性失去活性。

(二)顺式作用元件和反式作用因子水平

顺式作用元件(cis-acting element)是指位于基因编码序列以外能影响基因表达的 DNA 序列,包括启动子、增强子、沉默子和可诱导元件等。反式作用因子(trans-acting element)是与顺式作用元件相互作用的一类蛋白调节因子,包括激活因子和阻遏因子,对基因转录起促进和阻遏作用。顺式作用元件本身不编码任何蛋白质,仅提供作用位点,与反式作用因子相互作用,参与基因表达调控。

真核细胞基因的顺式作用元件包括核心启动子序列、近端启动子上游元件(proximal promoter elements)、应答元件(response element)以及增强子和沉默子等远端序列。核心启动子序列是 RNA 聚合酶结合位点,是 DNA 双链解螺旋的部位,位于 -37 bp 的位置。真核生物核心启动子上游常见一些 CAAT 和 GC 盒,它们能分别被上游因子 Sp1 和 CTF 识别,增强基因的转录效率。增强子是一种能够提高转录效率的顺式调控元件;当某些细胞或组织中存在能够与之相结合的组织特异转录因子方能表现为转录活性,因此增强子是组织特异性调控元件。增强子长度一般约为 200 bp,包含数个转录因子结合的 DNA 核心序列(motif)。这些核心序列一般为 8~12 bp,可以单拷贝或者多拷贝存在,与转录因子相互作用增强基因的转录。DNA 分子具有一定的柔性,结合在增强子的转录激活子通过 DNA 弯曲与启动子上的转录起始复合体相互作用,远距离对启动子产生影响(图 14-10)。因此,增强子需要有启动子存在时才能发挥作用,既可以位于启动子的上游或者下游,也可以位于基因本身,与序列的方向性无关;且增强子对启动子没有严格的专一性,也没有生物种属和组织特异性,同一增强子可以影响不同类型启动子的转录。沉默子是基因表达的负性调控元件,与阻遏蛋白结合对基因转录起阻遏作用;与增强子类似,沉默子不受序列方向影响,可以远距离作用于启动子。对于可诱导的基因来说,除了基本的控制元件外,还存在一些对细胞内外环境因素变动做出反应的应答元件(response element)。

反式作用因子分为 3 大类,即通用转录因子(general transcription factor)、上游因子(upstream factor)、特异转录因子(transcription factor)和可诱导因子(Inducible factor)。通

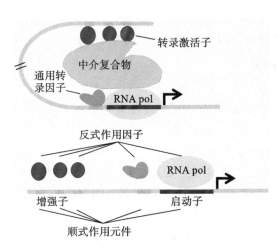

图 14-10 DNA 顺式作用元件与反式作用因子

用转录因子结合在启动子上,与 RNA 聚合酶一起形成转录起始复合体。真核生物启动子上游还存在一些 GC 盒,CAAT 盒等顺式作用元件,上游因子 Sp1 和 CTF 与这些顺式作用元件结合,协助调节基因的转录效率。特异转录因子具有组织特异性,结合于顺式作用元件增强子或者沉默子上,抑制或者激活基因的转录,决定该基因表达的时间空间特异性。胚胎干细胞的分化取决于细胞内转录因子的种类。可诱导因子与应答元件相互作用,如热激转录因子(heat shock transcription factor,HSTF)在热激条件下经磷酸化而激活,结合于应答元件,起始转录。因此,真核生物的基因表达调控是反式作用因子与顺式作用元件互相作用,协同 RNA 聚合酶启动基因转录。

除了反式作用因子以外,还存在一类中间蛋白,它不能直接与顺式作用元件 DNA 结合,也不具备转录激活活性,而是在特异转录因子和转录复合体之间起桥梁作用的一类蛋白质,称为中介复合物(mediator complex)。一部分特异转录因子的转录活性需要经过中间蛋白介导信号,间接作用于转录复合体。

第三节 RNA 生物合成与药物科学

一、RNA 生物合成抑制剂

某些核酸代谢的拮抗物和抗生素能抑制核苷酸或核酸的生物合成,因此在临床上被用作抗病毒和抗肿瘤的药物。RNA 生物合成的抑制剂按照作用性质的不同,分为三类:一类是碱基类似物,抑制核酸合成;第二类为 DNA 模板抑制物,通过与 DNA 结合而改变模板的功能;第三类为 RNA 聚合酶抑制物,与 RNA 聚合酶结合影响其活力。

(一)碱基类似物

碱基类似物或作为抗代谢药物(antimetabolite)直接抑制核苷酸生物合成的酶类,或者掺入核酸分子,形成异常的 DNA 或者 RNA。常用的碱基类似物有 6-巯基嘌呤、硫鸟嘌呤、2,6-二氨基嘌呤、8-氮鸟嘌呤、5-氟尿嘧啶以及氮尿嘧啶等。例如,6-巯基嘌呤进入体内,一方面在酶催化下合成巯基嘌呤核苷酸,抑制次黄嘌呤核苷酸转变为嘌呤核苷酸;另一方面能掺入 RNA 或者 DNA,影响基因的表达。因此,6-巯基嘌呤作为抗癌药物,用于急性白血病和绒毛膜上皮癌等癌症的临床治疗。嘧啶的卤素类化合物 5-氟尿嘧啶,类似于尿嘧啶,掺入 RNA 中,影响基因的表达;5-氟尿嘧啶进入体内后还可先后转变成核糖核苷酸(F-UMP)和脱氧核

NOTE

糖核苷酸(F-dUMP),F-dUMP抑制胸腺嘧啶核苷酸的合成。在正常细胞中,5-氟尿嘧啶会被降解,而在癌细胞内不被降解。因此,5-氟尿嘧啶用于治疗癌症特异性强,副作用小。

(二) DNA 模板抑制物

DNA 模板抑制物能够与 DNA 结合,使 DNA 失去模板功能,从而抑制其复制和转录,并致诱变,包括烷化剂(alkylating agent)类、放线菌素等药物。

氮芥(nitrogen mustard)、磺酸酯(sulfonate)、氮丙啶(aziridine)或乙烯亚胺(ethylenimine)类的衍生物属于烷化剂,带有一个或多个活性烷基,使 DNA 烷基化。烷基化的位置主要发生在鸟嘌呤碱基的 N7 上,腺嘌呤的 N1、N3 和 N7 以及胞嘧啶的 N1 也有少量被烷基化。鸟嘌呤烷基化后不稳定,易被水解脱落,DNA 修复导致错误碱基掺入。带有双功能基团的烷化剂能同时作用于 DNA 的两条链,使双链间发生交联,抑制模板功能。因此,烷化剂具有较大的毒性。选择性杀死肿瘤细胞是临床上抗癌药物筛选的重要指标。在临床上我们会选择烷化剂前体药物。例如,环磷酰胺(cyclophosphamide)本身无毒性,进入肿瘤细胞被肿瘤细胞内的磷酰胺酶(在癌细胞中酶活性高)水解成活泼的氮芥,用于治疗多种癌症。苯丁酸氮芥(chlorambucil)因为含有酸性基团,不易进入正常细胞,容易进入癌细胞(pH 值低)中。

放线菌素 D 含有一个吩噁嗪酮稠环(phenoxazone)和两个五肽环,它能与 DNA 发生非共价结合,具有抗菌和抗癌的作用。吩噁嗪酮稠环插入 DNA 的邻近两 G-C 碱基对之间,如同阻遏蛋白一样抑制 DNA 的模板功能。低浓度的放线菌素 D(1 mmol/L)能有效抑制 DNA 指导的 RNA 合成;高浓度的放线菌素(10 mmol/L)抑制 DNA 复制。

(三) RNA 聚合酶抑制物

利福霉素(rifamycin)是 1957 年分离得到的抗生素,它能强烈抑制革兰氏阳性菌和结核杆菌的 RNA 聚合酶合成活性,对革兰氏阴性菌的抑制作用较弱。在此基础上,1962 年合成了利福霉素衍生物利福平(rifampicin),具有广谱的抗菌作用。利福平(rifampicin)可特异抑制原核生物 RNA 聚合酶的 β 亚基,而 β 亚基具有催化功能,参与转录全过程。在临床上,利福平被作为抗结核菌药物。

α-鹅膏蕈碱(amanita phalloides),从毒蕈中提取的八肽化合物,抑制真核生物 RNA 聚合酶,但对细菌 RNA 聚合酶的抑制作用较弱。

二、核酸类药物——反义 RNA

传统药物靶点为蛋白质,包括激酶、受体、抗原等。但不少蛋白质很难筛选到具有抑制性的小分子。mRNA 携带了基因的遗传信息,指导蛋白质的合成。真核细胞存在一种特有的基因沉默机制来抵抗外来物质入侵,保护遗传信息的稳定性、调节生物体的各种机能,就是 RNA 干扰现象(RNA interference, RNAi)。RNAi 是由 Andrew Z. Fire 和 Craig C. Mello 教授于 1998 年首次发现的,获得了 2006 年诺贝尔生理医学奖。RNAi 现象的发现让药物靶点扩大到了蛋白质的上游——RNA。利用 RNAi 衍生技术,设计反义 RNA 以碱基互补配对的方式特异性的识别、结合、降解靶基因 mRNA 而导致靶基因沉默,极大地拓宽了人类药物的来源和开发方向。1998 年 FDA 批准了第一个反义 RNA 抗病毒药物 fomivirsen。2016 年,FDA 又批准了分别用于治疗外显子 51 跳跃型杜氏肌营养不良(DMA)和脊髓型肌萎缩疾病(SMA)的首个药物,eteplirsen 和 nusinersen,它们都属于核酸类药物。Eteplirsen 采用一种新颖的磷酰二胺吗啉代寡核苷酸和外显子跳跃技术,修复 mRNA 阅读框来部分纠正缺陷。Nusinersen 以 SMN2 为靶点,纠正有缺陷的 SMN2 基因的 RNA 剪接以增加关键蛋白 SMN 的表达水平,从而达到治疗 SMA 的目的。Eteplirsen 和 nusinersen 的获批为 DMA 和 SMA 患者提供了新的治疗选择,对于核酸类药物研发具有里程碑意义。

三、RNA 靶向药物

蛋白质只占了基因组信息的极少部分,而 RNA 在人类基因组中极为丰富,产生非编码 RNA 的序列更是占到了基因组的 70%,丰度比编码蛋白质的序列高出一个数量级。非编码 RNA 参与基因的表达调控。因此,RNA 成为新的药物靶点。

靶向 RNA 配体大多为碱性,在正常生理环境下带有正电荷,能与 RNA 碱基进行良好的结合,如 linezolid、ribocil 和 branaplam。它们不仅与 RNA 分子具有较高的亲和力,而且靶向复杂的 RNA 结构。例如,linezolid,2000 年获得美国 FDA 批准,作用于细菌 50S 核糖体上的 rRNA,抑制 mRNA 与核糖体结合,用于治疗革兰阳性球菌引起的肺炎感染。倘若靶向简单的 RNA 结构,可能会影响到靶向分子的特异性。靶向 RNA 的结构可分为 3 大类,分别是 RNA 的多个密集螺旋(multiple closely packed helices)、不规则的次级结构(irregular and usually bulge-containing secondary structures)和三联体重复(triplet repeats)。目前,靶向复杂 RNA 结构或许是 RNA-蛋白质复合体很好的成药潜力。

本章小结

RNA 合成	学 习 要 点
概念	转录单位、模板链、编码链、转录泡、外显子、内含子、mRNA 剪接、操纵子、染色质重塑、顺式作用元件、反式作用因子、RNA 干扰现象
功能	RNA 聚合酶、通用转录因子、启动子、增强子、沉默子
原理	不对称转录、转录的基本过程、转录后加工、基因转录调控、RNA 复制

目标检测

目标检测
解析

一、填空题

1. 进行不对称转录的 DNA 双链,用于转录的链称为 _____,对应的链称为 _____。
2. 大肠杆菌 RNA 聚合酶由 _____ 种 _____ 个亚基组成,分子组成为 _____,其中 _____ 称为核心酶,识别转录起点的是 _____。
3. 电镜下看原核生物转录的羽毛状图形,伸展的小羽毛是 _____,小黑点是 _____。
4. 原核生物转录终止时,非依赖 ρ 因子的转录终止是因为在转录产物的 3′ 端可自发的形成 _____ 结构。

二、判断题

1. DNA 两条链是互补的,所以当两条链为模板时转录生成的 mRNA 是相同的。(   )
2. 真核细胞中结构基因是不连续的,因为有些基因序列并不表达在相应的 mRNA 中。

(   )
3. 编码链的序列与成熟的 mRNA 序列是一致的,因此被称为编码链。(   )
4. 两条 DNA 链均可作为模板链,不同基因的模板链不一定在同一条链上。(   )
5. 真核生物 mRNA 的多聚腺苷酸尾巴是由模板 DNA 上的多聚 T 序列转录生成的。

(   )

NOTE

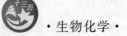

三、问答题

1. 简述 RNA 转录体系及它们在 RNA 合成中的作用。

2. 转录产物为 5′-ACGUAU-3′,写出与之对应的模板链、编码链(注明其两端)。

3. 简述真核生物 mRNA 转录后加工修饰过程。

(唐 旻)

第十五章　蛋白质的生物合成

　学习目标

1. 掌握：蛋白质生物合成的概念及特点；蛋白质的合成体系的组成及各自的功能；遗传密码的特点；翻译后加工的主要方式。

2. 熟悉：蛋白质生物合成的基本过程；原核生物与真核生物蛋白质合成的异同；蛋白质合成后的靶向输送机制。

3. 了解：分子伴侣的功能；各类蛋白质亚细胞定位分拣信号的特点；抗生素和毒素对蛋白质合成的影响。

本章 PPT

蛋白质具有多种生物学功能，参与生命的几乎所有过程，是生命活动的物质基础。通常一个细胞在某一特定时刻，其生存及活动需数千种结构蛋白质和功能蛋白质的参与。蛋白质具有高度的种属特异性，不同种属的蛋白质不能互相替代，因此各种生物的蛋白质均由机体自身合成。体内的蛋白质处于动态的代谢和更新之中，蛋白质的生物合成是其履行生物学功能的前提。

蛋白质由基因编码，是遗传信息表达的主要终产物。蛋白质的生物合成是以 mRNA 作为直接模板、20 种氨基酸作为原料，tRNA、核糖体、诸多酶、蛋白因子及 ATP 和 GTP 等共同参与的过程，因为合成过程是把 mRNA 的核苷酸序列具体地转译为蛋白质多肽链中的氨基酸排列顺序，因此这一过程被形象地称为翻译（translation）。从低等生物细菌到高等哺乳动物，蛋白质合成机制高度保守。蛋白质的生物合成过程包括起始、肽链延长和终止三个阶段。

新合成的蛋白质多肽链通常并不具备生物学活性，需要经过各种修饰、加工并折叠为正确构象，然后靶向输送至合适的亚细胞部位才能行使各自的生物学功能。蛋白质的生物合成是生命活动中最复杂的过程之一，受多种因素的影响和干扰，因而，其合成过程也就成为许多药物和毒素的作用靶点。

案例导入

患儿，女，12 岁，因双侧耳周肿痛 4 天入院。患儿于入院前 4 天无明显诱因出现双侧耳周肿胀，局部疼痛，腮腺肿大，咀嚼食物时疼痛加重，无头痛、发热、恶心、呕吐、腹痛、腹泻等症状，今来院门诊就诊，门诊医生初诊为"流行性腮腺炎"。查体：体温：36.0 ℃；脉搏：90 次/分；呼吸：24 次/分；血压：110/80 mmHg；体重：40 kg。

治疗：肌肉注射 α-1b 干扰素，剂量 100 万 U/次，每日 1 次，疗程 3～5 天。口服双黄连口服液、板蓝根颗粒等药。

问题：

1. 如何从生物化学的角度分析干扰素治疗流行性腮腺炎的作用机理？

2. 干扰素在临床治疗中的其他应用与不良反应是什么？

案例导入
解析

　NOTE

第一节　蛋白质合成体系

蛋白质生物合成是细胞较为复杂的活动之一。参与细胞内蛋白质生物合成的物质除原料氨基酸外,还需要 mRNA 作为模板,tRNA 作为特异的氨基酸"搬运工具",核糖体作为蛋白质合成的装配场所,有关的酶和蛋白质因子参与反应,并且需要 ATP 或 GTP 提供能量。

一、mRNA 是蛋白质生物合成的模板

从 DNA 分子转录而来的 mRNA 在细胞质内作为蛋白质合成的模板,指导蛋白质的合成。以 mRNA 为模板合成蛋白质就是将 mRNA 的核苷酸序列作为遗传密码(genetic code)转译为蛋白质肽链中的氨基酸序列的过程。

(一)遗传密码

在遗传信息传递过程中,DNA 转录生成 mRNA,mRNA 作为蛋白质合成的直接模板,指导蛋白质多肽链的合成。mRNA 分子上的核苷酸顺序决定了蛋白质分子上氨基酸的排列顺序,这种遗传信息的传递是依靠遗传密码来实现的。从数学观点讲,核酸中有 4 种核苷酸,而组成人体蛋白质的氨基酸是 20 种,因此每个核苷酸代表一种氨基酸密码是不可能的;如果 2 个核苷酸代表一种氨基酸,它们能代表的氨基酸也只有 $16(4^2)$ 种;如果 3 个核苷酸对应一种氨基酸,可能代表的氨基酸数目就是 $64(4^3)$ 种,可以满足编码 20 种氨基酸的需要。研究证明,mRNA 上 3 个相邻的核苷酸编码一种氨基酸,这 3 个连续的核苷酸则被称为三联体密码(triplet code)或密码子(codon)。

人们通过大量实验研究 mRNA 的碱基序列如何转变为蛋白质肽链中的氨基酸序列。用化学合成的 mRNA,在无细胞体系中进行的体外翻译实验表明:用人工合成的 $poly(U)_n$ 代替mRNA,翻译产物是多聚苯丙氨酸;$poly(A)_n$ 和 $poly(C)_n$ 的翻译产物是多聚赖氨酸和多聚脯氨酸,也就是说 UUU、AAA 和 CCC 就分别决定苯丙氨酸、赖氨酸和脯氨酸。Nirenberg 等人通过实验巧妙地破译了所有的 64 种密码子(表 15-1)。其中 AUG 编码甲硫氨酸,也是肽链合成的起始信号,称为起始密码子(initiation codon);而 UAA、UAG、UGA 不编码任何氨基酸,为肽链合成的终止信号,称为终止密码子(termination codon)。

表 15-1　氨基酸密码表

第一位 (5′端)	第二位				第三位 (3′端)
	U	C	A	G	
U	UUU 苯丙氨酸	UCU 丝氨酸	UAU 酪氨酸	UGU 半胱氨酸	U
	UUC 苯丙氨酸	UCC 丝氨酸	UAC 酪氨酸	UGC 半胱氨酸	C
	UUA 亮氨酸	UCA 丝氨酸	UAA 终止密码	UGA 终止密码	A
	UUG 亮氨酸	UCG 丝氨酸	UAG 终止密码	UGG 色氨酸	G
C	CUU 亮氨酸	CCU 脯氨酸	CAU 组氨酸	CGU 精氨酸	U
	CUC 亮氨酸	CCC 脯氨酸	CAC 组氨酸	CGC 精氨酸	C
	CUA 亮氨酸	CCA 脯氨酸	CAA 谷氨酰胺	CGA 精氨酸	A
	CUG 亮氨酸	CCG 脯氨酸	CAG 谷氨酰胺	CGG 精氨酸	G

NOTE

第一位 （5′端）	第二位				第三位 （3′端）
	U	C	A	G	
A	AUU 异亮氨酸	ACU 苏氨酸	AAU 天冬酰胺	AGU 丝氨酸	U
	AUC 异亮氨酸	ACC 苏氨酸	AAC 天冬酰胺	AGC 丝氨酸	C
	AUA 异亮氨酸	ACA 苏氨酸	AAA 赖氨酸	AGA 精氨酸	A
	* AUG 甲硫氨酸	ACG 苏氨酸	AAG 赖氨酸	AGG 精氨酸	G
G	GUU 缬氨酸	GCU 丙氨酸	GAU 天冬氨酸	GGU 甘氨酸	U
	GUC 缬氨酸	GCC 丙氨酸	GAC 天冬氨酸	GGC 甘氨酸	C
	GUA 缬氨酸	GCA 丙氨酸	GAA 谷氨酸	GGA 甘氨酸	A
	GUG 缬氨酸	GCG 丙氨酸	GAG 谷氨酸	GGG 甘氨酸	G

注：* 表示位于 mRNA 起始部位的 AUG 为肽链合成的起始信号。作为起始信号的 AUG 具有特殊性，在原核生物中代表甲酰甲硫氨酸，在真核生物中代表甲硫氨酸。

通过密码子的破译，可以解释 mRNA 中的核苷酸序列如何被翻译成蛋白质肽链中的氨基酸序列，即 mRNA 中的密码子决定肽链中的氨基酸，使得基因的遗传信息通过 mRNA 与蛋白质中的氨基酸序列形成线性对应（colinear）关系。

（二）遗传密码的特点

从原核生物到真核生物，遗传密码有以下几个重要特点：

1. 方向性（sideness） 起始密码子总是位于 mRNA 开放阅读框架的 5′端，终止密码子位于 3′端。由于翻译过程中，核糖体是沿着 5′端向 3′端阅读 mRNA 序列，即从起始密码子 AUG 开始，沿着 5′→3′方向逐一阅读密码子，直到终止密码子，这种方向性决定了新生肽链的合成方向是从 N 端向 C 端延伸（图 15-1）。

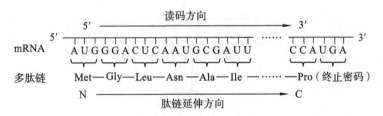

图 15-1 遗传密码的方向性

2. 连续性（commaless） mRNA 序列的阅读是按 5′→3′方向，从 AUG 开始，以三联体密码子的方式连续阅读，直到终止密码子，即为遗传密码的连续性。密码子的连续性决定了密码子阅读不交叉、不重叠和无标点。由于密码子具有连续性，若可读框中插入或缺失了非 3 的倍数的核苷酸，将会引起 mRNA 可读框发生移动，称为移码（frame shift）（图 15-2）。移码导致后续氨基酸编码序列改变，将导致其编码的蛋白质彻底丧失或改变原有功能，称为移码突变（frameshift mutation）。若连续插入或缺失 3 个或 3 的整数倍个核苷酸，则只会在多肽链产物中增加或缺失 1 个或几个氨基酸残基，但不会导致可读框移位。

3. 简并性（degeneracy） 在 64 个密码子中，除了 3 个终止密码子外，余下 61 个密码子可以编码 20 种氨基酸，因此，有的氨基酸可以由多个密码子编码，即一种氨基酸有 2 个或 2 个以上密码子的现象称为简并性。除了 Met 和 Trp 只有 1 个密码子外，其他氨基酸均有 2 个以上密码子，Asn、Asp、Cys、Gln、Glu、His、Lys、Phe 和 Tyr 有 2 个密码子；Ile 有 3 个密码子；Gly、Ala、Pro、Thr 和 Val 有 4 个密码子；Arg、Leu 和 Ser 有 6 个密码子。为同一种氨基酸编码的

NOTE

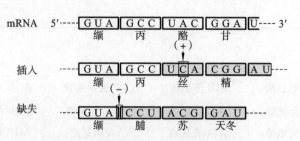

图 15-2 遗传密码的连续性与移码突变

不同密码子称为同义密码子(synonymous codon),例如 CCU、CCC、CCA、CCG 就是脯氨酸的同义密码子。多数情况下,同义密码子的前 2 位碱基相同,差别仅在于第 3 位碱基不同,即密码子的特异性主要由前两位核苷酸决定,第 3 位碱基改变并不影响其所编码的氨基酸,因此,遗传密码的简并性是遗传信息保真机制之一,可减少基因突变所带来的生物学效应。

4. 摆动性(wobble) 在蛋白质生物合成中,密码子通过与 tRNA 的反密码子(anticodon)相互识别配对而发挥翻译作用。密码子的第 3 位碱基与反密码子的第 1 位碱基配对时,有时并不严格遵循 Waston-Crick 碱基配对原则,称为遗传密码的摆动性。例如,tRNA 的反密码子第 1 位碱基为次黄嘌呤(inosine,I),可与 mRNA 密码子第 3 位的 A、C 或 U 配对;反密码子第 1 位的 U 可与密码子第 3 位的 A 或 G 配对;反密码子第 1 位的 G 可与密码子第 3 位的 C 或 U 配对(图 15-3)。由此可见,密码子的摆动性能使一种 tRNA 识别 mRNA 中的多种简并性密码子。密码子与反密码子摆动配对规则如表 15-2 所示。

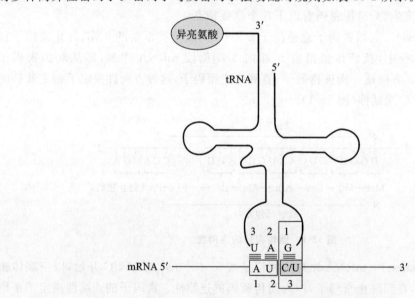

图 15-3 反密码子与密码子的识别与摆动配对

表 15-2 反密码子与密码子碱基摆动配对规则

反密码子第一碱基	A	C	G	U	I
密码子第三碱基	U	G	C,U	A,G	A,C,U

5. 通用性(universal) 从低等生物(如细菌)到高等生物(如人类),都拥有一套共同的遗传密码子,这种现象称为密码子的通用性。密码子的通用性为地球上的生物来自同一起源的进化论提供了有力依据,也使得利用细菌等生物来制造人类蛋白质成为可能。但遗传密码子的通用性并不是绝对的,也有少数例外。例如,在哺乳动物线粒体的遗传密码子中,AUA、AUG、AUC、AUU 为起始密码子;AGA、AGG、UAA、UAG 为终止密码子。

NOTE

（三）阅读框架

阅读框架（reading frame）是 mRNA 上一段有翻译密码的碱基序列。从理论上讲，一个 mRNA 由于从 5′端开始阅读时起始点的不同，就会形成不同的阅读框架，通常只有一种阅读框架能够正确地编码有功能活性的蛋白质，其他阅读框架由于存在太多的终止密码子而无法编码有活性蛋白质（图 15-4）。但在体内蛋白质生物合成过程中，核糖体通过正确识别编码序列中的起始密码子 AUG，开始翻译直至终止密码子，从而将 mRNA 编码区的核苷酸序列转译为蛋白质肽链中的氨基酸序列，这种从起始密码子 AUG 到终止密码子之间的编码序列称为开放阅读框架（open reading frame，ORF）（图 15-5）。

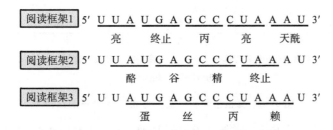

图 15-4　mRNA 序列中可能存在的阅读框架

图 15-5　mRNA 分子中的开放阅读框架

无论原核生物还是真核生物的 mRNA 都有开放阅读框结构以及 5′-非翻译区（5′-untranslated region，5′-UTR）和 3′-非翻译区（3′-untranslated region，3′-UTR）结构。非翻译区为蛋白质合成的调控序列，为非编码序列。原核和真核生物非翻译区结构差异见第三节蛋白质的生物合成过程。

原核生物的数个功能相关结构基因以操纵子形式构成一个转录单位，转录生成的 mRNA 中往往有多个开放阅读框，可编码多种蛋白质，称为多顺反子（polycistron）mRNA。而真核生物的结构基因是独立作为一个转录单位，转录生成的 mRNA 分子中一般只有一个开放阅读框（图 15-6），只编码一种蛋白质，称为单顺反子（monocistron）mRNA。

二、tRNA 是氨基酸的转运工具

翻译时，蛋白质生物合成所需的 20 种氨基酸由其各自特定的 tRNA 负责转运至核糖体。一种氨基酸通常可与 2~6 种对应的 tRNA 特异性结合（与密码子的简并性相适应），但一种 tRNA 只能转运一种特定的氨基酸。能转运特定氨基酸的 tRNA，通常采用右上角标注氨基酸三字母符号的形式加以区别，如 tRNA^{Ala} 表示一种特异转运丙氨酸的 tRNA。

tRNA 上有两个关键的功能部位：一个是位于 3′端的氨基酸结合部位；另一个是 mRNA 结合部位。tRNA 的氨基酸结合部位通过 3′端的 CCA-OH 与氨基酸的 α-羧基之间脱水形成酯键而连接形成氨酰 tRNA，后者是氨基酸的活化形式。mRNA 结合部位是 tRNA 反密码环中的反密码子，可以与 mRNA 上的密码子相互识别并结合。因此，tRNA 既能携带氨基酸，又能识别并结合 mRNA 密码子，是蛋白质生物合成中的接合体（adaptor）分子。

NOTE

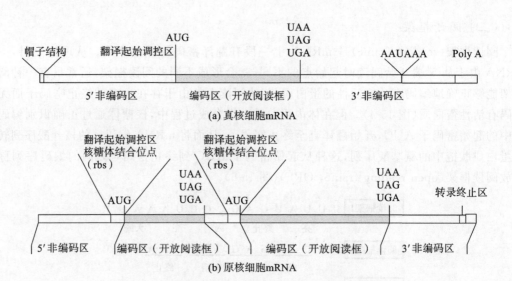

图 15-6　真核生物和原核生物 mRNA 分子的结构

在蛋白质合成过程中,tRNA 结合并转运氨基酸,以氨酰 tRNA 形式进入核糖体,并借助其反密码子识别并结合 mRNA 序列中相应的密码子,使得 tRNA 所携带的氨基酸可以准确地与 mRNA 序列上的密码子"对号入座"。从而保证遗传信息从核酸到蛋白质传递的准确性。

三、核糖体是蛋白质生物合成的场所

合成肽链时,mRNA 与 tRNA 的相互识别、肽链形成、肽链延长等过程全部在核糖体上完成。核糖体类似于一个移动的多肽链"装配厂",沿着模板 mRNA 链从 5′端向 3′端移动。在此期间,携带着各种氨基酸的 tRNA 分子依据密码子与反密码子配对关系快速进出其中,为延长肽链提供氨基酸原料。肽链合成完毕,核糖体立即离开 mRNA 分子。

原核生物的核糖体上存在 A 位、P 位和 E 位这 3 个重要的功能部位。A 位结合氨酰 tRNA,称氨酰位(aminoacyl site);P 位结合肽酰 tRNA,称为肽酰位(peptidyl site);E 位释放已经卸载了氨基酸的 tRNA,称为排出位(exit site)(图 15-7)。

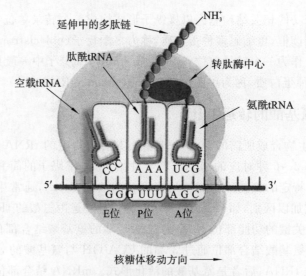

图 15-7　核糖体在翻译中的功能部位

四、蛋白质生物合成需要能源物质、多种酶类和蛋白质因子

蛋白质的生物合成是极其复杂的过程,除需要 ATP 和 GTP 提供能量外,还需要多种酶和蛋白因子参与。

(一)能源物质及离子

为蛋白质生物合成提供能量的是 ATP 和 GTP。蛋白质生物合成需要 Mg^{2+} 和 K^+ 等无机离子参与。

(二)重要的酶类

参与蛋白质生物合成的重要酶有如下几种。

1. 氨酰 tRNA 合成酶 存在于胞液中,催化氨基酸的活化。

2. 转肽酶 是核糖体大亚基的组成成分,催化核糖体 P 位上的肽酰基转移至 A 位氨酰 tRNA 的氨基上,使酰基与氨基结合形成肽键。转肽酶受释放因子的作用后发生变构,表现出酯酶的水解活性,使 P 位上的肽链与 tRNA 分离。

3. 转位酶 其活性存在于延长因子 G 中,催化核糖体向 mRNA 的 3′ 端移动一个密码子的距离,使下一个密码子定位于 A 位。

(三)蛋白质因子

在蛋白质生物合成的各阶段需要多种非核糖体蛋白质因子参与反应(表 15-3、表 15-4)。这些因子只在蛋白质合成过程中与核糖体暂时发生作用,之后会从核糖体复合物中解离出来。

1. 起始因子(initiation factor,IF) 原核生物(prokaryote)和真核生物(eukaryote)的起始因子分别用 IF 和 eIF 表示。

2. 延长因子(elongation factor,EF) 原核生物与真核生物的延长因子分别用 EF 和 eEF 表示。

3. 终止因子(termination factor) 又称释放因子(release factor,RF),原核生物与真核生物的释放因子分别用 RF 和 eRF 表示。原核生物和真核生物各类因子的种类及其生物学功能分别见表 15-3 及表 15-4。

表 15-3 参与原核生物蛋白质生物合成所需的蛋白质因子

种 类		生物学功能
起始因子	IF-1	占据 A 位,防止结合其他氨酰 tRNA
	IF-2	促进 fMet-tRNA$_i^{fMet}$ 与 30S 小亚基结合
	IF-3	促进大小亚基分离,提高 P 位结合 fMet-tRNA$_i^{fMet}$ 的敏感性
延长因子	EF-Tu	结合 GTP,促进氨酰 tRNA 进入 A 位
	EF-Ts	EF-T 的调节亚基,具有 GTP 交换功能
	EF-G	具有转位酶活性,促进核糖体移位及促进 tRNA 卸载与释放
释放因子	RF-1	特异识别终止密码子 UAA、UAG,诱导转肽酶转变成酯酶
	RF-2	
	RF-3	具有 GTP 酶活性,协助 RF-1、RF-2 与核糖体结合

表 15-4　参与真核生物蛋白质生物合成所需的蛋白质因子

种　类		生物学功能
起始因子	eIF-1	多功能因子,参与翻译的多个步骤
	eIF-2	促进 Met-tRNA$_i$^{Met} 与 40S 小亚基结合
	eIF-2B	结合小亚基,促进大小亚基分离
	eIF-3	结合小亚基,促进大小亚基分离;介导 eIF-4F 复合物与小亚基结合
	eIF-4A	eIF-4F 复合物成分,有 RNA 解螺旋酶活性,解除 mRNA 的 5′端发夹结构,使其与小亚基结合
	eIF-4B	结合 mRNA,促进 mRNA 扫描定位起始 AUG
	eIF-4E	eIF-4F 复合物成分,结合 mRNA 的 mRNA5′端帽子结构
	eIF-4G	eIF-4F 复合物成分,结合 eIF-4E、eIF-3 和 PAB
	eIF-5	促进各种起始因子从核糖体释放,进而结合大亚基
	eIF-6	促进无活性的 80S 核糖体的大小亚基分离
延长因子	eEF-1α	结合 GTP,促进氨酰 tRNA 进入 A 位
	eEF-1 βγ	调节亚基
	eEF-2	具有转位酶活性,促进核糖体移位,促进 tRNA 卸载与释放
释放因子	eRF	识别所有终止密码子,具有原核生物各类 RF 的功能

第二节　氨基酸与 tRNA 的连接

　　游离的氨基酸不能直接参与蛋白质的合成。参与肽链合成的各种氨基酸需要与相应的 tRNA 结合,形成各种氨酰 tRNA。该过程是由氨酰 tRNA 合成酶(aminoacyl-tRNA synthetase)所催化的耗能反应。氨基酸与特异的 tRNA 结合形成氨酰 tRNA 的过程称为氨基酸的活化。氨基酸活化是蛋白质生物合成启动的先决条件。

一、氨基酸的活化过程

　　氨基酸的活化反应是通过氨基酸的 α-羧基与特异 tRNA 的 3′端的 CCA-OH 之间失水并以酯键相连,形成氨酰 tRNA。这一反应是由氨酰 tRNA 合成酶催化的耗能反应。氨基酸活化反应过程分为以下两步。

　　第一步:在 Mg^{2+} 或 Mn^{2+} 参与下,由 ATP 供能,氨酰 tRNA 合成酶(E)接纳活化的氨基酸并形成中间复合物。

$$\underset{R-CH-C-OH}{\overset{NH_2\ \ O}{|\ \ \ ||}} + ATP + E \xrightarrow{Mg^{2+} \text{ 或 } Mn^{2+}} \underset{R-CH-C-O-AMP}{\overset{NH_2\ \ O}{|\ \ \ ||}} \cdot E + PPi$$

　　第二步:中间复合物与特异的 tRNA 作用,将氨酰基从 AMP 转移到 tRNA 的氨基酸臂(即 3′-CCA-OH)上,以酯键相连,形成氨酰 tRNA(图 15-8)。

$$\underset{R-CH-C-O-AMP}{\overset{NH_2\ \ O}{|\ \ \ ||}} \cdot E + tRNA-CCA-OH \longrightarrow tRNA-CCA-O-\underset{}{\overset{O\ \ NH_2}{\underset{C-CH-R}{||\ \ \ |}}} + AMP + E$$

　　总反应:

$$氨基酸+tRNA+ATP \xrightarrow[\text{Mg}^{2+}\text{或 Mn}^{2+}]{\text{氨酰 tRNA 合成酶}} 氨酰\ tRNA+AMP+PPi$$

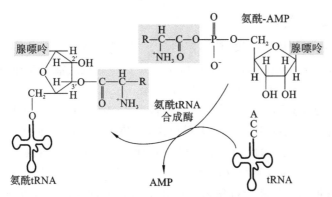

图 15-8 氨酰 tRNA 的合成

二、氨酰 tRNA 合成酶是氨基酸与 tRNA 准确连接的保证

氨基酸与 tRNA 的正确结合,是决定翻译准确性的关键步骤之一,二者连接的准确性是依靠氨酰 tRNA 合成酶来实现的。氨酰 tRNA 合成酶具有高度专一性,既能识别特异的氨基酸,又能辨认可运载该氨基酸的 tRNA。因此,氨酰 tRNA 合成酶对底物氨基酸和相应的 tRNA 都有高度的特异性,保证氨基酸和相应的 tRNA 的准确连接。另外,氨酰 tRNA 合成酶具有校对功能(profreading activity),能将"搭错车"的氨基酸从氨酰-AMP-E 复合物或氨酰 tRNA 中水解释放,再选择与密码子对应的氨基酸,使之重新与 tRNA 连接。在氨酰 tRNA 合成酶的双重功能监控下,以保证氨基酸和 tRNA 结合反应的误差小于 10^{-4}。

已经结合了不同氨基酸的氨酰 tRNA 的表示方法是在其 tRNA 前加氨基酸三字母代号,如 Ala-tRNA^{Ala} 代表可运载丙氨酸的 tRNA 的氨基酸臂上已经结合有丙氨酸。

三、起始氨酰 tRNA

密码子 AUG 可编码甲硫氨酸,同时也是起始密码子。原核生物中,与起始密码子结合的 Met-tRNA^{Met} 与结合开放阅读框架内 AUG 的 Met-tRNA^{Met},在结构上是不同的。前者称为起始氨酰 tRNA,可以在 mRNA 的起始密码子 AUG 处就位,参与形成翻译的起始复合物;后者是参与肽链延长的 Met-tRNA^{Met},为肽链延长提供甲硫氨酸。

真核生物起始氨酰 tRNA 是 Met-tRNA$_i^{\text{Met}}$(initiator-tRNA),而原核生物起始氨酰 tRNA 是 fMet-tRNA$_i^{\text{fMet}}$,其中的甲硫氨酸被甲酰化,成为 N-甲酰甲硫氨酸(N-formyl methionine, fMet)。甲酰化反应由转甲酰基酶催化,将甲酰基从 N^{10}-甲酰四氢叶酸(THFA)转移到甲硫氨酸的 α-氨基上,反应如下:

$$Met\text{-}tRNA_i^{fMet}+N_{10}\text{-甲酰 }FH_4 \xrightarrow{\text{转甲酰基酶}} fMet\text{-}tRNA_i^{fMet}+FH_4$$

第三节 肽链的生物合成过程

蛋白质生物合成是最复杂的生物化学过程之一。无论原核生物还是真核生物,翻译过程均包括起始(initiation)、延长(elongation)和终止(termination)三个阶段。真核生物的肽链合成过程与原核生物的肽链合成过程基本相似,只是反应更复杂、涉及的蛋白质因子更多。

NOTE

一、原核生物蛋白质合成过程

（一）肽链合成的起始

在蛋白质生物合成的启动阶段，核糖体的大、小亚基，mRNA 与 fMet-tRNA$_i^{fMet}$共同构成翻译起始复合物(translational initiation complex)。这一过程还需要 3 种 IF、GTP 和 Mg^{2+}参与。原核生物多肽链合成的起始可以分为以下四步。

1. 核糖体大小亚基分离 IF-3 首先结合到核糖体 30S 小亚基上，可能在其与 50S 大亚基结合的界面上，故能促进核糖体大、小亚基的解离，使核糖体 30S 小亚基从不具活性的核糖体上(70S)释放。IF-1 与小亚基的 A 位结合则能加速解离，避免起始氨酰 tRNA 与 A 位的提前结合，同时也有利于 IF-2 结合到小亚基上。

2. mRNA 与核糖体小亚基定位结合 小亚基与 mRNA 结合时，可准确识别开放阅读框架的起始密码 AUG，而不会结合阅读框架内部的 AUG，使翻译正常启动并正确地翻译出编码蛋白。保证这一结合准确性的机制有两种：①各种 mRNA 的 5′端非翻译区(5′-UTR)内，有一段由 4～9 个核苷酸组成的富含嘌呤碱基的共有序列-AGGAGG-，它可被小亚基的 16S rRNA 3′端一段富含嘧啶的序列(3′-UCCUCC-)识别并配对结合，故该序列被称为核糖体结合位点(ribosomal binding site，RBS)，由于此序列是由 J. Shine 和 L. Dalgarno 发现，故称为 Shine-Dalgarno 序列，简称 SD 序列。②mRNA 上 SD 序列下游，还有一段短核苷酸序列，可被小亚基蛋白 rpS-1 识别并结合。通过以上机制，原核生物 mRNA 上的起始密码 AUG 就可以与核糖体小亚基准确定位并结合(图 15-9)。

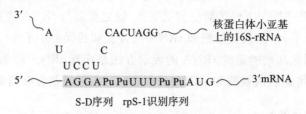

图 15-9 原核生物 mRNA 与核糖体小亚基定位结合

3. fMet-tRNA$_i^{fMet}$结合在 P 位 fMet-tRNA$_i^{fMet}$与核糖体的结合受 IF-2 的控制。IF-2 首先结合 GTP，再与 fMet-tRNA$_i^{fMet}$结合。在 IF-2 的帮助下，fMet-tRNA$_i^{fMet}$识别对应核糖体小亚基 P 位的 mRNA 的起始密码 AUG，并与之结合。此时，A 位被 IF-1 占据，不能结合氨酰tRNA。

4. 核糖体大小亚基结合形成起始复合物 IF-2 具有完整核糖体依赖的 GTP 酶活性。当结合了 mRNA、fMet-tRNA$_i^{fMet}$的小亚基与 50S 大亚基结合形成完整核糖体后，IF-2 的 GTP 酶活性被激活，水解 GTP 释出能量，促使 3 种 IF 释放，形成由完整核糖体、mRNA、fMet-tRNA$_i^{fMet}$组成的翻译起始复合物。至此，fMet-tRNA$_i^{fMet}$占据 P 位，空着的 A 位准备接受一个能与第二个密码子配对的氨酰 tRNA，为多肽链的延伸做好准备。释放的起始因子可参与下一个核糖体的起始作用(图 15-10)。

（二）肽链的延长

肽链的延长是指在 mRNA 编码序列指导下，氨酰 tRNA 转运氨基酸依次进入核糖体，按照密码子的顺序使各种对应氨基酸以肽键相连，聚合成为肽链的过程。这是一个在核糖体上连续重复进行的进位、成肽和转位的循环过程，也被称为核糖体循环(ribsomal cycle)。每完成一次循环，肽链中就会增加 1 个氨基酸残基。肽链延长除需要 mRNA、tRNA 和核糖体外，还需要 GTP 和数种延长因子(elongation factor，EF)等参与。

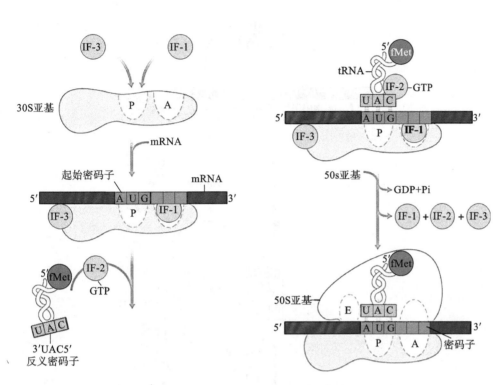

图 15-10　原核生物蛋白质合成的起始复合物的形成过程

1. 进位(entrance)或称注册(registration)　是与 A 位上 mRNA 密码子相对应的氨酰tRNA 进入 A 位的过程。起始复合物形成后,核糖体上的 P 位被 fMet-tRNA$_i^{fMet}$占据,A 位是空留的,并对应着起始密码子 AUG 后的第二个密码子,能进入 A 位的氨酰 tRNA 即是由该密码子决定的。

　　氨酰 tRNA 进位时需要延长因子 EF-T 参与。原核生物的延长因子(EF-T) 属于 G 蛋白家族,有两个亚基,分别为 Tu 及 Ts。当 EF-Tu 与 GTP 结合时释出 Ts 而形成有活性的 EF-Tu-GTP 复合物,结合并协助氨酰 tRNA 进位,当 GTP 水解时,EF-Tu-GDP 复合物失去活性。氨酰 tRNA 进位前,EF-Tu-GTP 通过识别 tRNA 的 TψC 环与氨酰 tRNA 结合,形成氨酰tRNA · EF-Tu-GTP 复合物进入核糖体的 A 位。如果复合物中的氨酰 tRNA 的反密码子不能与 A 位 mRNA 密码子配对,该复合物很快从核糖体脱落;当复合物中的氨酰 tRNA 的反密码子能与 A 位密码子配对时,复合物中的 GTP 水解,释出 EF-Tu-GDP。脱离核糖体的 EF-Tu-GDP,在 EF-Ts 催化下,GTP 置换 GDP,再生成 EF-Tu-GTP,参与下一轮反应(图 15-12)。由于 EF-Tu-GTP 只能与除 fMet-tRNA$_i^{fMet}$以外的氨酰 tRNA 结合,所以起始 tRNA 不会被结合到 A 位,肽链中也不会出现甲酰甲硫氨酸。EF-Tu 的作用是促进氨酰 tRNA 与核糖体的受位结合,而 EF-Ts 是促进 EF-Tu 的再利用(图 15-11)。

2. 成肽(peptide bond formation)　是指在转肽酶(transpeptidase)催化下肽键形成的过程。转肽酶催化 P 位的甲酰甲硫酰 tRNA 的甲酰甲硫酰基(或肽酰 tRNA 的肽酰基)转移到A 位的氨酰 tRNA 的 α-氨基上形成肽键(图 15-12),此步需要 Mg^{2+} 与 K$^+$ 的存在。肽键形成后,肽酰 tRNA 处在 A 位,空载的 tRNA 仍在 P 位。转肽酶位于 P 位和 A 位的连接处并靠近tRNA 的氨基酸臂,现已证实转肽酶的化学本质不是蛋白质,而是 RNA,属于核酶。原核生物的转肽酶是由核糖体大亚基中的 23S rRNA 的一个腺嘌呤直接催化肽键形成。

3. 转位(translocation)　转位酶催化下,核糖体向 mRNA 的 3′端移动一个密码子的距离,使下一个密码子进入 A 位,而原位于 A 位的肽酰 tRNA 移入 P 位的过程称为转位。原处

NOTE

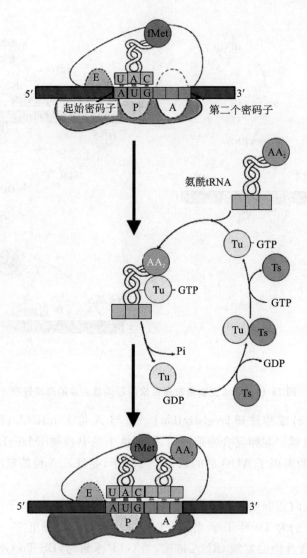

图 15-11　原核生物肽链延长阶段的进位反应

于 P 位的空载的 tRNA 移入 E 位并从此处排出(图 15-13)。原核生物的转位酶(translocase)是延长因子 G(elongation factor G,EF-G),EF-G 结合并水解 1 分子 GTP 供能,促使核糖体向 mRNA 的 3′ 端移动一个密码子的距离。此时 A 位空留,等待下一个氨酰 tRNA·EF-Tu-GTP 复合物进位。至此,通过进位、成肽、转位三步反应,肽链中增加了一个氨基酸残基。

随着核糖体沿 mRNA 5′→3′ 方向不断逐个阅读密码子,进位-成肽-转位的循环过程连续进行,每次循环肽链中增加一个氨基酸残基,从而使肽链从 N 端向 C 端方向逐渐延长(图 15-14)。

(三)肽链合成终止

肽链合成终止是指在肽链合成过程中,核糖体 A 位出现终止密码子,多肽链合成停止,肽链释放,mRNA 及核糖体大、小亚基等分离的过程。这一过程需要释放因子(release factor,RF)和核糖体释放因子(ribosome release factor,RRF)的参与。原核生物有三种 RF,分别为RF-1、RF-2 和 RF-3。RF-1 能够特异识别 UAA 和 UAG,RF-2 能够识别 UAA 和 UGA,RF-3不识别终止密码子,但具有 GTP 酶活性,可结合并水解 GTP,从而促进 RF-1、RF-2 与核糖体结合。(图 15-15)

当终止密码子进入核糖体的 A 位时,终止密码子不能被任何氨酰 tRNA 识别和进位,只

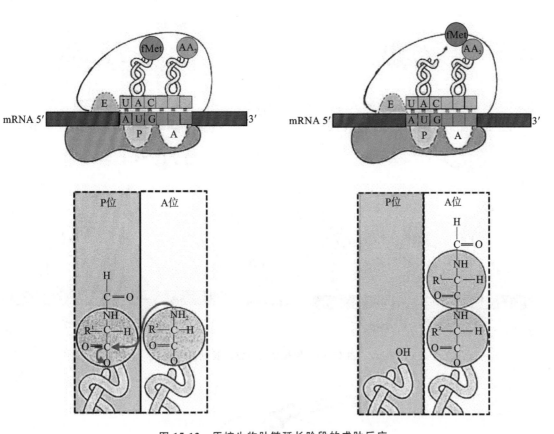

图 15-12　原核生物肽链延长阶段的成肽反应

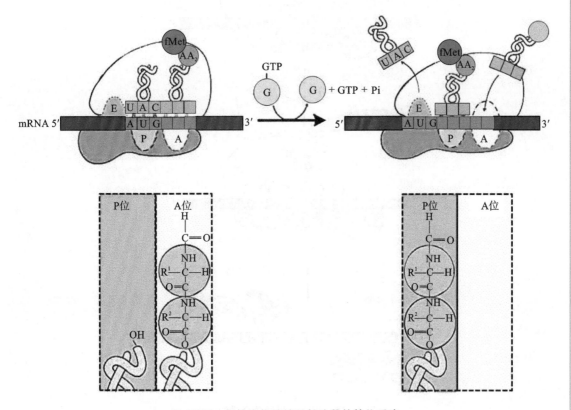

图 15-13　原核生物肽链延长阶段的转位反应

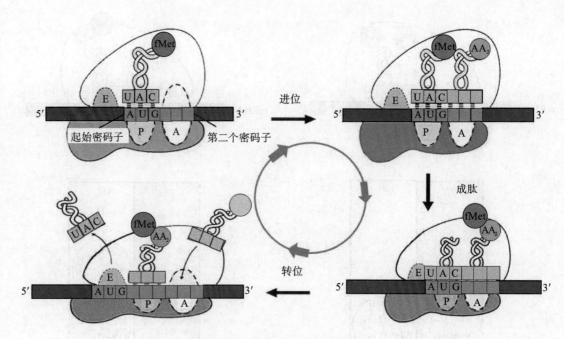

图 15-14　原核生物肽链延长过程

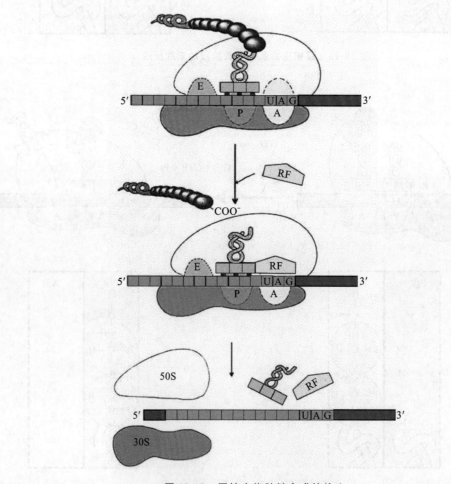

图 15-15　原核生物肽链合成的终止

有释放因子 RF-1 和 RF-2 在 RF-3 的协助下可识别结合终止密码。RF 识别并结合在 A 位的终止密码子,会引发核糖体构象改变使其肽酰转移酶活性转变为酯酶活性,从而使处于 P 位的肽酰 tRNA 的肽链 C 末端酯键水解,释放出多肽链。在 RF 的作用下,mRNA 和 tRNA 从核糖体上脱落下来。核糖体在 IF-3 的作用下解离,30S 小亚基又可以进入另一轮肽链合成的起始过程。

二、真核生物肽链合成过程

真核生物与原核生物的蛋白质合成过程基本相似,差别在于其合成反应更复杂,涉及的蛋白因子更多。

（一）肽链合成的起始

真核生物的翻译起始复合物的形成大致经过以下几个步骤。

1. 核糖体大小亚基分离 起始因子 eIF-2B、eIF-3 与核糖体小亚基结合,在 eIF-6 的参与下,促进核糖体大小亚基分离。

2. Met-tRNA$_i^{Met}$ 定位结合于小亚基 P 位 在 eIF-2B 的协助下,eIF-2 结合 GTP 再与 Met-tRNA$_i^{Met}$ 结合形成 Met-tRNA$_i^{Met}$ · GTP-eIF-2 三元复合物,该复合物结合于小亚基 P 位,从而使 Met-tRNA$_i^{Met}$ 结合小亚基 P 位,形成 43S 前起始复合物（Met-tRNA$_i^{Met}$-小亚基）。

3. mRNA 与核糖体小亚基定位结合 43S 前起始复合物,沿着 mRNA5′→3′方向对起始密码子扫描定位,随后 Met-tRNA$_i^{Met}$ 的反密码子识别并结合起始密码子 AUG,形成 48S 前起始复合物。mRNA 与核糖体小亚基定位结合依赖以下两种机制:

（1）帽子结合蛋白复合物（eIF-4F 复合物）的形成 eIF-4F 复合物包括 eIF-4E、eIF-4G、eIF-4A 等组分。eIF-4E 识别结合 mRNA5′帽子结构,eIF-4G 结合 polyA 尾结合蛋白 PAB,再与 eIF-3 一起结合核糖体小亚基,形成复合物（Met-tRNA$_i^{Met}$-小亚基 · eIF-3 · eIF-4F · mRNA）。然后由 ATP 提供能量,待 eIF-4F 从复合物中脱落后,Met-tRNA$_i^{Met}$-小亚基复合物从 mRNA 5′端开始滑动扫描,直到 Met-tRNA$_i^{Met}$ 的反密码子与起始密码子 AUG 识别并结合,使 mRNA 最终在核糖体小亚基准确定位、结合。eIF-4A 有 RNA 解螺旋酶活性,可松解 mRNA 的 AUG 上游 5′-UTR 的二级结构,以利于 mRNA 的扫描。eIF-4 可促进扫描过程。

（2）Kozak 共有序列的识别 真核生物起始 AUG 上游没有 SD 序列,但有与之功能相似的 Kozak 共有序列（Kozak consensus sequence）,它是小亚基 18SrRNA 的识别和结合位点。Kozak 共有序列,也称为 Kozak 序列,是指真核生物的起始密码子常位于一段共有序列 CCRCCAUGG（R 为 A 或 G）中,由 Marilyn Kozak 阐明其功能。

4. 核糖体大小亚基结合 48S 起始复合物 定位起始密码子后,在 eIF-5 的作用下,GTP-eIF-2 中 GTP 水解供能,各种 eIF 从 48S 起始复合物中脱落,同时 60S 大亚基与小亚基结合,形成 80S 翻译起始复合物（图 15-16）。

（二）肽链的延长

真核生物肽链延长过程和原核生物基本相似,只是反应体系和延长因子不同。转肽酶活性是指真核生物大亚基中 28SrRNA 中一个腺嘌呤可以直接催化肽键形成。另外,真核细胞核糖体没有 E 位,转位时卸载的 tRNA 直接从 P 位脱落。

（三）肽链合成的终止

真核生物肽链合成的终止过程尚不清楚,目前仅发现一种释放因子 eRF,可以识别全部 3 种终止密码子。

真核生物与原核生物蛋白质合成有很多共同点,但也有差别（表 15-5）。

NOTE

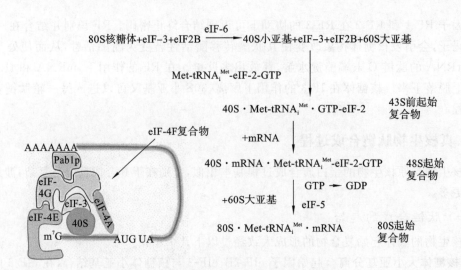

图 15-16 真核生物的翻译起始复合物的形成

表 15-5 真核生物与原核生物蛋白质生物合成过程的比较

	真 核 生 物	原 核 生 物
遗传密码	相同	相同
翻译体系	相似	相似
转录与翻译	不偶联	偶联
起始因子	多,起始复杂	少,相对简单
mRNA	帽子、尾巴、单顺反子	SD 序列、多顺反子
核糖体及亚基	80S(40S、60S)	70S(30S、50S)
起始-tRNA	Met-tRNA$_i^{Met}$	fMet-tRNA$_i^{fMet}$
起始阶段	9~10 种 eIF、ATP	3 种 IF、ATP、GTP
延长阶段	eEF-1、eEF-2	EF-Tu、EF-Ts
终止阶段	1 种 eRF	3 种(RF-1、RF-2、RF-3)

　　蛋白质的生物合成是耗能过程,在肽链延长的过程中,每生成一个肽键,需要 2 分子 GTP(进位与移位时各 1 分子)提供能量,即消耗 2 个高能磷酸键。再加上氨基酸活化所消耗的 2 个高能磷酸键,所以蛋白质合成过程中,每生成一个肽键,至少需要消耗 4 个高能磷酸键。这些能量供给是保证遗传信息从 mRNA 到蛋白质的传递高保真性的重要机制之一。

　　无论在原核细胞还是真核细胞内,1 条 mRNA 模板上都可附着 10~100 个核糖体。这些核糖体依次结合于起始密码子并沿 mRNA 5′→3′方向移动,同时进行同一条肽链的合成。多个核糖体结合在 1 条 mRNA 链上所形成的聚合物称为多聚核糖体(polyribosome 或 polysome)(图 15-17)。多聚核糖体的形成可以使蛋白质肽链的合成高速度、高效率地进行。

　　原核生物的转录和翻译过程紧密偶联,转录尚未完成时已有核糖体结合于 mRNA 分子的 5′端开始翻译。真核生物的转录发生在细胞核,翻译发生在细胞质,因此这两个过程分隔进行。

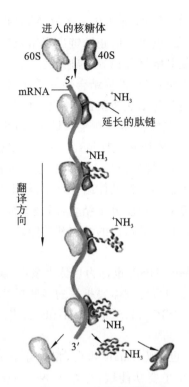

进入的核糖体

60S   40S

mRNA

5'

$^+NH_3$

延长的肽链

翻译方向

$^+NH_3$

$^+NH_3$

$^+NH_3$

3' $^+NH_3$

图 15-17　多聚核糖体

第四节　蛋白质合成后的加工和靶向输送

从核糖体中释放的新生多肽链是不具有生物活性的,必须经过复杂的加工过程才能转变为具有天然构象的活性蛋白质,这一过程称为翻译后加工(post-translational processing)。

蛋白质合成后还需要被输送到合适的亚细胞部位才能行使各自的生物学功能。有的蛋白质驻留于细胞质,有的被运输到细胞器或嵌入细胞膜,还有的被分泌到细胞外。蛋白质合成后在细胞内被定向输送到其发挥作用部位的过程,称为蛋白质靶向输送(protein targeting)或蛋白质分选(protein sorting)。

一、翻译后加工

翻译后加工主要包括多肽链折叠、一级结构修饰和空间结构修饰等。

(一)多肽链折叠

新合成的多肽链经过折叠形成一定的空间结构才能具有生物学活性。一般认为,多肽链折叠的信息全部储存于其氨基酸序列中,即一级结构是空间结构的基础。况且线性多肽链折叠成天然空间构象是一种释放自由能的自发过程,但在细胞内,这种折叠不是自发完成的,需要一些酶和蛋白质的辅助。能帮助蛋白质的多肽链按特定的方式正确折叠的辅助性蛋白质,称为分子伴侣(molecular chaperon)。分子伴侣是广泛存在于原核生物和真核生物中的一类保守蛋白,它们参与蛋白质折叠、组装、转运和降解等过程,之后与蛋白质分离。

对分子伴侣参与蛋白质折叠的机制已有所认识,主要包括以下几种机制:① 封闭待折叠肽链暴露的疏水区段,防止错误的聚集发生,有利于正确折叠;② 创建一个隔离的环境,可以使肽链的折叠互不干扰;③ 促进肽链折叠和去聚集;④ 遇到应激刺激,使已折叠的蛋白质去

NOTE

折叠。许多分子伴侣具有 ATP 酶活性,通过利用水解 ATP 提供能量,可逆地与未折叠肽段的疏水区段结合或松开,如此反复,就可以防止肽链出现错误折叠或聚集。如果已出现错误聚集,分子伴侣识别并与之结合,使其解聚并诱导正确折叠。

细胞内分子伴侣可分为两大类:①核糖体结合性分子伴侣,包括触发因子和新生链相关复合物;②非核糖体结合性分子伴侣,包括热激蛋白、伴侣蛋白等。

核糖体结合性分子伴侣结合在核糖体和新生肽链上,阻止肽链的错误折叠或过早折叠。如触发因子(trigger factor)与核糖体和新生肽链结合后,可以强化核糖体本身所具有的阻止多肽链折叠缠绕的作用,两者协同可抑制新生多肽链的过早折叠。

非核糖体结合性分子伴侣不需要与核糖体结合,多与新生肽链或蛋白质分子结合,帮助肽链正确折叠。如与发生错误折叠的蛋白质分子结合,可使其恢复正常构象。这类分子伴侣的种类最多,以下主要介绍热激蛋白、伴侣蛋白的结构和功能。

1. 热激蛋白

热激蛋白(heat shock protein,HSP)也称为热休克蛋白,属于应激反应性蛋白质,高温应激可诱导该蛋白质合成。热激蛋白可促进需要折叠的多肽折叠为有天然空间构象的蛋白质。

大肠杆菌的热激蛋白包括 HSP70、HSP40 和 GrpE 三族。各种生物都有相应的同源蛋白,有多种细胞功能。

HSP70 由 DnaK 基因编码,也称为 DnaK 蛋白,相对分子量约为 70000,是热激蛋白家族中最重要的成员。HSP70 有两个主要功能域:存在于 N-端的高度保守的 ATP 酶结构域,能结合和水解 ATP;存在于 C-端的肽链结合结构域(图 15-18)。帮助肽链折叠需要这两个结构域的相互作用及 HSP40(亦称 DnaJ)和 GrpE 的协助。在 ATP 存在条件下,HSP70 和 HSP40 的相互作用可阻止肽链聚集。GrpE 分子量为 22KD,作为核苷酸交换因子,是控制 HSP70 的 ATP 酶活性及肽链释放的开关。

图 15-18　大肠杆菌 HSP70(DnaK)的结构

热激蛋白促进肽链折叠的过程称为 HSP70 循环(图 15-19)。HSP40 先与未折叠或部分折叠的肽链结合,将肽链导向 HSP70-ATP 复合物,激活 HSP70 的 ATP 酶活性,使 ATP 水解,从而形成 HSP40·HSP70-ADP·肽链三元复合物。随后 GrpE 催化 ATP 与 ADP 交换,复合物解体,释放出完成折叠或部分折叠的肽链。尚未完成折叠肽链可进入下一轮 HSP70 循环或 Gro EL,继续折叠直至完成肽链折叠。

人类细胞中 HSP 蛋白质家族可存在于胞浆、内质网腔、线粒体、胞核等部位,涉及多种细胞保护功能:如使线粒体和内质网蛋白质保持未折叠状态而转运、跨膜,再折叠成功能构象;通过类似上述机制,避免或消除蛋白质变性后因疏水基团暴露而发生的不可逆聚集,以利于清除变性或错误折叠的多肽中间物等。

2. 伴侣蛋白 Gro EL 和 Gro ES

伴侣蛋白(chaperonin)是分子伴侣的另一家族,如大肠杆菌的 Gro EL 和 Gro ES(真核细胞中同源物为 HSP60 和 HSP10)等家族,其主要作用是为未完成折叠或已发生错误折叠的肽链提供便于折叠形成天然空间构象的微环境。

Gro EL 是由 14 个相同亚基组成的多聚体,每个亚基的相对分子质量为 60000,也称为 HSP60。14 个相同亚基可形成 2 组环状七聚体,上下环堆积为桶状空腔,顶部为空腔出口。Gro EL 的每个亚基结合 1 分子 ATP,为肽链折叠或释放提供能量。Gro ES 是由 7 个相同亚

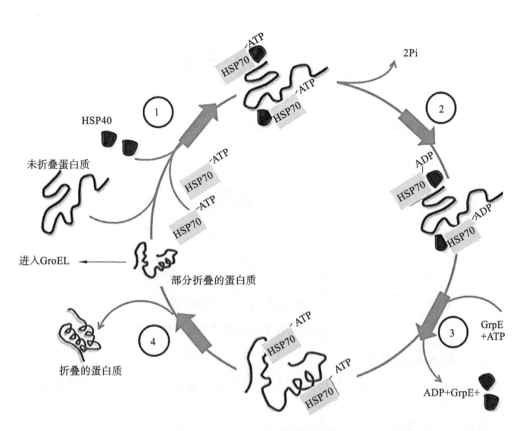

图 15-19 HSP70 辅助肽链折叠过程

基(每个亚基相对分子质量为 10000,亦称 HSP10)组成的圆顶状复合物,可作为 Gro EL 桶的盖子(图 15-20)。

图 15-20 Gro EL-Gro ES 复合物

注:左图为复合物整体结构;右图为复合物纵切图

Gro EL-Gro ES 复合物协助肽链折叠的过程:需要折叠的肽链进入 Gro EL 桶状空腔,Gro ES 瞬时盖"盖子"封闭 Gro EL 桶状出口,形成 Gro ES-Gro EL 复合物。复合物的形成使得桶状空腔扩大,为肽链完成折叠提供微环境;同时上层环状七聚体中各亚基结合的 ATP 水解,释放能量,促进肽链折叠;随后下层环状七聚体中各亚基结合的 ATP 水解,释放能量供折叠后的肽链从复合物中释放。Gro ES-Gro EL 复合物可被再利用,尚未完全折叠的肽链可进入下一个循环再折叠,直至形成天然空间构象(图 15-21)。

从以上所述可以看出,分子伴侣并未加快肽链的折叠速度,而是通过抑制不正确的折叠,增加功能性蛋白质折叠产率,从而促进了蛋白质的折叠。

除了分子伴侣协助肽链折叠以外,还有一些异构酶(isomerase)也是某些肽链折叠所必需,如蛋白质二硫键异构酶(protein disulfide isomerase,PDI)和肽酰-脯氨酸顺反异构酶(peptide prolyl cis-trans isomerase,PPI)等。PDI 帮助肽链内或链间二硫键的正确形成,PPI 可使肽链在各脯氨酸弯折处形成正确折叠,这些都是蛋白质形成正确空间构象并行使其生物学功能所必需的。

NOTE

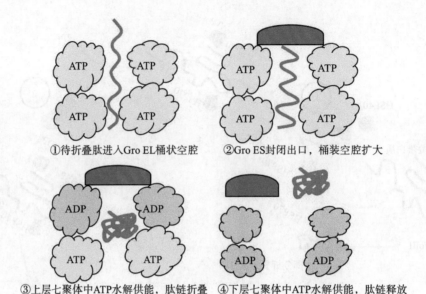

①待折叠肽进入 Gro EL 桶状空腔　②Gro ES 封闭出口，桶装空腔扩大

③上层七聚体中 ATP 水解供能，肽链折叠　④下层七聚体中 ATP 水解供能，肽链释放

图 15-21　Gro EL-Gro ES 复合物中肽链折叠过程

（二）一级结构的修饰

由于不同蛋白质的一级结构与功能不同，修饰作用也有差异，新生多肽链通过肽链水解、化学修饰等作用后成熟。

1. 肽链 N 端的修饰

在蛋白质合成过程中，N-端氨基酸总是甲酰甲硫氨酸（原核生物）或甲硫氨酸（真核生物），但大多数天然蛋白质 N 端第一位氨基酸不是甲酰甲硫氨酸或甲硫氨酸。这是因为细胞内的氨基肽酶或氨肽酶可去除多肽链 N 端蛋氨酸、甲酰蛋氨酸或 N-末端的部分肽段。此过程可在肽链合成中进行，不一定要等肽链合成终止才发生。

2. 个别氨基酸的化学修饰

某些蛋白质肽链中存在可被共价修饰的氨基酸残基，共价修饰对这些蛋白质发挥正常生物学功能是必需的。共价修饰包括羟基化（如胶原蛋白）、糖基化（各种糖蛋白）、磷酸化（糖原磷酸化酶等）、乙酰化（如组蛋白）、羧基化和甲基化（细胞色素 c、肌肉蛋白等）等。这些共价修饰作用通常在细胞的内质网中进行。

（1）羟基化　在结缔组织的蛋白质内常出现羟脯氨酸、羟赖氨酸，这两种氨基酸并无遗传密码，是在肽链合成后由脯氨酸、赖氨酸残基经过羟化产生的。羟化作用有助于维持胶原蛋白螺旋的稳定。

（2）糖基化　许多膜蛋白和分泌蛋白均是糖蛋白，它们是多肽链在合成中或合成后，以共价键与单糖或寡糖链连接而生成，此过程通常在内质网或高尔基体中完成。糖可连接在天冬酰胺的酰胺上（N-连接寡糖）或丝氨酸、苏氨酸或羟赖氨酸的羟基上（O-连接寡糖）。糖基化是多种多样的，可以在同一条肽链的同一位点连接不同的寡糖，也可在不同位点连接寡糖。

（3）磷酸化　蛋白质的可逆磷酸化在细胞生长和代谢调节中有重要作用。磷酸化发生在翻译后，由多种蛋白激酶催化，可将磷酸基团连接于丝氨酸、苏氨酸和酪氨酸的羟基上，而磷酸酯酶则催化脱磷酸作用。

（4）乙酰化　蛋白质的乙酰化普遍存在于原核生物和真核生物中。乙酰化有两种类型：一类是由结合于核糖体的乙酰基转移酶将乙酰 CoA 的乙酰基转移至正在合成的多肽链上，如卵清蛋白的乙酰化；另一类是在翻译后由胞液的酶催化发生乙酰化，如肌动蛋白乙酰化。此外，细胞核内组蛋白上的赖氨酸也可乙酰化。

（5）羧基化 一些蛋白质的谷氨酸和天冬氨酸在羧化酶的催化下可发生羧化作用。如参与血液凝固过程的凝血酶原（prothrombin）中的谷氨酸在翻译后羧化成 γ-羧基谷氨酸,后者可以与 Ca^{2+} 螯合。

（6）甲基化 有些蛋白质多肽链中赖氨酸可被甲基化,如细胞色素 c 中含有一甲基或二甲基赖氨酸,而大多数生物的钙调蛋白含有三甲基赖氨酸。有些蛋白质中的谷氨酸的羧基也发生甲基化。

3. 多肽链的水解修饰

有些新合成的多肽链要在专一性蛋白酶的作用下切除部分肽段或氨基酸残基才具有活性。如分泌蛋白质要切除 N 端信号肽,才能形成有活性的蛋白质。无活性的酶原转变为有活性的酶,常需要切除去掉一部分肽链。真核细胞中通常一个基因对应一个 mRNA,一个 mRNA 对应一条多肽链。但是也有些多肽链经过翻译后加工,适当地水解修剪,可以产生几种不同性质的蛋白质或多肽,使真核生物的翻译产物具有多样性。如脑垂体产生的鸦片促黑皮质素原（pro-opio-melano-cortin,POMC）,由 265 个氨基酸残基构成,经水解后可产生 β-内啡肽（3-endorphin,十一肽）、β-促黑激素（melanocyte-stimulating hormone,β-MSH,十八肽）、促肾上贤皮质激素（corticotropin,ACTH,三十九肽）和 β-脂肪酸释放激素（lipotropin,β-LT,九十一肽）等至少十种活性物质。

胰岛素在初合成时,并非是具有正常生理活性的胰岛素,而是其前体——前胰岛素原,其 N-末端为由 23 个氨基酸残基组成的信号肽。A 链含 21 个氨基酸残基,B 链含 30 个氨基酸残基;C 肽又称连接肽,含 33 个氨基酸残基。切除信号肽后前胰岛素原变为胰岛素原,再切除连接肽后则变为胰岛素（图 15-22）。血浆蛋白的主要成分清蛋白,在肝细胞中合成时,也只是其前体清蛋白原。清蛋白原需在氨基端去掉 5～6 个氨基酸残基组成的肽段,才能成为清蛋白。

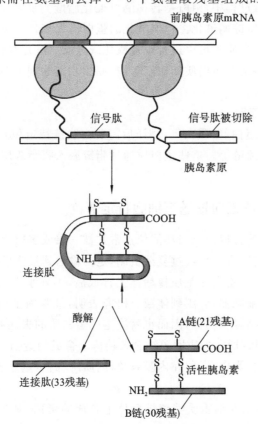

图 15-22 胰岛素合成过程的水解修饰

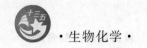
因此这类合成后的加工,是分泌蛋白生成过程的一种普遍现象。原核生物细胞内脱甲酰基酶切除新生肽链的 N-甲酰基,以及真核生物细胞内通过氨基肽酶的作用切除某些新生蛋白质的 N-末端、甲硫氨酸残基或末端的一段肽链,也属于水解修饰。

(三)高级结构修饰

多肽链合成后,除了正确折叠为天然空间构象外,有些蛋白质还需某些空间结构修饰,才能成为具有完整天然构象和全部生物学功能的蛋白质。

1. 亚基聚合

具有四级结构的蛋白质由两条以上的多肽链通过非共价键聚合形成寡聚体才能形成特定构象并具生物活性。各亚基虽各自具有独立功能,但必须相互依存,才能发挥作用。这种聚合过程往往有一定顺序,前一步骤常可促进后一步骤的进行。例如,正常成人血红蛋白(HbA)由两条 α 链、两条 β 链及四个血红素构成。α 链在多核糖体合成后自行释放,并与尚未从多核糖体上释放的 β 链相连,然后一并从核糖体上脱落,形成游离的 α、β 二聚体。此二聚体与线粒体内生成的两个血红素结合,形成半分子血红蛋白,两个半分子血红蛋白相互结合才能成为有独立功能的 HbA($\alpha_2\beta_2$血红素)。

2. 辅基连接

蛋白质分为单纯蛋白质及结合蛋白质两大类,糖蛋白、脂蛋白及各种带有辅酶的酶,都是常见的重要结合蛋白质。对于结合蛋白质来说,含有辅基成分,所以也要与辅基部分结合后才具有生物学功能。辅基与肽链的结合是复杂的生化过程。细胞膜含有很多糖蛋白,肽链合成后,在内质网及高尔基体中糖基转移酶的作用下,其天冬酰胺或丝氨酸、苏氨酸残基糖基化而形成糖蛋白,然后向细胞外分泌。某些蛋白质分子中含有共价相连的脂质,这些脂质是在肽链由内质网向高尔基体移行过程中,由酰基转移酶可催化脂酸与肽链上的 Ser 或 Thr 的羟基以酯键结合,而使新生蛋白质棕榈酰化。棕榈酰化的蛋白质大多是定位于膜上的整合蛋白,其中许多是受体蛋白。有的蛋白质也可以进行豆蔻酰化或异戊二酰化修饰。脂质共价修饰可影响蛋白质的生物功能。其他结合蛋白质如血红蛋白、脂蛋白等也是在肽链合成后再与相应的辅基结合而形成结合蛋白质。

3. 疏水脂链的共价连接

某些蛋白质,如 Ras 蛋白、G 蛋白等,翻译后需要在肽链特定位点共价连接一个或多个疏水性强的脂链、多异戊二烯链等。这些蛋白质通过脂链嵌入膜脂双层,定位成为特殊质膜内在蛋白,才具有生物学功能。

二、蛋白质合成后被靶向输送至细胞特定部位

在生物体内,蛋白质的合成位点与功能位点常常被一层或多层生物膜隔开,这样就产生了蛋白质转运的问题。蛋白质合成后经过复杂机制,定向输送到最终发挥生物功能的部位,即蛋白质的靶向输送。真核生物蛋白在胞质核糖体上合成后,不外乎有三种去向:保留在胞液,进入细胞核、线粒体或其他细胞器,分泌到体液。研究表明,细胞内蛋白质的合成有两个不同的位点,即游离核糖体与膜结合核糖体,因而也就决定了蛋白质的去向和转运机制不同。

1. 翻译运转同步机制:指在内质网膜结合核糖体上合成的蛋白,其合成与运转同时发生,包括细胞分泌蛋白、膜整合蛋白、滞留在内膜系统(内质网、高尔基复合体、内体、溶酶体和小泡等)的可溶性蛋白。

2. 翻译后运转机制:指在细胞质游离核糖体上合成的蛋白,其蛋白从核糖体释放后才发生运转,包括预定滞留在细胞质基质中的蛋白、质膜内表面的外周蛋白、核蛋白以及参与到其他细胞器(线粒体、过氧化物酶体、叶绿体)的蛋白等。上述所有靶向输送的蛋白质结构中均存

在分选信号,主要为 N-末端特异氨基酸序列,可引导蛋白质转移到细胞的适当靶部位,这类序列称为信号序列(signal sequence),是决定蛋白靶向输送特性的最重要元件。20 世纪 70 年代,美国科学家 Günter Blobel 发现当很多分泌性蛋白跨过细胞膜性结构时,需切除 N-末端的短肽,由此提出著名的"信号假说",即蛋白质分子被运送到细胞不同部位的"信号"存在于其一级结构中,Blobel 因此荣获了 1999 年度的诺贝尔生理/医学奖。靶向不同的蛋白质有其特异的信号序列或成分(表 15-6)。下面重点讨论分泌蛋白、线粒体蛋白及核蛋白的靶向输送过程。

表 15-6 靶向输送蛋白的信号序列或成分

靶向输送蛋白	信号序列或成分
分泌蛋白	N-末端信号肽,13～36 个氨基酸残基
内质网腔驻留蛋白	N-末端信号肽,C-末端-Lys-Asp-Glu-Leu-COO-(KDEL 序列)
内质网膜蛋白	N-末端信号肽,C-末端 KKXX 序列(X 为任意氨基酸)
线粒体蛋白	N-末端信号序列,两性螺旋,12～30 个残基,富含 Arg、Lys
核蛋白	核定位序列(-Pro-Pro-Lys-Lys-Arg-Lys-Val-,SV40T 抗原)
过氧化物酶体蛋白	C-末端-Ser-Lys-Leu-(SKL 序列)
溶酶体蛋白	Man-6-P(甘露糖-6-磷酸)

（一）分泌蛋白的靶向输送

细胞分泌蛋白、膜整合蛋白及滞留在内质网、高尔基体、溶酶体的可溶性蛋白均在内质网膜结合核糖体上合成,并且边翻译边进入内质网(ER),使翻译与运转同步进行。这些蛋白质首先被其 N-末端的特异信号序列引导进入内质网,然后再由内质网包装转移到高尔基体,并在此分选投送,或分泌出细胞,或被送到其他细胞器。

1. 信号肽(signal peptide) 各种新生分泌蛋白的 N-末端都有保守的氨基酸序列,称为信号肽,长度一般在 13～36 个氨基酸残基之间,有如下三个特点：①N-末端常常有 1 个或几个带正电荷的碱性氨基酸残基,如赖氨酸、精氨酸;② 中间为 10～15 个残基构成的疏水核心区,主要含疏水中性氨基酸,如亮氨酸、异亮氨酸等;③C-末端多以侧链较短的甘氨酸、丙氨酸结尾,紧接着是被信号肽酶(signal peptidase)裂解的位点。

2. 分泌蛋白的运输机制 为翻译运转同步进行。分泌蛋白靶向进入内质网,需要多种蛋白成分的协同作用。

（1）信号肽识别颗粒(signal recognition particles,SRP)：是 6 个多肽亚基和 1 个 7S RNA 组成的 11S 复合体。SRP 至少有三个结构域：信号肽结合域、SRP 受体结合域和翻译停止域。当核蛋白体上刚露出肽链 N-末端信号肽时,SRP 便与之结合并暂时终止翻译,从而保证翻译起始复合物有足够的时间找到内质网膜。SRP 还可结合 GTP,有 GTP 酶活性。

（2）SRP 受体：内质网膜上存在着一种能识别 SRP 的受体蛋白,称 SRP 受体,又称 SRP 锚定蛋白(docking protein,DP)。DP 由 α(相对分子质量为 69000)和 β(相对分子质量为 30000)两个亚基构成,其中 α 亚基可结合 GTP,有 GTP 酶活性。当 SRP 受体与 SRP 结合后,即可解除 SRP 对翻译的抑制作用,使翻译同步分泌得以继续进行。

（3）核糖体受体：也为内质网膜蛋白,可结合核糖体大亚基使其与内质网膜稳定结合。

（4）肽转位复合物(peptide translocation complex)：为多亚基跨 ER 膜蛋白,可形成新生肽链跨 ER 膜的蛋白通道。

分泌蛋白翻译同步运转的主要过程：①胞液游离核糖体组装,翻译起始,合成出 N-端包括信号肽在内的约 70 个氨基酸残基。②SRP 与信号肽、GTP 及核糖体结合,暂时终止肽延伸。③SRP 引导核糖体-多肽-SRP 复合物,识别结合 ER 膜上的 SRP 受体,通过水解 GTP 使 SRP 解离并再循环被利用,从而使多肽链继续延长。④与此同时,核糖体大亚基与核糖体受体结合,锚定在 ER 膜上,水解 GTP 供能,诱导肽转位复合物开放形成跨 ER 膜通道,新生肽链 N-末端信号肽随即插入此孔道,使肽链边合成边进入内质网腔。⑤内质网膜的内侧面存在信号肽酶,通常在多肽链合成约 80% 以上时,将信号肽切除,肽链本身继续延长,直至合成终止。⑥多肽链合成完毕,全部进入内质网腔内。内质网腔内的 HSP70 消耗 ATP,促进肽链折叠成功能构象,然后输送到高尔基体,并在此继续加工后储于分泌小泡,最后将蛋白分泌出胞外。⑦蛋白质合成结束,核糖体等各种成分解聚并恢复到翻译起始前的状态,以备再循环利用(图 15-23)。

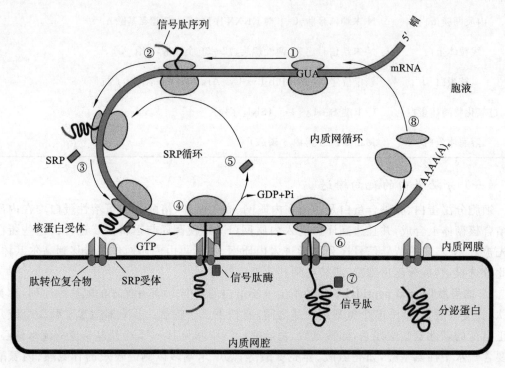

图 15-23　信号肽引导分泌蛋白进入内质网过程

(二)大部分线粒体蛋白在细胞质合成后靶向输入线粒体

线粒体虽然自身含有 DNA、mRNA、tRNA 和核糖体等,可以进行蛋白质的合成,但绝大部分线粒体蛋白(超过 95%,约 1100 种)是由细胞核基因组的基因编码,它们在细胞质中的游离核糖体中合成后靶向输送到线粒体,其中大部分定位于线粒体基质,其他定位于线粒体内、外膜或膜间隙。

定位于线粒体基质的蛋白质,其前体分子的 N 端包含前导肽序列,由 20～35 个氨基酸残基组成,富含丝氨酸、苏氨酸和碱性氨基酸。这类蛋白质的靶向输送过程是:①前体蛋白在胞液游离核糖体上合成,并释放到细胞液中;②细胞液中的热激蛋白或线粒体输入刺激因子(mitochondrial import stimulating factor,MSF)与前体蛋白结合,以稳定的未折叠形式转运至线粒体外膜;③前体蛋白通过前导肽序列识别,与线粒体外膜的受体复合物结合;④在热激蛋白水解 ATP 和跨内膜电化学梯度的动力的共同作用下,蛋白质穿过由线粒体外膜转运体(Tom)和内膜转运体(Tim)共同构成的跨膜蛋白质通道,以未折叠形式进入线粒体基质;

⑤蛋白质前体被蛋白酶切除前导肽序列,在分子伴侣的作用下折叠成有功能构象的蛋白质(图15-24)。

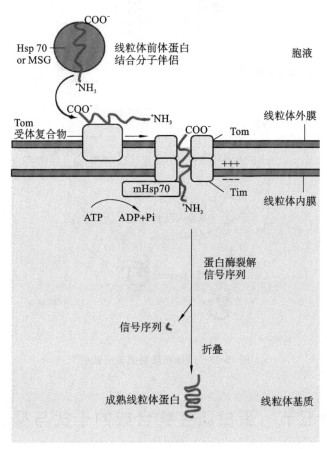

图 15-24 真核线粒体蛋白的靶向输送

(三)核蛋白由核输入因子运载经核孔入核

细胞核内含有多种蛋白质,如参与 DNA 复制和转录的各种酶及蛋白质因子、组蛋白及调节基因表达的转录因子等,它们都是在细胞质游离核糖体上合成后经核孔进入细胞核的,其靶向输送由特异的核定位序列(nuclear localization sequence,NLS)引导。NLS 由 4～8 个氨基酸残基组成,通常包含连续的碱性氨基酸(Arg 或 Lys),在肽链的位置不固定,定位完成后保留于肽链而不被切除。因此,在真核细胞有丝分裂结束核膜重建时,胞液中具有 NLS 的细胞核蛋白可被重新导入核内。最初的 NLS 是在猿病毒 40(SV40)的 T 抗原上发现的。不同NLS 间未发现共有序列。

核蛋白的靶向输送还需要多种蛋白质的参与,包括核输入因子(nuclear importing)α 和 β、Ras 相关核蛋白质(Ras-related nuclear protein, Ran)等。核输入因子 α 和 β 形成异二聚体,识别并结合核蛋白质的 NLS 序列。核蛋白质的靶向输送基本过程:①核蛋白质在胞液游离核糖体上合成并释放到细胞质中;②核蛋白质通过 NLS 识别结合核输入因子 α 和 β 异二聚体并形成复合物,被导向核孔;③依靠具有 GTPase 活性的 Ran 蛋白水解 GTP 释能,将核蛋白质-核输入因子复合物通过耗能机制经核孔转运入细胞核基质;④核输入因子 β 和 α 先后从复合物中解离,移出核孔后可被再利用,核蛋白定位于细胞核内(图 15-25)。

NOTE

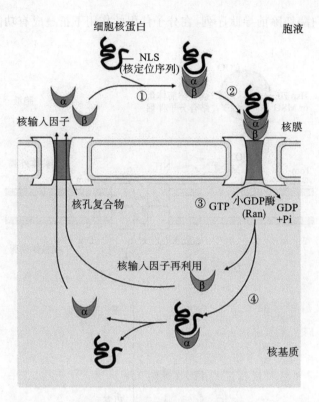

图 15-25　细胞核蛋白的靶向输送

第五节　蛋白质生物合成的干扰与抑制

蛋白质生物合成是许多药物和毒素的作用靶点。这些药物或毒素通过阻断原核或真核生物蛋白质生物合成体系中某组分的功能,来干扰和抑制蛋白质生物合成过程。真核生物与原核生物的翻译过程既相似又有差别,这些差别在临床医学中有重要应用价值。如抗生素(antibiotics)能杀灭细菌但对真核细胞无明显影响,因此原核生物蛋白质合成所必需的关键组分可以作为研究新的抗菌药物的靶点。此外,蛋白质合成的每一步反应几乎都可被特定的抗生素所抑制,这些抗生素可被用于蛋白质合成机制的研究。某些毒素作用于基因信息传递过程,对毒素作用机制的研究,不仅有助于理解其致病机制,还可从中探索研发新药的途径。

一、抗生素抑制蛋白质生物合成的作用机制

某些抗生素可抑制细胞的蛋白质合成,仅仅作用于原核细胞蛋白质合成的抗生素可作为抗菌药,抑制细菌生长和繁殖,预防和治疗感染性疾病。作用于真核细胞蛋白质合成的抗生素可以作为抗肿瘤药(表 15-7)。

表 15-7　常用抗生素抑制肽链生物合成的原理及其应用

抗　生　素	作　用　位　点	作　用　原　理	应　　用
伊短菌素	原核、真核核糖体小亚基	阻碍翻译起始复合物的形成	抗病毒药
四环素、土霉素	原核核糖体小亚基	抑制氨酰 tRNA 与小亚基结合	抗菌药

续表

抗 生 素	作用位点	作用原理	应 用
链霉素、新霉素、巴龙霉素	原核核糖体小亚基	改变构象引起读码错误、抑制起始	抗菌药
氯霉素、林可霉素、红霉素	原核核糖体大亚基	抑制转肽酶、阻断肽链延长	抗菌药
嘌呤霉素	原核、真核核糖体	使肽酰基转移到它的氨基上后脱落	抗肿瘤药
放线菌酮	真核核糖体大亚基	抑制转肽酶、阻断肽链延长	医学研究
夫西地酸	EF-G	抑制 EF-G、阻止转位	抗菌药
大观霉素	原核核糖体小亚基	阻止转位	抗菌药

（一）抑制肽链合成起始的抗生素

伊短菌素（edeine）和密旋霉素（pactamycin）可引起 mRNA 在核糖体上错位，从而阻碍翻译起始复合物的形成，对所有生物的蛋白质合成均有抑制作用。伊短菌素还可以影响起始氨酰 tRNA 的就位和 IF-3 的功能。晚霉素（everninomicin）结合于原核 23S rRNA，阻止 fMet-tRNA^fMet 的转位。

（二）抑制肽链延长的抗生素

1. 干扰进位的抗生素 四环素（tetracycline）和土霉素（terramycin）特异性结合 30S 亚基的 A 位，从而抑制氨酰 tRNA 的进位。粉霉素（pulvomycin）可降低 EF-Tu 的 GTP 酶活性，从而抑制 EF-Tu 与氨酰 tRNA 结合；黄色霉素（kirromycin）可阻止 EF-Tu 从核糖体释出。

2. 引起读码错误的抗生素 氨基糖苷（aminoglycoside）类抗生素能与 30S 亚基结合，影响翻译的准确性。例如，链霉素（streptomycin）与 30S 亚基结合，在较低浓度时引起读码错误（在高浓度时抑制蛋白质合成的起始）；潮霉素 B（hygromycin B）和新霉素（neomycin）能与 16S rRNA 及 rpS12 结合，干扰 30S 亚基的解码部位，引起读码错误。这些抗生素均能使延长中的肽链引入错误的氨基酸残基，改变细菌蛋白质合成的忠实性。

3. 影响成肽的抗生素 氯霉素（chloramphenicol）可结合核糖体 50S 亚基，阻止由转肽酶催化的肽键形成；林可霉素（lincomycin）作用于 A 位和 P 位，阻止 tRNA 在这两个位置就位而抑制肽键形成；大环内酯类（macrolide）抗生素如红霉素（erythromycin）能与核糖体 50S 亚基中肽链排出通道结合，阻止新生肽链从核糖体大亚基中排出，从而阻止肽键的进一步形成；嘌呤霉素（puromycin）的结构与酪氨酰 tRNA 相似，在翻译中可取代酪氨酰 tRNA 而进入核糖体 A 位，中断肽链合成；放线菌酮（cycloheximide）特异性抑制真核生物核糖体肽酰转移酶的活性。

4. 影响转位的抗生素 夫西地酸（fusidic acid）、硫链丝菌肽（thiostrepton）和微球菌素（micrococcin）抑制 EF-G 的转位酶活性，从而阻止核糖体转位。大观霉素（spectinomycin）结合核糖体 30S 亚基，阻碍小亚基变构，抑制转位反应。

二、细菌毒素与植物毒素对真核生物蛋白质合成的抑制

（一）白喉毒素

白喉毒素（diphtheria toxin）是白喉杆菌产生的毒素蛋白，对人体和其他哺乳动物的毒性极强，其主要作用是抑制蛋白质的生物合成。白喉毒素由 A、B 两个亚基组成，A 亚基能催化

辅酶Ⅰ(NAD⁺)与真核 eEF-2 共价结合,从而使 eEF-2 失活(图15-26)。它的催化活性很高,只需微量就能有效地抑制细胞整合蛋白质合成,给予烟酰胺可拮抗其作用。B 亚基可与细胞表面特异受体结合,帮助 A 链进入细胞。

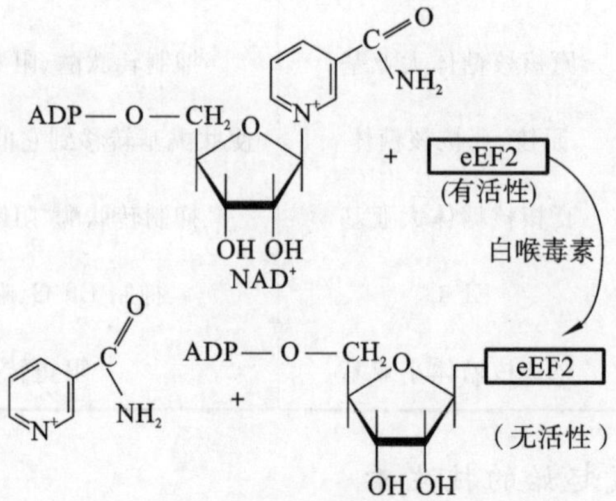

图 15-26　白喉毒素的作用机制

(二) 蓖麻毒蛋白

蓖麻毒蛋白(ricin)是蓖麻籽中所含的植物糖蛋白,由 A、B 两条肽链组成,两条肽链之间由一个二硫键连接。蓖麻毒蛋白可与真核生物核糖体 60S 大亚基结合,抑制肽链延长。A 链具有蛋白酶活性,催化 60S 大亚基中 28S rRNA 第 4324 位脱嘌呤反应,导致 28S rRNA 降解而使核糖体大亚基失活。B 链是凝集素,通过与细胞膜上含有半乳糖的糖蛋白(或糖脂)结合而附着于动物细胞表面。B 链对 A 链发挥毒性起重要的促进作用。另外 B 链上的半乳糖结合位点也是蓖麻毒蛋白发挥毒性作用的活性部位。蓖麻毒蛋白毒力很强,为同等重量氰化钾毒力的 6000 倍,可用于制造生化武器。

三、其他蛋白质合成阻断剂

干扰素(interferon,IFN)是真核细胞感染病毒后分泌的一类具有抗病毒作用的蛋白质,它可抑制病毒繁殖,保护宿主细胞。干扰素分为 α-(白细胞)型、β-(成纤维细胞)型和 γ-(淋巴细胞)型三大族类,每族类各有亚型,分别有其特异的作用。干扰素抗病毒的作用机制有如下两点。

1. 激活一种蛋白激酶　干扰素在某些病毒等双链 RNA 存在时,能诱导 eIF-2 蛋白激酶活化。该活化的激酶使真核生物 eIF-2 磷酸化失活,从而抑制病毒蛋白质合成。

2. 间接活化核酸内切酶使 mRNA 降解　干扰素先与双链 RNA 共同作用活化 2′-5′寡聚腺苷酸合成酶,使 ATP 以 2′-5′磷酸二酯键连接,聚合为 2′-5′寡聚腺苷酸(2′-5′A)。2′-5′A 再活化核酸内切酶 RNaseL,后者使病毒 mRNA 发生降解,阻断病毒蛋白质合成。干扰素抗病毒作用的分子机制如图 15-27 所示。

干扰素除了抑制病毒蛋白质的合成外,几乎对病毒感染的所有过程均有抑制作用,如吸附、穿入、脱壳、复制、表达、颗粒包装和释放等。此外,干扰素还有调节细胞生长分化、激活免疫系统等作用,因此具有十分广泛的临床应用。现在我国已能用基因工程技术生产人类干扰素,是继基因工程生产胰岛素之后,较早获准在临床使用的基因工程药物。

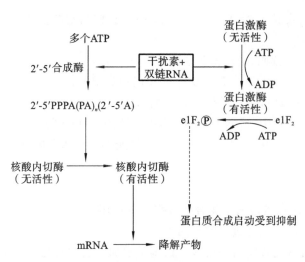

图15-27　干扰素抗病毒作用的分子机制

本章小结

蛋白质的 生物合成	学 习 要 点
概念	翻译、遗传密码、起始密码子、终止密码子、阅读框架、多聚核糖体、分子伴侣
功能	起始因子、延长因子、释放因子、氨酰 tRNA 合成酶、转肽酶、转位酶、核糖体循环、热激蛋白、伴侣蛋白、信号肽、前导肽、核输入因子
原理	氨基酸活化、原核生物蛋白质合成过程、真核细胞蛋白质合成过程、蛋白质合成后的加工、蛋白质合成后的靶向输送、细菌毒素、植物毒素、抗生素、干扰素

目标检测

目标检测
解析

一、填空题

1. 蛋白质合成的原料是_____,细胞中合成蛋白质的场所是_____。

2. 蛋白质合成过程中,参与氨基酸活化与转运的酶是_____,参与肽键形成的酶是_____。

3. 密码子共有_____个,其中编码氨基酸的密码子有_____个。

4. 阅读 mRNA 密码子的方向是_____,多肽链合成的方向是_____。

5. 一种氨基酸最多可以有_____个密码子,一个密码子最多决定_____种氨酸。

6. 翻译起始密码子多为_____,其相应的氨基酸为_____。

7. 遗传密码具有_____、_____、_____和_____的特点。

8. 转肽酶催化生成的化学键是_____,该酶还有_____酶的活性。

9. 信号肽结构的中部是疏水区,N 端是_____区,C 端是_____区。

二、判断题

1. 蛋白质生物合成所需的能量都由 ATP 直接供给。　　　　　　　　　　　（　　）

2. 反密码子 GAA 只能辨认密码子 UUC。　　　　　　　　　　　　　　　（　　）

3. 生物遗传信息的流向,只能由 DNA→RNA 而不能由 RNA→DNA。　　　（　　）

NOTE

4. 原核细胞新生肽链 N 端第一个残基为 fMet,真核细胞新生肽链肽链 N 端第一个氨基酸残基为 Met。 （　）

5. 密码子从 5′ 至 3′ 读码,而反密码子则从 3′ 至 5′ 读码。 （　）

6. 真核生物蛋白质合成起始氨基酸是 N-甲酰甲硫氨酸。 （　）

7. 核糖体是细胞内进行蛋白质生物合成的部位。 （　）

8. 在蛋白质生物过程中 mRNA 是由 3′ 端向 5′ 端进行翻译的。 （　）

9. 蛋白质分子中天冬酰胺,谷氨酰胺和羟脯氨酸都是生物合成时直接从模板中译读而来的。 （　）

三、问答题

1. 试述三种 RNA 在蛋白质生物合成过程中的作用。

2. 试比较复制、转录、翻译过程的异同点。

3. 蛋白质生物合成过程中需要哪些蛋白因子参加? 它们各起什么作用?

4. 何为翻译后加工的靶向输送?

（熊　伟）

第十六章　药物在体内的转运与代谢转化

 学习目标

1. 掌握：药物在体内的转运与代谢转化的意义及过程，药物跨膜转运的方式。
2. 熟悉：影响药物的转运（吸收、分布和排泄）和转化的因素。
3. 了解：能够理解药物 pK_a 和药物所在环境 pH 值之间的关系（Henderson-Hasselbalch 公式）。

　　从药物进入机体至排出体外的过程被称为人体对药物的处置（disposition）过程。它包括药物在体内的吸收、分布、生物转化和排泄。药物在体内的吸收、分布与排泄统称机体对药物的转运；代谢变化过程称为生物转化，又称药物转化。药物的代谢和排泄合称为消除。药物在体内的处置过程如图 16-1 所示。

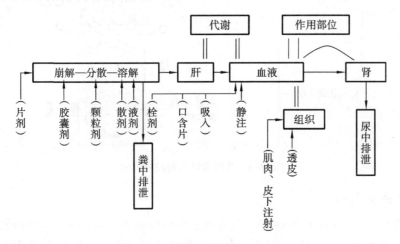

图 16-1　药物在体内的处置过程

案例导入

　　患者，女，54 岁。患者 8 年前做了二尖瓣置换术，术后长期服用华法林防治静脉血栓的发生。近一年来右侧面部偏鼻翼侧及眉棱骨处疼痛。每次疼痛发作时间由仅持续数秒到 1～2 分钟骤然停止。疼痛如针刺、烧灼样，剧烈难忍。经检查确诊为三叉神经痛，给予苯妥英钠治疗，并增加了华法林的剂量。

　　患者使用苯妥英钠后为何对华法林的给药方案进行调整？

 NOTE

| 第一节 药物体内转运 |

一、药物的跨膜转运

药物在体内的转运与转化都要通过具有复杂分子结构与生理功能的生物膜(包括细胞膜及各种细胞器的亚细胞膜),药物通过生物膜的能力主要决定于药物的脂溶性、解离度及相对分子质量。药物跨膜转运有多种方式,最主要的方式是非载体转运、载体转运和膜动转运(图16-2)。

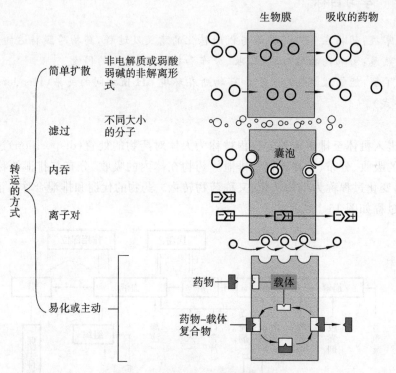

图 16-2 药物通过细胞膜的方式

(一)非载体转运

非载体转运(non-carrier transport)又称被动转运(passive transport),指药物由生物膜浓度高的一侧向浓度低的一侧转运,是大多数药物的主要转运方式。转运的动力来自膜两侧的浓度差。其特点如下:①无竞争抑制;②不消耗能量;③无饱和现象;④当膜两侧浓度达到稳定时,转运即保持动态平衡。常见的非载体转运包括滤过和简单扩散。

1. 滤过 滤过(filtration)又称水溶扩散(aqueous diffusion),是指极性或非极性药物(相对分子质量小于100000)借助流体静压或渗透压穿过生物膜的水性通道而被转运,如锂离子(Li^+)、尿素、乙醇等穿过结膜、肠道、泌尿道等上皮细胞的水性通道即为滤过。

2. 简单扩散 简单扩散(simple diffusion)又称脂溶性扩散(lipid diffusion),即脂溶性药物溶于膜的脂质层,顺浓度差通过生物膜的转运方式。绝大多数药物按此种方式通过生物膜。简单扩散的速度主要取决于药物的油水分配系数(oil/water partition coefficient)和膜两侧的药物浓度。油水分配系数越大(脂溶性越强),浓度越高,扩散越快。

影响药物简单扩散的主要因素有药物的溶解性和解离性。溶解性是指药物具有的脂溶性和水溶性。由于膜是由脂溶性物质组成的，所以脂溶性强的药物容易跨膜转运，而水溶性强的药物不容易跨膜转运。如强心苷类药物的脂溶性由强至弱的顺序依次为洋地黄毒苷＞地高辛＞毛花苷丙。前两者脂溶性强，口服给药可以吸收。毛花苷丙水溶性强，口服给药不容易吸收。

大多数药物属于弱酸性或弱碱性有机化合物，在水溶液中由非离子型解离为离子型，其程度取决于所在溶液的 pH 值。解离常数(K_a)的负对数值为 pK_a，表示药物的解离度，即药物解离 50% 时所在溶液的 pH 值。各药都有其固定的 pK_a，按 Henderson-Hasselbalch 公式表示为

弱酸性药物：$10^{pH-pK_a}=$[A^-]（离子型）/[HA]（非离子型）

弱碱性药物：$10^{pH-pK_a}=$[BH^+]（离子型）/[B]（非离子型）

药物的 pK_a 与药物本身属于弱酸性或弱碱性无关，弱酸性药物 pK_a 可大于 7.0，弱碱性药物的 pK_a 可小于 7.0（表 16-1）。

改变溶液 pH 值可以明显地影响弱酸性或弱碱性药物的解离度，进而影响其跨膜转运。如弱酸性药物在 pH 值较低的溶液中解离度小，容易转运，在胃液中可被吸收，在酸化的尿液中也容易被肾小管重吸收；相反，在 pH 值较高的溶液中解离度大，不容易被吸收。弱碱性药物的情况与之相反，在 pH 值较高的溶液中解离度小，容易被吸收；在 pH 值较低的溶液中解离度大，不容易被吸收。

对于某些 $pK_a<3$ 和 $pK_a>10$ 的药物则不符合 Henderson-Hasselbalch 公式规律，主要原因是这些药物几乎全部解离，并被限制在膜的一侧形成离子障（ion trapping）而不能跨膜转运。

表 16-1 常用药物的 pK_a

弱酸性药物	pK_a	弱碱性药物	pK_a	弱碱性药物	pK_a
对乙酰氨基酚	9.5	沙丁胺醇	9.3	卡那霉素	7.2
乙酰唑胺	7.2	别嘌醇	9.4	利多卡因	7.9
氢氯噻嗪	6.8	阿托品	9.7	美沙酮	8.4
氯磺丙脲	5.0	阿米洛利	8.7	美托洛尔	9.8
阿司匹林	3.5	丁哌卡因	8.1	间羟胺	8.6
依他尼酸	3.5	氯丙嗪	9.3	吗啡	7.9
呋塞米	3.9	氯苯那敏	9.2	去甲肾上腺素	8.6
布洛芬	4.4	可卡因	8.5	喷他佐辛	9.7
氨甲蝶呤	4.8	可乐定	8.3	去氧肾上腺素	9.8
苯巴比妥	7.4	可待因	8.2	新斯的明	7.9
戊巴比妥	8.1	地西泮	3.3	毛果芸香碱	6.9
苯妥英	8.3	肾上腺素	9.6	吲哚洛尔	8.8
丙硫氧嘧啶	8.3	苯海拉明	9.0	普鲁卡因	9.0
水杨酸	3.0	麻黄碱	8.7	普鲁卡因胺	9.2
华法林	5.0	麦角胺	6.3	普萘洛尔	9.4
磺胺嘧啶	6.5	肼屈嗪	7.1	乙胺嘧啶	7.0
茶碱	8.8	丙米嗪	9.5	奎尼丁	8.5
甲苯磺丁脲	5.3	异丙肾上腺素	8.6	东莨菪碱	8.1

（二）载体转运

载体转运（carrier transport）是指细胞膜上的载体与药物结合，并运载它到膜另一侧的过程，包括主动转运（active transport）与易化扩散（facilitated diffusion）。

1. 主动转运　又称"上山"或逆流转运。其特点如下：①逆浓度梯度或逆电化学梯度透过细胞膜；②细胞膜的载体对药物有特异的选择性；③消耗细胞能量；④竞争性抑制；⑤转运过程有饱和现象。

2. 易化扩散　易化扩散与生动转运有相似之处，如有饱和观象，也受代谢抑制物的影响等，但不同的是易化扩散不能逆浓度梯度移动，也不耗能。

（三）膜动转运

极少数药物通过膜的运动而转运大分子物质，称为膜动转运（membrane moving transport），包括胞饮（pinocytosis）和胞吐（exocytosis）。

1. 胞饮　又称吞饮或入胞，指大分子物质通过膜的内陷形成小泡而进入细胞。某些液态蛋白质或大分子物质通过这种方式转运。

2. 胞吐　又称胞裂外排或出胞，指大分子物质通过胞裂外排或出胞，从胞内转运到胞外，如腺体分泌及递质的释放。

二、药物吸收

药物吸收（drug absorption）是指药物由给药部位进入血液循环的过程。血管内给药不存在吸收过程。口服给药是最常用的给药方式，也是最安全、方便和经济的方式。其主要吸收部位为小肠，因消化道各部位组织结构以及相应的 pH 值不同，对药物的吸收能力与吸收速度也不同。药物的吸收通常与吸收表面积、血流速率、药物与吸收表面接触时间长短以及药物浓度有关。大多数药物在胃肠中吸收是被动扩散的，因此脂溶性的、非离子型药物易吸收。影响药物口服吸收的因素很多，主要有如下几种。

（1）药物理化性质　包括药物的脂溶性、解离度、相对分子质量等均可影响药物的吸收。

（2）药物的剂型　剂量相同的同一药物，因剂型不同，药物的吸收速度、药效产生快慢与强度都会表现出明显的差异。如水剂、注射剂就较油剂、混悬剂、固体剂起效迅速，但维持时间较短。

（3）药物的制剂　即使剂量、剂型相同的同一口服药物，因制剂工艺的不同，药物的吸收速度和程度不同，也会对药物作用产生明显影响。

（4）首关消除　首关消除（first-pass elimination）是指口服给药后，部分药物在胃肠道、肠黏膜和肝脏被代谢灭活，使进入体循环的药量减少的现象。首关消除明显的药物一般不宜口服给药（如硝酸甘油、利多卡因等）；但首关消除也有饱和性，若剂量加大，虽有首关消除存在，仍可使血中药物浓度明显升高。

（5）吸收环境　胃排空、肠蠕动的快慢、胃内容物多少和性质等因素均可影响口服药物的吸收。

三、药物分布

药物分布（drug distribution）是指药物随血液循环输送至各器官、组织，并转运进入细胞内的过程。药物在体内的分布可以达到动态平衡，但大部分药物是不均匀（浓度相等）分布的。药物在体内的分布关系到药物的储存和消除速度以及药物的疗效和毒性。影响药物分布的主要因素有以下几种：

1. 药物的理化性质　主要包括药物的分子大小、脂溶性、解离度、酸碱性、药物与组织的亲和力及稳定性等,均影响药物的分布。

2. 与血浆蛋白的结合 绝大多数药物都可不同程度地与血浆蛋白可逆结合,并可视为药物的暂时储存与调节方式。通常酸性药物主要与白蛋白结合;碱性药物主要与α1酸性糖蛋白或脂蛋白结合;许多内源性物质及维生素等主要与球蛋白结合。药物进入血液后,通常与血浆中蛋白质结合,只有游离的药物才能透过生物膜进入相应的组织或靶器官,产生效应或进行代谢与排泄,因此结合型药物起着类似的药库作用。药物进入到相应组织后也会与组织中蛋白结合,也起到药库作用。这类储库对于药物作用和维持时间长短有十分重要的意义。药物与血浆蛋白结合的程度常以结合药物的浓度与总浓度的比值表示,称为血浆蛋白结合率。血浆蛋白含量变化,也将影响药物的血浆蛋白结合率。

3. 局部组织器官血流量 药物在组织器官中分布达到平衡的速度主要取决于通过该组织器官的血流速度。通常心、肺、脑、肝、肾等血流较快,分布达到平衡较快;肌肉次之;脂肪组织很慢。

4. 特殊的屏障 只有高度脂溶性的药物才能通过血脑(眼)屏障扩散进入脑脊液、脑组织和房水。胎盘屏障和一般生物膜没有明显的区别,在药物分布上几乎无影响,这也是孕妇用药必须考虑对胎儿影响的原因。

5. 细胞内外液 pH 值差异 生理情况下细胞外液 pH 值为 7.4,细胞内液 pH 值为 7.0,乳汁更低,pH 值约为 6.7。由于体液 pH 值对药物解离的影响,弱酸性药物将主要分布在血液等细胞外液中,而弱碱性药物则在细胞内液和乳汁中分布高。

6. 主动转运或特殊亲和力的影响 少数药物可被某些组织细胞主动摄取而积聚;另有少数药物对某些组织、细胞成分具有特殊亲和力或形成难解离的共价结合,亦可产生药物在这些部位的高分布。

四、药物排泄

药物排泄(drug excretion)是指吸收进入体内的药物以及代谢产物从体内排出体外的过程。药物经机体吸收、分布及代谢等一系列过程,最终排出体外。主要排泄途径为肾脏排泄和胆汁排泄。

1. 肾脏排泄 肾脏是最重要的排泄器官,肾脏排泄药物及其代谢物涉及三个过程:①肾小球的滤过:只有游离药物才能滤过,滤液中药物浓度与血浆中游离药物浓度相等。当游离药物肾清除率大于肾小球滤过率时,提示存在肾小管的主动分泌。②肾小管主动分泌:包括两个主动转运系统,一个主动分泌弱酸性药物,一个分泌弱碱性药物。两个系统均为非特异性,若有两个分泌机制相同的药物合并应用,可发生竞争性抑制。如丙磺舒阻断分泌青霉素,从而延长其疗效。③肾小管重吸收:当游离药物肾清除率小于肾小球滤过率时,提示存在肾小管重吸收(主动、被动)。

2. 胆汁排泄 是原型药物的次要排泄途径,但是多数药物的代谢产物,尤其是水溶性代谢产物的主要排泄途径。药物及其代谢物经胆汁排泄往往是主动过程。药物在肝内代谢后,可生成极性大、水溶性高的代谢物(如与葡糖醛酸结合),从胆道随胆汁排至十二指肠,然后随粪便排出体外。

此外,药物也可经肠道排泄,即药物可经胃肠道壁脂质膜从血浆内以被动扩散的方式排入胃肠腔内。许多药物还可随唾液、乳汁、汗液、泪液等排泄到体外,有些挥发性的药物还可以通过呼吸系统排出体外。

第二节 药 物 代 谢

一、药物代谢转化概述

（一）药物代谢转化的概念

药物的代谢转化又名药物的生物转化，它是指体内正常不应有的外来有机化合物包括药物或毒物在体内进行的代谢转化。多数药物经转化成为毒性或药理活性较小、水溶性较大而易于排泄的物质；但有些药物经过初步代谢转化，其毒性或药理活性不变或比原来更大；也有少数药物经过代谢转化，溶解度变小。

药物在体内的代谢转化有其特殊方式和酶系，但由大肠吸收进入人体的肠道细菌腐败产物、代谢过程中产生的毒物、体内过剩的活性物质（如激素）以及少数正常代谢产物（如胆红素）等，其在体内的代谢方式和外来有机物相似，还有一些药物进入体内不经代谢转化而是以原形药直接排出。

（二）药物代谢转化的部位

药物代谢转化主要是在肝进行的，例如药物的氧化代谢大多数在肝内进行。药物代谢转化也有在肝外进行的（如肺、肾和肠黏膜等）。例如，葡糖醛酸或硫酸盐的结合反应可在肠黏膜进行；前列腺素 E_2 和 $F_2\alpha$ 可在肺部经 15-羟 PG 脱氢酶作用，使 15-羟基脱氢氧化为酮基。

（三）药物代谢酶

催化药物在体内代谢转化的酶系称为药物代谢酶。药物代谢酶主要分布于肝细胞微粒体中，如催化药物各种类型的氧化、偶氮或硝基的还原、酯或酰胺的水解、甲基化和葡糖醛酸结合等反应的酶；其次分布于细胞可溶性部分，如醇的氧化和醛的氧化、还原、硫酸化、乙酰化、甲基化和谷胱甘肽等结合反应；也有少数是在线粒体中进行，如胺类的氧化脱氢、乙酰化和甘氨酸结合以及硫氰酸化等反应。

（四）药物代谢的研究方法

药物代谢和一般正常代谢的研究方法类似，有临床观察、动物整体和离体实验等。整体动物实验是以不同途径给予一定剂量的药物，在一定时间内，从血、尿、胆汁、组织、粪便等样品中分离和鉴定代谢转化产物。离体实验可用组织切片、匀浆、细胞微粒体或离心上清液，在适当条件下与药物保温，然后分离和鉴定代谢产物。

药物代谢转化产物的分离鉴定，一般先用有机溶剂提尽样品中游离型代谢产物，然后用酸或酶（如 β-葡糖醛酸酶或硫酸酯酶）水解结合部分，调节 pH 值，再用有机溶剂提取，以上两种提取液再进一步分离鉴定。至于代谢产物的分离、分析技术，可用各种层析法、气相色谱、高效液相色谱、毛细管电泳、磁共振、质谱、气相色谱-质谱联用、荧光分析、放射性核素技术等。代谢产物的鉴定必要时可用化学合成方法来确证。

一种药物在体内可进行多种代谢转化，如氧化、还原、水解或结合反应。因此，一种药物在体内往往有许多代谢产物，要分离鉴定也是非常复杂的。

二、药物代谢转化的类型和酶系

药物进入人体后，小分子药物和极性化合物在体内生理 pH 值条件下，可以完全呈电离状态，由肾排出，从而终止药效。但直接由肾排出的药物很少，大多数药物为非极性化合物（脂溶

知识拓展 16-1

NOTE

性药物),在生理 pH 值范围内不电离或仅部分电离,并且常与血浆蛋白呈结合状态,不易由肾小球滤出。显然,仅由肾排泄不能消除脂溶性药物。脂溶性药物在体内要经历生物转化,即药物代谢。药物的代谢转化可分为非结合反应(或称第一相反应)和结合反应(或称第二相反应)。非结合反应包括氧化、还原和水解反应;结合反应的结合剂有多种,如葡糖醛酸、硫酸盐、乙酰化剂、甲基化剂和氨基酸(如甘氨酸、半胱氨酸、谷胱甘肽、丝氨酸、谷氨酰胺、鸟氨酸、赖氨酸)等。由于药物的化学结构中往往有许多可代谢基团,因此一种药物可能有许多种代谢转化方式和产物。例如碳氢化合物(RH)在体内可以氧化产生含羟基的化合物(ROH)(第一相反应),此羟基可以进一步 O-甲基化或与葡糖醛酸(GA)或硫酸盐结合(第二相反应)。

$$RH \xrightarrow{\text{第一相反应}} ROH \xrightarrow{\text{第二相反应}} \begin{cases} -CH_3 \longrightarrow R-O-CH_3 \\ -SO_3H \longrightarrow R-O-SO_3H \\ -GA \longrightarrow R-O-GA \end{cases}$$

(一)药物代谢第一相反应

1. 氧化反应类型、酶系和作用机制

(1)微粒体药物氧化酶系:微粒体药物氧化酶系所催化的反应类型有如下几种。

①羟化:可分为芳香族环上和侧链羟基的羟化,以及脂肪族烃链的羟化。芳香族环的羟化,如苯、乙酰苯胺、水杨酸,萘、萘胺等。

$$CH_3CONH-\underset{\text{乙酰苯胺}}{\bigcirc} \xrightarrow{[O]} CH_3CONH-\underset{\text{乙酰氨基酚}}{\bigcirc}-OH$$

许多化学致癌物本身并没有致癌作用,但由于在体内的代谢转化(如羟化)而成为致癌物,如 3,4-苯吡、甲基胆蒽、黄曲霉毒素。

至于侧链烃基的羟化,如巴比妥酸衍生物的 5 位碳的侧链烃基羟化,大黄酚和甲苯磺丁脲的甲基羟化,后者羟化为羟甲基,继而氧化为醛基和羧基,但氧化中间产物醛基不易分离。由醇氧化为醛和羧酸则是由一般正常代谢的醇脱氢酶所催化的,这两种酶存在于细胞可溶性部分,并且需要 NAD^+,与上述羟化酶不同。

②脱烃基:可分为 N-脱烃基、O-脱烃基和 S-脱烃基。

$$\underset{X=O,N,S}{RXCH_2R'} \longrightarrow \left[\underset{\substack{|\\OH}}{RHCHR'} \right] \longrightarrow O=CHR + \underset{X=O,N,S}{RXH}$$

a.N-脱烃基是将仲胺或叔胺脱烃基生成伯胺和醛,如氨基比林、麻黄素(麻黄碱)等的氧化脱烃。还有如致癌物二甲基亚硝胺 N-脱烃基,生成活性甲基,可使核酸的鸟嘌呤甲基化而致癌。

b.O-脱烃基是将醚或脂类脱烃基生成酚或醛。

c.S-脱烃基是将硫烃基转化为巯基和醛。

③脱氨基:这种脱氨基与氨基酸氧化酶或胺氧化酶的脱氨基方式不同,它主要作用于不被胺氧化酶作用的胺类,如苯异丙胺脱氨基生成丁酮和氨。

NOTE

$$R_2CHNH_2 \xrightarrow{[O]} R_2C(OH)NH_2 \xrightarrow{-NH_3} R_2C=O$$

$$\downarrow -H_2O$$

$$R_2C=NH \xrightarrow{[O]} R_2CNOH \xrightarrow[-NH_2OH]{+H_2O} R_2CO$$

④S-氧化:如氯丙嗪的氧化。

⑤N-氧化和羟化:如三甲胺的 N-氧化和苯胺、非那西汀、2-乙酰氨基芴(化学致癌物)的 N-羟化。

⑥3 脱硫代氧:如有机磷杀虫药——对硫磷,在体内转化为毒性更大的对氧磷。

(2) 微粒体氧化酶作用机制:催化上述药物氧化反应的酶系存在于肝细胞光滑型内质网(微粒体),称为药物氧化酶系。由于它所催化的反应是在底物分子上加一个氧原子,因此也称为单加氧酶或羟化酶。它与正常代谢物在细胞线粒体进行的生物氧化不同,需要还原剂 NADPH 和分子氧。反应中的一个氧原子被还原为水,另一个氧原子加入到底物分子中,因此又称为混合功能氧化酶。

$$DH + O/O + NADPH + H^+ \rightarrow DOH + NADP^+ + H_2O$$

微粒体氧化酶系包含许多成分,一种是细胞色素 P450(简称 P450),现已知 P450 有四种(a、b、c、d)以上,是一种以铁卟啉为辅基的蛋白质,属于 b 族细胞色素。因为还原型 P450 与一氧化碳结合的复合物 P450-CO 在 450 nm 有一个强的吸收峰得名。P450 的作用与细胞色素氧化酶类似,能与氧直接作用。微粒体氧化酶系还含有另一种成分,即 NADPH-细胞色素 P450 还原酶,属于黄素酶类,以 FP_1 表示,其辅基为 FAD。NADPH-细胞色素 P450 还原酶催化 NADPH 和 P450 之间的电子传递,并且可能与一种含非血红素铁(NHI)和硫的铁硫蛋白结合成复合体。微粒体氧化酶系还含有 NADH-细胞色素 b_5 还原酶系,此酶系属于另一种黄素酶,以 FP_2 表示,它催化 NADH 与 b_5 之间的电子传递。

微粒体氧化酶系作用机制较为复杂,在光滑型内质网上,药物(即底物)DH 先与氧化型细胞色素 P450(即 P450)结合成 P450-DH 复合物,然后通过 NADPH-细胞色素 P450 不寄托酶(FP_1)的催化,由 NADPH 供给一个电子(此时 H^+ 留在介质中),经 FP_1 等的传递而使 $P450^{3+}$-DH 复合物还原为 $P450^{2+}$-DH 复合物,此复合物可与分子氧结合成 $P450^{3+}$-O_2-DH 复合物,后者再接受由 NADH-细胞色素 b_5 还原酶供给一个电子(此时又有一个 H^+ 游离在介质中),使氧分子活化;氧分子中一个氧原子氧化药物,另一个氧原子被两个电子还原,并和介质中的两个游离的质子结合成水,生成氧化型 $P450^{3+}$-DOH 复合物,后者分解并释出产物 DOH,同时重新生成 $P450^{3+}$,后者可再循环被利用。在整个过程中从外界共接受两个电子,分别来自 NADPH 和 NADH,而游离在介质中的 $2H^+$ 则与 O^{2-} 结合生成水(图 16-3)。肝微粒体药物氧化酶系专一性低,对许多药物都有作用,但对一般正常代谢物则无作用(少数除外)。它主要是使脂溶性药物转化为极性较大的化合物,以利于排出。正常代谢物的氧化,其电子传递链在线粒体,此酶系一般不催化药物的氧化。此外,微粒体药物氧化酶可被 SKF-525A 抑制,但不被 CN^- 抑制,而线粒体正常代谢物的氧化酶系则相反。

(3) 其他氧化酶系。

①单胺氧化酶:存在于线粒体中,可催化胺类氧化为醛及氨,但芳香族环上的氨基则不被作用。

许多天然存在的生理活性物质和拟肾上腺素药,如 5-羟色胺、儿茶酚胺、酪胺等都可以被单胺氧化酶作用。此酶系存在于细胞的线粒体外膜上,在人体内分布极广,尤以肝、脑及肾等组织细胞内的含量最高。

②醇和醛氧化酶:这类酶在胞质和线粒体中发挥作用,如乙醇由肝细胞中乙醇脱氢酶氧化

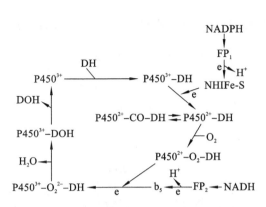

图 16-3　药物在内质网上的氧化机制

生成乙醛,乙醛再氧化成乙酸而进入三羧循环。甲醇在体内也通过同一酶氧化,生成毒性较大的甲醛及甲酸,甲酸会导致代谢性酸中毒。乙醇与酶的亲和力大于甲醇,故在甲醇中毒时,可用乙醇竞争脱氢酶,从而减少对肝细胞的损害及酸中毒。

2. 还原反应

(1) 醛酮还原酶:能催化酮基或醛基还原为醇,例如催化三氯乙酸还原为三氯乙醇。酶系存在于细胞可溶性部分,需要 NADH 或 NADPH。

(2) 偶氮或硝基化合物还原酶:分别使偶氮苯和硝基苯还原为苯胺,主要存在于肝微粒体中,需要 NADH 或 NADPH 参与(以后者为主),均属黄素蛋白酶类,辅基为 FAD 或 FMN,作用机制尚不清楚。此外,在细胞可溶性部分存在有需要 NADH 或 NADPH 的硝基还原酶。

$$硝基苯 \quad 亚硝基苯 \quad 苯胲 \quad 苯胺$$

$$偶氮苯 \quad \quad 苯胺$$

3. 水解反应　酯、酰胺和酰肼等药物可以被水解生成相应的羧酸,如普鲁卡因、双香豆素醋酸乙酯、琥珀酰胆碱、有机磷农药等的水解,其他如可卡因及丙酸睾丸素(丙酸睾酮)在体内的水解也有类似反应。催化药物水解的酶系多存在于微粒体中,细胞其他部分也有存在。多数脂类药物通过酯酶的水解作用破坏其活性。

(二) 药物代谢第二相反应(结合反应)

结合反应在药物代谢转化是很普遍的。所谓结合反应是指药物或其初步(第一相反应)代谢物与内源结合剂的结合反应(第二相反应),它是由相应基团转移酶所催化的。结合反应一般是使药物毒性或活性降低且极性增加而易于排出,所以是真正的解毒反应。

1. 葡糖醛酸的结合反应　许多药物如吗啡、可待因、樟脑、大黄蒽醌衍生物、类固醇(甾族化合物)、甲状腺素、胆红素等在体内可与葡糖醛酸(GA)结合。它们主要是通过醇或酚的羟基、羧基的氧、胺类的氮、含硫化合物的硫与葡糖醛酸的第一位碳结合生成相应的苷。一般来说,酚羟基比醇羟基易于与葡糖醛酸结合。葡糖醛酸结合物都是水溶性的,因分子中引进了极性糖分子,而且在生理 pH 值条件下羧基可以解离,因此葡糖醛酸的结合反应几乎都是使药物活性降低、水溶性增加且易从尿和胆汁排出。

葡糖醛酸的结合反应是结合剂葡糖醛酸以活化形式尿苷二磷酸葡糖醛酸(UDPGA)进行结合反应,此反应需葡糖醛酸转移酶,它存在于微粒体中,专一性低。除肝外,近来发现胃肠道黏膜和肾等许多器官也存在此结合反应。葡糖醛酸转移酶不能催化逆反应,催化逆反应的是

303

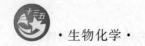
另外的一种 β-葡糖醛酸苷酶,此酶具有水解和转移葡糖醛酸的作用。

$$\text{UDPG} \xrightarrow[\text{UDPG脱氢酶}]{2NAD^+ \quad 2NADH+2H^+} \text{UDPGA}$$

$$\text{UDPGA} + \begin{matrix}\text{OHR}\\\text{HOCOR}\\\text{HHNR}\\\text{HRS}\end{matrix} \xrightarrow[\text{(微粒体)}]{\text{葡萄糖醛酸转移酶}} + \text{UDP}$$

2. 硫酸盐的结合反应 此反应主要是硫酸盐与含羟基(酚、醇)或芳香族胺类的氨基结合,包括正常代谢物或活性物如甲状腺素、5-羟色胺、酪氨酸、肾上腺素、类固醇激素等;外来药物如氯霉素、水杨酸等;吸收的肠道腐败产物如酚和吲哚酚。硫酸盐也与胺类(如苯胺、萘胺)的氨基结合。

在硫酸盐的结合反应中,硫酸盐必须先与 ATP 反应,生成活化硫酸盐即 3′-磷酸腺苷-5′-磷酸硫酸(PAPS),然后通过硫酸激酶(或称硫酸转移酶)将硫酸基转移给受体。

$$SO_4^{2-} + ATP \longrightarrow AMP\text{-}SO_3^-(\text{腺苷-5′-磷酸硫酸})$$

$$\downarrow +ATP$$

3′-PO$_3$H$_2$-AMP-SO$_3^-$

(3′-磷酸腺苷-5′-磷酸硫酸,PAPS)

$$\text{腺嘌呤} - CH_2 - O - \overset{\overset{O}{\|}}{\underset{OH}{P}} - O - SO_3^- \qquad \text{PAPS的结构}$$

硫酸激酶存在于肝、肾、肠等细胞可溶性部分,对底物有一定专一性,只催化单向反应,逆反应需由硫酸酯酶催化。

葡糖醛酸和硫酸盐的结合反应有竞争性作用,例如乙酰氨基酚的氨基和羟基都可与之结合,但由于体内硫酸来源有限,易饱和,所以葡糖醛酸结合反应占优势。硫酸盐结合反应的饱和可被胱氨酸或蛋氨酸消除。此外,硫酸活化为 PAPS 需要 ATP,因此呼吸链抑制剂或氧化磷酸化解偶联剂都可影响硫酸盐结合反应。

3. 乙酰化结合反应 许多含伯氨基或磺酰胺基的生理活性物或药物可以在体内进行乙酰化结合,如对氨基苯甲酸、氨基葡萄糖、苯乙胺、异烟肼、组胺和磺胺类药物等。在通常情况下,磺胺乙酰化后失去抗菌活性,水溶性降低,可以引起尿道结石。

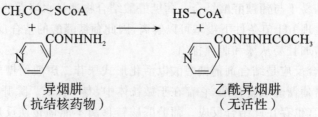

异烟肼　　　　　乙酰异烟肼
(抗结核药物)　　(无活性)

在乙酰化结合反应中,结合剂必先活化为乙酰辅酶 A,再由专一的乙酰基转移酶将乙酰基转移给受体。此酶系存在于肝和肾可溶性部分和线粒体中。乙酰化物在体内也可以脱乙酰基,此反应由脱乙酰基酶催化,该酶系存在于微粒体、线粒体和可溶性部分。

许多酚、胺类药物或生理活性物能在体内进行 N-或 O-甲基化,如肾上腺素、去甲肾上腺素、5-羟色胺、多巴胺、组胺、菸酰胺、苯乙胺、儿茶酚胺等。甲基化反应对儿茶酚胺类活性物的生成(活性增加)和灭活(活性降低)起着重要作用。一般来说,甲基化产物极性降低。甲基化反应的甲基供体是来自活化型 S-腺苷甲硫氨酸(SAM),通过转甲基(或甲基移换)酶将甲基转移给受体(药物)。

转甲基酶系存在于许多组织细胞(尤其是肝和肾)的可溶性部分。一些胺类生物活性物质和药物可在肝细胞的胞液和微粒体中甲基转移酶的催化下通过甲基化失活。

尼克酰胺 + SAM →转甲基酶→ N甲基尼克酰胺(—CH₃) + S-腺苷同型半胱氨酸

4. 氨基酸的结合反应　许多氨基酸可作为结合剂,例如甘氨酸易与自由羟基(如苯甲酸)结合生成马尿酸。甘氨酸结合的酶系存在于肝和肾的线粒体中。作用机制是先活化底物,后由甘氨酸 N-酰化酶将酰基转移至甘氨酸。

苯甲酸(—COOH) + CoASH + ATP → 苯甲酰-CoA(—CO~SCoA) + ADP + Pi

苯甲酰-CoA(—CO~SCoA) + H₂N—CH₂COOH →甘氨酸N-酰化酶→ 马尿酸(—CONHCH₂COOH) + ~SCoA

半胱氨酸也可作为结合剂,可与芳烃(如苯、萘和蒽)及其卤化物等结合并乙酰化生成硫醇尿酸。实际上,半胱氨酸是由谷胱甘肽(GSH)供给的,底物在谷胱甘肽 S-转移酶的作用下先与 GSH 结合,后被 γ 谷氨酰转肽酶(或称谷胱甘肽酶)水解去掉谷氨酸,再被二肽酶水解去掉甘氨酸,最后被 N-乙酰化生成硫醇尿酸。此酶系存在于细胞可溶性部分。

此外,谷氨酰胺、鸟氨酸、赖氨酸、丝氨酸等也可作为结合剂。

5. 硫氰化物的生成　CN^- 在体内可转化为 CNS^-。含硫氨基酸代谢产物 $S_2O_3^{2-}$ 可作为供硫体。$S_2O_3^{2-}$ 虽可使剧毒的 CN^- 转化为毒性小 100 倍的 CNS^-,但它的解毒效力并不高,尤其是急性中毒,因为 $S_2O_3^{2-}$ 透过细胞膜很慢。

含硫氨基酸代谢产物

$$CN^- + S_2O_3^{2-} \longrightarrow CNS^- + SO_3^{2-}$$

NOTE

第三节　影响药物代谢转化的因素

一、药物的相互作用

两种或多种药物同时应用，可出现机体与药物的相互作用（drug interaction），有时可使药效加强，这是对患者有利的；但有时联合用药也可使药效减弱或使不良反应加重。药物相互作用影响代谢转化主要表现在以下几个方面。

（一）药物加速其他药物的代谢转化——药物代谢的诱导剂

已知有许多种化合物可促进药物代谢，称为药物代谢促进剂或诱导剂。药物代谢诱导剂多数是脂溶性化合物，并且是非专一性的，如镇静催眠药（巴比妥）、麻醉药（乙醚、N_2O）、抗风湿药（安基比林、保泰松）、中枢兴奋药（尼可杀米、贝米格）、安定药（甲丙氨酯）、降血糖药（甲苯磺丁脲）、甾体激素（睾酮、糖皮质激素）、维生素C、肌松药、抗组胺药以及食品加工剂、杀虫剂、致癌剂（3-甲基胆蒽）等，其中以巴比妥和3-甲基胆蒽两种比较典型。

促使药物代谢增强，现在认为不是激活药物代谢酶活性，而是刺激诱导酶（induced enzyme）的生成。诱导酶是在环境中有诱导物（通常是酶的底物）存在的情况下，由诱导物诱导而生成的酶。苯巴比妥类可使肝细胞光滑型内质网（药物代谢酶所在）增生，蛋白质生物合成、电子传递体（包括 P450、NADPH-细胞色素 P450 还原酶）及 UDP 葡糖醛酸转移酶增加，而且这种诱导作用可以被蛋白质生物合成抑制剂放线菌素 D 等所抑制。由此可见，诱导作用是由于药物代谢酶生物合成增加导致。

药物代谢酶诱导作用有重要的药理意义，它可以加强药物的代谢转化。一般来说，药物经过代谢，活性或毒性降低，这样药物代谢诱导剂可以促进药物的活性或毒性降低。例如动物预先给予苯巴比妥，可降低有机磷杀虫药的毒性。相反，有些药物经过代谢转化，活性或毒性反而增加，这样药物代谢酶诱导剂可促使药物的活性或毒性增加。例如预先给予苯巴比妥，可促使非那西汀羟化为毒性更大的对氨酚，后者可使血红蛋白变为高铁血红蛋白，因此苯巴比妥和非那西汀合用，副作用增加。这也是临床用药配伍禁忌要注意的一个例子。

在治疗上，苯巴比妥也用来防治胆红素血症，其原理是苯巴比妥可诱导肝葡糖醛酸转移酶生成，促进胆红素和葡糖醛酸结合而易于排出体外（图16-4）。另外，不但一种药物可以刺激另一些药物的代谢，而且一种药物也可以刺激其本身的代谢，因此常服用一种药物，药效会越来越差，甚至产生耐受性。

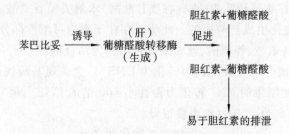

图 16-4　苯巴比妥防治胆红素血症的原理

有的药物可促进或者抑制药物的代谢，但也有些药物对某些药物的代谢有促进作用，而对其他药物的代谢则有抑制作用。例如保泰松对氨基比林和洋地黄毒苷的代谢有促进作用，而对甲丁脲和苯妥英钠的代谢则有抑制作用。此外，一种药物服用后，随时间的推移可呈现抑制和促进两种作用,例如 SKF-525A 在服用 6 小时内对药物代谢呈抑制作用,但 24 小时后却转变为促进作用。

(二)药物代谢的抑制剂

许多化合物可以抑制某些药物的代谢,称为药物代谢的抑制剂。有的抑制剂本身就是药物,也就是说一种药物可以抑制其他药物的代谢;有的抑制剂本身本无药理作用,而是通过抑制其他药物的代谢而发挥其作用。药物代谢的抑制剂有竞争性抑制和非竞争性抑制。

1. 药物抑制其他药物的代谢转化 氯霉素或异烟肼能抑制肝药酶,可使同时合用的巴比妥类、苯妥英钠、甲苯磺丁脲或双香豆素类的药物作用和毒性增加。单胺氧化酶抑制剂可延缓酪胺、苯丙胺、左旋多巴及拟交感胺类的代谢,使升压作用和毒性反应增加。别嘌呤醇能抑制黄嘌呤氧化酶,使 6-巯基嘌呤及硫嘌呤的代谢减慢,毒性增加。

2. 非药用化合物抑制药物的代谢 如没食子酸对肾上腺素 O-转甲基酶的抑制。肾上腺素的灭活主要是由于 O-转甲基酶的催化使 3 位羟基甲基化为甲氧基,而没食子酸也竞争与此酶结合,结果 O-转甲基酶被抑制,肾上腺素的灭活受到抑制,因此没食子酸可延长儿茶酚胺类活性物质的作用(图 16-5)。酯类和酰胺类化合物对普鲁卡因水解酶也有竞争性抑制作用。

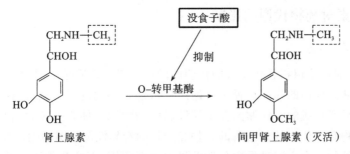

图 16-5 没食子酸延长儿茶酚胺类活性物的机理

非竞争性抑剂,如 SKF-525A 及其类似物,本身并无药理作用,专一性也较低,可以抑制微粒体药物代谢酶系如药物氧化酶(羟化、脱烃、脱氨、脱硫)、硝基还原酶、偶氮还原酶、葡糖醛酸转移酶等,但对水解普鲁卡因的酯酶则属于竞争性抑制,因为 SKF-525A 本身也有酯键。由于 SKF-525A 对许多药物代谢酶有抑制作用,因此可以延长许多药物的作用时间,例如延长环己巴比妥催眠时间许多倍,但对正常代谢并无抑制作用。SKF-525A 的抑制作用也有种属特异性,例如对大鼠肝微粒体非那西汀 O-脱烃基有抑制作用,但对兔微粒体则无抑制作用。

药物代谢抑制剂有重要药理意义,可以加强药物的药理作用,即药物代谢抑制剂和所作用的药物有协同作用。常见的酶诱导剂和酶抑制剂及其相互作用见表 16-2。

表 16-2 常见的酶诱导剂和酶抑制剂及其相互作用

药 物 种 类	受影响的药物
酶诱导剂	
苯巴比妥	苯巴比妥、苯妥英钠、甲苯磺丁脲、香豆素类、氢化可的松、地高辛、口服避孕药
苯妥英钠	可的松、口服避孕药、甲苯磺丁脲
卡马西平	苯妥英钠
水合氯醛	双香豆素
保泰松	氨基比林、可的松
灰黄霉素	华法林
利福平	华法林、口服避孕药、甲苯磺丁脲

续表

药 物 种 类	受影响的药物
乙醇	苯巴比妥、苯妥英钠、甲苯磺丁脲、氨茶碱
酶抑制剂	
氯霉素	苯妥英钠、甲苯磺丁脲、香豆素类
红霉素	氨茶碱
泼尼松龙	环磷酰胺
甲硝唑	乙醇、华法林
环丙沙星、依诺沙星	氨茶碱
阿司匹林、保泰松	华法林、甲苯磺丁脲
吩噻嗪类	华法林
异烟肼、对氨基水杨酸	华法林

知识链接 16-1

二、其他因素对药物代谢的影响

（一）种属差异性

不同种属的、催化Ⅰ相和Ⅱ相反应的代谢酶的同工酶的组成是不同的，因此同一种药物在不同种属的动物和人体内的代谢途径和代谢产物可能是不同的，这是代谢酶在不同种属中的基因表达上的差异所造成的。代谢酶在不同种属的动物和人体内的表达有质和量的差异，因此不同种属的动物和人体内的代谢酶的底物和产物的特异性及代谢酶的活性可以不同。这是造成药物等外源性物质在不同种属中代谢差异的主要原因，因此我们不能简单地用动物代谢酶来代替人的代谢酶进行研究。由于药物在不同种属的动物和人体内的代谢途径和代谢产物可能存在一定的差异，这必然会导致其在不同种属的动物和人体内的药效和毒性也存在一定的差异。

依非韦仑是一个特异性的 HIV-1 逆转录酶抑制剂，用于 HIV 病毒感染的治疗，在大鼠、豚鼠、猴及人多个物种中均存在广泛代谢。在不同物种中都存在两个主要的代谢物分别是 8-羟化依非韦仑 O-葡糖醛酸代谢物和依非韦仑的 N-葡糖醛酸代谢物。大鼠体内发现了 8-羟化依非韦仑 O-硫酸代谢物，而在人体内未发现。依非韦仑的谷胱甘肽合物和半胱氨酸甘氨酸结合物仅存在于大鼠和豚鼠体内。这种代谢的种属差异导致毒性差异的现象值得引起重视。因此在进行药物的临床前药效和安全性评价时应尽可能选择代谢与人体相似的动物进行，这样可以为药物的临床研究和使用提供更为可靠的参考依据。

（二）年龄和性别差异

1. 年龄的影响　药物代谢的年龄差异主要在儿童和老年人中表现得比较明显，这是因为机体的许多生理机能（如肝功能、肾功能等）与年龄有关。儿童正处于机体的生长发育期，其肝脏尚未发育完全，因此肝药酶的含量和活性较低，使药物在体内的代谢消除受到影响，以致出现毒副作用。如新生儿肝脏缺乏葡糖醛酸转移酶，服用氯霉素可导致灰婴综合征。老年人的心、肝、肾、中枢神经系统等器官的功能明显衰退，肝脏和肾脏实质减少，肝、肾血流量下降，尤其是肝中药物代谢酶的数量和活性均有不同程度的降低，对药物的代谢和排泄能力明显降低，可使血药浓度过高或作用持续时间过于持久而出现不良反应甚至毒性。

2. 性别的影响　药物代谢存在一定的性别差异，但这一差异没有年龄差异那么显著，且其在人体内的性别差异没有动物那么明显。如大鼠体内参与药物代谢的 P450 酶存在明显的

NOTE

性别差异,CYP2A2、CYP2C11、CYP2C13 和 CYP3A2 为雄性大鼠所特有,而 CYP2C12 为雌性大鼠所特有,因此有些药物在大鼠体内的代谢方式和代谢产物表现出明显的性别差异。如盐酸羟考酮在大鼠体内的药动学表现出明显的性别差异,雌雄大鼠静注 5 mg/kg 盐酸羟考酮后,雄鼠体内原药和代谢物的血药浓度比雌鼠高。

多数药物在人体内的代谢没有表现出明显的性别差异,但有些药物的体内过程确实存在性别的差异,如利多卡因在女性体内的半衰期比男性长;阿司匹林和利福平在女性体内的血药浓度高于男性;普萘洛尔、利眠宁和地西泮在女性体内的清除率低。此外,女性在月经周期、怀孕和哺乳期能够通过改变药物的吸收、分布和清除而对有些药物的体内过程产生影响,因此药物的药动学行为表现出明显的性别差异。

（三）遗传变异性

遗传变异是造成药物的体内过程出现个体差异的主要原因之一。因为大多数药物在体内通过各种酶的代谢转化而消除,而体内许多参与药物代谢的酶如 P450 酶、N-乙酰转移酶、甲基转移酶、硫酸转移酶、葡糖醛酸转移酶、乙醇脱氢酶和乙醛脱氢酶等均存在遗传变异,造成这些药物代谢酶具有遗传多态性,出现不同的遗传表型即强代谢型（或快代谢型）和弱代谢型（或慢代谢型）,使这些酶的含量或活性在不同的个体间表现出明显的差异,因而对药物的代谢转化产生影响,由它们所介导的代谢就会表现出非常显著的个体差异。对于弱代谢者而言,药物在体内的代谢能力减弱,因而药物从体内的消除减慢,药物的消除半衰期明显延长,同时血药浓度和 AUC 显著升高,其结果是药理效应的增强,甚至引起毒副作用。此外,由于原形药物显著升高,反复多次用药时易引起药物的蓄积而产生蓄积性毒性。对于强代谢者而言则正好与此相反。因此药物代谢酶的遗传变异日益受到人们的关注。

例如奥美拉唑（OPZ）进入体内后,在肝药酶的作用下被代谢为 5-羟基奥美拉唑（5-OH-OPD）和奥美拉唑砜（OPZ-SF）,参与其代谢的主要 P450 酶为 CYP2C19,这主要是由于参与其羟化代谢的 CYP2C19 发生遗传变异,表现出明显的遗传多态性,使人群中不同个体 CYP2C19 的羟化代谢能力存在较大的差异,按代谢能力的大小可将人群分为强代谢者（EMs）和弱代谢者（PMs）。奥美拉唑在弱代谢者中的消除半衰期延长,其 AUC 值显著升高,同时生成的 5-羟基奥美拉唑的量明显低于强代谢者,但奥美拉唑砜的量却明显高于强代谢者,这说明弱代谢者奥美拉唑羟化代谢酶的活性较弱或数量较小。此外,S-美芬妥英的慢代谢者对奥美拉唑羟化代谢能力亦表现低下,AUC 增大,清除率降低。因此目前常常把 S-美芬妥英作为 CYP2C19 的探针化合物来研究 CYP2C19 的遗传多态性。

（四）病理状态

肝脏是药物的主要代谢器官,因此当肝功能严重不足时,必然会对主要经肝脏代谢转化的药物的代谢产生非常显著的影响。经肝脏代谢激活的药物,如可的松、强的松等的代谢激活作用被减弱,其疗效也被减弱;而主要经肝脏代谢失活的药物如甲苯磺丁脲、氯霉素等的代谢减弱,作用则被加强。某些疾病如心脏病由于肝血流量减少而使肝血流限制性清除的药物如普萘洛尔、利多卡因等的代谢速率减慢。

第四节 药物代谢转化的意义

一、清除外来异物

进入体内的外来异物（如药物）主要由肾排出体外,也有少数由胆汁排出。肾小管和胆管

NOTE

上皮细胞是一种脂溶性膜,脂溶性物质易通过膜而被再吸收,排泄较慢。为了使药物易于排出,必须将脂溶性药物代谢转化为水溶性,使其不易通过肾小管和胆管上皮细胞膜,不易被再吸收,而易于排泄(图 16-6)。

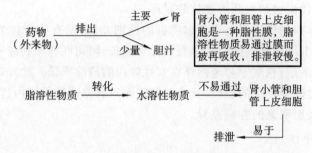

图 16-6　人体对外来异物的排除

但也有少数药物经过代谢转化水溶性反而降低,如磺胺类乙酰化和含酚羟基药物 O-甲基化。药物代谢酶是进化过程中发展起来的,专门清除体内不需要的脂溶性外来异物,是机体对外环境的一种防护机制。

二、改变药物活性或毒性

药物在体内经代谢转化,其活性或毒性多数被减弱。一般来说,结合代谢产物活性或毒性降低,而非结合代谢产物多数活性或毒性减弱,也有基本不变或增强的,但可以进一步结合代谢解毒并排出体外。

活性或毒性增强者,有水合三氯乙醛(水合氯醛)、非那西汀、百浪多息、有机磷农药和大黄酚等。这些化合物在体内经过第一相代谢转化(氧化或还原)而活化,然后再经结合(葡糖醛酸或乙酰化结合)或水解反应而解毒。

毒性或活性基本不变者,如可待因 O-脱甲基氧化为吗啡,可待因和吗啡都有药理活性,只是程度不同。

三、灭活体内活性物质

体内生理活性物质如激素等在体内不断生成,发挥作用后也不断被灭活,构成动态平衡,以维持正常生理功能。而这些生理活性物质灭活的代谢方式和酶系有许多是和药物代谢转化相同的。例如肾上腺素是通过 O-甲基化和单胺氧化酶而灭活的,而类固醇、甲状腺素等在体内可与葡糖醛酸结合而灭活。

四、阐明药物不良反应的原因

药物不良反应一般分为 A 型和 B 型,A 型药物不良反应与药物代谢有着十分密切的关系,其特点是可以预测、发生率高、死亡率低,与 A 型药物不良反应有关的因素主要包括如下几种。

1. 药物吸收　多数药物口服后,从口腔至直肠均可吸收,以小肠吸收最多。较大的黏膜表面积和丰富的血流供应,促进药物分子通过小肠进入血液循环。非脂溶性药物的吸收常不完全,个体差异性很大,如胍乙啶在小肠的吸收不规则,为 $3\%\sim27\%$,治疗高血压时的口服剂量范围可为 $10\sim100$ mg/d,人体适宜剂量难以确定。

服用药物的剂量对到达体循环的药物总量有决定意义,但服用的配伍药物的结合倾向、胃肠道运动、胃肠道黏膜吸收能力、肠壁及肝脏在药物到达体循环前失活药物的能力等都对口服给药的吸收有影响。四环素类抗生素与制酸药如氢氧化铝、氧化镁或用于治疗贫血的硫酸亚

铁合用时,可形成既难溶解又难吸收的结合物,降低四环素类抗生素的疗效。阿托品、三环抗抑郁药减慢胃排空,可延迟药物吸收;多潘立酮(吗丁啉)、溴丙胺太林和甲氧氯普胺(胃复安)促进胃蠕动,加快胃内容物排空,可加速吸收。西沙必利(cisapride)与吗啡缓释片同服可明显增大吗啡的血药平均峰浓度。

2. 药物分布 药物在体循环中的量和范围取决于局部血流量和药物穿透细胞膜的难易。心排出量对药物的分布和组织灌注速率也有重要作用。如经肝代谢的利多卡因,主要受肝血流量影响,当心衰、出血或静脉注射去甲肾上腺素药时,由于肝血流量减少,利多卡因的消除率也减慢。

药物-血浆蛋白结合减少会增加游离药物(自由药物)的浓度,使药效增强,以致产生 A 型不良反应。血浆蛋白结合率高的药物,受血浆蛋白量的影响较大。当血浆蛋白结合率稍有降低时,游离药物浓度增加相对较高,而出现 A 型不良反应。如低白蛋白血症患者服用苯妥英钠、地西泮等时易出现不良反应;服用华法林的患者同时服用保泰松,可因抗凝作用过强而出血不易停止。

有的药物可与组织成分结合,引起 A 型不良反应。如四环素与新形成的骨螯合形成四环素-钙-正磷酸盐而抑制新生儿骨骼生长,还可使幼儿牙齿变色和畸形,但对成人则无临床后果;氯喹对黑色素有较高亲和力,可高浓度地蓄积在含黑色素的眼组织中,引起视网膜变性;对乙酰氨基酚的代谢产物可与肝脏谷胱甘肽结合,耗竭谷胱甘肽,导致肝毒性。

3. 药物消除 大多数通过肝脏酶系代谢失活的药物,当肝脏的代谢能力下降时,药物的代谢速率减慢,造成药物蓄积,引起 A 型不良反应。药物的代谢速率主要取决于遗传因素,个体之间有很大的差异。如服用苯妥英钠 300 mg/d,血浆浓度范围为 4~40 μg/mL。当血浆浓度超过 20 μg/mL 时,就会出现 A 型不良反应,如运动失调、眼球震颤和昏睡。服用保泰松 800 mg/d,血药浓度范围为 60~150 μg/mL。当血药浓度超过 90~100 μg/mL 时,呕吐、腹泻、粒细胞和血小板减少,肝功能损伤等不良反应的发生率相当高。哌替啶的主要代谢产物去甲哌替啶,有较强的中枢兴奋作用。当哌替啶转化为去甲哌替啶的速率大于哌替啶的吸收率时,主要表现为去甲哌替啶的作用,可引起昏迷和惊厥同时发生。

在一些情况下,细胞色素 P450 酶的基因多态性导致对某些药物在表型上明显慢和明显快的代谢。慢代谢者易发生与浓度相关的药物不良反应,而快代谢者则对药物相互作用易感。其中抑制的相互作用可能会由于血浆浓度的增加而导致毒性。氟康唑、酮康唑或红霉素等已知的细胞色素 P450 酶抑制剂,可抑制西沙必利的代谢,使其血药浓度升高而引起不良反应。

五、寻找新药

1. 低效转化为高效 有些药物药理活性很低,但在体内经过第一相代谢转化为高活性物,这样可为设计新药指出方向。例如低抗菌活性的百浪多息,在体内可转化为高抗菌活性的磺胺,这一发现引起磺胺类药物的合成。

2. 短效转化为长效 即将体内易代谢灭活的基团变为不易代谢灭活的基团,进而延长其作用时间。如前列腺素 E 和 F 类在 15 位碳有一羟基,此基团与活性有关,在体内(肺)可经 15-脱氢酶的作用变为 15-酮基而灭活,所以前列腺素 E 和 F 类通过血液循环一周,活性被破坏 90% 以上。如果合成 15-甲基[C(CH₃)OH]前列腺素 E 或 F 衍生物,则不易在 15 位脱氢,药理活性可增强 10 倍以上。睾酮口服经肝脏代谢转化为 17-甾酮(雄素酮)而灭活,人工合成 17-甲睾酮,在体内不易转化为雄素酮类,所以口服有效。又如甲苯磺丁脲的甲基在体内可以代谢为羟甲基或羧基而被灭活,如把甲基改为氯而成为氯磺丙脲,则活性大大增强。普鲁卡因易被酯酶水解破坏,作用时间短,如改为普鲁卡因胺,则不易水解,药理作用时间延长,因为体内酰胺酶活性比酯酶小。

3. 合成生理活性前体物　有些生理活性物在体内易被代谢破坏,可以人工合成其前体物,在未代谢转化之前不易排出,但在体内可以代谢成为活性物,使其作用时间延长。例如睾酮 C17 上羟基被酯化为丙酸睾酮,可在体内缓慢水解成睾酮而发挥作用。

4. 其他　如通过化学合成改变结构,使原活性强而有效的化合物降低活性(也即毒性),当其进入体内,在靶器官再转化为活性强的化合物而发挥其作用。例如化学活性强的氮芥与环磷酰胺基结合,毒性降低(比氮芥低数十倍),在体外无效,但在体内靶细胞经酶的催化,使 —NH— 转化为 —N—OH ,后者可与癌细胞 DNA-鸟嘌呤 N7 交联而发挥其抗癌作用。

另外,也可利用药物代谢酶抑制原理设计合成新药。

六、解释某些发病机制

许多化学致癌物本身并无致癌作用,但通过在体内的代谢转化(如羟化)成为有致癌活性的物质,例如 3,4-苯骈芘、3-甲基胆蒽、2-乙酰氨基芴、β-萘胺等。芳香胺职业工人易患膀胱癌,可能是由于 β-萘胺在体内进行芳香环羟化,然后与葡糖醛酸结合而由尿排出。在膀胱由于尿中 β-葡萄糖苷酸酶在尿酸性 pH 值条件下的水解作用,释放游离羟化萘胺,进入膀胱黏膜而诱发癌变,但也有人认为 β-萘胺的致癌作用主要是由于 N-羟化(图 16-7)。还有些致癌物,在体内可以结合代谢转化,然后由胆汁排出,在肠下段水解,再释放出游离致癌物,作用于肠黏膜而引起癌变。

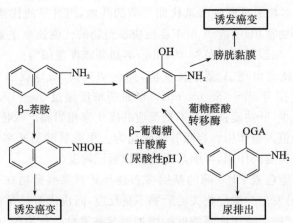

图 16-7　β-萘胺致癌机制

七、提供临床合理用药参考依据

肝脏是药物代谢的主要器官,药物口服首先到达肝,而后进入体循环,因此,凡是在肝脏易被代谢转化而破坏的药物,口服效果差,以注射给药为佳。

药物经过体内代谢转化,一般来说水溶性增加,但也有例外。例如磺胺的乙酰化,水溶性反而降低,易患尿道结石。

一种药物可为另一种药物代谢酶的诱导剂,所以在临床上要注意两种以上药物同时服用时,可能引起药效的降低或毒副作用的增加等问题。还有一种药物也可诱导其本身代谢转化的酶系,因此有些药物常服用易产生耐受性。

药物代谢有种族、个体、年龄、性别、病理、营养及给药途径的差异,这些也都是临床用药应该注意的问题。

总之,药物代谢的研究,一方面可为临床合理用药提供依据;另一方面也可为药物作用机制、构效关系以及寻找新药建立理论基础。因此,开展药物代谢转化的研究具有重要理论和实践意义。

本章小结

药物在体内的转运与代谢转化	学 习 要 点
概念	药物的跨膜转运、药物的吸收、分布、生物转化和排泄
特征	影响药物跨膜转运、吸收、分布、生物转化和排泄的因素
分类	药物的跨膜转运方式、药物代谢酶系
反应类型	药物代谢的类型

目标检测

目标检测
解析

一、填空题

1. 药物进入机体至排出体外的过程被称为人体对药物的_____过程。它包括药物在体内的_____、_____、_____和_____。

2. 药物跨膜转运有多种方式,最主要的方式是_____、_____和_____。

3. 简单扩散的速度主要取决于_____和_____。

4. 大多数药物属于弱酸性或弱碱性有机化合物,在水溶液中由非离子型解离为离子型,其程度取决于_____。

5. 极少数药物通过膜的运动而转运大分子物质,称为_____,包括_____和_____。

6. 药物与血浆蛋白结合程度常以结合药物的浓度与总浓度的比值表示,称为_____。

7. 药物吸收是指药物由给药部位进入_____的过程。_____不存在吸收过程。_____是最常用的给药方式,也是最安全、方便和经济的方式。

8. 药物排泄途径为_____和_____。

9. 催化药物在体内的代谢转化的酶系称为_____。药物代谢酶主要存在于_____。

二、判断题

1. 药物在体内的吸收、分布与排泄统称为机体对药物的转化。（ ）

2. 简单扩散中油水分配系数越大(脂溶性越强),浓度越高,简单扩散就越慢。（ ）

3. 通常酸性药物主要与白蛋白结合;碱性药物主要与α1酸性糖蛋白或脂蛋白结合;许多内源性物质及维生素等主要与球蛋白结合。（ ）

4. 只有脂溶性低的药物才能通过血脑(眼)屏障扩散进入脑脊液、脑组织和房水。（ ）

5. 多数药物经代谢转化成为毒性或药理活性较小、水溶性较大而易于排泄的物质。（ ）

6. 药物的代谢转化可分为非结合反应和结合反应。非结合反应包括氧化、还原和水解;结合反应的结合剂也有多种,如葡糖醛酸、硫酸盐、乙酰化剂、甲基化剂和氨基酸等。（ ）

三、问答题

1. 影响药物口服吸收的因素有哪些?

2. 影响药物分布的主要因素有哪些?

3. 简述影响药物代谢转化的因素。

4. 简述药物代谢转化的意义。

在线答题

（郭　乐）

 NOTE

第十七章 药物研究的 生物化学基础

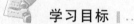

学习目标

1. 掌握:生物大分子分离方法及主要原理;药物作用的生物化学基础;新药筛选的生物化学方法;酶与药物设计、受体与药物设计。
2. 熟悉:生物技术的概念及内容;生物大分子药物设计;生物化学分析方法在药物质量控制中的应用;蛋白质多肽类药物的分析方法;核酸类药物的分析方法。
3. 了解:药剂学研究的生物化学基础;药物质量控制的生化分析方法。

药学研究的对象是应用于人体诊断、预防和治疗疾病的药物。随着科学技术的发展,许多新的理论、技术、方法不断应用于药学研究领域,推动了药学研究的迅速发展。此外,随着生物化学、分子生物学理论与技术的快速发展与广泛应用,药学与各研究领域进入了新的发展阶段。其特点是使药学从以化学为主要的模式转化为以生物化学、分子生物学、生物信息学、化学、医学等学科相结合的新模式;使药理、毒理等转化为功能分子作用模式;使药物的制造转化为化学、生物化学、生物技术等相互结合的模式。

药物是用于预防、诊断、治疗疾病的化合物。在我国,药物依据其来源、本质等分为化学药、中药和生物药物。化学药是利用化学合成法、生物合成法或从自然界纯化的单组分以及其化学修饰物或衍生物等一类小分子化合物;中药是来源于自然界所制备的混合物或多组分小分子化合物;生物药物是利用生物体、生物组织或其成分,综合应用生物学、生物化学、微生物学、免疫学、物理化学和药学等原理与方法制造的一大类用于预防、诊断、治疗的制品。

第一节 生物药物制备的生物化学基础

一、生物药物制备方法的特点

生物药物具有针对性强、药理活性高、毒副作用小、营养价值高的特点。生物药物主要有蛋白质、核酸、糖类、脂类等,广泛用于治疗癌症、艾滋病、糖尿病、心脑血管疾病和一些罕见的遗传疾病。大部分生物药物的原始材料是细胞及其组成成分,一般以生物学和化学相结合的手段进行制备,其制造技术具有如下特点:①目的物存在于组成非常复杂的生物材料中,有效物质在制备过程中尚处于代谢动态中,故常常无固定工艺可循;②生物材料中的目的物含量极微,纯化步骤多,回收率低;③目的物分离后易变性失活,分离过程必须十分小心,以保护有效物质的生物活性;④各种理化、生物因素影响各组分,制造工艺可变性很大,必须确定明细流程,才能重复;⑤为保证生物活性和结构完整,采用温和的"多阶式"或"逐级分离",因此工艺流程长,操作烦琐;⑥因对环境条件敏感,产品均一性(纯度)的评价是有条件的,不能只凭一种方法下结论。

二、生物药物制备的主要生物化学方法

(一)小分子生物药物的制备方法

根据不同组分配率的差别进行分离,如溶剂萃取、分配层析、吸附层析、盐析、结晶等。小分子生物药物如氨基酸、脂类药物、维生素和固醇类药物等常采用这些方法制备。

(二)生物大分子药物的制备方法

根据生物大分子特性,通常采用多种分离手段交互进行才能达到纯化目的。

1. 根据分子形状和大小不同的分离方法　如密度梯度离心、透析、超滤和凝胶过滤等。

(1)密度梯度离心:用一定的介质在离心管内形成一连续或不连续的密度梯度,将待离心的混合物置于介质的顶部,通过重力或离心力场的作用使混合物分层、分离。颗粒的沉降取决于它的大小和密度,在具有密度梯度的介质中离心时,质量和密度大的颗粒比质量和密度小的颗粒沉降得快,且沉降到与自身密度相等的介质密度梯度时即停止。密度梯度离心常用的介质为氯化铯、蔗糖和多聚蔗糖。分离生物大分子的介质要求如下:①能产生密度梯度,且密度高时,黏度不高;②介质为中性或易调为中性;③浓度大时渗透压不大;④对细胞无毒。

(2)透析:利用生物大分子不能通过半透膜的性质,将其与小分子物质分开,常用的半透膜有玻璃纸、火棉纸或其他改型的纤维素材料。

(3)超滤:是一种加压膜分离技术,即在一定的压力下,使小分子溶质和溶剂穿过一定孔径的特制薄膜,而大分子溶质不能透过,留在膜的一侧,从而使大分子物质得到部分纯化。过滤膜根据所加的操作压力和所用膜的平均孔径不同,可分为微孔过滤、超滤和反渗透三种。

(4)凝胶过滤:也称分子筛层析、排阻层析,是利用具有网状结构的凝胶的分子筛作用,根据被分离物质的分子大小不同进行分离。层析柱中的填料是某些惰性的具有多孔网状结构的物质,多是交联的聚糖(如葡聚糖或琼脂糖)类物质,小分子物质能进入其内部,流出程较长,而大分子物质不能进入,流程较短。根据混合溶液中不同成分流出速度不同,溶液中的物质按照不同的相对分子质量而分开。

2. 根据分子电离性质(带电性)不同的分离方法　如离子交换法、电泳法和等电聚焦法等。

(1)离子交换法:利用离子交换剂中的可交换基团与溶液中各种离子间的离子交换能力的不同来进行分离的一种方法。离子交换剂多采用人工合成的离子交换树脂,呈球状或无定形粒状。按照所交换离子的性质将离子交换树脂分为两大类:阳离子交换树脂(带有负电基团,能交换阳离子)和阴离子交换树脂(带有正电基团,能交换阴离子)。按离子解离能力的大小,又可将离子交换树脂分为强弱两种。离子交换层析技术已广泛用于各学科领域。在生物化学及临床生化检验中主要用于分离氨基酸、多肽及蛋白质,也可用于分离核酸、核苷酸及其他带电荷的生物分子。

(2)电泳法:电泳是带电颗粒在电场作用下,向着与其电性相反的电极移动的现象。利用带电粒子在电场中移动速度不同而达到分离的技术称为电泳技术。常用的电泳技术有聚丙烯酰胺凝胶电泳和琼脂糖凝胶电泳。聚丙烯酰胺凝胶电泳适宜于分离鉴定相对分子质量较小的蛋白质分子、小于1 kb的DNA片段和DNA序列分析。琼脂糖凝胶电泳是一种非常简便、快速、最常用的分离纯化和鉴定核酸的方法,主要用于DNA片段的分离、鉴定及回收等。

(3)等电聚焦法:在外电场作用下,带电颗粒在具有pH梯度的介质中泳动,并停留于等于其等电点的pH梯度处,形成一个很窄的区带,是根据各组分等电点进行分离的方法。

3. 根据分子极性大小与溶解度不同的分离方法　如溶剂提取法、分配层析法、盐析法、等

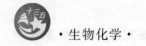

电点沉淀法和有机溶剂分级沉淀法等。

（1）溶剂提取法：利用组分在不同溶剂中的溶解度差异而实现分离的技术。从中草药中提取有效成分多采用此方法。根据中草药中各种成分在溶剂中的溶解性，选用对活性成分溶解度大，而对不需要溶出成分溶解度小的溶剂，将有效成分从药材组织中溶解出来。当溶剂加到中草药原料中时，溶剂由于扩散、渗透作用通过细胞壁透入细胞内，溶解可溶性物质，而造成细胞内外的浓度差。细胞内的浓溶液不断向外扩散，溶剂又不断进入药材组织细胞内，多次往返，直到细胞内外溶液浓度达到动态平衡。将此饱和溶液滤出，再加入新溶剂，可把所需成分大部分溶出。

（2）分配层析法：利用混合物在两种或两种以上不同溶剂中的分配系数不同而使物质分离的方法，相当于一种连续性的溶剂抽提。混合物的各组分在固定相和流动相中的分配情况不同，具有不同分配系数的各组分以不同的速度移动而得以分离。分配层析中起负载固定相作用的物质称为载体，通常选用吸附力小、反应性弱的惰性物质，如淀粉、纤维素粉、滤纸等。固定相除水外，也可用稀硫酸、甲醇、仲酰胺等强极性溶液，流动相则采用比固定相极性小或非极性的有机溶剂。

（3）盐析法：指向蛋白质溶液中加入某些高浓度的中性盐溶液后，使蛋白质的溶解度降低，进而使蛋白质凝聚从溶液中析出。蛋白质溶液是稳定的亲水胶体溶液，维持其稳定性的因素包括两个方面：蛋白质分子表面的电荷和水化膜。当将一定浓度的中性盐加入蛋白质溶液时，中性盐对水分子的亲和力远大于蛋白质，可以减弱甚至完全脱去蛋白质分子周围的水化膜。同时，加入中性盐后，离子强度发生改变，蛋白质表面电荷被中和，双重作用导致蛋白质胶体溶液的稳定性遭到破坏，使蛋白质分子之间聚集而沉淀，从而出现"盐析"现象。蛋白质盐析常用的中性盐主要有硫酸铵、硫酸镁、硫酸钠、氯化钠、磷酸钠等，其中应用最多的是硫酸铵。不同蛋白质盐析所需的盐浓度不同，通过改变盐的浓度，使蛋白质混合液中的不同组分分段"盐析"出来，从而达到分离蛋白质混合物的目的。

（4）等电点沉淀法：利用蛋白质在等电点时溶解度最低而各种蛋白质又具有不同等电点的特点进行分离的方法。在等电点时，蛋白质分子以两性离子形式存在，其分子净电荷为零（即正负电荷相等），此时蛋白质分子颗粒在溶液中因没有相同电荷的相互排斥，分子相互之间的作用力减弱，其颗粒极易碰撞、凝聚而产生沉淀，所以蛋白质在等电点时，其溶解度最小，最易形成沉淀物。等电点时蛋白质的许多物理性质如黏度、膨胀性、渗透压等都变小，有利于悬浮液的过滤。

（5）有机溶剂分级沉淀法：利用与水互溶的有机溶剂（如甲醇、乙醇、丙酮等）能使蛋白质在水中的溶解度显著降低而沉淀的方法，称为有机溶剂沉淀。有机溶剂引起蛋白质沉淀的主要原因是加入有机溶剂使水溶液的介电常数降低，因而增加了两个相反电荷基团之间的吸引力，促进了蛋白质分子的聚集和沉淀。引起蛋白质沉淀的有机溶剂的浓度不同，故控制有机溶剂的浓度可分离蛋白质。丙酮沉淀法是常用的使蛋白质从溶液中沉淀的方法。

4. 根据配基特异性不同的分离方法——亲和层析 亲和层析是利用生物高分子物质能与相应配基特异性可逆结合的原理，对高分子物质进行分离纯化的方法。生物大分子间存在很多特异性相互作用，如抗原与抗体、酶与底物或抑制剂、激素（或药物）与受体、糖蛋白与其相应的植物凝集素以及互补核酸单链间的结合，这种结合力称为亲和力。如果将配基共价连接在固相载体上，制成吸附系统，则通过层析柱的生物高分子就能与配基特异结合，从而与其他杂质分离开来，达到纯化的目的。层析柱中装有一定浓度的配基，上样后，待分离组分与相应配基形成特异复合物。随着样品的不断加入，复合物形成增多，从而形成紧密的吸附带。此时应选择适当离子强度及 pH 值的缓冲溶液，使其更易于形成复合物，然后用平衡缓冲液充分洗涤，以去除非特异性吸附的杂质，最后通过改变洗脱缓冲液的 pH 值或离子强度，将待分离组

NOTE

分从吸附柱中依次洗脱下来。

三、生物合成技术

生物合成是指利用生物细胞的代谢反应(更多的是利用微生物转化反应)来合成化学方法难以合成的药物或药物中间体。微生物转化反应是指利用微生物的代谢作用来进行某些化学反应,确切地说就是利用微生物代谢过程中某种酶对底物进行催化反应,以生成所需的活性物质。可进行的转化反应包括脱氢、氧化、脱水、缩合、脱羧、氨化、脱氨和异构化反应等。目前在制药工业中已形成一个以遗传工程为指导,以发酵工程为基础,包括细胞工程和酶工程有机结合的生物合成技术体系。如在基因工程和细胞工程的基础上应用发酵法和酶法合成技术生产抗生素、氨基酸、维生素等生物活性物质。一些半合成药物就是通过某些生物合成步骤来解决药物合成中难以进行的化学反应而获得的。

四、生物技术

生物技术(biotechnology)又称生物工程(bioengineering),是利用生物有机体(动物、植物和微生物)或其组成部分(包括器官、组织、细胞或细胞器等)发展新产品或新工艺的一种技术体系,包括基因工程、细胞工程、酶工程和发酵工程。

1. 基因工程(gene engineering) 又称重组 DNA 技术(recombination DNA technique),是用人工方法提取或制备某种细胞的某种基因,在体外把它和一种载体连接构造重组 DNA 分子,然后导入受体细胞,让其复制与表达,以改变受体细胞的某些性状或产生人们所需的产物的工程技术。

2. 细胞工程(cell engineering) 是指应用细胞生物学和分子生物学的方法,通过类似于工程学的步骤,在细胞整体水平或细胞器水平上按照人们的意愿来改变细胞内的遗传物质以获得新型生物或一定细胞产品的一门综合性科学技术。该技术涉及细胞融合技术、细胞拆和技术、染色体导入技术、基因转移技术、胚胎移植技术、细胞与组织培养技术等。

3. 酶工程(enzyme engineering) 指在酶反应器中,利用酶的生物催化作用生产出人类所需要产品的一门科学技术。例如过去蔗糖几乎全部通过加工甘蔗或甜菜获得,但现在可利用α-淀粉酶等多种酶的催化作用,在酶反应器中将淀粉转化成和蔗糖具有同样甜度的高果糖浆。

4. 发酵工程(fermentation engineering) 也称为微生物工程,是在最适合条件下,对单一菌种进行培养,是生物特定产品的一种生物技术。

这四种工程组成医药生物技术的主体,这几个技术体系相互依赖,相辅相成,往往需要综合应用这几个技术,才能生产新的生物药物。一般以基因工程起主导作用,只有用基因工程改造过的生物细胞,才能赋予其他技术以新的生命力,才能按照人们的意愿,生产出特定的新型高效生物药物。运用重组 DNA 技术和单克隆抗体技术生产的多肽、激素和酶类药物以及疫苗、单抗和细胞生长因子类等生物工程药物。如人胰岛素、人生长激素、胸腺肽、干扰素、尿激酶、肿瘤坏死因子、疯牛病疫苗、乙型肝炎病毒疫苗等。单克隆抗体药物具有高特异性、高纯度、均质性好、亲和力不变、重复性好、效价高、成本低并可大量生产等优点。

第二节 药理学研究的生物化学基础

药理学(pharmacology)是研究药物与机体(含病原体)相互作用及其规律和作用机制的学科,主要包括药效动力学和药代动力学两个方面,前者是阐明药物对机体的作用和作用原理,后者阐明药物在体内吸收、分布、生物转化和排泄等过程,特别是血药浓度随时间变化的规律、

影响药物疗效的因素等。药理学的学科任务是要为阐明药物作用及作用机制、改善药物质量、提高药物疗效、防止不良反应提供理论依据;为研究开发新药、发现药物新用途并为探索细胞生理生化及病理过程提供实验资料。

随着细胞生物学、生物化学与分子生物学研究的发展,药理学的研究内容也在不断完善。通过对药物靶点在分子水平上的分析,根据特定细胞信号传导或代谢途径进行药物设计已经成为可能。现代药理学研究已从整体、系统、器官、组织、细胞水平深入到亚细胞、分子甚至量子水平,生物化学与分子生物学已成为现代药理学的重要理论基础,其技术广泛应用在药理、毒理学各方面,极大地推动了现代药理学、毒理学理论和技术的建立与发展。

一、药物作用的生物化学基础

(一)神经传导与神经递质

在神经系统中,信息以动作电位的方式沿神经纤维传送。当两个神经元的突触间隙小于20 nm 时,动作电位仍可使突触后膜去极化,神经冲动继续向下传递;如果裂隙大于 20 nm,就必须由神经递质来传递信息。神经末梢合成的乙酰胆碱存在于突触小泡内,动作电位到达时,电压依赖性钙离子通道开放,细胞外 Ca^{2+} 内流,促使小泡内的乙酰胆碱释入裂隙中;乙酰胆碱与膜上受体结合后变构,通道开放,Na^+ 内流而 K^+ 外流,膜去极化,形成新的动作电位,继续向前传导。乙酰胆碱起着信息传递作用,所以称为神经质。是最早被鉴定的递质,已发现的神经递质有 30 多种,除乙酰胆碱外,还有氨基酸类(如甘氨酸、γ-氨基丁酸、谷氨酸等)、胺类(如肾上腺素、去甲上腺素、多巴胺等)和肽类(脑啡肽、阿片肽、生长抑素等)。

(二)受体的结构与功能

受体(receptor)是一类存在于胞膜或胞内的,能与细胞外专一信号分子结合进而激活细胞内一系列生物化学反应,使细胞对外界刺激产生相应的效应的特殊蛋白质。与受体结合的生物活性物质统称为配体(ligand)。受体与配体结合即发生分子构象变化,从而引起细胞反应,如介导细胞间信号转导、细胞间黏合、胞吞等过程。受体的化学本质为蛋白质,大部分为糖蛋白,少部分为脂蛋白或糖脂。

根据靶细胞上受体存在的部位,可将受体分为细胞内受体(intracellular receptor)和细胞表面受体(cell surface receptor)。细胞内受体介导亲脂性信号分子的信息传递,如胞内的甾体类激素受体。细胞表面受体介导亲水性信号分子的信息传递,可分为离子通道型受体、G 蛋白偶联型受体和酶偶联型受体。

1. 离子通道型受体(ion channel receptor) 离子通道型受体是一类自身为离子通道的受体。它们的开放或关闭直接受化学配体的控制,这些配体主要为神经递质。离子通道受体信号转导的最终作用是导致细胞膜电位改变,即通过将化学信号转变成为电信号而影响细胞的功能。神经递质通过与受体结合改变通道蛋白的构象,导致离子通道的开启或关闭,改变质膜的离子通透性,在瞬间将胞外化学信号转换为电信号,继而改变突触后细胞的兴奋性。如乙酰胆碱受体,两分子乙酰胆碱的结合可以使之处于通道开放构象,但该受体处于通道开放构象状态的时限十分短暂,在几十毫微秒内又回到关闭状态。随后,乙酰胆碱与之解离,受体恢复到初始状态,做好重新接受配体的准备。离子通道型受体分为阳离子通道(如乙酰胆碱、谷氨酸和五羟色胺的受体)和阴离子通道(如甘氨酸和 γ-氨基丁酸的受体)。许多药物都是通过对这类受体的激动或拮抗而发挥疗效的,如异丙肾上腺素是肾上腺素受体 β1 型的激动剂,而普萘洛尔是其拮抗剂。

2. G 蛋白偶联型受体(G Protein-Coupled Receptors,GPCRs) 是一大类膜蛋白受体的统称。这类受体的共同点是其立体结构中都有七个跨膜 α 螺旋,且其肽链的 C 端和连接第 5 和第 6 个跨膜螺旋的胞内环上都有 G 蛋白(鸟苷酸结合蛋白)的结合位点。目前研究显示,G 蛋白偶联受体只见于真核生物之中,而且参与了很多细胞信号转导过程。在这些过程中,G 蛋白偶联受体能结合细胞周围环境中的化学物质并激活细胞内的一系列信号通路,最终引起细胞状态的改变。已知与 G 蛋白偶联受体结合的配体包括气味、费洛蒙、激素、神经递质和趋化因子等。这些配体可以是糖类、脂质和多肽等小分子,也可以是蛋白质等生物大分子。一些特殊的 G 蛋白偶联受体也可以被非化学性的刺激源激活,例如感光细胞中的视紫红质可以被光激活。与 G 蛋白偶联受体相关的疾病为数众多,并且大约 40% 的现代药物都以 G 蛋白偶联受体作为靶点。

G 蛋白偶联受体的下游信号通路有多种。与配体结合的 G 蛋白偶联受体会发生构象变化,从而表现出鸟苷酸交换因子(GEF)的特性,通过以三磷酸鸟苷(GTP)交换 G 蛋白上本来结合的二磷酸鸟苷(GDP),使 G 蛋白的 α 亚基与 β、γ 亚基分离从而被激活,并参与下一步的信号传递过程。具体的传递通路取决于 α 亚基的种类,其中两个主要的通路分别涉及第二信使环腺苷酸(cAMP)和磷脂酰肌醇。

知识链接 17-1

3. 酶偶联型受体(enzyme linked receptor) 分为两类,其一是本身具有激酶活性,如肽类生长因子(EGF、PDGF、CSF 等)受体;其二是本身没有酶活性,但可以连接非受体酪氨酸激酶,如细胞因子受体超家族。最典型的是受体-酪氨酸蛋白激酶(protein tyrosine kinase,PTK),可分为三类:①受体酪氨酸激酶,为单次跨膜蛋白,在脊椎动物中已发现 50 余种;②胞质酪氨酸激酶,如 Src 家族、Tec 家族、ZAP70、家族、JAK 家族等;③核内酪氨酸激酶,如 Abl 和 Wee。

受体酪氨酸激酶(receptor protein tyrosine kinases,RPTKs)的胞外区是配体结合结构域,配体是可溶性或膜结合的多肽或蛋白类激素,包括胰岛素和多种生长因子。胞内段是酪氨酸蛋白激酶的催化部位,并具有自磷酸化位点。配体(如 EGF)在胞外与受体结合并引起构象变化,导致受体二聚化形成同源或异源二聚体,在二聚体内彼此相互磷酸化胞内段酪氨酸残基,激活受体本身的酪氨酸蛋白激酶活性。这类受体主要有 EGF、PDGF、FGF 等。酪氨酸蛋白激酶激活的下游蛋白分子可以具有酶活性,也可以不具有酶活性。酪氨酸蛋白磷酸酶可以将肽链酪氨酸残基的磷酸基水解下来;磷脂酶 C-γ 与磷脂酶 C-β 为同工酶,水解磷脂酰肌醇 4,5-二磷酸生成 DAG 和 IP3;IP3 激酶在 ATP 参与下,催化 IP3 分子中第 3 位羟基磷酸化生成 IP4,IP4 也具有第二信使的功能,可提高胞质 Ca^{2+} 浓度。酪氨酸蛋白激酶还可以通过激活下游的 Ras GTP 酶激活蛋白、JAK-STAT 通路、G 蛋白偶联受体等,调控细胞内的信号转导途径。此外,还有受体-(丝氨酸/苏氨酸)蛋白激酶类型、受体-半胱氨酸激酶类型、受体-(天冬氨酸/谷氨酸)蛋白激酶类型、受体-(组氨酸/赖氨酸/精氨酸)蛋白激海类型等。

胰岛素受体是一种具有酪氨酸蛋白激酶活性的跨膜蛋白,由两条 α 链和两条 β 链通过 3 对二硫键连接而成(α2β2)。两条 α 链位于细胞膜的外侧,包含胰岛素的结合位点;两条 β 链是跨膜的,跨膜 β 链的胞内部分含有酪氨酸激酶结构域。无胰岛素结合时,受体-酪氨酸蛋白激酶没有活性;当胰岛素与受体的 α 链结合并改变了 β 链的构象后,受体-酪氨酸激酶被活化,使 β 链中特异位点的酪氨酸残基磷酸化,即自身磷酸化(autophosphorylation)。受体-酪氨酸激酶的自磷酸化,一方面促进酪氨酸激酶的活性,另一方面将胰岛素受体底物-1(insulin receptor substrate-1,IRS-1)的多个酪氨酸残基磷酸化,进而激活下一个效应物,引起一系列级联反应,使激素的效应成倍增加,最终引起细胞内的胰岛素效应。

4. 细胞内受体(intracellular receptor) 位于细胞内(胞质受体和核内受体),受体要与相应的配体结合后才可进入细胞核。胞内受体识别和结合的是能够穿过细胞质膜的小的脂溶性信号分子,如各种类固醇激素、甲状腺素、维生素 D 以及视黄酸。细胞内受体的基本结构都很相似,有极大的同源性。细胞内受体通常有两个不同的结构域,一个是与 DNA 结合的中间结

NOTE

构域,另一个是激活基因转录的 N 端结构域。此外还有两个结合位点,一个是与脂配体结合的位点,位于 C 末端,另一个是与抑制蛋白结合的位点。

胞内受体均属于反式作用因子,具有锌指结构,作为其 DNA 结合区,通常为 400～1000 个氨基酸残基组成的单体蛋白,包括四个区域,即高度可变区、DNA 结合区、激素结合区和铰链区。当激素与受体结合时,受体构象发生变化,暴露出受体核内转移部位及 DNA 结合部位,激素-受体复合物向核内转移,并结合于 DNA 上特异基因邻近的激素反应元件(hormone response element,HRE)上,进而改变细胞的基因表达谱,并发生细胞功能改变。现已知通过细胞内受体调节的激素有糖皮质激素、盐皮质激素、雄激素、孕激素、雌激素、甲状腺素(T3 及 T4)和 $1,25(OH)_2$-D_3。上述激素除甲状腺素外均为类固醇化合物。不同的激素-受体复合物结合于不同的激素反应元件。结合于激素反应元件的激素-受体复合物再与位于启动子区域的基本转录因子及其他转录调节分子作用,进而开放或关闭其下游基因。

(三)跨膜信号转导与细胞内信号转导

跨膜信号转导是指不同形式的外界信号作用于细胞膜表面,外界信号通过引起膜结构中某种特殊蛋白质分子变构,再以新的信号传到膜内,引发受体细胞发生相应的功能改变。细胞外部信号与刺激都要跨越细胞膜进入细胞,并经过细胞内不同信号转导途径将信号传递入细胞核,从而诱导或阻遏相应基因表达,造成细胞表型变化和产生各种生物效应。跨膜信号转导可以调控许多生命过程,包括生长、发育、神经传导、激素和内分泌作用、学习与记忆、疾病、衰老与死亡等,也包括细胞的增殖、细胞周期调控、细胞迁移、细胞形态与功能、免疫、应激、细胞恶变与细胞凋亡等。细胞外的刺激信号少部分可跨膜,通过胞内受体引起生理效应;多数只能被质膜上的受体识别,通过膜上信号转换系统,再转变为细胞内信号。细胞内信号转导通路主要基于以下两类分子基础。

1. 不同种类的受体使用由共同组分构成的转导信号 细胞因子受体与受体-酪氨酸蛋白激酶的下游信号转导方式十分相似,两者都募集含有 SH2 结构域的信号转导分子作为建立信号转导通路的基础。SH2 结构域大约由 100 个氨基酸残基组成,不同信号转导分子的 SH2 结构域在三维结构上很相似,含有磷酸化酪氨酸残基的多肽特异结合位点,所建立的每一条信号转导通路所构成的组分也有共同功能。如,CSF-1,PDGF 和 EGF 等细胞因子与受体-酪氨酸蛋白激酶结合后,就能使 JAK 家族(胞质可溶性酪氨酸激酶家族)的特殊成员发生酪氨酸残基的磷酸化反应,激活含有特定 STAT(信号转导子和转录激活子)的转录因子复合物。这种功能上的重叠,可以进一步延伸至细胞因子受体所利用的下游信号转导分子。

细胞内有许多条信号转导通路,每一个信号转导分子不止参加一条通路,同时每一个信号转导通路也使用不止一种信号转导分子,因此细胞信号转导分子与转导通路就形成了转导通路网络。

2. 信号转导通路中不同类型的磷酸化同时起作用 在信号转导通路中,有多种类型的磷酸化同时起作用,包括酪氨酸蛋白激酶、丝氨酸/苏氨酸蛋白激酶、半胱氨酸激酶、天冬氨酸/谷氨酸蛋白激酶、组氨酸/赖氨酸/精氨酸蛋白激酶等。相比于其他类型的蛋白激酶,虽然酪氨酸残基磷酸化起着特别重要的作用,但其他氨基酸残基的磷酸化也不可缺少。多种类型激酶,在各种细胞信号转导通路上交叉穿梭催化各种类型的磷酸化反应,从而形成细胞内信号转导通路网络。如,酪氨酸蛋白激酶使其底物分子的酪氨酸残基磷酸化,继而激活 STAT 复合物时,还需要丝氨酸残基的磷酸化才能完成其激活作用。又如,在 IFN-Y 诱导原单核细胞分化为成熟的巨噬细胞时,需要转录因子复合物 GAF 发生双重碳酸化,从而加强它与 DNA 的结合能力。

细胞信号转导作用机制及其分子基础说明,细胞内信号转导通路之间是相互交流、形成网络的。这个网络有以下特点：①它由配体、受体、连接物、激酶和转录因子五大要素组成；②组成信号转导通路的分子常常有密切的关系，它们的基因多是一些多基因家族的成员；③由关系密切的分子所组成的各种各样信号转导通路有重复性；④有共享组分的各种因子之间可以在许多水平上进行交流与调控。

（四）细胞信号转导与药物研究

细胞信号转导是维持正常细胞代谢和存活所必需的，与人类健康和疾病密切相关，许多疾病的起因涉及细胞信号转导系统的紊乱。细胞信号转导机制研究的深入与发展，尤其是对于各种疾病过程信号转导异常的不断认知，为发展新的疾病诊断和治疗手段提供了更多的机会。

在研究各种疾病的过程中，所发现的信号转导分子结构与功能的改变为新药的筛选和开发提供了作用靶点。许多药物可以通过 G 蛋白、酪氨酸蛋白激酶、鸟苷酸环化酶等介导的信号转导途径影响细胞的功能或代谢，由此产生了"信号转导药物"这一概念。

信号转导分子的激动剂和抑制剂是信号转导药物的研究出发点，尤其是各种蛋白激酶的抑制剂，更是被广泛用作母体药物进行抗肿瘤新药的研究。一种信号转导干扰药物，是否可以用于疾病的治疗而又具有较少的副作用，主要取决于以下两点：①它所干扰的信号转导途径在体内是否广泛存在，如果广泛存在于各种细胞内，其副作用则很难得以控制；②药物自身的选择性，对信号转导分子的选择性越高，副作用就越小。基于以上两点，通过筛选化合物库和改造已有的化合物，来发现具有更高选择性的信号转导分子的激动剂或抑制剂，同时也可以了解信号转导分子在不同细胞的分布情况。针对信号转导通路中异常的基因或蛋白来设计药物以抑制细胞过度增殖或促进凋亡，成为当前抗肿瘤药物研发的重点。目前，已有一些信号转导药物用于临床，特别是在肿瘤治疗研究领域。

（五）药物作用的酶靶点

药物对酶靶点的作用方式包括调节酶含量和调节酶活力。酶生理功能低下或缺乏的原因可能是遗传性或病理性的，有时可采用代谢旁路，甚至建立新的代谢途径来克服，这种适应性常常是产生耐药性的重要原因。先天性酶活性缺乏症是许多遗传性疾病的原因，如苯丙酮尿症、白化病、遗传性果糖不耐受（α1-抗胰蛋白酶缺乏症）。酶靶点可存在于正常人体组织中或病原体内，一种酶抑制剂要成为应用于临床的有效药物，应具备以下条件：

（1）被抑制的酶靶点所催化的生化反应与某种疾病的发生有关，在患者体内这一生化途径的抑制具有治疗意义。

（2）这种酶抑制剂必须具有特异性，在治疗剂量内不对其他代谢途径或受体产生抑制作用。

（3）这种抑制剂应具有药动学特征，可被吸收渗透到作用部位并具有合理、可预见的量效关系及作用持续时间。

（4）抑制剂对人体毒性较小，疗效指数高。

（5）抑制剂应符合药品标准，工艺、质量与价格等在临床与市场上具有竞争性。

常见的酶抑制剂类药物包括胆碱酯酶抑制剂毒扁豆碱、新斯的明等；多巴脱羧酶抑制剂 α-甲基多巴胺等；碳酸酐酶抑制剂乙酰唑胺等；血管紧张素转换酶抑制剂卡普托利等；HMG-CoA 还原酶抑制剂他汀类化合物等；二氢叶酸还原酶抑制剂 TMP、氨甲蝶呤等；胸苷酸合成酶抑制剂氟尿嘧啶等；反转录酶抑制剂齐多夫定等。

（六）细胞生长调节因子

细胞生长调节因子是对效应细胞的生长、增殖和分化起调控作用的一类活性物质，其中大多数是蛋白质或多肽，也有是非蛋白质物质，分为细胞生长刺激因子类和细胞生长抑制因子类。

NOTE

1. 细胞生长刺激因子类　本类细胞生长因子包括:促红细胞生长因子与集落细胞刺激因子等造血细胞生长因子、表皮生长因子、成纤维细胞生长因子、神经生长因子、白细胞介素1～25、骨生长因子等。

2. 细胞生长抑制因子类　即负性细胞生长因子,包括干扰素α、β、γ,肿瘤坏死因子α、β,转化生长因子,肝增殖抑制因子等。

(七)细胞凋亡的生物化学

细胞凋亡(apoptosis)是在某些生理或病理条件下,细胞受到某种信号所触发并按一定程序进行的主动、缓慢的死亡过程。细胞凋亡与细胞坏死不同,细胞凋亡不是一件被动的过程,而是主动过程,它涉及一系列基因的激活、表达以及调控等作用。它并不是病理条件下自体损伤的一种现象,而是为更好地适应生存环境而主动争取的一种死亡过程,在机体生长发育和维持内环境的平衡方面起着很大的作用。细胞凋亡对控制细胞增殖,防止肿瘤的发生与生长有重要意义。细胞凋亡的发生是不可逆过程,凋亡一旦启动,就会产生一系列生物化学和代谢变化的连续反应,最重要的是基因组DNA的降解,及因此而导致的细胞死亡。细胞凋亡的生物化学变化有:

(1)DNA的片段化　细胞凋亡的一个显著特点是细胞染色体的DNA降解,这是一个较普遍的现象。这种降解非常特异并有规律,所产生的不同长度的DNA片段为180～200 bp的整倍数,而这正好是缠绕组蛋白寡聚体的DNA长度,提示染色体DNA恰好是在核小体与核小体的连接部位被切断,从而产生不同长度的寡聚核小体片段。实验证明,这种DNA的有控降解是一种内源性核酸内切酶作用的结果,该酶在核小体连接部位切断染色体DNA。降解的DNA在琼脂糖凝胶电泳中呈现特异的梯状Ladder图谱,而细胞坏死时DNA呈弥漫的连续图谱。

(2)大分子合成　细胞凋亡的生化改变不仅仅是DNA的有控降解,在细胞凋亡的过程中往往还有新的基因的表达和某些生物大分子的合成作为调控因子。如TFAR-19就是在细胞凋亡时高表达的一种分子,再如在糖皮质激素诱导鼠胸腺细胞凋亡的过程中,加入RNA合成抑制剂或蛋白质合成抑制剂即能抑制细胞凋亡的发生。

诱导细胞发生凋亡的因素很多,细胞凋亡过程失调,包括不恰当的激活或抑制,不仅可使机体失去稳定性,还会导致严重的疾病。凋亡异常是肿瘤发生和发展的重要原因、诱导肿瘤细胞凋亡是治疗肿瘤的一条有效途径。此外,白血病、自身免疫性疾病、神经系统退行性疾病等也与细胞凋亡异常有关。

二、新药筛选的生物化学方法

研究治疗某种疾病的药物,首先要有能反映预期药理作用的筛选模型。新药筛选模型可以是整体动物或是细胞、亚细胞或分子水平,生物化学理论与实验方法,常常成为新药筛选与药效学研究的技术手段。

(一)放射配基受体结合法

受体与药物(配基)结合的专一性和结合强度,与产生生物效应的药效强度有关。实验是以放射性核素标记的配基与待筛选的药物(非标记配基)进行受体结合实验,在一定条件下,配体与受体相结合形成配体-受体复合物,随后作用物和生成物达到平衡,然后分离除去游离配体,分析药物与标记配基对受体的竞争性结合程度,从而量化药物对受体的亲和力和结合强度,进而判断其药理活性。配基结合实验与药理活性的相关性是放射配基受体结合法用于药物筛选的生化基础。

（二）酶学实验法

在药物代谢中，起关键作用的是肝脏细胞色素 P450 系统——药酶，其代谢药物的分子机制及毒理学关系，是药理学基础理论研究的重要内容之一。其主要技术包括：①制备肝微粒和线粒体用于体外药物代谢研究；②用诱导肝脏药物代谢酶的方法，研究药物对肝脏药物代谢酶的影响（活性或含量变化）；③观察药物对细胞色素 P450 活性及含量的影响，以及药物与 P450 结合后的光谱分析；④测定药物受肝脏药物代谢酶的水解作用和药物经葡糖醛酸转移酶、谷胱甘肽-s-转移酶的作用所产生的结合反应等。

（三）膜功能研究方法

药物作用机制的阐明，越来越多地集中在细胞膜或分子水平上。如线粒体内膜上 ATP 酶亚基的分离与重组研丰富了对氧化磷酸化进程的认识；细胞膜钠泵的研究推动了强心苷作用机制的深入了解。在药理学研究中，有许多代表性的膜制备技本与功能研究方法。

1. 钙调蛋白-红细胞膜的制备及钙调蛋白功能测定 钙离子在生命活动中的作用主要是通过钙调蛋白（CaM）来实现的。CaM 本身无活性，它一定要有钙离子存在，与一定靶酶结合后才能表现其激活或调节功能，应用高速离心法制备的红细胞膜含有 Ca^{2+}-Mg^{2+}-ATP 酶，是一种与钙离子转运密切相关的 CaM 靶酶，通过测定 CaM 激活 Ca^{2+}-Mg^{2+}-ATP 酶活性的变化，可观察钙拮抗类药物的药理活性。

2. 心肌细胞膜的制备与功能测定 在维持心肌细胞膜电位和去极化、复极化产生动作电位的过程中，起重要作用的钠钾泵（Na^+-K^+-ATP 酶）贯穿在膜的内外两面，应用差速离心法制备的心肌细胞膜，可作为膜上钠钾泵活性的测定材料。强心苷、某些抗心律失常药和 β 肾上腺能阻断药的作用机制，都与心肌细胞膜上 Na^+-K^+-ATP 酶或腺苷酸环化酶以及膜上专一性受体的功能有关。因此，心肌细胞膜的功能分析，可供这类药物的筛选研究。

（四）生化代谢功能分析法

体内存在着一整套复杂又十分完整的代谢调节网络，各种代谢相互联系，有序进行。其中有整体的神经-体液调节，还有细胞及其关键酶的调节。人体疾病的发生除了酶的先天缺陷与后天受抑制导致代谢异常外，还与代谢调节网络的失调有关。如，糖尿病是由于胰岛素分泌不足，或其受体功能缺陷等原因所致的糖代谢调节功能的紊乱与失调。因此，生化代谢功能分析是研究纠正代谢紊乱与失调药物的有效实验方法。

1. 降血糖药物实验法 测定血糖含量的变化是观察药物对血糖影响的重要手段，目前常用的有磷钼酸比色法、邻甲苯胺法、碱性碘化铜法、铁氰化钾法和葡萄糖氧化酶法以及应用酶电泳、酶试纸等分析法。用于筛选抗糖尿病药物的动物模型主要有胰腺切除法与化学性糖尿病模型及转基因动物模型，如四氧嘧啶糖尿病、链佐霉素糖尿病及 2 型糖尿病小鼠模型等。

2. 调血脂药及抗动脉粥样硬化药实验法 动脉粥样硬化的发病与脂代谢紊乱密切相关，测定血脂水平和建立动脉粥样硬化病理模型，是研究动脉粥样硬化药物的重要手段。例如，用酶法测定血清总胆固醇酯和游离胆固醇；用比色法测定血清游离胆固醇；用乙酰丙酮显色法和酶法测定血清甘油三酯；用多种电泳法测定血清脂蛋白以及用免疫分析法测定载脂蛋白等。

调血脂药及抗动脉粥样硬化药物的筛选模型主要有以下几种：①喂养法，喂养高胆固醇和高脂类饲料使动物形成病理状态；②免疫学方法，将大白鼠主动脉匀浆给兔注射，可以引起兔血胆固醇、低密度脂蛋白和甘油三酯升高；③儿茶酚胺注射法等。

3. 凝血药和抗凝血药实验法 血液凝集过程包括凝血酶原激活物的形成、激活凝血酶原以及凝血酶将纤维蛋白原转变为纤维蛋白。在凝血作用的促进和抑制分析中，常有多种实验方法，如测定血浆中抗凝血酶活性物质（这类物质可使凝血酶凝固时间延长）；测定血浆中纤维蛋白原的量；测定凝血酶活力；测定纤维蛋白稳定因子等。

（五）逆向药理学

以往的药理学研究模式，是先发现作用于某一类受体或受体亚型的药物，从而确定受体的存在，然后分离受体，再研究受体的相关基因家族，即配基（药物）→受体→基因模式。由于分子生物学的发展，提出一个逆向模式，即基因→受体→药物。这种模式的理论基础：从各种受体的相关基因家族中分离得到第一代基因，通过分析提示基因族中伴有大量结构相似性的基因，即同一家族的受体含有许多一级结构相似的受体亚型。应用基因克隆技术，从一种最初受体构建出该家族中其他亚型（许多原来未知的受体基因）并表达，从而为开发特异性药物提供机会。如从 G 蛋白偶联受体超家族中，发现了腺苷受体、大麻碱受体以及一些未知的甾族化合物受体，这为设计作用于单个亚型受体的药物提供了新的生物学基础。

第三节　药物设计的生物化学基础

药物设计是新药研究的重要内容，是研究和开发新药的重要手段与途径。所谓药物设计就是通过科学的构思与方法，提出具有特异药理活性、显著提高药理活性或显著提高作用特异性（降低其作用的不良反应）的新化学实体或新化合物结构。研制成功的新化合物在药理活性、适应证、毒副作用等方面应优于已知药物，并尽量降低人力、物力的耗费。生物化学和分子生物学是与药物设计学密切相关的重要学科。明确药物作用靶点——蛋白质、酶、核酸等生物分子，解析功能作用位点和该区域的三维结构乃至整个靶点分子的三维结构，对药物设计与研发具有巨大的推动作用。

一、酶与药物设计

一些重要治疗药物的作用机制在于它们抑制了某种靶酶。靶酶有的存在于正常人体组织，有的存在于感染人体的病原体内。如可逆性胆碱酯酶抑制剂毒扁豆碱，它可抑制乙酰胆碱酯酶活性，下调乙酰胆碱的水解效率，延长乙酰胆碱的效应，具有拟胆碱剂的作用，主要用于青光眼的缩瞳治疗。抗高血压药卡托普利是通过合理药物设计研究的成功案例，它可与血管紧张素转化酶的活性中心结合，抑制血管紧张素 I 转变成血管紧张素 II，防止血管壁收缩，达到降压作用。作用于病原体内靶酶的药物，常常是有效的抗感染、抗病毒和抗寄生虫药物。例如，磺胺类药物是对氨基苯甲酸的竞争性抑制剂；TMP 是二氢叶酸还原酶的有效抑制剂，与磺胺类药物合用时可以增强其抑菌作用，称为增效磺胺；抗血吸虫药物葡萄糖酸锑钠和锑波芬，能选择性地抑制血吸虫的磷酸果糖激酶活性，下调或阻断寄生虫的果糖-6-磷酸转化为果糖 1,6-二磷酸代谢途径，从而阻断了寄生虫赖以生存的葡萄糖无氧代谢。

基于酶结构的药物设计，主要是设计特定靶酶的抑制剂或激动剂。如艾滋病病毒 HIV 蛋白水解酶抑制剂的设计就是一个成功的实例。HIV-1 蛋白水解酶是由两个含 99 个氨基酸残基组成的天冬氨酸水解酶，在艾滋病病毒导入人体细胞的过程中起到重要作用。研究表明，高效蛋白水解酶抑制剂是非常有前途的治疗艾滋病的药物。科学家已经利用计算机辅助设计并合成了具有二重结构对称、口服有效的 HIV 蛋白酶抑制剂。另一个突出的例子是抗肿瘤药物胸腺嘧啶核苷酸合成酶抑制剂，它是基于该酶活性中心区结构的特点设计的。类似的例子还有凝血酶抑制剂、高血压蛋白酶原抑制剂、羧肽酶 A 抑制剂、胰蛋白酶抑制剂等。蛋白激酶类抑制剂的设计是当前的热点，如酪氨酸蛋白激酶，它在细胞增殖、细胞转化、代谢调控及细胞迁移等许多方面都起着十分重要的作用。细胞表面酪氨酸蛋白激酶受体的失控信号及细胞内的酪氨酸蛋白激酶异常，均会导致炎症、癌症、动脉粥样硬化、银屑病等，它的抑制剂的设计是一类有效药物发展的基础。

二、受体与药物设计

药物作用的另一类型靶点是受体。根据受体在细胞中的位置,将其分为细胞表面受体(细胞膜受体、膜上受体)和细胞内受体两大类。不论是膜上受体还是胞内受体,受体本身至少含有两个活性部位:一个是识别并结合配体(配基)的活性部位;另一个是负责产生应答反应的功能活性部位,这一部位只有在与配体结合形成二元复合物并发生变构后才能产生应答,由此启动一系列生化反应,最终导致靶细胞产生相应的生物学效应。受体的基本特征如下:①化学本质上绝大多数是蛋白质,尤其是糖蛋白,少部分是糖脂;②与配体识别结合具有高度特异性,其识别结合的基础是两者在化学结构和空间结构的互补;③与配体结合具有饱和性和可逆性;④与配体结合后可引发生物效应;⑤配体-受体结合的生物效应包括激动激活型、拮抗型和激动抑制型。

(一)受体靶标介导的靶向药物设计

按照受体学说指导药物设计,目前切实可行的途径之一是受体靶标介导的靶向药物。将受体配体(可以没有药理活性)与药物构成一个双功能分子,彼此间互不影响对方活性,其中配体部分作为受体靶标的靶头,将药物部分通过受体靶标选择性地作用于特定细胞(靶细胞),以达到治疗疾病和减少毒副作用的目的。例如,许多肿瘤细胞的发生、发展与一些细胞因子受体(如表皮生长因子受体)高表达密切相关,利用这些受体作为药物作用靶点和靶标,将受体拮抗剂或抑制剂与细胞毒分子结合形成双功能分子。该双功能分子药物,一方面由受体拮抗剂或抑制剂部分抑制或下调受体响应活度,继而抑制或阻断肿瘤细胞增殖、迁移等,或激活肿瘤细胞凋亡、坏死等;另一方面通过受体拮抗剂或抑制剂部分,将双功能分子靶向肿瘤细胞,再由细胞毒分子部分对肿瘤细胞产生杀伤作用,从而有效提高药效并降低毒副作用。

(二)药物与受体结合的构象分析

通过药物与受体结合的构象分析,有助于设计新的有效结构物。由于大多数受体蛋白的三维结构未知,因此目前的主要研究方法:一方面是利用生物信息学技术模建受体蛋白三维结构,通过计算机辅助药物设计方法,设计合理的新型结构先导化合物药物;另一方面是通过受体蛋白与一系列药物(或配基)结合的结构分析,设计合理的新型结构先导化合物药物,结构分析手段主要有 X 线衍射、核磁共振、波谱学方法等以及量子化学计算或用类似结构的刚性化合物进行实验。

生物信息学是通过生命科学实验数据的获取、加工、存储、检索和分析,进而达到揭示这些数据所蕴含的生物学意义,涉及核酸及基因组信息、蛋白质及蛋白质组信息、分子相互作用及代谢调控网络、生物进化等。一般由数据库、计算机网络和应用分析软件三大部分组成,主要涉及以下几个方面:①生物数据库的设计、建立和优化;②从数据库中提取有效信息的算法;③为用户设计查询信息的界面,开发数据可视化的有效方法,与多种资源和信息建立有效连接;④开发数据分析的新方法,发展预测的算法。

利用生物信息学技术,以受体(包括其他靶分子)作为药靶,设计合理的新型结构先导化合物药物研究的主要流程包括药靶分子三维结构预测模建、药靶分子靶标(靶位)预测与确认及先导化合物结构设计与优化。

1. 药靶分子结构预测模建 蛋白质结构预测模建是指从蛋白质的氨基酸序列预测并模建其三位空间结构。其基本程序如下:序列比对——寻找已知的功能模体(motif)、二级结构预测并确认是否为跨膜结构、三级结构预测、蛋白质结构模建、蛋白质结构预测的检验。蛋白质结构模建,一方面利用能量优化的算法,对预测所得的结构进行优化,也可以研究实验所得

结构中局域结构的构象变化；另一方面利用实验结构甚至是预测结构进行蛋白质-蛋白质、蛋白质-配体结合的研究。蛋白质结构预测的检验，是将预测结构与实验结构或其他实验数据相对照，以及在预测的各个环节根据研究者的经验进行人工参与。

2. 药靶分子靶标（靶位）预测与确认　应用生物信息学技术发现药物的作用靶标的方法很多，主要包括表达序列标签（EST）数据库搜寻、综合分子特征方法以及结构生物学方法等。

3. 先导化合物结构设计与优化　药物与靶位相互作用是呈现药效的分子基础，这种相互作用是在三维空间（空间位阻效应）和化学性质（形成化学键与否及其键能大小效应）基础上实现的。利用量子化学、分子力学、数学、计算机科学等理论与技术，通过模拟药物与生物大分子的相互作用分析与优化，或通过分析已知药物结构与活性内在关系，合理设计新型结构先导化合物药物，再根据先导化合物药理测试结果进行更加全面的结构优化。

三、药物代谢转化与前体药物设计

药物代谢研究的主要目的是确定药物在体内的转化及其途径，并定量地确定每一代谢途径及其中间体的药理活性。药物代谢转化除了药物分子或其衍生物的极性发生变化外，还伴随着药理活性的改变。例如，非那西丁通过 O-脱乙基生成对乙酰氨基酚而产生解热镇痛作用。又如，分子本身没有药理活性，但进入体内经药物代谢酶催化脱甲基化后才具有药理活性的抗抑郁药地昔帕明。这种本身没有药理活性，而经体内转化才具有药理活性的化合物称为药物前体或前体药物或前药（prodrug）。再如，抗风湿药保泰松在代谢过程中转化成更有效、毒性较低的羟布宗（羟基保泰松）。许多实例表明，药物在代谢过程中相当常见的是代谢产物比原始（初）药物具有更好的生物活性，甚至一些原先不具药理活性的化合物，经过代谢转化后才生成有效、低毒的药物。所以，药物作用的强弱和效果既取决于其分子结构的药效学性质，也与药动学性质是否完善合理有关。

目前已使用的药物，其中不少存在多种缺陷，有的口服吸收不完全，影响血药浓度；有的在体内分布不理想，产生毒副作用；有的水溶性低，不便制成注射剂；有的因首关效应而被代谢破坏，在体内半衰期太短；有的稳定性差，产品商业化难度大等。为了改善药物的药动学性质，以克服其生物学和药学方面的某些缺点，常常根据药物代谢转化的研究结果，将药物的化学结构进行改造与修饰，将其制成前体药物；或在已知药理作用的药物结构上进行化学修饰，使其比母体药更能充分发挥作用。因此，前体药物的设计已成为新药设计的重要组成部分。

四、生物大分子药物设计

生物大分子药物（蛋白质、多肽、酶、寡核苷酸等）因其作用的高特异性而表现出高效性和低毒副作用而备受关注。近年的统计表明，国际上单品种年销售额前十位药物，生物大分子药物占 2/3。

利用生物化学与分子生物学、生物信息学理论技术，开展生物大分子药物研究与开发主要体现在两方面：突变体设计、基于药物作用靶点及其靶位的设计。

（一）突变体设计

该方法是应用蛋白质工程技术改造生物大分子药物或天然蛋白质分子的一种方法。以蛋白质的结构规律及其生物功能为基础，通过分子设计和有控制的基因修饰以及基因合成对现有蛋白类药物加以定向改造，构建最终性能比天然蛋白质更加符合人类需要的新型活性蛋白。

常用的蛋白质工程药物分子设计方法如下：①用点突变或盒式替换等技术更换天然活性蛋白的某些关键氨基酸残基，使新的蛋白质分子具有更优越的药效学性能；②通过定向进化与基因打靶等技术，增加、删除或调整分子上的某些肽段或结构域或寡糖链，使之改变活性或产生新的生物功能；③利用生物信息学技术，通过药靶-药物的分子对接等手段，设计更加符合人们需要的生物大分子药物突变体；④通过融合蛋白技术将功能互补的两种蛋白质分子在基因水平上进行融合表达，生成"择优而取"的嵌合型药物，其功能不仅仅是原有药物功能的加和，往往还出现新的药理作用。如 GM-CSF/IL-3 融合蛋白，它对 GM-CSF 受体的亲和力与天然 GM-CSF 相同，而对 IL-3 受体的亲和力却比天然的高。

应用蛋白工程技术已获得多种自然界不存在的新型基因工程药物。如改构 tPA，它除去了 tPA 五个结构域中的三个结构域，保留了天然 tPA 的两个结构域，具有更快的溶栓作用。将胰岛素 b 链的 Pro_{28} 突变为 Asp，即生成速效胰岛素；还可以将 Asp_{21} 突变为 Gly，在 b 链 C 末端加了 2 个 Arg 残基，生成长效胰岛素（替代精蛋白锌胰岛素）等。

（二）基于药物作用靶点及其靶位的设计

目前已有相当数量的药靶（蛋白质、酶、核酸、多糖）及其靶位的三维结构被精确解析，许多药物分子与这些药靶及其靶位的相互作用方式与机制也被阐明，这就使得基于药物作用靶点及其靶位的生物大分子药物设计成为可能，并已发展成为一种新的药物设计方法——合理药物设计（rational drug design）。如治疗性单克降抗体药物以及在此基础上的人源化乃至全人源单抗药物。

基于药物作用靶点及其靶位的设计，主要是利用生物信息学技术，涉及以下三方面：①针对药靶分子结构进行的设计，主要是利用数据库信息，以药靶分子作为搜寻探针，从生物大分子化合物库中筛选先导化合物，进而优化设计药物及修饰物、衍生物等；②针对药物作用靶点靶位区域结构的设计，主要是针对药物作用靶点靶位的区域结构，从生物大分子化合物库中筛选先导化合物，或直接利用该靶位的区域结构，设计药物及修饰物、衍生物等；③针对药靶分子表面抗原决定簇筛选抗体药物，是通过扫描探针等进行药靶分子表面扫描或通过其他技术，研究确认药靶分子表面抗原决定簇，以这些抗原决定簇获得与其特异识别结合的抗体，该抗体通过结合药靶能够封闭或阻断药靶分子的生理功能。

五、药物基因组学与药物研究

药物基因组学（pharmacogenomics）是研究影响药物作用、药物吸收、转运、代谢、清除等基因差异的学科，即研究决定药物作用行为和作用敏感性的相关基因组科学，它以提高药物疗效与安全性为目的，对临床用药具有重要指导作用。通过与疾病相关基因、药物作用靶点、药物代谢酶谱、药物转运蛋白的基因多态性研究，寻找新的药物先导物和新的给药方式。它将在药物发现、药物作用机制、药物代谢转化、药物毒副作用等领域，发现相关的个体遗传差异，从而改变药物的研究开发方式和临床治疗模式。

将基因组科学融入药物作用的靶点研究是现代药学研究的新方向。人类约有 3 万个基因，随着人类基因组研究的深入，具有药用前景的基因和作用靶点的基因将不断增加；与疾病发生相关的基因克隆与表达，将成为鉴定具有潜力先导物的有力工具。在获得靶基因及其一级结构后，通过克隆技术可以建立其表达形式，利用 DNA 芯片技术、蛋白质芯片技术，可以同步分析几千个基因及其表达产物，并在组织或细胞中进行显示与定位，用于高通量筛选先导物，大大加速了新药的设计与筛选。

药物基因组学在药学领域中的应用：

（1）检测、评估个体对某种药物的适用程度，使药物的有效性达到最大化。

（2）检测药物应答基因的多态性，依据个体的遗传差异实现个性化用药。

（3）确定疾病发生相关基因，筛选新的药物作用靶点，研究药物代谢酶基因谱及药物产生毒副作用的相关基因，从而提高新药研发的成功率，增强药物疗效和安全性，缩短开发周期，降

NOTE

低研究开发成本。

六、系统生物学与药物研究与发现

系统生物学(system biology)是利用基因组学、转录组学、蛋白质组学、代谢组学等多种组学技术获得数据,并进行定量、综合、动态研究的学科,是研究一个生物系统中所有组成成分(基因、mRNA、蛋白质、代谢物等)的构成,以及在特定条件下这些组分间的相互关系,是以整体性研究为特征的一种大科学。其主要研究内容包括如下:①系统内所有组分的阐释;②系统内各组分间相互作用与所构成的生物网络的确定;③系统内信号转导过程;④揭示系统内部新的生物过程(特性)。

系统生物学的基本研究进程分为以下4个阶段:①系统初始模型的构建,对所选定的某一生物系统的所有组分进行分析和鉴定,阐释系统的组成、结构、网络和代谢途径,以及细胞内和细胞间的相互作用机制,以此构建初步的系统模型;②系统干涉信息的采集和整合,系统地改变被研究对象的内部组成成分(如基因突变)或外部生长条件,然后观测系统组成或结构的变化,对得到的信息进行整合;③系统模型的调整与修订,根据获得的整合信息与初始模型预测情况进行比较,对初始模型进行调整与修订;④系统模型的验证和重复,根据修正后的模型的预测或假设,设定和实施新的改变系统状态的实验,重复②和③,不断地通过实验对模型进行修订和精炼。所以系统生物学的研究目标,就是要得到一个尽可能接近真正生物系统的理论模型,使其所进行的理论预测能够反映生物系统的真实性。

系统生物学的研究方法有"干""湿"两大技术平台。所谓"湿"平台,就是应用各种组学技术研究一个生物系统,获得与生命活动过程的多种成分在各层面的信息。将"湿"平台获得的信息进行整合,通过数学、逻辑学和计算机科学模拟构建系统模型,并对模型进行假设、干预、调整与修订,这就是"干"平台。所以,系统生物学是通过"干""湿"两大技术平台,建立符合真正生物系统的理论模型的"假设驱动"研究科学。

系统生物学是解决药物发现研究中所遇到的一些挑战性问题的有效途径。

(一)加速药物的发现和开发过程

系统生物学在疾病相关基因调控通路和网络水平上,对药物的作用机制、代谢途径和潜在毒性等进行多层次研究,在细胞水平上能全面评价候选化合物的成药可能性。使研究者可以在新药研究的早期阶段,就能获得活性化合物对细胞多重效应的评价数据,包括细胞毒性、代谢调节和对其他靶点的非特异作用等,从而可以显著提高发现先导物的速率和增加药物后期开发的成功率。

(二)药物作用靶点的发现与确证

通过比较疾病与正常状态的网络,可鉴别关键节点(蛋白质)即药物作用靶点。在选择药物作用靶点时,首先考虑的是药靶的药效作用即有效性;其次是药靶与毒副作用的相关性即安全性;还要考虑对药效起作用的其他靶点与药物作用可能产生的毒副作用即特异性。通过系统生物学研究,可以提前了解先导物对药靶的有效作用与毒副作用以及对其他靶点作用时可能产生的毒副作用。

(三)发现代表性标志物,用于跟踪药物的临床疗效

发现用于评价临床疗效的合适标志物,就可以通过较少病例的分析,快速、科学地评价临床效果。为鉴别合适的有代表性的临床监控标志物,可以通过评价疾病状态和药物治疗后的蛋白质组表达和代谢组变化,多参数地分析蛋白质组、代谢组网络的变化,发现与临床评价相吻合的标志物。如,通过系统生物学研究,应用计算机模拟设计2型糖尿病治疗药物的Ⅰ期临床试验方案,通过指导性研究,可以降低用药剂量,减少病例数,增加了临床试验成功的可

能性。

（四）建立个性化用药方案

系统生物学通过建立调节网络的整合模型，分析基因多态性和蛋白质组表达模式，对患者个体的亚型进行定义与分类，从而针对每个患者建立精确的系统动力学特征。进行个性化药物治疗方案设计可大大提高治疗效率，同时降低治疗费用并减少药物不良反应的发生。

第四节 药物质量控制的生物化学基础

作为疾病预防、诊断和治疗而使用的药物必须达到法定的质量标准。为控制质量、保证用药安全，在药物的研发、生产、保管、调配以及临床使用过程中，都必须经过严格的质量分析与检验，在每一阶段（环节）均符合法定质量标准后才能进入下一个阶段。

药物质量控制主要包括药物的鉴别、杂质检查和含量测定。生化分析方法在药物质量检验与控制中应用广泛，依据药物的化学本质，人为将其分成小分子药物（化学药物和中药）和大分子药物（生物药物）两个范畴进行介绍。

一、药物质量控制的常用生化分析方法

生化分析方法具有操作简便、用样少、灵敏度高、专一性强等优点，因此在药物分析中经常被采用。例如，利用微量凯氏定氮法测定药物的有机含氮量；用酶法分析对具有旋光异构体或几何异构体的药物、酶抑制剂、激活剂、变构剂类药物进行定性定量分析；利用免疫分析法对具有半抗原性质的药物或杂质进行定性定量分析等。

（一）免疫分析法

抗原和抗体的识别具有特异性，并且抗原和抗体的沉淀反应可在体外进行，借此可利用一方鉴定另外一方。基于抗原、抗体特异结合反应发展起来的分析方法，常见的有免疫扩散法、免疫电泳法、放射免疫法与酶联免疫测定法等。

1. 免疫扩散法 是以琼脂作为抗原抗体免疫沉淀反应的惰性载体，通过观测沉淀与抗原浓度的关系，即可定量测定抗原（待测样品中蛋白质）的含量。免疫扩散法分为环状免疫单扩散法和双向扩散法两种。环状免疫单扩散法是将一定量的抗体（常用单价抗血清）与含缓冲液的琼脂糖凝胶混匀铺成适当厚度的凝胶板，再把抗原滴进凝胶板的小孔中。在合适的浓度和湿度环境中，抗原由小孔向四周扩散（呈辐射状），经过一定的时间后抗原与在琼脂糖凝胶中的抗体相互作用。双向扩散法是指抗原与抗体在同一凝胶中扩散的方法，是观察可溶性抗原与相应抗体反应和抗原抗体鉴定的最基本方法之一。其原理为相应的抗原与抗体，在琼脂凝胶板上的相应孔内，分别向周围自由扩散。在抗原和抗体孔之间，扩散的抗原与抗体相遇而发生特异性反应，并于两者浓度比例合适处形成肉眼可见的白色沉淀线，证明有抗原和抗体反应发生。若将待检抗体做系列倍比稀释，根据白色沉淀线逐渐消失的情况可测定抗体效价。例如，应用免疫扩散法可以检测鹿茸、哈什蚂、阿胶等中药中的特异性蛋白（可以视作抗原），亦可作为真伪的鉴别方法。

2. 免疫电泳法 是指利用凝胶电泳与双向免疫扩散两种技术结合的实验方法。首先在电场作用下标本中各组分因电泳迁移率不同而分成若干区带，然后沿电泳平行方向将凝胶挖一沟槽，将抗体加入沟槽内，使抗原与抗体相互扩散而形成沉淀线。根据沉淀线的数量、位置及形状，以分析标本中所含组分的性质，本实验常用于抗原分析及免疫性疾病的诊断。此法在微量的基础上具有分辨率高、灵敏度高、时间短的优点，是很理想的分离和鉴定蛋白质混合物

知识链接 17-2

的方法。免疫电泳还可用于抗原、抗体定性及纯度的测定。常见的方法有简易免疫扩散电泳法和对流免疫电泳法。

3. 放射免疫法　是利用放射性同位素标记抗原或抗体,通过抗原-抗体的特异识别结合属性,借助标记的放射性同位素测量有无和程度,进行超微量的定性定量分析方法。放射免疫法包括两个方面的技术:第一是生物学方面的,它利用特殊抗体的反应,甄别所给定的有机物质;第二是物理学方面的,它将有放射性的原子引入有机物中,给这些有机物打上记号。放射免疫法,是一种灵敏度高、较简便的测量法,几乎可测定生物体内任何物质,包括生物体本身分泌的各种激素、病人口服或注射的各种药物、一些病毒抗原等,已广泛用于临床常规检验。例如,用于低分子量且具有半抗原性质的药物(如甾体激素类)的分析。其原理是在一定量抗体(Ab)存在时,体系中标记放射性同位素抗原(Ag*)与未标记抗原(Ag)竞争地与抗体结合,分别生成标记抗原-抗体结合物(Ag*-Ab)和未标记抗原-抗体结合物(Ag-Ab)。当标记抗原与抗体浓度固定时,如非标记抗原量增多,由于未标记抗原与标记抗原的竞争作用,使标记抗原-抗体复合物生成量减少,而游离状态的标记抗原量增加,从而可以量化非标记抗原的存在量。通常先以不同浓度的标准抗原和一定量的标记抗原及适量抗体进行作用后,测定在各种标准浓度抗原存在时的标记抗原-抗体结合物的放射性(标记抗原的量),求出结合率、绘制标准曲线(剂量反应曲线),从此曲线上查得相应的待测抗原的结合率,则可求知待测抗原的量。反之,在放射性同位素标记模式上,也可以标记抗体进行定性定量分析。

4. 酶联免疫法(ELISA)　酶联免疫法是广泛应用的蛋白质标记技术之一。该技术是以酶代替放射性同位素对抗原或抗体进行标记,即酶与抗原或抗体共价连接进行标记,以实现抗原或抗体的定性定量分析,故称为酶联免疫测定法。其原理是首先使抗原或抗体结合到某种固相载体表面,并保持其免疫活性。然后使抗原或抗体与某种酶连接成酶标抗原或抗体,这种酶标抗原或抗体既保留其免疫活性,又保留酶的活性。在测定时,把受检标本(测定其中的抗体或抗原)和酶标抗原或抗体按不同的步骤与固相载体表面的抗原或抗体起反应。用洗涤的方法使固相载体上形成的抗原抗体复合物与其他物质分开,最后结合在固相载体上的酶量与标本中受检物质的量成一定的比例。加入酶促反应的底物后,底物被酶催化变为有色产物,产物的量与标本中受检物质的量直接相关,故可根据颜色反应的深浅来进行定性或定量分析。由于酶的催化效率很高,故可极大地放大反应效果,从而使测定方法达到很高的敏感度。

5. 其他免疫法　与放射免疫测定法、酶联免疫测定法原理一样,如果利用荧光基团作为标记物标记抗原或抗体分子,通过检测荧光基团的荧光强度进行抗原或抗体定性或定量分析的方法称为荧光免疫测定法;如果利用化学发光基团作为标记物标记抗原或抗体分子,通过检测该化学发光基团发射光的强度来进行抗原或抗体的定性或定量分析的方法称为化学发光免疫测定法。

不同的标记物(放射性同位素、酶、荧光基团、化学发光基团等),因其自身性质不同,使不同免疫测定法各有优势与不足,其中放射免疫测定法的检测灵敏度最高,但射线对人体和环境的损伤与破坏是其最大的问题。

(二) 电泳分析法

电泳(electrophoresis,EP)是指带电颗粒在电场作用下,向着与其电性相反的电极移动的现象。利用不同带电粒子在电场中移动速度不同而达到分离目的的技术称为电泳技术。依据样品分子的理化性质(荷电性质与荷电程度、分子大小与形状)不同,其电泳迁移率也不同,或借助分离介质对移动分子的影响,通过电泳的方法对移动分子进行分离并对分离物进行定性和定量分析。

1. 影响电泳速度的因素

（1）粒子本身的因素

氨基酸、蛋白质等很多物质都具有可解离的酸性或碱性基团，它们在特定的缓冲溶液中可以解离并带一定的电荷。当 pH＞pI 时，分子带负电荷，在电场中向阳极移动；当 pH＜pI 时，分子带正电荷，在电场中向阴极移动。当其他电泳条件恒定时，带电粒子的泳动速度主要取决于其电荷数、分子大小和分子形状。

（2）电泳介质的 pH 值

电泳介质的 pH 值决定带电粒子的解离方向和程度，即带电粒子所带净电荷的性质和多少。对蛋白质和氨基酸等两性电解质而言，其等电点距离介质的 pH 值越远，所带净电荷越多，泳动速度也越快；反之则越慢。因此，当电泳分离某一混合物时，应选择一个合适的介质 pH 值，以使各种蛋白质所带净电荷量差异较大，利于分离；而为了使电泳过程中溶液的 pH 值恒定，则必须采用相应的缓冲溶液。

（3）缓冲液的离子强度

缓冲液的离子强度如果过低，其缓冲容量就会太小，不易维持溶液 pH 值的恒定；离子强度如果过高，则降低带电粒子的带电量，使电泳速度减慢。一般常用的离子强度为 0.02～0.2 mol/L。

（4）电场强度

电场强度（electric field strength）即每厘米的电势差，也称电势梯度。电泳时需要选择合适的电场强度。电场强度越高，带电粒子的移动速度越快，但产热也会增加，进而引起蛋白质变性、缓冲液水分蒸发过多和支持物上离子强度增加等后果，因此高压电泳（电场强度大于 50 V/cm）常需要冷却装置。反之，电场强度过低，电泳速度太慢，会导致电泳区带扩散从而影响分离效果。

（5）电渗

电渗（electroosmosis）是指在电场作用下液体相对于和它接触的固相载体做相对运动的现象。例如，滤纸可以吸附水分子的羟基而带负电荷，而与纸相接触的水溶液带正电荷，液体便向阴极移动。由于电渗现象往往与电泳同时存在，所以带电粒子的移动同时受电泳及电渗的影响，如果电泳方向与电渗相反，则实际电泳距离等于电泳距离减去电渗距离；如果方向相同，则实际电泳距离等于电泳距离加上电渗距离。电渗所造成的移动距离可用不带电的有色染料或有色葡聚糖点在支持物的中心，以观察电渗的方向和距离。

2. 电泳的分类

（1）依据电泳的电场强度，分为常压（或称低压）电泳（电场强度小于 50 V/cm）和高压电泳（电场强度大于 50 V/cm）。毛细管电泳（capillary electrophoresis，CE）又称高效毛细管电泳（high performance capillary electrophoresis，HPCE），是一类以毛细管为分离通道、以高压直流电场为驱动力的新型液相分离技术，属于高压电泳。它使分析化学得以从微升水平进入纳升水平，并使单细胞分析，乃至单分子分析成为可能。

（2）依据泳动粒子是否有支持介质，分为界面电泳（boundary electrophoresis）和区带电泳（zone electrophoresis）两大类。界面电泳是指在溶液中进行的电泳，没有固体支持物。当溶液中有几种带电粒子时，通电后由于不同粒子泳动速度不同，在溶液中形成相应的区带界面。由于界面电泳分离后不易收集，故目前已很少使用。区带电泳是在固体支持物上进行的电泳，分离效果远比界面电泳好。根据支持物不同，区带电泳又可分为纸上电泳、醋酸纤维素薄膜电泳、琼脂糖凝胶电泳、聚丙烯酰胺凝胶电泳及双向电泳等。

（3）依据区带电泳中外加电场方向，分为单向电泳和双向电泳（或称二维电泳）。单向电泳是采用完整的蛋白质或用十二烷基磺酸钠（SDS）处理的蛋白质的单向泳动，在有凝胶的平

NOTE

331

知识链接 17-3

板上平行分离(过去也有用在玻管中的圆筒形棒状凝胶进行电泳的,现已很少有人使用),双向电泳(two-dimensional electrophoresis,2-DE)是蛋白质等电聚焦电泳和 SDS-PAGE 的组合,即先进行等电聚焦电泳(按照 pI 分离),然后再进行 SDS-PAGE(按照分子大小),经染色得到二维分布的蛋白质图谱。

(4)依据电泳时电场的连线性分为连续电泳和不连续电泳。目前,以聚丙烯酰胺凝胶为介质的电泳应用最为广泛,如常规聚丙烯酰胺凝胶电泳、SDS 聚丙烯酰胺凝胶电泳、等电聚焦电泳等。根据有无浓缩效应,分为连续聚丙烯酰胺凝胶电泳和不连续聚丙烯酰胺凝胶电泳两大类:连续系统中,电泳缓冲液 pH 值与制胶缓冲液相同,带电颗粒主要依据电荷效应和分子筛效应分离。不连续系统由电极缓冲液、浓缩胶及分离胶组成。浓缩胶是由过硫酸铵催化聚合的大孔径胶,凝胶缓冲液为 pH 6.7 的 Tris-盐酸;分离胶是由 AP 催化聚合的小孔径胶,凝胶缓冲液为 pH 8.9 的 Tris-盐酸。电极缓冲液是 pH 8.3 的 Tris-甘氨酸缓冲液。两种孔径的凝胶、两种缓冲体系、三种 pH 值使不连续体系形成了凝胶孔径、pH 值、缓冲液离子成分的不连续性,这是样品浓缩的主要因素。不连续电泳过程中,除了电荷效应外,还有分子筛效应和浓缩效应。

（三）酶法分析

酶法分析(enzymatic method)是以酶为试剂测定酶促反应的底物、辅酶、辅基、激活剂或抑制剂,以及利用酶促反应测定酶活性的一种方法,是一种生物药物分析方法。酶是一种专一性强、催化效率高的生物催化剂。利用酶的这些特点来进行分析的酶法分析,与其他分析方法相比有许多独特的优点。酶分析法在生物药物分析中的应用主要有两个方面:第一,以酶为分析对象,根据需要对生物药物生产过程中所使用的酶和生物药物样品所含的酶进行酶的含量或酶活力的测定,称为酶分析法;第二,利用酶的特点,以酶作为分析工具或分析试剂,用于测定生物药物样品中用一般化学方法难于检测的物质,如底物、辅酶、抑制剂和激动剂(活化剂)或辅助因子含量的方法称为酶法分析。

酶法分析常用于复杂组分中结构和物理化学性质比较相近的同类物质的分离鉴定和分析,而且样品一般不需要进行很复杂的预处理。酶法分析具有特异性强、干扰少、操作简便、样品和试剂用量少、测定快速精确及灵敏度高等特点。通过了解酶对底物的特异性,可以预测可能发生的干扰反应并设法纠正。在以酶作分析试剂测定非酶物质时,也可用偶联反应,而且偶联反应的特异性可以增加反应全过程的特异性。此外,由于酶反应一般在温和的条件下进行,不需使用强酸强碱,是一种无污染或污染很少的分析方法。很多需使用气相色谱仪、高压液相色谱仪等贵重的大型精密分析仪器才能完成的分析检验工作,应用酶法分析方法即可简便快速地进行。酶法分析目前主要广泛应用于医药、临床、食品和生化分析检测中,如尿素、各种糖类、氨基酸类、有机酸类、维生素类、毒素等物质的定性和定量分析。

二、生物药物质量控制的生化分析方法

根据各类生物药物的生化本质,可应用生化分析法分析鉴定它们的结构、纯度与含量,从而有效控制生物药物的质量。生物药物的纯度检测与化学上的纯度概念不完全相同,通常采用"均一性"概念。由于生物药物对环境变化十分敏感,结构与功能间的关系多变复杂,因此对其均一性的评估常常是有条件的,或者只能通过不同角度测定,最后才能给出相对"均一性"的结论,只凭一种方法得到的纯度结论往往是片面的,甚至是错误的。另外,对于生物药物含量检测也与化学上的含量纯度概念不完全相同,通常采用"比活性"或"生物效价"概念。"比活性"或"生物效价"是单位质量的生物药物含有的生物活性单位数,或每个使用剂量单位的生物药物的生物活性单位数。由于生物药物对环境变化十分敏感,存在变性失活作用。如果生物

NOTE

药物由于环境理化等因素作用发生变性失活,生物药物本身虽然存在,但生物活性已经降低,甚至完全丧失而没有治疗作用。因此,利用"比活性"或"生物效价"作为生物药物检测的质控指标是必需的且至关重要。

(一)蛋白质多肽类药物的主要分析方法

1. 蛋白质药物的纯度分析 纯度控制是每一种药物都必需的质量保证手段,蛋白质多肽类药物的纯度检定方法主要有两大类:电泳和层析。电泳方法涉及如聚丙烯酰胺凝胶电泳(PAGE)、十二烷基硫酸钠-聚丙烯酰胺凝胶电泳(SDS-PAGE)、高效毛细管电泳、等电聚焦(IEF)等;层析包括常规(常压)层析和高效液相(HPLC)层析两大类,主要有凝胶层析、反相层析、离子交换层析,疏水色谱等。在鉴定蛋白质多肽药物或药品纯度时,至少应该用两种以上的方法,而且两种方法的分离机制应当不同,其结果判断才比较可靠。

2. 蛋白质类药物的相对分子质量测定 根据多肽蛋白质分子的不同理化性质,采用渗透压、黏度、超离心、光散射、凝胶层析、SDS-PAGE、生物质谱等方法,可以测定其相对分子质量。使用较多的是凝胶层析法和 SDS-PAGE。

(1)凝胶层析法测定蛋白质的相对分子质量:凝胶层析是利用有一定孔径范围的多孔凝胶,对混合物中各组分按分子大小进行分离的层析技术。由于凝胶具有网络结构,所以直径小于凝胶孔径的蛋白质分子可自由渗透进入凝胶颗粒的内部,大于凝胶孔径的则被排阻在外。在层析过程中,大分子的移动速度高于小分子而先流出层析柱。在一定的相对分子质量范围内,组分的洗脱体积(V_e)是其相对分子质量(M)对数的线性函数($V_e = K_1 - K_2 \lg M$,其中 K_1和 K_2是常数,随实验条件而定)。用相对分子质量已知的蛋白质作标准品,以其 V_e 对 $\lg M$ 作图而得一条标准曲线。在相同的实验条件下,通过测定样品蛋白质的洗脱体积,从标准曲线上即可求得样品蛋白质的相对分子质量。

(2)SDS-PAGE 法测定蛋白质的相对分子质量:在聚丙烯酰胺凝胶系统中加入适量 SDS(阴离子表面活性剂),不仅可以将蛋白质中的氢键和疏水键打开,而且可以结合到蛋白质分子上,使各种蛋白质都带上相同密度的负电荷,其数量远远超过了蛋白质分子本身的电荷量,从而掩盖了不同种类蛋白质之间原有电荷的差异,使电泳分离只取决于被分离蛋白的形状与分子量,迁移率只和分子大小有关。测定前,需根据待测样品相对分子质量的估计值,选用胶浓度与标准参照物。

3. 蛋白质的含量测定 根据蛋白质的性质,蛋白质的定量方法有以下几类。

(1)物理性质:紫外分光光度法、折射率法、比浊法。

(2)化学性质:凯氏定氮法、双缩脲法、Folin-酚法、BCA 法。

(3)染色性质:考马斯亮蓝 G-250 结合法、银染、金染。

(4)其他:荧光激发。

凯氏定氮法是蛋白质含量测量的经典方法,虽然目前已较少使用,但它准确性高,并能用于测定其他方法不能测定的不溶性物质。目前,紫外分光光度法、双缩脲法、Folin-酚法、考马斯亮蓝 G-250 结合法、BCA 法是最常用的方法。

4. 胶体金比色法 胶体金是一种带负电荷的疏水性胶体,加入蛋白质后,红色的胶体金溶液转变为蓝色,可在 595 nm 处测定样品的吸光度,从而计算含量。

5. 生物质谱法 多肽和蛋白质的相对分子质量可用基质辅助激光解吸离子化质谱法(MALDI/MS)或电喷雾离子化质谱法(ESI/MS)直接测定。利用生物质谱法测定蛋白质的分子量简便、快速、灵敏、准确。此外,质谱法还用于测定蛋白质的肽图谱及氨基酸序列。近来,还利用质谱法研究蛋白质与蛋白质相互作用的非共价复合物。

生物质谱法的原理是利用激光源发出的激光束经衰减、折射,通过透镜聚集到离子源的样

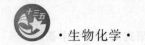

品靶上,固体基质与样品混合物在真空状态下受到激光脉冲的照射,基质分子吸收了激光的能量转化为系统的激光能,导致样品分子的电离和气化,所产生的离子受电场作用加速进入电场飞行区。不同质量和电荷量的离子将在电场中获得的电能转化为动能,在相同条件下,不同荷质比的离子以不同速度到达检测器而被分离检出。

(二)核酸类药物的主要分析方法

核酸分子中含有碱基、戊糖和磷酸,可通过测定三者中的任何一种,来计算样品中核酸的含量。

1. 紫外分光光度法测定 RNA 与 DNA 含量 核酸类药物多含有碱基,具有共轭双键结构,因此对紫外光具有特征吸收。RNA 和 DNA 对紫外光的特征吸收均位于 260 nm 处。在 260 nm 波长下,每 1 mL 含 1 μg RNA 的溶液的吸光度为 0.022;每 1 mL 含 1 μg DNA 溶液的吸光度为 0.020。故测定样品在 260 nm 处的吸光度,即可测定样品中的核酸含量,但应避免核苷酸与蛋白质杂质的干扰。

2. 地衣酚显色法测定 RNA 含量 核糖核酸与浓盐酸在 100 ℃共热时,即发生降解,形成的核糖继而转变为糠醛,后者与 3,5-二羟基甲苯(地衣酚)反应生成绿色复合物,该反应需用三氯化铁或氯化铜做催化剂,反应产物在 670 nm 处有最大吸收峰。当 RNA 浓度为 20~250 μg/mL 范围内时,吸光度与 RNA 浓度成正比。地衣酚反应特异性较差,凡戊糖均有此反应,DNA 和其他杂质也能出现类似的颜色,因此,测定时应注意其他戊糖与 DNA 的干扰。

3. 二苯胺法测定 DNA 含量 DNA 分子中 2-脱氧核糖残基在酸性溶液中加热降解产生 2-脱氧核糖,并生成 ω-羟基-γ-酮基戊醛,后者与二苯胺试剂反应生成蓝色化合物,在 595 nm 处具有最大吸收。当 DNA 浓度为 40~400 μg/mL 时,其吸光度与 DNA 浓度成正比。在反应液中加入少量乙醛,可以提高反应灵敏度。

(三)酶类药物的主要分析方法

酶类药物的主要质量指标是它的催化活力,而酶的比活力则是酶浓度和酶纯度的衡量标准。适宜的测活方法,至少应满足如下条件:①有可被检测且能反映酶促反应进程的信号物;②底物对酶远远过量,通常底物浓度为 K_m 值的 3~10 倍;③适宜的反应温度;④最适 pH 值反应体系;⑤被检测酶量适当;⑥测定时间在酶促反应初速度范围内。

大多数酶对底物都有严格的特异性,因此,不同的酶有不同的活力测定方法,但就其分析方法分类,酶的活性测定方法主要包括:比色法、紫外分光光度法、气量法、旋光测定法、电化学法和液闪计数法等。

(四)基因重组药物中的杂质检查

重组药物中主要杂质包括:残留的外源性 DNA、宿主细胞蛋白质、内毒素、蛋白质突变体及蛋白质降解物等。

1. 外源性 DNA 基因重组药物中残留的外源性 DNA 来源于基因工程表达的宿主细胞。每种药物及其不同表达宿主细胞,都有其独特的残留 DNA,因此,产品中必须控制外源 DNA 的残留量。世界卫生组织(WHO)规定每一个剂量药物中残留 DNA 含量不得超过 100 pg。为确保基因重组药物使用的安全,我国新生物制品控制要求基因重组药物中,外源 DNA 残留量为每一个剂量小于 100 pg。

测定残留 DNA 的有效方法是 DNA 分子杂交技术。外源 DNA 经变性成为单链后吸附于固相膜上,在一定温度下可与相匹配的单链 DNA 复性而重新结合成为双链 DNA,称为杂交。探针的标记方法有放射性同位素标记法和地高辛配基标记法等。放射性同位素标记探针虽然测定灵敏度较高,但因有放射性污染,且半衰期短,故多采用地高辛配基标记法。测定原理是利用随机启动法,将地高辛配基标记的 dUTP 掺入未标记的 DNA 分子中,从而获得标记探针。将此标记探针与待检样品中的目的 DNA 杂交后,用酶联免疫吸附法检测杂交分子。

2. 宿主细胞蛋白质 基因工程表达宿主细胞蛋白质简称宿主蛋白,是指生产过程中来自宿主或培养基中的残留蛋白或多肽等杂质。为确保基因重组药物的安全,必须测定药物中宿主蛋白含量,其残留量需低于法定标准。一般采用 ELISA 法,也可采用 Western blotting 法作宿主蛋白的限度检查。

3. 二聚体或多聚体的测定 许多基因重组药物可以形成聚体,一般采用分子排阻色谱法测定二聚体或多聚物的含量限度,二聚体或多聚物分子较单体相对分子质量大一倍或数倍,因此进行色谱分析时,先于单体药物出峰。

4. 降解产物的测定 鉴于降解产物的基本结构通常与未降解的重组药物相似,因此,对降解产物的测定多采用离子对反相色谱法(reversed phase ion pair chromatography,RPIC),把离子对试剂加入含水流动相中,被分析的组分离子在流动相中与离子对试剂的反离子生成不带电荷的中性离子,从而增加溶质与非极性固定相的作用,使分配系数增加,改善分离效果。

第五节 药剂学研究的生物化学基础

药物必须制成适宜的剂型才能用于临床。所谓药物制剂,从狭义上讲,是药物的剂型,如针剂、片剂、膏剂、汤剂等;从广义上讲是药物制剂学,是一门学科。根据《中华人民共和国药品管理法》第一百零二条关于药品的定义:药品是指用于预防、治疗、诊断人的疾病,有目的地调节人的生理机能并规定有适应证、用法和用量的物质,包括中药材、中药饮片、中成药、化学原料药及其制剂、抗生素、生化药品、放射性药品、血清疫苗、血液制品和诊断药品等。药物制剂解决了药品的用法和用量问题。

药剂学研究与生命科学各学科理论、技术紧密结合,并促进了现代药物制剂技术的发展。现代药物制剂技术(如纳米技术和脂质体技术等)日渐成熟,药物剂型与制剂研究已进入了药物传递系统时代。药物剂型的发展,划分为四代:第一代为传统剂型;第二代为常规剂型;第三代为缓控释剂型;第四代为靶向给药系统。目前,药物传递系统即第三代、第四代药物新剂型,已成为药剂学领域的重要发展方向,尤其是靶向给药系统是发展的主流和研究的热点。

生物大分子药物不能经胃肠道吸收进入体内,只有通过注射途径用药。如果确定通过胃肠道吸收生物大分子药物,首先需要考虑两个主要问题:一是如何解决胃液酸度可能引起的变性失活以及胃肠道中各种食物消化酶类的水解作用;二是如何解决生物大分子在肠道中的吸收问题。通常利用固体制剂的肠溶制剂、药物载体等解决生物大分子药物在胃肠道的稳定性。肠溶制剂的许多辅料是利用羟丙甲纤维素等纤维素衍生物为主要成膜材料,辅以增塑剂制成,已广泛应用于片剂、胶囊剂、微球等的制备。利用各种药物载体的物理屏蔽作用,避免药物与胃肠道各种水解酶的接触,以解决生物大分子药物在胃肠道的稳定性。例如,微球是一种利用淀粉、壳聚糖、明胶、蛋白等生物大分子以及其他高分子聚合物为材料,固化形成的微小球状固体骨架剂。药物微球是药物分子分散或被吸附在高分子聚合物载体中制成的球形或类球形微粒分散系统。纳米载体是指溶解或分散有药物的各种纳米粒,如纳米脂质体、纳米球等。纳米制剂是将药物分散、吸附、溶解或包裹在载体中,制成纳米尺寸范围的微粒,再以其为基础制成不同种类的剂型。食物中的生物大分子(如蛋白质、核酸、多糖等)不能被人体所直接吸收,首先在胃肠进行消化降解成小片段(小肽、寡核苷酸、寡糖)、基本组成单位(氨基酸、核苷酸、单糖)以及更小成分才被吸收。为此,利用制剂的特殊作用,促进生物大分子药物在小肠或其他部位吸收,解决口服生物利用度问题。此外,在制备药物载体时,也常利用生物大分子性质实现整体辅料的目的。例如,微球制剂制备方法中,乳化-化学交联法是利用带有氨基的高分子

NOTE

材料(如明胶、淀粉、壳聚糖等)具有易和其他化合物相应的活性基因(如醛基)发生反应的特点,通过交联制得微球。纳米颗粒也可以利用生物大分子性质实现载体辅料的目的,如借助蛋白质、磷脂、糖蛋白、脂质体、胶原蛋白等的亲和力,与药物结合形成生物大分子纳米颗粒。脂质体(liposomes)是由磷脂、胆固醇等主要生物分子为膜材制成的封闭囊泡体。磷脂分散在水中时能形成多层囊泡,且每层均为脂质双分子层-细胞膜基本组成形式,各层之间被内水隔开,这种囊泡就是脂质体,是一种类细胞载体。

生物大分子药物通过注射途径给药所面临的诸多问题之一,是体内各类酶(蛋白酶、核酸酶等)的水解作用会使得其在体内半衰期较短。解决策略如下:①水解敏感位点的突变或修饰;②通过物理、化学方法,在生物大分子药物表面结合聚乙二醇等屏蔽大分子;③利用药物载体的物理屏蔽作用,避免生物药物与体内各种水解酶接触,减少降解程度,提升体内半衰期,甚至实现缓释长效目的。例如,瑞林类药物是促性腺素释放素类似物的多肽类化合物,用于前列腺癌、雌激素受体阳性的绝经前乳腺癌、子宫内膜异位、子宫肌瘤等以及中枢性性早熟症的治疗。利用微球制剂技术开发上市的曲普瑞林 PLGA 微球制剂可缓释 1 个月,是第一个多肽类微球产品。

靶向制剂是一类能使药物浓集于靶器官、靶组织或靶细胞,且疗效高、毒副作用小的靶向给药系统。其核心是增加药物对靶组织的指向性和滞留性,降低药物对正常细胞的毒性,减少剂量,提高药物疗效。按照靶向制剂药物载体的材料组成、粒径大小、形态特征和靶向原理分为脂质体、微球、纳米粒等类型载体;按给药途径分为注射用靶向制剂和非注射用靶向制剂;按靶向部位分为肝靶向制剂及肺靶向制剂等;按照靶向性原动力分为被动靶向、物理靶向和主动靶向。物理靶向制剂是通过磁场、电场、温度等物理因素导向靶部位,如磁性微球、热敏脂质体等。

被动靶向制剂是利用药物载体的组成、粒径和表面性质等特性,通过机体各组织细胞的内吞、融合、吸附和材料交换,利用毛细血管截留或病变组织毛细血管高通透性特征,滞留在靶部位制剂。例如,纳米粒或微球或脂质体等微粒载体给药后,主要被体内巨噬细胞吞噬而集中分布在单核-吞噬细胞系统丰富的器官(如肝、脾、肺等部位),通过控制其粒径大小可达到不同的靶器官。例如,小于 100 nm 的粒子可缓慢蓄积于骨髓,200~400 nm 的粒子蓄积于肝脏后迅速被肝脏清除,而小于 3 μm 的粒子一般被肝脾中巨噬细胞摄取;大于 7 μm 的微粒通常被肺的最小毛细管床以机械滤过方式截留,被单核细胞摄取进入肺组织或肺气泡。纳米粒作为纳米制剂中的一种,可以利用生物可降解的高分子材料作为药物或基因载体。常用的生物高分子材料,如蛋白质、磷脂、糖蛋白和胶原蛋白等。纳米粒进入靶细胞之后,表层的载体被生物降解,芯部药物释放出来发挥疗效,从而避免了药物在其他组织中释放。脂质体不仅可以作为小分子药物递送载体,也可以作为蛋白质、多肽、酶,尤其是核酸类(基因、反义药物、小 RNA 药物等)药物的递送载体。此外,脂质体区别于其他普通制剂的一个重要特点是其具有靶向性。脂质体的靶向性分为天然靶向性(被动靶向性)、隔室靶向性、物理靶向性和配体专一靶向性。被动靶向性是脂质体静脉给药时的基本特征,进入机体内主要定位于肝、脾、骨髓、血液中的巨噬细胞等,不仅是肿瘤化疗药物的理想载体,也是免疫激活剂的理想载体。隔室靶向性是脂质体通过不同的给药方式进入体内后,可以对不同部位具有靶向性,在组织间或腹膜内给予脂质体时,由于隔室生理及生化属性,可增加对淋巴结的靶向性。

主动靶向是利用配体与受体、抗原与抗体、酶与底物(或抑制剂或激活剂等)、通道与调节剂、转运蛋白与转运物等之间能够特异性识别结合。生物识别模式(或生物模式识别)存在细胞的受体、抗原、酶、通道、转运蛋白等作为靶标(或靶部位),利用相应的配体、抗体、底物、通道调节剂、转运物等作为靶头,依据生物识别模式作用原理,通过两者之间的特异性识别结合方式,实现靶头对靶标的靶向作用。药物靶向可以通过两种主要方式实现,一种是将药物分子与靶头分子共价偶联;另一种是通过剂型携带的靶头分子,即靶向制剂。后者的靶向作用也称为主动靶向,与被动靶向不同,主动靶向是通过靶头-靶标之间的特异性识别作用(生物识别模式)实现的。

主动靶向制剂是以脂质体、纳米粒、微球等微粒作为药物载体,借助生物识别模式原理,利用特定靶头分子修饰的药物载体,主动导向至靶头分子特异性识别的靶标区的靶向制剂。主动靶向制剂在抗肿瘤药物研发中应用最广,许多肿瘤细胞异常高水平表达一些功能蛋白,如某些细胞生长因子、激素、递质等配基的受体,各种离子通道,转运离子和化合物等的转运体,各种与治疗发生发展相关的细胞信号转导通路中的激酶等。以上述异常高水平表达的功能蛋白作为主动靶向制剂的靶标,利用靶标相应的生物模式识别分子作为主动靶向制剂的"导弹"靶头,将药物载体主动靶向至靶细胞而产生抗肿瘤作用。

针对肿瘤细胞的靶标作为抗原制备相应抗体,该抗体同样作为主动靶向制剂的"导弹"靶头而实现靶向治疗肿瘤的作用。例如,表面修饰 anti-Her2 单抗的靶向阿霉素脂质体,比未修饰的脂质体具有更强的抑瘤作用和更弱的毒性。此外,利用许多肿瘤细胞高水平表达的功能蛋白和转运体等,也可以实现主动靶向的目的。例如,转铁蛋白介导的主动靶向递药系统:正常细胞和肿瘤细胞表面均存在转铁蛋白受体,但肿瘤细胞表面的受体是正常细胞的 2~7 倍,而且肿瘤细胞受体(靶标)与转铁蛋白(靶头)的亲和力是正常细胞的 10~100 倍。利用上述受体数量和两者亲和力的差异,以转铁蛋白修饰药物载体(如脂质体、纳米粒等),从而实现抗肿瘤药物给药系统的肿瘤细胞主动靶向性。

本章小结

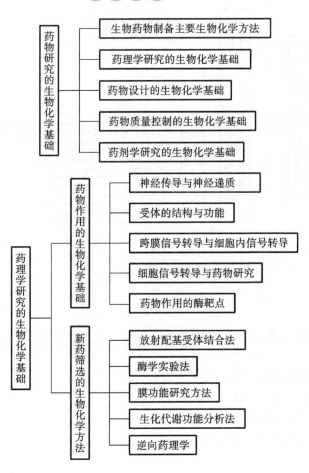

NOTE

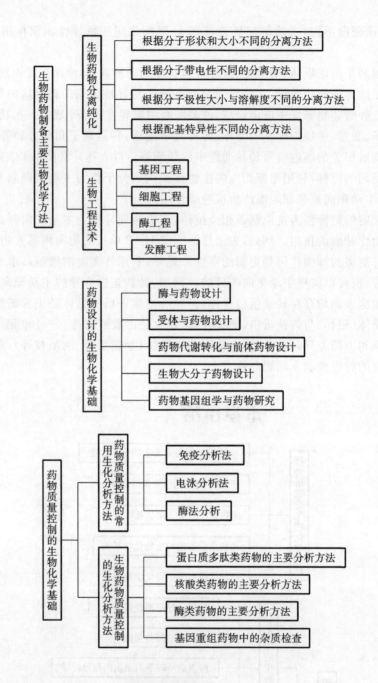

根据分子形状和大小不同的分离方法

根据分子带电性不同的分离方法

根据分子极性大小与溶解度不同的分离方法

根据配基特异性不同的分离方法

生物药物分离纯化

基因工程

细胞工程

酶工程

发酵工程

生物工程技术

生物药物制备主要生物化学方法

酶与药物设计

受体与药物设计

药物代谢转化与前体药物设计

生物大分子药物设计

药物基因组学与药物研究

药物设计的生物化学基础

免疫分析法

电泳分析法

酶法分析

药物质量控制的常用生化分析方法

蛋白质多肽类药物的主要分析方法

核酸类药物的主要分析方法

酶类药物的主要分析方法

基因重组药物中的杂质检查

生物药物质量控制的生化分析方法

药物质量控制的生物化学基础

目标检测

一、填空题

1. 生物大分子的分离纯化方法主要有_____、_____、_____、_____、_____等。

2. 蛋白质药物的纯度分析法主要有_____、_____、_____、_____等。

3. 蛋白质的定量测定方法有_____、_____、_____、_____、_____等。

4. 重组 DNA 药物的可能杂质包括_____、_____、_____、_____等。

5. 基于酶结构的药物设计主要是设计_____。

二、判断题

1. 生物药物具有药理活性高、毒副作用小、营养价值高的特点。 （ ）

NOTE

目标检测
解析

2. 生物大分子药物通常需采用多种分离手段交互进行才能达到纯化的目的。　　（　　）

3. 受体的化学本质为蛋白质,大部分为糖蛋白,少部分为脂蛋白或糖脂。　　（　　）

4. 药物对酶靶点的作用方式包括调节酶含量和调节酶活力。　　（　　）

5. 蛋白质多肽的纯度一般指的是样品是否含有其他杂蛋白,而不包括盐类、缓冲液离子、SDS 等小分子。　　（　　）

三、问答题

1. 生物大分子类药物的分离纯化主要原理和方法有哪些?

2. 药物质量控制的常用生化分析方法有哪些?

3. 新药筛选的生物化学方法有哪些?

4. 生物药物发现和设计的主要思路和方法有哪些?

在线答题

（魏春华）

NOTE

主要参考文献

[1] 周春燕,药立波.生物化学与分子生物学[M].9 版.北京:人民卫生出版社,2018.

[2] 姚文兵.生物化学[M].8 版.北京:人民卫生出版社,2016.

[3] 童坦君.生物化学[M].2 版.北京:北京大学医学出版社,2009.

[4] 周爱儒,何旭辉.医学生物化学[M].3 版.北京:北京大学医学出版社,2008.

[5] 阴嫱嫱.生物化学[M].2 版.武汉:华中科技大学出版社,2016.

[6] 钱晖,侯筱宇.生物化学与分子生物学[M].4 版.北京:科学出版社,2017.

[7] 查锡良,药立波.生物化学与分子生物学[M].8 版.北京:人民卫生出版社,2013.

[8] 唐炳华.生物化学[M].4 版.北京:中国中医药出版社,2017.

[9] 郑晓珂.生物化学[M].3 版.北京:人民卫生出版社,2016.

[10] 柯尊记.医用化学与生物化学[M].2 版.北京:人民卫生出版社,2016.

[11] 刘德培.医学分子生物学[M].2 版.北京:人民卫生出版社,2014.

[12] 李刚,马文丽.生物化学[M].3 版.北京:北京大学医学出版社 2013.

[13] 万福生,揭克敏.医学生物化学[M].北京:科学出版社,2010.

[14] 王镜岩,朱圣庚,徐长法,等.生物化学教程[M].北京:高等教育出版社,2008.

[15] 阚全程.临床药学高级教程[M].北京:人民军医出版社,2014.

[16] 鄢佳程.医学生物化学[M].北京:科学出版社,2010.

[17] 何凤田,李荷.生物化学与分子生物学[M].北京:科学出版社,2017.

[18] 查锡良.生物化学[M].8 版.北京:人民卫生出版社,2013.

[19] 陈长勋.中药药理学[M].上海:上海科学技术出版社,2006.

[20] 冯作化.生物化学与分子生物学[M].北京:人民卫生出版社,2015.

[21] 何凤田.生物化学与分子生物学(案例版)[M].北京:科学出版社,2017.

[22] 杨宝峰,陈建国.药理学[M].3 版.北京:人民卫生出版社,2015.

[23] 沈祥春,陈晓红.药理学[M].北京:科学出版社,2017.

[24] 罗学刚,周庆峰.药理学[M].武汉:华中科技大学出版社,2013.

[25] 吴梧桐.生物化学[M].5 版.北京:人民卫生出版社,2006.

NOTE